华章图书

一本打开的书，一扇开启的门，

通向科学殿堂的阶梯，托起一流人才的基石。

智能科学与技术丛书

神经机器翻译

[德] 菲利普·科恩（Philipp Koehn） 著

张家俊 赵阳 宗成庆 译

NEURAL MACHINE TRANSLATION

图书在版编目（CIP）数据

神经机器翻译 /（德）菲利普·科恩（Philipp Koehn）著；张家俊，赵阳，宗成庆译 .-- 北京：机械工业出版社，2022.1
（智能科学与技术丛书）
书名原文：Neural Machine Translation
ISBN 978-7-111-70101-9

I. ①神… II. ①菲… ②张… ③赵… ④宗… III. ①自动翻译系统 IV. ① TP391.2

中国版本图书馆 CIP 数据核字（2022）第 018274 号

北京市版权局著作权合同登记 图字：01-2021-0685。

本书介绍自然语言处理的一个应用——机器翻译及相关知识。全书分为三部分。第一部分包含第 1 ~ 4 章，简要介绍机器翻译中的问题、机器翻译技术的实际应用及历史，讨论一直困扰机器翻译领域的译文质量评价问题。第二部分包含第 5 ~ 9 章，解释神经网络、基本机器翻译模型的设计，以及训练和解码的核心算法。第三部分包含第 10 ~ 17 章，既涵盖构建新模型的关键内容，也涉及开放性的挑战问题和一些未解决问题的前沿研究。本书主要面向学习自然语言处理或机器翻译相关课程的本科生和研究生，以及相关研究领域的研究人员。

出版发行：机械工业出版社（北京市西城区百万庄大街 22 号 邮政编码：100037）

责任编辑：王春华 孙榕舒	责任校对：殷 虹
印 刷：三河市宏达印刷有限公司	版 次：2022 年 3 月第 1 版第 1 次印刷
开 本：186mm×240mm 1/16	印 张：20.25
书 号：ISBN 978-7-111-70101-9	定 价：139.00 元

客服电话：（010）88361066 88379833 68326294 投稿热线：（010）88379604
读者信箱：hzjsj@hzbook.com

作者寄语

It is an honor to see my second book on machine translation become available in Chinese. I would like to thank the translators Jiajun Zhang, Yang Zhao and Chengqing Zong to make this possible.

This book arrives at an exciting time for machine translation research in China. While data-driven methods have put a special emphasis on Chinese for two decades, this work has been taken on increasingly by researchers in China, both in academic institutions and the emerging artificial intelligence companies. I am looking forward to their continued contribution to the research field and I hope that the translation of this book may contribute to stimulate broad interest in this topic.

Success of machine translation models in the real world is measured by how useful it is for people to access information and communicate across language barriers. It is my ultimate hope that machine translation can play a role in improving understanding of people across the world, regardless of their native language. Enabling open exchange of ideas is essential not only for scientific research but also to the realization that all of humanity needs to work together to reach the common goal of life, liberty, and pursuit of happiness in harmony with nature.

很高兴看到我的第二本关于机器翻译的作品的中文版问世。感谢三位译者张家俊、赵阳和宗成庆为此所做的一切。

本书的出版恰逢中国机器翻译研究迅猛发展之时。在过去的二十年里，数据驱动方法对中文给予了特别的重视，无论是在学术研究机构内，还是在新兴的人工智能公司中，中国的研究人员都做了大量工作。我期待着他们继续为这一研究领域做出贡献，我也希望本书能够激发人们对这一主题的广泛兴趣。

机器翻译模型在现实世界中成功与否取决于它在获取信息、跨越语言障碍进行交流方面的实用性。我最终希望机器翻译能够让世界各地的人们增进理解，不管他们的母语是什么。开放的思想交流不仅对于科学研究至关重要，而且对于全人类共同努力以实现自由生活，追求与自然和谐相处的幸福这一共同目标同样重要。

译者序

本书作者菲利普·科恩（Philipp Koehn）于2010年出版了 *Statistical Machine Translation*（剑桥大学出版社出版），该书成为国际统计机器翻译领域颇具影响力的权威之作。宗成庆研究员牵头翻译了该著作并于2012年在国内出版（即《统计机器翻译》），为国内统计机器翻译技术研究和学习提供了一部重要的中文参考文献。就在该书中文版出版一年左右时，神经机器翻译方法被提出，并得到了飞速发展，端到端的神经翻译模型不仅成为该领域的主流范式，而且几乎是所有自然语言处理任务，甚至是众多视频和图像处理任务的首选范式。正是在这种神经模型盛行的大时代背景下，2020年菲利普·科恩出版了 *Neural Machine Translation*（《神经机器翻译》）。这部教材不仅是对《统计机器翻译》的扩充和延伸，也是对神经网络、深度学习及其应用技术的普及和推广。

机械工业出版社刘锋编辑慧眼识珠，以职业编辑敏锐的视角选择了这部优秀著作，并联系我们商讨翻译事宜。基于之前翻译《统计机器翻译》的经验和多年来与菲利普保持的友好关系，而且机器翻译本身就是我们团队研究的主要方向之一，我们毫不犹豫地接受了这项翻译任务。2020年秋天我们开始了全书的翻译工作，经过几轮修改和校对，2021年夏季翻译完成，前后用了近一年时间。

本书前9章主要由赵阳博士翻译，后8章主要由张家俊研究员翻译，宗成庆研究员对全书进行统稿，并对照原文进行了逐词逐句的审校。中国科学院自动化研究所自然语言处理研究组的部分研究生为本书的翻译和初校给予了相应的帮助，他们是金飞虎、陆金梁、王迁、闫璟辉、田科、王晨、伍凌辉、张志扬、王世宁、何灏、贺楚祎、孙静远、韩旭和卢宇。如果没有他们的帮助，本书的出版必然要晚一些，在此谨向他们表示衷心的感谢！

在深度学习时代，机器翻译技术得到了突破性的发展，翻译质量大幅提升。作为从事机器翻译技术研究多年的学者，我们也曾设想是否可以利用当前最好的机器翻译系统协助我们完成本书的翻译工作，但遗憾的是，面对学术著作出版这类严肃的翻译任务，目前尚没有一个机器翻译系统能够胜任，机器译文中大量存在的术语翻译不当、前后翻译不一致、错翻和漏翻等问题让我们不得不放弃这种“投机”幻想。当然，作为机器翻译研究者，我们也深知没有一个公开的商业化机器翻译系统是针对某个特定的技术领域开发的，否则出版社就没必要找我们合作了。

受译者的能力和水平所限，译文中难免会有诸多欠缺和疏漏。为此，我们恳请读者对任何不妥之处给予批评指正，提出宝贵的修改意见或建议！

当本书作者菲利普·科恩教授得知我们正在将他这本最新著作翻译成中文版时非常高兴，欣然为中文版读者撰写了寄语。在此，我们向科恩教授表示衷心的感谢！

译者

2021 年 7 月

前 言

Neural Machine Translation

在 *Statistical Machine Translation* 出版十年后，机器翻译技术发生了翻天覆地的变化。与人工智能中的其他领域一样，深度神经网络已经成为主流范式，在提高翻译质量的同时也带来了新的挑战。

你手里拿着的这本书于几年前开始撰写，并准备作为我之前那本教科书第二版的一章，但是新的技术发展得如此迅速，以前的统计翻译方法目前已经很少使用，以至于原先准备的一章内容发展成了一本书。除了关于机器翻译评价的章节，这两本书之间几乎没有重叠。对于对机器翻译感兴趣的新读者来说，这是个好消息。我们都是在几年前才重新开始了解该领域的，所以你们也并不落后。

虽然机器翻译是自然语言处理的一个具体应用，而且本书仅限于这种应用，但这里介绍的概念仍然是解决许多其他语言问题的关键基础。文本分类、情感分析、信息抽取、文本摘要、自动问答与对话系统等应用任务都采用了相似的模型和方法，因此本书介绍的技术适用于更加广泛的领域，甚至其他类型的任务，如语音识别、游戏、计算机视觉乃至自动驾驶汽车，都建立在同样的原理之上。

这本书能够出版，得益于许多人的建议和反馈。我要特别感谢约翰斯·霍普金斯大学研究实验室以及语言和语音处理中心的同事 Kevin Duh、Matt Post、Ben Van Durme、Jason Eisner、David Yarowsky、Sanjeev Khudanpur、Najim Dehak、Dan Povey、Raman Arora、Mark Dredze、Paul McNamee、Hynek Hermansky、Tom Lippincott、Shinji Watanabe，以及我的博士生 Rebecca Knowles、Adi Renduchitala、Gaurav Kumar、Shuoyang Ding、Huda Khayrallah、Brian Thompson、Becky Marvin、Kelly Marchisio 和 Xutai Ma。还要感谢我之前工作过的爱丁堡大学，那里的 Barry Haddow、Lexi Birch、Rico Sennrich 和 Ken Heafield 是神经机器翻译领域的先驱。我与许多研究人员进行了卓有成效的讨论，这拓宽了我的视野，虽然无法将他们一一列出，但我要明确感谢 Holger Schwenk、Marcin Junczys-Dowmunt、Chris Dyer、Graham Neubig、Alexander Fraser、Marine Carpuat、Lucia Specia、Jon May、George Foster 和 Collin Cherry。这本书也得益于我在机器翻译技术的实际部署上的经验。我曾与 Meta[㊀] 合作，为上百种语言开发了机器翻译技术，我要感谢 Paco Guzmán、Vishrav Chaudhary、Juan Pino、Ahmed Kishky、Benxing Wu、Javad Dousti、Yuqing Tang、Don Husa、Denise Diaz、Qing Sun、Hongyu Gong、Shuohui、Ves Stoyanov、Xian Li、James Cross、Liezl Puzon、Dmitriy Genzel、Fazil Ayan、Myle Ott、Michael Auli 和 Franz Och。

㊀ 前身为 Facebook。——编辑注

在与 Dion Wiggins 和 Gregory Binger 领导的 Omniscien Technology 的长期合作中，我了解了商业机器翻译市场的变化趋势。我从 Achim Ruopp、Kelly Marchisio、Kevin Duh、Mojtaba Sabbagh-Jafari、Parya Razmdide、Kyunghyun Cho、Chris Dyer 和 Rico Sennrich 那里获得了对本书初稿的宝贵反馈意见。

阅读指南

Neural Machine Translation

本书分为三部分。第一部分包含第 1 ~ 4 章，简要介绍机器翻译中的问题、机器翻译技术的实际应用及历史，讨论一直困扰机器翻译领域的译文质量评价问题。第二部分包含第 5 ~ 9 章，解释神经网络、基本机器翻译模型的设计，以及训练和解码的核心算法。第三部分包含第 10 ~ 17 章，既涵盖构建新模型的关键内容，也涉及开放性的挑战问题和一些未解决问题的前沿研究。

本书中的核心概念以四种方式进行介绍：非正式描述、正式的数学定义、插图说明和示例代码（用 Python 和 PyTorch 实现）。希望读者能够理解神经机器翻译背后的基础知识，能够实现最先进的模型，并能够修改现有的工具包以实现新颖的想法。

谁适合阅读本书

本书可作为大学本科和研究生课程的教材，也可以与其他应用任务的相关材料一起用于自然语言处理课程或者仅用于侧重机器翻译的课程（其中还应介绍统计机器翻译的某些方面，例如词对齐、更简单的翻译模型和解码算法）。由于本书涵盖了撰写时该领域的最新研究进展，因此它也可以作为该领域研究人员的参考书。

跳读指南

着急的读者可以直接跳到开始介绍核心技术的第 5 章。第二部分（第 5 ~ 9 章）包含了神经机器翻译的所有基本概念，包括实现此类模型的代码指南。本书的第三部分（也是篇幅最长的部分）包含了构建先进系统所需的许多关键主题。第 10 章、12.3 节和 14.1 节是必读章节。神经机器翻译是一个快速发展的领域，第 11 章介绍的 Transformer 模型能够让你快速了解当前的最新技术。

教师资料

关于这本书的更多信息可以在网站 www.statmt.org/nmt-book 上找到。作者在约翰斯·霍普金斯大学开设了一门基于该书的课程，课程网站 http://mt-class.org/jhu 可能对读者有用。多数章末尾的“扩展阅读”部分在网站 www.statmt.org/survey 上有相应的镜像，该网站中也会讨论未来将发表的相关论文。

第一部分 绪论

第二部分 基础

第三部分　提高

第一部分

Neural Machine Translation

绪　论

第 1 章

Neural Machine Translation

翻译问题

想象一下，假设你是一名译员，需要将德语单词“Sitzpinkler”翻译成英语。该单词的字面意思是“坐着小便的人”，但其真实含义却是“懦夫”，暗指坐着小便的人不是真正的男人。

还有很多类似的单词。这个词是从一个喜剧节目中流行起来的，该节目还以类似方式创造了很多其他单词。例如“Warmduscher”，意思是“洗热水澡的人”，再比如“Frauenversteher”表示“了解女人的人”。事实上，创造新单词成了一种时尚。这类单词一般都用于玩笑式的讽刺，也常用于轻微的嘲笑或打趣。

当人们对男人的期望发生变化时，这类单词真实地反映了时代特点。这些单词的使用以一种轻松的方式反映了这种变化。坐着小便并非说明没有真正的男子气概，尽管女性确实存在上述特点。如果认为站着小便是传统观念上“真正的”男性特质，那么坐着小便确实丧失了这一特质。你还可以看到很多类似的问题。

那么，译员应该怎么做呢？或许就使用“懦夫”一词作为译文。这个例子说明直接翻译几乎是不可能的。语言中单词的含义与其早期使用时的特定文化背景密切相关。例如，“Four score and seven years”并不仅仅指“87 年”，“I have a dream”也不仅仅意味着对未来的展望。单词不仅包括显式的含义，也蕴含隐式的意义，而这类含义往往在另一种语言和另一种文化中并不存在。

1.1 翻译的目标

如表 1.1（来自一项关于计算机辅助翻译工具的研究）所示，一个句子有很多不同的翻译方法。10 名译员用 10 种不同的方法翻译了同一个法语句子“Sans se démonter, il s’est montré concis et précis.”。法语短语“Sans se démonter”的翻译具有一定的挑战性，人们找不到一个合适的对等译文，因此不同的译员做了不同的选择，有人逐词直译为一种奇怪的英文表达（即 Without dismantling himself），有人完全自由地翻译（Unswayable），甚至有人直接忽略了这个短语，等等。另外，该句子其他部分的翻译也存在很大的差异。最终导致没有两个译文是完全一样的。这是到目前为止最为典型的由多位译员翻译同一个句子得到不同结果的例子。在这项研究中，译文的正确性也分别由 4 位评估人员进行了评估。对于大多数译文而言，评估结果也存在分歧。

表 1.1　同一法语语句的 10 种不同译法及评估

评估结果，正确 / 错误	译文
1/3	*Without fail, he has been concise and accurate.*
4/0	*Without getting flusteed, he showed himself to be concise and precise.*
4/0	*Without falling apart, he has shown himself to be concise and accurate.*
1/3	*Unswayable, he has shown himself to be concise and to the point.*
0/4	*Without showing off, he showed himself to be concise and precise.*
1/3	*Without dismantling himself, he presented himself consistent and precise.*
2/2	*He showed himself concise and precise.*
3/1	*Nothing daunted, he has been concise and accurate.*
3/1	*Without losing face, he remained focused and specific.*
3/1	*Without becoming flusteed, he showed himself concise and precise.*

注：被翻译的法语短句为 Sans se démonter, il s’est montré concis et précis。评估人员对每种译文正确与否的判断也存在分歧。

翻译往往是一种逼近最佳译法的过程。译员必须做出选择，而不同的译员会做不同的选择。翻译的主要目标是保持译文的**忠实度**和**流畅度**，忠实度指保留原文的含义，而流畅度则要求所输出的译文读起来就像目标语言说话人自然表述的句子一样好。

通常情况下，这两个目标是相互冲突的。过度保留原文的含义可能会使译文读起来比较生硬。针对不同的文本类型，在翻译时需要做出不同的取舍，如翻译文学作品时重点关注其作品风格，尽量使文本保持流畅，所以有可能会完全更改部分句子的含义，以维持文本的整体内涵。而对于歌词翻译，更重要的是保证所翻译歌词的正确性，并使其传递相同的情感。

而当翻译操作手册和法律文书时，对流畅度的关注则相对次要。当某个译文是表达相同事实的唯一方式时，即使选择这种译法会让读者感到奇怪和拙劣，也是可以接受的。

让我们来看一个可能在新闻报纸中出现的短语“ about the same population as Nebraska”。假设你想将其翻译成中文，在中国很少有人知道内布拉斯加州有多少人居住，所以你可能会用读者熟悉的中国城市或省份的名字来替代“内布拉斯加州”。这就是作者的全部意图——提供一个对读者而言有实际含义的具体例子。

一个更微妙的例子是按字面翻译为短语“the American newspaper the *New York Times*”。对于美国的读者来说，至少会觉得有点奇怪。众所周知，*New York Times*（《纽约时报》）是一份美国报纸，译文中为什么要特别指出这一点呢？好像在原来的短语中并没有刻意强调报纸的国家归属性质，它只是用来告诉那些不了解《纽约时报》的读者。再举一个相反的例子，“ Der Spiegel reported”是一个从德语直译过来的报纸名，这会使大多数美国读者怀疑该报纸的可靠性。因此，专业的译员可能会将其翻译成“the popular German news weekly *Der Spiegel* reported”(德国流行的新闻周刊《明镜》报道)。

翻译的目标是让读者感觉不到翻译的痕迹，让读者在任何时候都不应该去思考“这句话翻译得很好或者很不好”，更糟糕的情况是让读者去猜“这句话在原文中是怎么说的?”不应让读者注意到任何翻译的人为加工痕迹，而应该让读者产生一种错觉——他们所看到的文本最初就是用他们自己的语言书写的。

1.2 歧义性

如果用一个词来概括计算机在自然语言处理方面所面临的挑战，那么这个词就是**歧义性**。自然语言在不同层面上均具有歧义性：词义、词法、句法属性和语义角色以及文本不同部分之间的关系。人可以借助更广泛的上下文和背景知识在某种程度上厘清这种歧义，但即使对人而言，也会存在很多的误解。有时说话人会故意表达得模棱两可，不去对某个特定的解释做出明确的说明。在这种情况下，译文也需要保留其歧义性。

1.2.1 词汇翻译问题

歧义性最明显的例子是某些单词明确具有多个不同的含义。例如：

- *He deposited money in a* **bank** *account with a high* **interest** *rate.*
  (他把钱存入一个**利率**很高的**银行**账户里。)
- *Sitting on the* **bank** *of the Mississippi, a passing ship piqued his* **interest**.
  (坐在密西西比河**岸边**，一艘路过的船引起了他的**兴趣**。)

“bank”和“interest”在这两句话中有着不同的含义。“bank”可以指河岸，也可以指金融机构，而“interest”可以指兴趣或好奇心，也可以指贷款费用方面的含义。

计算机是如何获知这种语义上的差异的呢？人类又是如何知道它们之间的区别的呢？我们会通过分析周围单词和整个句子的意思来判断。在上述例子中，“interest”后面的单词“rate”是一个非常明显的标志性词汇，因此计算机在翻译时也必须考虑到这种上下文信息。

1.2.2 短语翻译问题

另一个挑战是词义往往不总是具有可组合性，这就让我们无法把翻译问题分解成更小的子问题。最明显的例子就是习语的翻译，例如“It’s raining cats and dogs”，这个习语无法通过逐词翻译的方式被翻译成其他语言。一种较为合理的德语翻译是“es regnet Bindfäden”，该翻译直译回英文就变成了“it rains strings of yarn”(雨滴靠得很近，以至于连在了一起)。

有时，人们可能会通过习语的起源故事或所蕴含的隐喻追寻其含义，但实际上，人类语言的使用者只会记住如何使用这些习语，而不会对它们进行过多的思考。

1.2.3 句法翻译问题

附着性介词短语是句法歧义的典型例子。例如，“eating steak with ketchup”（吃牛排配番茄酱）和“eating steak with a knife”（用刀吃牛排）的含义完全不同，在第一个短句中，介词短语中的名词与宾语“steak”相关联，而在第二个短句中，介词短语修饰的是动词“eating”。当然，这种问题对于翻译而言通常并不重要，因为目标语言可能允许存在同样的歧义结构，所以不需要解决它。

但是，不同语言的句子结构通常不同，会对翻译产生影响。语言之间的主要区别之一是它们是否通过词序或形态变化去表明单词之间的关系。英语主要依靠的是词序，其标准的句子结构是主语–谓语–宾语。其他语言，如德语，允许句首为主语或宾语，并且通过形态变化（典型的做法是改变词尾）来对词汇之间的关系做出明确的区分。

我们来看一下以下德语短句，每个单词下方给出了其可能的翻译结果。

das	*behaupten*	*sie*	*wenigstens*
that	*claim*	*they*	*at least*
the		*she*	

我们会得到很多翻译结果。

- 第一个单词“das”可能翻译成“that”或者“the”，但其后并没有紧跟名词，所以该单词更有可能被翻译为“that”。
- 第三个单词“sie”可能翻译成“she”或者“they”。
- 动词“behaupten”的意思是“claim”，但它在形态上也表示复数形式。这个句子中唯一可能的复数主语是翻译成“they”时的“sie”。

所以，上述德语句子被翻译成英语“they claim that at least”时就需要将宾语–谓语–主语的顺序调整为主语–谓语–宾语。谷歌翻译系统将该句子翻译成“at least, that’s what they say”，这样做避免了词序调整（“that”仍然在动词的前面）。这也是人工翻译时常用的一种做法，通过将“that”放在英语句子前端的方式来保留原句对于“that”的强调作用。

1.2.4 语义翻译问题

当同一意思在不同的语言中有不同的表达方式时，翻译就很需要技巧，尤其在需要对多个远距离的短语进行推理分析，甚至句子含义并非字面意思，语义隐含在整个句子中时，这时翻译就变得更加困难。

我们再来看一下**代词回指**的问题。代词通常用来指代提及的其他信息，这些信息一般出现在代词之前，但也有例外。请看如下例子：

I saw the movie, and **it** *is good.*

这是一个直观的例子，句子中“it”指的是“movie”。当将这句话翻译成德语或法语时，我们也需要找一个代词来翻译“it”，但德语和法语中的名词存在性的问题，并非所有的名词都像在英语中那样是中性的，它们一般分为阳性、阴性或者中性，也有一定的任意性（“moon”在德语中为阳性，但在法语中则为阴性，“sun”在德语中为阴性，但在法语中为阳性）。在我们的例子中，“movie”在德语中译为“Film”，它为阳性。因此，代词“it”必须翻译为阳性代词“er”，而不是阴性代词“sie”或中性代词“es”。

这其中涉及大量的推理：英语代词“it”和名词“movie”之间是共指关系，“movie”被翻译成“Film”，“Film”是一个阳性名词，所以将“it”翻译成“er”。因此，这需要追踪大量的信息，同时必须解决共指消解的难题（分析文本中哪些实体共指相同的目标）。

现在我们来看一个稍难的例子，它涉及共指消解问题。

Whenever I visit my uncle and his daughters, I can't decide who is my favorite **cousin**.

英语单词“cousin”是一个中性词，但是该词在德语中没有对应的中性译文。英语中使用较多的具有性别指向的名词是“brother”和“sister”。相比之下，不常使用中性词“sibling”(例如，“I'll visit my sibling this weekend”听起来似乎很奇怪)。

在这种情况下，需要进行更复杂的推理才能发现所指代的“cousin”是女性——因为她是指叔叔的女儿，这就需要知道有关家庭关系的**世界知识**，同时需要知道共指消解（“cousin”与“daughters”之间有联系）和德语名词语法性别方面的知识。

最后，我们再来看看由**篇章关系**所导致的问题。请看下面两个例子：

Since *you suggested it, I now have to deal with it.*

Since *you suggested it, we have been working on it.*

这里的英语篇章连词“since”有两种不同的含义。在第一个例子中，它等同于“because”，表示两个子句之间的**因果关系**，而在第二个例子中，“since”表示**时间关系**。对于这种不同的含义，大多数语言都会将单词翻译成不同的译文。但是，要识别出正确的含义必须知道两个子句之间的关联信息。**篇章结构分析**（即分析篇章中的句子是如何组合在一起的）是自然语言处理中一个开放而又非常困难的研究问题。

此外，有些篇章关系甚至根本没有诸如“since”“but”或者“for example”等之类的篇章连词作为标记，而是通过句子语法结构来判断。请看如下例子：

Having said that, I see the point.

这里的第一个子句是表示**让步关系**的一种语法形式，我们也可以使用“although”这个词。当将这句话翻译成其他语言时，这种隐式的让步关系可能需要使用篇章连词来明确地表达。

1.3　语言学观点

上一节中的例子表明，翻译问题不仅需要对自然语言的多个层次进行抽象，而且最终需要借助相关的世界知识进行常识性推理，这使得机器翻译成为一个**人工智能难题**（AI hard problem）。换句话说，要解决机器翻译难题，最终需要解决人工智能的核心问题。翻译言语行为表达的含义时也需要理解言语行为的实际含义。

让我们再来梳理一下已经在自然语言处理研究中发展了几十年的抽象类型。图 1.1 中给出了句子“This is a simple sentence”不同类型的语言标注。

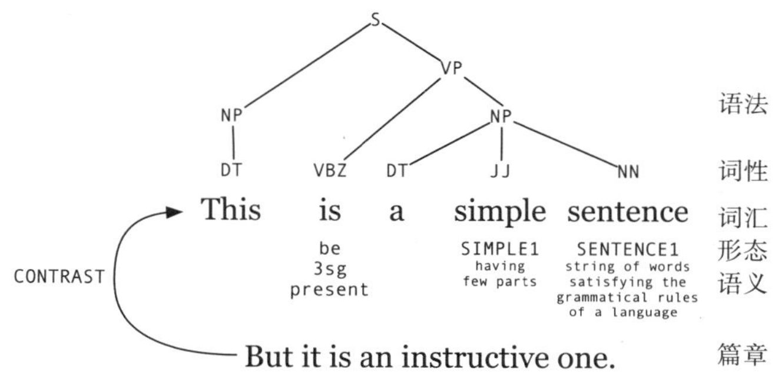

图 1.1 自然语言处理的不同抽象级别

相关术语含义如下：

- **词汇**：虽然把言语行为分解成句子和单词似乎没有争议，但实际上并非都那么显而易见。有些语言（如中文）中的单词之间没有空格分隔符，这就需要借助语言处理工具将句子切分成单词。
- **词性**：人们通常将词汇划分成名词、动词和限定词等不同类型，这些词主要分为两大类，分别是实词（也称为开放类词）和虚词。前者描述世界的对象、行为和属性，后者则提供线索，使词汇之间的关系更加清晰。不同语言之间现存的开放类词的类型差异很大（如中文中没有冠词）。
- **形态**：改变词尾形态可以区分其句法或语义属性，我们通常将形态划分成屈折形态和派生形态两种类型，前者反映的是性、数、格和时态等（例如，dog 和 dogs，eats 和 eating），后者改变的是词性（如 eat、eater 和 eatery）。对于翻译任务而言，有时需要将单词分解成**词干**（表达的是词条基本意思）和**词素**（反映了屈折或者派生变化的信息），例如“eats → eat + s”。
- **语法**：我们可以通过理解单词之间的关系来理解句子的含义。句子中可能有多个子句（如主句和关系从句），每个子句都有一个中心动词，同时包含其他论元，例如主语、宾语和其他修饰成分，包括副词（如 quickly）和时间短语（如 for five minutes）。主语和宾语通常是名词短语，可以分解出主名词，主名词由形容词、限定词和关系从句等进一步修饰。递归结构是自然语言的一个核心属性，表示这种结构的一种有效方法是使用**句法树**，如图 1.2 所示。另一种表示语法的方法是**依存结构**，即每个单词均链接到其父节点单词（在该例子中宾语名词“sentence”链接到动词“is”）。

- **语义**：有多种不同层次的语义可以考虑。在最基本的层次上，词汇语义表达单词的不同含义。在上述例子中，“sentence”的语义可以标识为“SENTENCE1”，含义是“符合语言语法规则的单词序列”，该单词的另一个含义是“监禁”。我们也可以将整个句子的含义描述出来。一种形式化的方法是**抽象语义表示**（Abstract Meaning Representation，AMR）。对于上述例子，其语义表示如下：

```
(b / be
 :arg0 (t / this)
 :arg1 (s / sentence
        :mod (s2 / simple)))
```

  与句法结构相比较，AMR 主要包含实词和代词，并以语义角色（如演员、病人、时间修饰语和数量等）的形式定义它们之间的关系。更高层面的语义形式化方法仍然存在很多分歧，AMR 的研究也在不断完善中。

- **篇章**：篇章描述的是文本中子句（或基本篇章单元）之间的关系。人们在尝试定义文本的结构，从而有助于实现包括自动摘要在内的各种应用。目前人们对篇章的形式化描述方法没有达成共识，即使训练有素的手工标注者对于给定文本的篇章关系标注也不一致。

图 1.2 给出了机器翻译方法的一种设想，这种设想最初是由 Vauquois 于 1968 年提出的，其最终目标是希望借助独立于语言的语义表示（**中间语言**）分析源语言的语义，然后从中间语言表示生成目标语言句子。为了实现这一目标，初期的研究策略是采用简单的词汇转换模型，然后扩展到更加复杂的语法层次和语义层次上的中间表示。

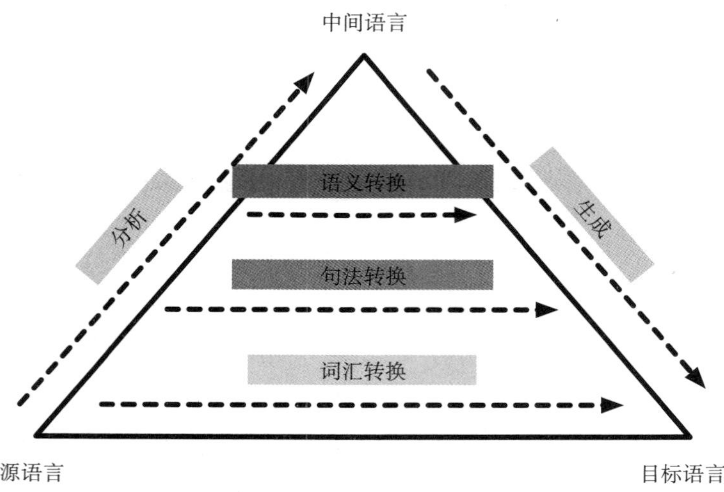

图 1.2 Vauquois 三角，从语言学视角将源语言句子的语义转化为独立于语言的语义表示，然后生成目标语言句子

在神经机器翻译出现之前，统计机器翻译方法已经沿上述思路取得了很大进步。在汉英和德英等语言对上，性能最好的翻译系统是基于句法的翻译系统（在翻译过程中生成句法结构）。神经机器翻译方法出现后，我们又回到了词汇转换的层次上，但有一种观点认为，一旦我们在词汇层次上取得成功，便可在 Vauquois 三角上向上更进一步。

1.4 数据视角

在 21 世纪，机器翻译研究基于如下基本观点：所有构建关于语言结构和翻译的词典和规则的工作都是徒劳的。相反，所有信息应该从大量的翻译实例中自动获取。

文本**语料库**（语料库是文本的集合）主要有两种类型：单语语料库和双语平行语料库。如果我们获得了一种语言的大量文本，就可以从中学到很多有用的知识，例如，学到这种语言中的词汇、词汇的使用规律和句子结构等。人们甚至希望仅从大量的单语文本中学习翻译知识，这称为**无监督机器翻译**。但是，更好的获取翻译知识的数据资源是双语平行语料库（也称为双语文本）。典型的双语文本是以句对（源语言和其对应翻译）的形式呈现的。

1.4.1 忠实度

我们先看一下如何基于数据解决翻译中的忠实度（即反映源语言句子的含义）问题。首先，以德语单词“Sicherheit”为例，它在英文中的 3 种可能的翻译是 security、safety 和 certainty。尽管 security 和 safety 之间的差异非常细微，但在大多数情况下这两者中只有一个是正确的。例如，“job security”和“job safety”就表示不同的含义——前者关注的是不丢掉工作，而后者关注的则是工作时不受伤害。

那么，计算机如何知道应该选择哪一种翻译方式呢？首先，可以尝试在平行语料库中统计“Sicherheit”翻译成以上 3 个单词的频次。以下是在欧洲议会会议记录语料库中的分析结果：

Sicherheit → *security*: 14 516

Sicherheit → *safety*: 10 015

Sicherheit → *certainty*: 334

因此，在没有更多信息的情况下，最好的选择就是“security”，“safety”次之，因而这种做法会产生很多错误。

我们可以做得更好吗？当然可以，我们可以模拟人类的做法，即考虑这个词所在的更广泛的上下文信息，至少要考虑其周围的单词。即使只有一个相邻的单词，也足以判断源语言中单词的正确含义，从而将源语言正确地翻译成目标语言。下面是部分前置名词的例子（在德语中，前置名词属于复合词的一种）：

Sicherheitspolitik → *security policy*: 1 580

Sicherheitspolitik → *safety policy*: 13

Sicherheitspolitik → *certainty policy*: 0

Lebensmittelsicherheit → *food security*: 51

Lebensmittelsicherheit → *food safety*: 1 084

Lebensmittelsicherheit → *food certainty*: 0

Rechtssicherheit → *legal security*: 156

Rechtssicherheit → *legal safety*: 5

Rechtssicherheit → *legal certainty*: 723

对“Sicherheitspolitik”和“Lebensmittelsicherheit”而言，尽管“safety policy”和“food security”都是有效的概念（前者表示确保产品能够安全使用的政策，后者表示确保有定期、充足食物的政策），但统计数据还是给出了选择倾向。

这个例子说明了两方面的问题：使用上下文信息能够较为可靠地正确翻译单词，但是也经常会出现一些错误，例如，总是将“Sicherheitspolitik”翻译成“security policy”，但是在少数情况下“safety policy”却是正确的译文，此时就会出现翻译错误。因此，数据驱动的机器翻译方法的工程哲学不是实现完美的翻译，而是降低错误率。

1.4.2　流畅度

语料库不仅能够帮助找到正确的单词翻译，而且有助于正确地排列这些单词，从而确保输出译文的流畅性，包括选择正确的语序、正确的虚词，甚至选择不同于直译的表达方式等。想要知道如何构造流畅的语句，只需查阅大量的目标语言语料库即可，而目标语言语料库要比双语平行语料库丰富得多。

例如，语料库会告诉我们“the dog barks”要比“barks dog the”通顺得多，因为采用前者语序的句子数比后者多。再举一个例子，假设我们想要找到一个正确的介词来将“problem”和“translation”连接起来，用以描述与翻译相关的问题。

下面是通过谷歌搜索引擎得到的每个短语的搜索结果，即每个短语的出现次数：

a problem for translation: 13 000

a problem of translation: 61 600

a problem in translation: 81 700

所以，“problem in translation”略有优势。实际上，对于此概念，最常用的描述方式是“translation problem”（235 000 次）。

流畅度还涉及在有多个同义词时选择正确的单词。在平行语料库中，源语言上下文能够提供基于次数统计的选择顺序，但规模更大的单语语料库也会有所帮助。以下是同义句子中使用不同动词时的谷歌搜索次数：

police disrupted the demonstration: 2 140

police broke up the demonstration: 66 600

police dispersed the demonstration: 25 800

police ended the demonstration: 762

police dissolved the demonstration: 2 030

police stopped the demonstration: 722 000

police suppressed the demonstration: 1 400

police shut down the demonstration: 2 040

显然，“stopped”胜出。虽然“ended”和它具有相同的含义，但次数却少了很多。

1.4.3 齐普夫定律

稀疏性是使用数据驱动方法时的最大障碍，并且该现象比人们想象的还要严重。当我们获得一个词频数为十亿、有效单词数为 10 万的英语语料库时，数据显示每个单词的平均出现次数为 1 万次，我们自然会认为对于了解它们在语言中的使用方法来说，这是非常丰富的数据资源，但不幸的是，这个结论是不对的。

我们再来考虑一下欧洲议会会议记录语料库（Europarl），如表 1.2 所示，出现频率最高的单词是“the”，共出现 1 929 379 次，占整个 3000 万词语料库的 6.5%。但从另一个角度来看，仍然有大量出现次数很少的单词，有 33 447 个单词只出现过一次，例如 cornflakes、mathematicians 和 Bollywood。

语料库中单词的分布是高度不均衡的。齐普夫定律是自然语言处理领域为数不多的数学定律之一。该定律指出，当单词按出现频率排序时，单词的出现频率 f（或其在语料库中的次数）乘以其排名 r 等于常数 k：

$$f \times r = k$$

表 1.2 由 3000 万个单词组成的 Europarl 英语语料库中常见的单词

任意词		名词	
文本中出现的频率	词元	文本中出现的频率	实词
1 929 379	the	129 851	European
1 297 736	,	110 072	Mr
956 902	.	98 073	commission
901 174	of	71 111	president
841 661	to	67 518	parliament
684 869	and	64 620	union

（续）

任意词		名词	
文本中出现的频率	词元	文本中出现的频率	实词
582 592	in	58 506	report
452 491	that	57 490	council
424 895	is	54 079	states
424 552	a	49 965	member

图 1.3 给出了 Europarl 英语语料库的真实数据在该定律上的验证结果。其中左侧的单点表示出现最频繁的单词（单个词的排名，出现频率大约为 100 万），右侧的延长线表示单次词（即只出现一次的单词）。正如齐普夫定律所预测的，当以对数尺度绘制该图时，整体曲线接近直线：

$$f \times r = k$$

$$f = \frac{k}{r}$$

$$\log f = \log k - \log r$$

齐普夫定律预测，无论语料库的规模有多大，总会有非常多的罕见词。尽管收集更大规模的语料库会增加单词的出现频率，但同时也会出现少量之前不曾见过的单词。此外，对机器翻译的多个方面而言，例如依据上下文的消歧，仅靠词频是不够的，因为我们需要通过单词与相关上下文单词的共现去设计相关模型。

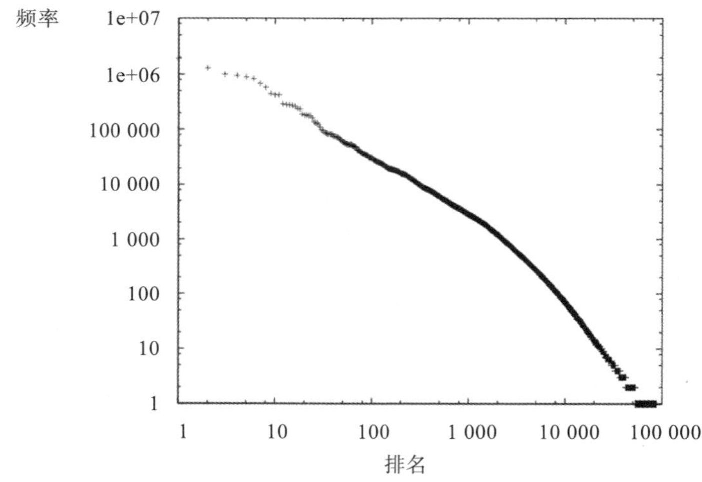

图 1.3 齐普夫定律在 Europarl 语料库中的验证结果（纵轴表示每个单词的出现频率，横轴表示该单词的出现频率排名，该图以对数尺度绘制）

齐普夫定律常被用作反对单纯数据驱动方法的最强有力的论据。数据驱动方法可能需要从语言学理解中学习泛化能力。人类仅需要知道一次“a yushinja is a new kind of fish”（yushinja 是一种新的鱼），就能以不同的方式使用这个虚构的单词。然而，本书所讨论的所有数据驱动方法还不具备上述能力。

1.5 实际问题

机器翻译是一个容易学习和上手的领域。任何能够阅读本书的人都可以建立具有先进水平的机器翻译系统。共享的数据资源可以广泛获取，评测活动所建立的基线系统也很容易获得，而且正如目前采用的普遍做法，最新的方法也能从开放源码工具包中获取。

1.5.1 公开的数据

大多数翻译内容（比如书籍或商业出版物）都受到版权限制，但仍有大量可供公开使用的平行语料库。国际机构和政府机构在互联网上公开发布相关内容，这就成了丰富的资源。

首个用于数据驱动机器翻译的语料库是 Hansard 语料库，它是同时用法语和英语出版的加拿大议会会议记录。同样，欧盟也用 24 种官方语言发布了大量内容，它的议会会议记录已作为平行语料库（Europarl ㊀）来训练机器翻译系统，并得到了广泛使用。议会讨论的话题非常广泛，因此 Europarl 语料库足以建立一个还不错的新闻翻译系统。

OPUS 网站㊁从许多不同的来源（如开源软件文档和本地化文件、政府出版物和宗教文本等）收集平行语料库。

目前正在开展的一项名为 Paracrawl 的项目尝试收集所有网站的平行语料。但是，不加区分地收集数据会导致数据质量参差不齐。Paracrawl 项目为每个句对提供了质量评分。

公开数据的总体情况是：对于大语种（如法语、西班牙语、德语、俄语和汉语）而言，有大量的数据可用，但是对于大多数其他语言而言，数据却相当稀缺，当从常见语种转移到资源少的语种时，训练数据匮乏将是极大的挑战，即使是广泛使用的许多亚洲语言也严重缺乏可用的平行语料库。

1.5.2 评测活动

与自然语言处理领域的其他问题相比，机器翻译是一项比较明确的任务。研究领域少了许多空想主义，多了友好的竞争精神。其中一个原因是仅仅宣称某个机器翻译系统性能更好是不够的，必须通过公开的评测活动证明这一点。目前，每年有多个机器翻译评测活动，下面介绍两个重要的评测活动。

㊀ http://www.statmt.org/europarl。

㊁ http://opus.nlpl.eu。

WMT 评测活动[⊖]是国际机器翻译会议的一部分，它与国际计算语言学学会的主要会议同时举行。WMT 评测最初仅包含 Europarl 语料库中少数几个语种的翻译任务，最近增加了更多的语种，如俄语和汉语等，同时增加了以低资源语言为特色的翻译任务。除了主要的 WMT 新闻翻译任务外，WMT 评测也会同时举办一些专业的任务，如生物医学领域的翻译、密切相关语种的翻译或对评价指标的评测等任务。

IWSLT 评测活动则主要关注语音识别和机器翻译的结合问题，以语音内容（如 TED 演讲）转录的翻译为特色，同时也关注端到端的语音翻译任务。

此外，美国国家标准技术研究院（National Institute for Standards in Technology，NIST）也组织了机器翻译评测任务，这些任务通常与正在进行的美国国防高级研究计划局（Defense Advanced Research Projects Agency，DARPA）或情报高级研究计划局（Intelligence Advanced Research Projects Activity，IARPA）资助的研究项目有关，并不是有规律地定期举行。其早期的汉语和阿拉伯语的机器翻译任务非常有影响力。近年来，它关注的焦点转向了低资源语言。

此外，中国机器翻译研讨会也组织了评估活动，涵盖汉语和日语等。

1.5.3　工具集

对于神经机器翻译系统的研究、开发和部署，均有大量的可用工具集。在撰写本书时，工具集的数量仍然在倍增，因此，要给出具体的建议是很困难的，而且也为时过早。

当前广泛使用的工具集有：

- ❑ OpenNMT（基于 Torch/PyTorch）：http://opennmt.net。
- ❑ Sockeye（基于 MXNet）：https://github.com/awslabs/ sockeye。
- ❑ Fairseq（基于 PyTorch）：https://github.com/pytorch/fairseq。
- ❑ Marian（在 C++ 中独立实现）：https://marian-nmt.github.io。
- ❑ Google 的 Transformer（基于 TensorFlow）：https://github.com/tensorflow/models/tree/master/official/transformer。
- ❑ T2T（基于 TensorFlow）：https://github.com/tensorflow/tensor2tensor。

除 Marian 之外，所有的工具集都依赖常用的深度学习框架（TensorFlow、PyTorch 和 MXNet 等），这些框架仍在动态发展。例如，人们已经抛弃了最初流行的工具集 Nematus，因为其底层框架 Theano 已经停止更新和优化。神经机器翻译的计算成本是昂贵的，因此常见的做法是利用图形处理单元（Graphical Processing Unit，GPU）进行模型训练和部署。如果只是想搭建一个简单的神经机器翻译系统，只需花费几百美元购买消费级的 GPU 就已经足够，而且可以安装在普通的台式机上（在撰写本书时，英伟达的 RTX-2080 是最好的选择之一）。

⊖ http://www.statmt.org/wmt19。

机器翻译的应用

当前机器翻译的研究目标并不是实现完美的翻译，而是尽可能降低机器翻译系统的错误率。如果机器翻译始终存在缺陷和错误，那它还有什么用处？引用（Church & Hovy, 1993）所述，拙劣的翻译能有什么好的用武之地？

2.1 信息获取

相比其他翻译系统，谷歌翻译系统将机器翻译技术带给了更多的用户。它直接为需要进行翻译任务的用户提供翻译服务。当人们试图在互联网上查询信息时，有可能会看到外语网页，例如解决电脑问题的芬兰语页面或者解释如何购买巴黎地铁票的法语页面等，此时，你只需要点击“翻译该页面”的按钮，就可以看到网页被翻译成了英语或其他你熟悉的语言（见图 2.1）。

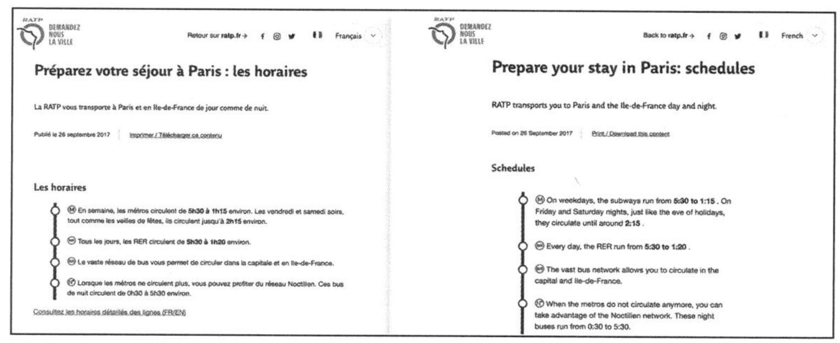

图 2.1　网页的自动翻译，以法语所写的巴黎地铁相关信息和机器翻译成英语的结果（由 RATP 提供，www.ratp.fr/visiteparis/francais/preparez-votre-sejourparis-les-horaires）

谷歌翻译引擎链接了所有语言的网页。更难得的是，它能够将英语内容翻译成其他语言。我们知道，英语仍然是互联网上的主导语言（如在大规模的维基百科页面中），一些前沿科学信息等非常有价值的内容可能在其他语言中没有相关的介绍。

用户也对互联网上的跨语言信息获取技术有着清晰的定位和期望。当用户使用机器翻译时，用户实际上知道译文是由一台机器生成的，因此当发现其中存在错误且不流畅时，会将其归咎于技术的局限性，而不会认为是信息发布者的问题。

把机器翻译应用于信息获取也是美国大部分研究经费的主要驱动力。其中一个资助项目（最近的 DARPA LORELEI）提出了一个典型的挑战：在国外发生的灾难中，救援人员需要获取求生信息，就必须理解受灾人员所说、所写和在推特上发布的内容。

同时，机器翻译也有许多商业应用。专利律师需要知道中文版专利的权利主张，新闻记者需要了解外国的发展情况，对冲基金经理需要获得以任何语言发布的影响公司盈利能力的信息。

即使是低质量的机器翻译也是有用的。了解文件的要旨就足以判断其是否相关，仅需要将相关的文件交付给语言专家，让其更细致地翻译。

但是这种信息获取方法也存在一个问题。在翻译过程中，译文与原文的原始语义是否有偏离，需要由用户去检测。用户可以通过分析语法错误和语义的逻辑错误等线索进行检测。但是错误的译文有可能会误导用户。由误译所导致的信息错误传递是神经机器翻译中被关注的一个重要问题，神经机器翻译有时更侧重流畅度而忽略了忠实度，从而导致输出和输入的语义完全不匹配。因此，如果仅由机器翻译模型输出译文，那么显示译文**置信度评分**用以表明译文的可靠性就成为一个重要因素。

2.2　人工辅助翻译

翻译是一个庞大的行业，但是机器译文质量并不令人满意，因此客户不会为此付出太多费用。高质量的翻译需要依靠以目标语言为母语的专业译员进行翻译，而且最好由该业务方面的领域专家进行翻译。翻译行业大部分是由**语言服务提供商**构成的，它们通常将自己的翻译工作外包给自由译员。

虽然机器翻译在质量上无法与专业译员媲美，但它可以提高译员的效率。20 世纪 90 年代，随着**翻译记忆工具**的推广，译员曾经依赖笔和纸的工作方式也发生了变化。我们可以把翻译记忆工具看作可搜索的平行语料库，当遇到需要翻译的句子时，该工具搜索先前的翻译语料库，找到最相似的句子，并将其与译文一起呈现给译员。当专业译员定期为同一客户服务且翻译重复性的内容（如年度报告、法律合同和包含大量重复文本的产品描述等）时，他们的翻译速度会加快。

让专业译员接纳机器翻译系统是一个非常漫长的过程，至今尚未彻底完成。对于某些类型的翻译工作而言，机器翻译系统并不是一个有用的工具，例如，市场信息的翻译必须考虑到目标所在地文化的细微差别，文学和诗歌的翻译也是如此。但是对于许多传统的翻译工作，机器翻译还是有帮助的。

机器和人之间早期的合作方式是机器翻译系统向专业译员提供原始输出，然后专业译员再进行修改，这叫作机器翻译的**译后编辑**。图 2.2 比较了专业译员在译后编辑和未借助机器翻译条件下的翻译速度。研究表明，翻译效率提高了 42% ~ 131%。在这个价值数十亿美元的产业中，上述翻译效率的提高产生了巨大的影响。

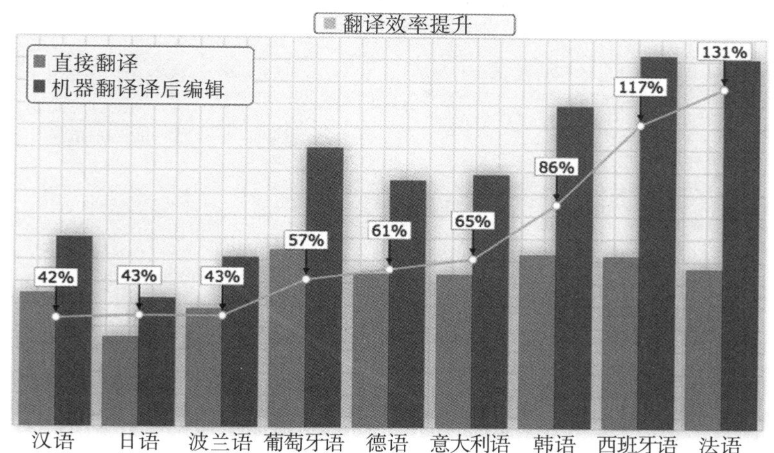

图 2.2　采用机器翻译能够提升翻译效率（按每小时翻译的单词数衡量）。结果来自 Autodesk（Plitt & Masselot，2010）的研究，该研究利用构建的翻译系统在多个语言对上进行了实验

然而，机器翻译在翻译行业的应用存在一个争议很大的问题，即费用的分配问题。如果一个语言服务提供商说，“我们预计你有了机器翻译系统后翻译速度是之前的两倍，因此我们只支付你一半的费用”，那么译员的反应会很消极，假如他们像过去一样无法从拙劣的机器翻译系统中受益或者获益甚微的话，那译员的消极反应就更不足为奇了。高质量的机器翻译需要根据特定的领域需求（例如内容或风格类型等）进行优化，但是由于缺乏工具、数据、专业知识或计算资源，语言服务提供商通常不可能实现最佳的机器翻译性能。

采用机器翻译的另一个主要障碍是译后编辑的体验比直接翻译要差得多。当机器翻译出现错误后（并且一次又一次地犯同样的错误），译员就不得不像清洁工一样，而译员直接翻译时则像受外语文本启发的小说创造者，这两者的感受是完全不同的。还有一种合理的担忧是翻译工作的未来趋势是以更快的速度翻译大量的作品，而越来越不重视语言的精炼。

研究人员一直在努力促使机器翻译更加具有**适应性**和**交互性**。适应性是指机器翻译系统向译员学习，译员在逐句地翻译文档时，新生成的句对成了机器翻译系统所需要的新的训练数据。这是训练机器的最佳方式，因为新的训练数据包含了正确的风格和内容。从技术角度看，我们需要建立能够根据新输入的训练句对进行快速更新和调整的机器翻译系统。

交互式机器翻译也称为**交互式翻译预测**，是一种协作模式，机器翻译系统向译员提出建议，并在译员不采纳该建议时更新之前的建议。因此，机器不再提供源语言句子的静态译文，而是根据专业译员的选择做出预测。

图 2.3 给出了开源系统 CASMACAT 工作台的工作模式，该工具建议继续使用“ausbrach, zum ersten”作为接下来的德语翻译。该图还显示了一个翻译选项按钮，其中包含源语言的其他可选单词和短语翻译。

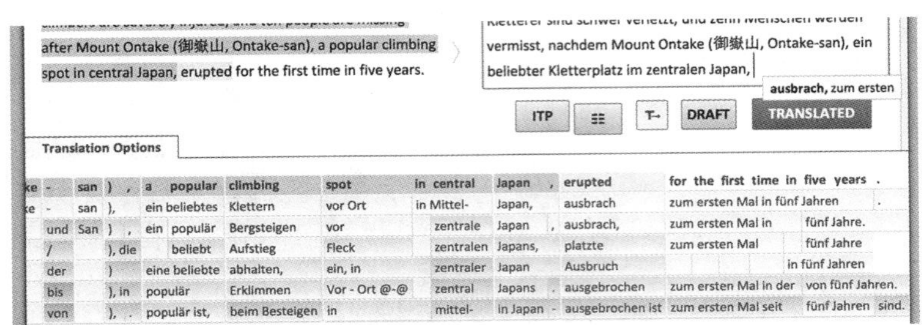

图 2.3　翻译工具 CASMACAT 工作台的截图。左上角的文本框中英语句子正在被翻译成德语。交互式翻译预测建议继续使用“ausbrach, zum ersten”进行翻译。源端单词“erupted”高亮显示，表示其与预测目标词的对应关系，源语言句子的一部分被加了阴影，表示它们已经翻译过了。文本编辑框的下方显示了每个源语言单词和短语的其他翻译选择

为译员创建良好的用户界面是一个公开的挑战。机器翻译可以提供各种附加信息，例如替代译文、置信度评分和术语一致性跟踪等，但是展示过多的信息会分散译员的注意力。理想的工具应该迅速为译员提供翻译过程中出现问题（例如，该制造商会对这个技术术语使用哪种翻译？）的准确答案，但在其他方面却不应让译员分心。

然而，在任何时候译员都会有不容易发现的问题，已经有研究项目通过记录键盘和跟踪眼睛去密切监视译员的行为。从这些研究中人们得到的一个教训是不同的译员有不同的工作风格，即使有了上述详细数据，当译员盯着屏幕看了一分钟却没有任何活动时，系统也无法清楚地知道译员在想什么。

2.3　交流

机器翻译第三个广泛应用的领域是交流。它可以直接为两个不同语言的说话人的对话提供便利，但是也带来了许多新的挑战，它需要与语音处理等其他技术相结合，从而顺利实现自然的交流方式。用于交流的机器翻译的速度必须很快，翻译过程甚至必须在说话人结束一个句子之前就开始，才能避免停顿。

1. Skype 翻译器

微软在这一领域最雄心勃勃的项目之一就是将机器翻译整合到 Skype 系统中。这个想法能够让你通过 Skype 翻译对话，有可能你说的是英语，而你的朋友说的是西班牙语。

语音已经可以通过计算机传送，所以需要对语音进行额外的处理。仔细研究这个问题，

可以发现有三个不同的步骤：（1）对输入的语音进行语音识别，即转录成文本；（2）机器翻译；（3）对译文进行语音合成。理想的情况下，语音合成也能够再现原始语音的重音和情感极性，甚至可能再现说话人的原始声音。但是，在大部分实际应用中，往往忽略语音合成这一步，把经常出现错误的译文输出到屏幕上来供大家阅读，而不是说出来让大家去听，因为这样更容易让人接受一些。

口语所使用的词汇量通常要少于书面语，但是现有的双语平行文本翻译语料库与口语中使用的语言的风格往往不一致，口语中更多地使用代词“I”和“you”及相应的动词形态变化、问句、不流畅和重新开始等不合乎语法的表达、更通俗的语言，以及俚语等，这都与书面语有很大的差异。事实上，不符合语法甚至语无伦次的语言现象相当严重，以至于你可能都不想回看自己日常讲话的笔录。对话翻译系统的开发者发现，使用包含电影和电视字幕的语料库训练模型是非常有用的（Lison & Tiedemann，2016）。

2. 聊天翻译

交流并不意味着语音传送。聊天论坛也已经成功地集成了机器翻译功能，用户可以用自己的语言在那里输入他们的问题和答案。聊天论坛的范围从自由娱乐到客服，大多数关于使用不同语言的担忧在这里也存在。聊天文本还存在其他独特的现象，例如表情符号、俚语缩写和频繁的拼写错误等。

在质量要求方面，聊天翻译的标准不如用于出版的机器翻译要求高。如果机器翻译系统出错，交流中的对方很可能会发现并指出这些错误，并尝试阐明其含义。不过，有些错误也可能让他们觉得自己受到了冒犯。

3. 旅游翻译

当你去外国旅行时，翻译需求就变得更加明显了。旅行译员的概念在《银河系漫游指南》（*Hitchhiker's Guide to The Galaxy*）中广为流传，书中的旅行译员是一个名叫“宝贝鱼”（Bablefish）的设备，把它放在耳朵里，它就可以翻译传来的声音。

如今的翻译工具比上述想象的更进一步。目前典型的应用是手持设备或者手机应用程序。旅游翻译所用的实际技术与前面讨论的语音和聊天应用程序类似。如果设备具备语音翻译能力，较为实用的功能是在屏幕上也显示口语原文，这样说话者就可以验证他所说的话是否被正确地理解。

考虑到上述技术并不完善，也考虑到环境噪声和有限的计算资源（云计算是一种选择，但会增加额外的延迟）等其他因素，最鲁棒的旅游翻译系统仍然以文本翻译为主，语音识别仅作为附加功能。

旅游翻译还有一个有趣的应用方向：**图像翻译**。想象一下，当你到了一家餐馆看到一份菜单，上面写着难以辨认的文字和晦涩难懂的符号，只需使用旅游翻译应用程序的相机功能对它进行拍照，翻译系统就可以将所拍图像中的文字翻译成想要的语言。这类手机应用程序的早期版本的翻译组件非常简单，它们只使用字典进行翻译，但也增加了一些很好的其他功能，如在翻译中模仿原文的字体（见图 2.4）。

图 2.4 以德语所写的指示牌和利用谷歌图像翻译的结果（由 Uwe Vogel 提供，见 www.oldskoolman.de/bilder/freigestelltebilder/schilder/vorsicht-hochspannung）

4. 讲课翻译

最早使用语音翻译进行讲课翻译的大学是卡尔斯鲁厄理工学院（Fügen et al., 2007; Dessloch et al., 2018）。尽管在讲课翻译中有更好的声学条件和更标准的讲话风格，但是仍然需要解决融合语音识别和机器翻译时面临的所有主要挑战。

在这些方面中，早期的尝试不仅将语音识别后的文本传送给机器翻译模块，而且着眼于更加紧密的集成，例如传送存在备选翻译的 *n*-best 列表或编码不同识别路径评分的词格，然后让机器翻译系统使用额外的上下文信息消除语音信号中存在的错误。但是，这项研究没有太多收获，人们发现仅传送和处理 1-best 的识别结果往往是最好的，同时还能保持简单的管道式处理方式。

集成中的另一个有趣挑战是，书面文本中包含标点符号，而口语中没有。此外，在文本中数字通常写成阿拉伯数字形式（如 15），而语音识别可能将其识别成实际说出来的单词（“fifteen”）。

5. 手语翻译

最后一个有趣的翻译挑战是手语翻译。聋人群体会自发地用丰富的手势和面部表情表达口语所能传达的内容。手语有几个被广泛接受的标准，如美国手语（American Sign Language，ASL）。手语中有一些有趣的特性，如指向空间中的某个点，然后再指回该点表示建立共同参照系。

视频中的手语翻译是一个有趣的挑战，它已经远远超出了机器翻译的范畴，需要进行复杂的图像识别。针对书面形式的手语翻译已经取得了一些成功，但总的来说，这仍然是一个令人兴奋的开放性问题。

2.4　自然语言处理的管道式系统

包括机器翻译在内，自然语言处理最近已经成熟到可以在许多实际应用中使用的地步，其中部分应用早在机器翻译之前就已经非常成功了，如文本搜索（如谷歌），有些则是当前研究的热点，如个人智能助理（如亚马逊的 Echo），而另一些应用仍然属于对未来的预期，如客服对话系统、面向复杂问题的问答系统或者让人信服的辩论系统。

像人一样说话的机器有着广阔而巨大的潜能，如何将其转化为实际应用并追踪其进展是一个挑战，例如，我们始终以人的行为表现为基准来衡量机器的性能。与自然语言处理的其他应用相比，机器翻译是一个我们可以衡量进展的、相对明确的任务，当然专业译员对句子准确翻译的标准仍然存在分歧。其他任务，如文档内容摘要的连贯性评价或者开放域聊天系统的性能评价，都没有明确的定义。

机器翻译还有可能成为更大自然语言处理应用的一部分。以**跨语言信息检索**为例，如果我们不仅在英文网页上进行谷歌搜索，而且还在其他语言的网页上用谷歌搜索可能相关的内容，那会怎么样呢？这需要某种形式的查询翻译、网页翻译或者两者都需要。美国国家情报高级研究计划局（IARPA）最近启动了一个这样的跨语言信息检索项目，增加了难度更大的低资源数据（如斯瓦希里语、塔加洛语和索马里语等）条件下的跨语言检索任务。

更进一步，**跨语言信息抽取**不仅需要在文本集合中找到相关信息，而且还必须抽取遵循某种语义模式的核心事实。例如，查询一组多语种的新闻文章：“find me a list of mergers and acquisitions in the last month”（*帮我找到上个月公司并购的清单*）。我们希望系统不仅返回相关的信息，而且还能返回一个格式化的表格，其中包括涉及的公司名称、事件日期、货币支付或股票转换情况等。

每一种应用都可能对机器翻译系统的性能提出特殊的要求。以查询项的翻译场景为例，输入的句子可能只有 1 ~ 2 个单词，我们不可能再依赖句子的上下文来消除歧义，但却可以利用用户的搜索历史去消除歧义。同时，不同的应用也可能有不同的要求，例如找到所有的相关文件，就需要更高的召回率。对于外文文档的某个特定单词，翻译系统的首选译文可能与查询项不匹配，但是单词的其他候选译文可能匹配查询项。如果我们希望这份文档仍然能被检索到，那么可能需要赋予译文一个可靠性的置信度评分。

2.5　多模态机器翻译

在本章讨论的管道式处理范式中，机器翻译仍然是一个独立的模块，文本作为输入，文本作为输出。人们对多模态机器翻译也越来越感兴趣，其中输入的不仅仅是文本，还有其他模态的附加信息。最具代表性的任务是**图像标题翻译**，标题本身可能存在歧义，但是图像的相关内容能够消除标题中的歧义。例如，标题“The girl wears a hat”需要翻译成德语（见图 2.5），德语中要区分时尚装饰帽子或防晒的帽子（德语为 Hut）和冬天戴的保暖帽子（德国为 Mütze）。示例中的图像信息能够消除这种歧义。

图 2.5　将图像标题“The girl wears a hat”翻译为德语：因为图中给出的是一顶冬天的帽子，所以标题中的 hat 翻译为 Mütze 而不是 Hut。这张图像清楚地表明了这一区别

视频字幕翻译是多模态翻译的一大挑战。同样，视频上下文信息可能提供了可以参考的重要线索，而且视频信息中长时间保持一致的故事信息能够提供历史上下文信息，这也有利于翻译。

字幕翻译有其独特的挑战性，如字幕屏幕空间和观众阅读时间的限制。翻译后的字幕不能太长，这可能需要删除部分信息，但仍然需要保证可读性。一个难以处理的问题是，较长的字幕常常被切分成多段字幕呈现在连续的屏幕中，因此在翻译之前必须将其连接起来，并以适当的方式再次拆分以满足屏幕的限制。

回到语音翻译，我们还可以设计一个翻译模块，它不仅可以在语音识别之后进行文本翻译，而且可以使用原始语音信号作为输入。包括重音在内的一些重要的细节信息对于正确理解输入语音至关重要，而且可能对译文产生影响。因此，对于多模态机器翻译，我们必须建立新的神经网络架构，使模型能够关注输入词序列之外的其他信息。

第 3 章
Neural Machine Translation

历史回顾

神经网络和机器翻译的研究均有着悠久的历史，都曾有兴衰周期，每一个兴衰周期内相关研究都有部分方法的突破和实际应用的进展（至少在概念验证方面），也存在过于乐观的估计，但期待又不可避免地落空，甚至在很多场景中，所有的研究活动都萎缩或停滞，陷入漫长的至暗时期。

人们会问一个问题：我们何时才能实现全自动高质量的机器翻译呢？一段时间以来，人们经常诙谐地回答道：5 年。同样，人们也认为人工智能会淘汰目前将近一半的工作。这对于申请研究经费和风险投资的人来说或许是个很好的机会，但是，最终 5 年过去了，承诺并没有兑现，人们也发现这并不是一个很好的长期战略。

至少在过去的 20 年里，机器翻译研究人员已经吸取了上述惨痛的教训，而且降低了对翻译效果的预期：机器翻译对于许多应用而言已经足够好了，在未来的几年里，通过提高译文质量机器翻译将迎来更广泛和新颖的应用前景。但是，要彻底解决机器翻译这项任务并不现实。

最近大量年轻且富有激情的深度学习研究人员投身到了机器翻译领域，他们利用提出的新方法提升了翻译质量，然后宣称成功之后又转向了其他更具挑战性、更有趣的研究领域。人们发现，像“接近或达到人类水平”这样的说法都已经出现在大众媒体上了。

无论大家的看法如何，用户确实感受到机器翻译系统的译文质量有了长足的进展。应该说，这种进展是逐步实现的，主要归功于新方法的慢慢成熟和改进，而不是某个引起广泛关注的方法单独实现的。图 3.1 对机器翻译各个历史阶段的预期情况与真实状况进行了对比。

为此，回顾这些研究领域的历史是很有启发意义的。我们可以了解不同阶段的主流方法的优点和缺点，也能够了解这项研究在资助机构、商业开发者和用户接受度的生态系统中是如何演变的。

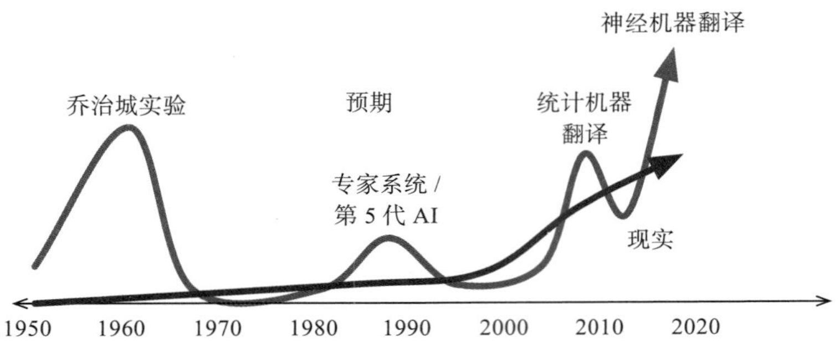

图 3.1　机器翻译的技术成熟度曲线。在机器翻译历史的大部分时期，人们在预估机器翻译的发展时总是或高或低地估计了机器翻译技术的实际进展，形成了研发的兴衰周期。不过，机器翻译在过去的 20 年里确实已经成为现实生活的一种应用（注：此图仅基于作者个人的主观印象，没有确凿的事实依据）

3.1　神经网络

3.1.1　生物学启发

让我们先来看看神经网络研究是如何演变的[⊖]。术语“神经”意味着神经网络受大脑神经元的启发。图 3.2 给出了真实神经元的核心部分——人类大脑大约有 1 亿个神经元。每个神经元通过树突接收来自其他神经元的输入信号。如果聚合的信号足够强，神经元就会被激活，并通过轴突再将信号传递到其他神经元的轴突末端。

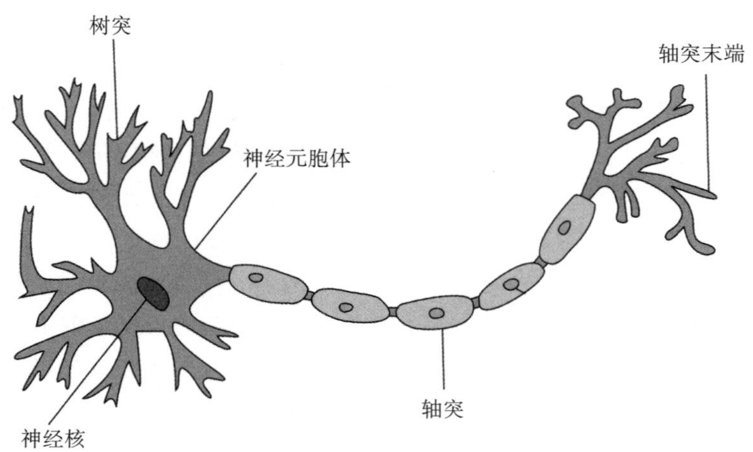

图 3.2　大脑中的神经元：神经元从树突接收信号，根据信号的强度，通过轴突将信号传递给其他神经元（Quasar Jarosz 的“Neuron Hand-tuned.svg”，授权号 CC BY-SA 3.0.）

⊖　Andrey Kurenkov 给出了更详细的历史：http://www.andreykurenkov.com/writing/ai/a-brief-history-of-neural-nets-and-deep-learning。

受上述生物学的启发，人们提出了**人工神经网络**（Artificial Neural Network，ANN），如此命名也能够将其与真正的神经元进行区分。人工神经网络借鉴了组合输入（通过加权求和的方式实现）、激活函数和输出值的思想。但是人工神经元和自然神经元完全不同。人工神经元用实数值表示激活状态，而自然神经元则以不同频率的二进制脉冲形式表示激活状态。人工神经元以分层的方式连接成有序的结构，并按照一定的步骤序列进行处理，而自然神经元的连接模式要更复杂。人工神经网络通常需要借助有监督的学习方法训练权重，而自然神经元则可以在无标准答案的情况下直接进行优化。

因此，有些研究人员不愿意将其与大脑进行类比，以避免使用“神经网络”一词，这并不令人感到吃惊。尽管当前人们创造了新的术语“深度学习”，但是“神经网络”这个词仍然在被使用。

3.1.2 感知器学习

罗森布拉特（Rosenblatt，1957）在借鉴麦卡洛克和皮茨（McCulloch & Pitts，1943）早期思想的基础上提出了首个神经网络模型，称为“感知器”。感知器仅由单个处理层构成，本质上是一个神经元列表，每个神经元都有相同数量的二进制输入和一个二进制输出。罗森布拉特同时也提出了另一种初步的学习算法。

他指出感知器可以学习基本的数学运算，例如布尔“与”（AND）和“或”（OR）。尽管可模拟的数学运算比较简单，但他还是对上述模型有着很高的期待，他希望感知器模型能够做到“行走、交谈、感知、书写和自我复制，而且还能意识到它自身的存在”（New Navy Device，1958）。由于计算机硬件的局限性，其实际应用情况就显得太过于雄心勃勃了，但是人们仍然针对感知器的硬件实现做了很多实验。

随着 *Perceptrons*（《感知器》）（Minsky & Papert，1969）的出版，人们对构建此类新型智能大脑的热情戛然而止。作者指出，感知器甚至不能学习布尔“异或”（XOR）运算。在经历了一系列的研究失败之后，十多年后神经网络研究已经声名狼藉，进入了第一个研究低潮。

3.1.3 多层网络

人工智能领域的先驱马文·明斯基（Marvin Minsky）已经在他的书中指出，多层网络能够实现“异或”运算。但是，最初提出的学习算法并不适用于多层感知器。

反向传播算法使训练多层神经网络成为可能。该算法早在20世纪60年代就有研究人员多次提出，但是当时正处于神经网络研究的低潮时期，它并没有引起人们的关注，甚至那些将方法细节都研究清楚的研究人员也没有勇气将其发表，他们觉得人们对此并不感兴趣。反向传播算法最终是由鲁梅哈特等人推广使用的（Rumelhart et al.，1986），这为神经网络的研究带来了新动能。霍尔尼克等人的开创性论文（Hornik et al.，1989）进一步推动了这项研究，他们的研究成果表明，只要有足够的层数，神经网络就可以近似任何数学函数。

在接下来的几年里，神经网络研究突飞猛进，各种分类问题（如手写体数字识别）均采用了神经网络方法，其性能超过了以往任何方法（LeCun et al.，1989）。研究人员不断提出新的改进方法，本书将详细介绍卷积神经网络、循环神经网络和长短时记忆网络等。

神经网络也开始被应用于类似语音识别这样更具挑战的任务，并取得了一些成功，但是总体而言，研究人员发现多层神经网络难以训练，尤其是用于处理序列数据的循环神经网络。尽管人们觉得神经网络具备潜在的应用价值，但是这种方法过于复杂且难以训练。

从 20 世纪 90 年代后期开始，神经网络遭遇了第二个低潮，在那段时期研究人员提出了很多其他机器学习方法。例如，在自然语言处理领域，人们采用朴素贝叶斯、决策树、随机森林、最大熵模型、支持向量机和贝叶斯图模型等方法。

3.1.4 深度学习

研究人员杰弗里·辛顿（Geoffrey Hinton）、杨乐昆（Yan LeCun）和约书亚·本吉奥（Yoshua Bengio）现在可以告诉世人他们在“谋划深度学习”期间的传奇经历，那是在 21 世纪的前十年，神经网络陷入第二个研究低潮，他们只能靠着加拿大政府的配额资助才能勉强维持研究。当时尽管没有人愿意听取他们的声音，但是他们仍然默默地推动着多层神经网络的研究，并特意将其命名为深度学习。最终，他们于 2019 年获得了计算机科学界的最高荣誉——图灵奖。

随后，他们又提出了更好的权重初始化方法和激活函数，且在手写体识别任务上取得了一定的进展，最终引起了部分人的关注。深度学习的真正突破源自图形处理单元（Graphical Processing Unit，GPU）强大的计算能力，GPU 就是计算机游戏玩家大量使用的显卡。

后来，他们又在语音识别和计算机视觉任务上取得了突破。真正让神经网络研究受到世人瞩目的里程碑式的事件是 2012 年图像分类任务 ImageNet，他们所使用的卷积神经网络以 15.3% 的错误率在比赛中胜出，排名第二的系统的错误率则高达 26.2%。

杰出的自然语言处理领域学者、斯坦福大学的克里斯托夫·曼宁（Chris Manning）教授在 2015 年计算语言学学会年会上发表致辞时表示：深度学习已经在计算语言学领域应用多年，但是直到 2015 年，它才以海啸般的威力席卷了自然语言处理的所有主要会议（Manning，2015）。

目前，神经网络又一次无处不在，甚至为了庆祝当前的进展浪潮，“人工智能”（AI）这一术语也跟着再次流行起来。目前图像处理（深度伪造）、自动化商店和医疗保健等众多领域均取得了变革性进展。谷歌最近的 AlphaGo 是深度学习方法又一个成功的案例，它在 2016 年的围棋比赛中战胜了世界冠军选手。除此之外，汽车的自动驾驶似乎也即将实现。

3.2 机器翻译

3.2.1 密码破译

几乎在电子计算机一出现，人们就开始了机器翻译系统研究。在第二次世界大战中，英国利用计算机破译德国密码，而机器翻译就像是对语言代码进行解码。机器翻译的先驱之一沃伦·韦弗（Warren Weaver）在 1947 年写道：

> 当我在看一篇俄语的文章时，我可以说："这实际是用英语写的，但是已经用一些奇怪的符号编码了。我现在需要做的是将其解码出来。"

计算机的出现带给人们无限的期待，研究人员希望能够早日解决机器翻译的问题。因此，大量资金投入了该领域。

早期提出的机器翻译相关原则在如今仍然有效。这不仅体现在如今我们仍在使用的解码思路和诸如噪声信道模型之类的建模技术，而且还体现在机器翻译领域的资金投入驱动力（与密码破译有同样的驱动力）方面。各国政府，尤其是美国政府，似乎最想研究在军事或经济领域对其安全产生威胁的其他国家的语言的翻译。

研究人员提出了许多方法，从简单的**直接翻译方法**（使用基本规则将输入映射到输出），到更复杂的**转换方法**（使用词法和句法分析），再到使用抽象语义表示的基于**中间语言**的方法。

3.2.2 ALPAC 报告与后续影响

在早期，人们对机器翻译的发展抱着乐观态度，认为机器翻译很快就会取得突破，由此产生了机械翻译（当时的叫法）的问题很快就会得到解决的想法。在乔治城实验（Georgetown experiment）中，人们演示了俄语到英语的翻译效果，这似乎意味着问题基本得到了解决。但同时仍有部分人持怀疑态度，他们认为机器翻译中的部分问题，特别是与语义消歧有关的问题，不可能通过自动手段解决。

随着 1966 年自动语言处理咨询委员会（Automatic Language Processing Advisory Committee，ALPAC）报告的发布，围绕机器翻译的一系列研究戛然而止。美国资助机构委托 ALPAC 对机器翻译的研究现状和翻译苏联（美国的冷战对手）俄文文件的必要性进行了调研。

该调研表明，暂且不提其他方面，即使采用机器翻译译后编辑的方法，也并不比人工翻译更省钱，速度也并不快。当时美国每年在翻译上的花费大约只有 2000 万美元，认为只有少量的俄罗斯科技文献值得翻译，同时译员也不存在缺口。咨询委员会认为，采用机器翻译系统没有任何好处，应该将资金投入基础语言学研究或者提升人工翻译质量的方法研究中去。

ALPAC 报告的结果让美国政府几乎完全停止了对机器翻译研究的资助。实际上，ALPAC 报告只考虑了高质量翻译这一目标，这似乎不太合理，但这一教训仍然表明，过度鼓吹和拔高机器翻译的能力是很危险的。

3.2.3 首个商用系统

尽管在 ALPAC 报告发布之后的十年间机器翻译的研究工作大幅减少，但仍然为商用翻译系统奠定了基础。一个早期的功能较为齐备的翻译系统是 Météo，由蒙特利尔大学研发，用于天气预报的翻译。该系统自 1976 年开始投入使用。

Systran 公司成立于 1968 年，它所开发的俄英翻译系统自 1970 年以来一直被美国空军使用。欧盟委员会又在 1976 年购买了它们的法英翻译系统，此后该公司又开发了多个欧洲语言对之间的翻译系统。20 世纪 80 年代，又有 Logos 和 METAL 商用翻译系统进入市场。

自 20 世纪 70 年代起，位于华盛顿的泛美卫生组织成功开发并广泛使用了一套西班牙语到英语的翻译系统。20 世纪 80 年代末，日本计算机公司建立了针对日语和英语的翻译系统。20 世纪 90 年代，随着台式计算机的广泛使用，Trados 等公司开发了供译员使用的**计算机辅助翻译系统**。

3.2.4 基于中间语言的翻译系统

20 世纪 80 年代和 90 年代的研究热点是利用中间语言表征语言独立的语义。句法的形式化方法逐渐变得复杂，包括可用于分析和生成的可逆语法，以形式化的方式表示语义概念将人工智能和计算语言学的多个研究分支联系在了一起。

卡内基梅隆大学（Carnegie Mellon University，CMU）的 CATALYST 项目是基于中间语言实现翻译系统的一个例证，该系统是为向履带式拖拉机的技术手册提供翻译服务而开发的。另一个例子是由新墨西哥州立大学、南加州大学和 CMU 联合开发的 Pangloss 系统。德国 Verbmobil 大型项目（1993—2000）研究的一个重要内容也是开发基于中间语言的翻译系统。

开发机器翻译系统的吸引力是显而易见的。由于翻译涉及不同语言的语义表示，因此合理的语义表示理论似乎可以从更基础的层面解决这一问题，而不是从词汇或句法的低层次映射层面解决。语义表示的形式化方法是人工智能面临的重大挑战之一，它涉及关于知识本质的哲学意义。

3.2.5 数据驱动的方法

由于语言翻译涉及很多难以形式化的决策过程，因而从过去的翻译示例中学习如何翻译可能会是更好的方法。这个想法启发了人们为译员设计翻译记忆系统，对于给定的输入文本，系统可以检索匹配到的翻译示例。

许多国家尤其是日本在20世纪80年代建立了基于示例的翻译系统，这是基于上述思路的一项早期成果。这些系统尝试在平行语料库中查找与输入句子相似的句子，在此基础上对译文进行适当的修改。

在20世纪80年代后期，随着统计方法在语音识别任务上取得的成功，IBM实验室的研究人员产生了实现统计机器翻译的想法。Candide项目将翻译任务建模为统计优化问题，为机器翻译系统奠定了坚实的数学基础。

统计机器翻译的出现是一个开创性的突破。现在回想起来，当时整个世界似乎还没有为此做好准备，20世纪90年代，大多数研究人员仍然只关注基于句法的翻译系统和基于中间语言的翻译系统，那些系统与语义表示密切相关。IBM大多数早期的研究人员纷纷离开了机器翻译领域，去了华尔街赚钱[⊖]。

尽管统计机器翻译方法的研究在20世纪90年代都在进行（统计方法在德国的Verbmobil项目中是一个亮点），但直到2000年左右才开始迅猛地发展，这与很多因素有关。

1998年，约翰斯·霍普金斯大学举办了一场研讨会，与会人员重新实现了IBM提出的大部分方法，所研制的工具也被大众广泛使用。美国国防高级研究计划局（DARPA）是美国主要的资助机构，它对统计机器翻译有极大的兴趣，资助了TIDES（2000—2004）、GALE（2005—2010）和BOLT（2011—2016）等大型项目。2001年的“9·11”事件也重新点燃了美国对外语，特别是阿拉伯语的自动翻译的兴趣。

促成统计方法崛起的其他因素包括计算能力和数据存储能力的提高、因互联网发展而提升的数字文本资源的可用性等。

3.2.6 开源的研发环境

多重因素降低了统计机器翻译研究的准入门槛，研究人员开始从互联网上收集和共享平行语料库，如加拿大Hansard语料库和Europarl语料库，软件也是开源的。特别是开源的Moses系统，最初它是由爱丁堡大学开发的，在2006年约翰斯·霍普金斯大学组织的研讨会之后，更多的开发人员对其进行了升级和扩展，也让它成了广泛使用的工具包。到了2000到2009年中期，计算机速度已足够快，任何有一定技术能力的人都可以下载免费的工具和数据，在普通的家用计算机上就可以建立一套机器翻译系统。

多项翻译评测将研究领域人员聚集在一起。NIST（美国国家标准与技术研究所）评测研讨会围绕DARPA资助的研究项目的目标，最初关注汉语和阿拉伯语与英语之间的翻译。机器翻译研讨会（Workshop for Machine Translation, WMT）最初使用欧洲议会Europarl语料库，后来扩展到欧洲大部分语言之间的新闻翻译，受到欧盟多个项目的资助，如Euro-

---

⊖ 这个故事中有一个有趣的人物，他是统计机器翻译的先驱之一，Robert Mercer。他离开机器翻译领域之后创立了最早一批中的数据驱动的股票交易对冲基金，叫作Renaissance Technology。这个基金取得了巨大的成功，他和他的合伙人也成了亿万富翁。

Matrix（2006—2009）、EuroMatrixPlus（2009—2012）和 EU-BRIDGE（2012—2015）。国际口语翻译研讨会（International Workshop on Spoken Language Translation，IWSLT）将语音识别和机器翻译结合在一起，最初仅局限于如旅行对话之类的受限任务上。

到 2010 年左右，每年都会发表数百篇统计机器翻译的论文。鉴于机器学习方法在语音识别相关领域的成功应用，人们利用更先进的机器学习方法推动了机器翻译研究的发展，如参数优化（MERT）、判别式训练和最小贝叶斯风险等方法。另一个研究方向是提出更复杂的语言模型，通过预处理或分解翻译模型实现形态分析。基于句法的模型成了汉英和德英翻译任务的最优模型。研究人员也试图将语义信息整合到这些模型中，如建立新的语义形式化模型抽象语义表示（Abstract Meaning Representation，AMR）。

3.2.7 深入用户

许多学术与商业研究的实验室都开发了各自的统计机器翻译系统，这些努力也促成了很多新公司的成立。Language Weaver 是其中的第一家公司，成立于 2002 年，它采用了一种全新的模式，许诺“通过数字实现翻译”。大型软件公司（如 IBM、微软和谷歌）也开始开发各自的商业化统计机器翻译系统，试图取代已有的基于规则的系统。

传统的机器翻译公司将统计方法整合到它们的系统之中，如历史上著名的市场领导者 Systran。互联网用户可以使用谷歌、雅虎、微软等公司的系统翻译网页。谷歌翻译成为大多数互联网用户最熟悉的工具，到今天已经扩展到超过 100 种语言。

开源软件的蓬勃发展和大量可用的平行语料库也促成了多家公司的成立，这些公司向终端用户销售定制的机器翻译系统。亚洲在线（现在的 Omniscien Technology）、Safaba（后来被亚马逊收购）、Iconic 翻译机、KantanMT 等公司都开始使用开源的 Moses 工具，并将其优化为面向市场的产品。

专业翻译工具也开始集成机器翻译功能。主流翻译工具 Trados 的开发者 SDL 收购了 Language Weaver 公司。研究人员围绕机器翻译为译员开发了一系列新的工具，如 Matecat、CASMACAT、Unbabel 和 Lilt。此外，智能手机上的旅行应用程序也有了机器翻译功能。机器翻译不再是象牙塔里的小把戏，而是已经如浏览器一样成了人们的日常工具。

到了 21 世纪 10 年代中期，机器翻译的相关研究和它在其他领域的应用受到了大量的资金资助，每年大约数千万美元，这些资金主要源自欧盟和美国政府，除此之外，中国政府也投入了越来越多的资金。不过，现在也有越来越多怀疑的声音，他们认为目前机器翻译在质量提升方面已到了瓶颈期。

3.2.8 神经翻译的兴起

在 20 世纪 80 年代和 90 年代的神经网络研究浪潮中，机器翻译就已经出现在神经网络研究人员的视野中（Allen, 1987；Waibel et al., 1991）。事实上，文献（Forcada & Ñeco,

1997）和（Castaño et al.，1997）所提出的模型与现在的神经机器翻译方法就存在惊人的相似之处。当时，由于缺少大量可供训练的数据，这种方法无法产生较好的翻译性能，仅能够训练出初级系统。其计算复杂度远远超过了那个时代的计算资源，因此这种方法被忽略了近20年。

在瓶颈期阶段，统计机器翻译之类的数据驱动方法从最初默默无闻演变成当时最流行的方法，促使机器翻译得到了广泛应用，例如提供信息和提高专业译员的翻译速度。

神经网络方法在机器翻译领域的复兴始于神经语言模型与传统统计机器翻译系统的融合。（Schwenk，2007）的开创性成果的性能在公开的评测活动中取得了大幅提升。但是，由于计算量方面的问题，人们依然无法接受上述想法。同时，很多研究团队因为缺乏使用GPU的相关经验，在利用GPU训练网络方面也面临着较大的挑战。

除了应用在语言模型中外，神经网络方法还应用到了传统统计机器翻译的其他模块之中，例如提供额外的评分信息、扩展词汇翻译表（Schwenk，2012；Lu et al.，2014）、重排序（Li et al.，2014；Kanouchi et al.，2016）和预调序模型（de Gispert et al.，2015）等。文献（Devlin et al.，2014）提出的翻译和语言模型联合建模的方法在当时引起了广泛关注，该方法显著提升了当时颇具竞争性的统计机器翻译系统的译文质量。

之后，研究人员更加宏伟的计划是彻底放弃统计方法，完全采用神经网络的机器翻译方法。早期的方法采用卷积模型（Kalchbrenner & Blunsom，2013）和序列到序列的模型（Cho et al.，2014；Sutskever et al.，2014）。这些翻译方法能够针对短句子产生较合理的译文，但是随着句子长度的增加，译文质量急剧下降。引入注意力机制才使得神经机器翻译取得了可比的结果（Bahdanau et al.，2015）。经过多项技术的改进（例如字节对编码和目标端单语言数据的回翻等），神经机器翻译成了最先进的技术。

在随后的一到两年时间内，整个机器翻译研究领域都转向了神经机器翻译系统。在2015年WMT组织的机器翻译公开评测任务中，所有参赛队伍中仅有一支提交了完全的神经机器翻译系统。尽管它的翻译性能有一定的竞争力，但尚不及传统的统计翻译系统。2016年，神经机器翻译系统在所有的语言对上均给出了最好的翻译性能。2017年，几乎所有参赛队伍提交的都是神经机器翻译系统。

在撰写本书时，神经机器翻译的研究正在飞速发展。在未来的几年里，从核心机器学习方法的改进（如更深的模型结构）到语言学指导的模型，都还有很多可以探索的方向。人们正在分析神经机器翻译的各种优缺点，以指导未来研究工作的开展。

第 4 章

Neural Machine Translation

评 价 方 法

在历史上大部分时期，机器翻译总是因为效果不佳、实用性差而备受诟病。5 年内就可实现全自动高质量机器翻译的说法已经多次被证明是错误的。但是在过去的十年间，机器翻译已经投入实际应用中。谷歌翻译已成为互联网搜索中的一项必备工具，专业译员无须再去考虑“是否需要”机器翻译技术，而是考虑“如何使用”机器翻译技术。

在撰写本书之时，我们似乎已经进入了另一个对机器翻译技术过度宣传和夸大的时期，甚至有人声称机器翻译在某些数据条件下达到了“人类同等”的水平（见图 4.1）。与此同时，大众媒体上也经常出现机器翻译所导致的令人捧腹的严重错误。

Facebook's AI Just Set A New Record In Translation And Why It Matters

Linguists, update your resumes because Baidu thinks it has cracked fast AI translation

Microsoft AI translates news as well as humans, takes on Google Translate

SDL Cracks Russian to English Neural Machine Translation

图 4.1　2018 年有关机器翻译取得进展的相关标题

所有这些讨论最终引出了如下问题：如何评价机器翻译的质量？从工程角度而言，当我们考虑不同的机器翻译方法时，评价是至关重要的一步。为了验证研究的进展程度，我们需要评估机器翻译的质量，理想的情况是用单个分数进行衡量。如何获得这个分数仍然是一个开放的研究问题，尽管人们在实践中已经有了很多评估方法，而且对于如何跟踪翻译质量的提高程度达成了共识。

4.1　基于任务的评价

机器翻译供应商经常使用“足够好”这个短语。人们普遍认为在当今和可预见的将来，机器翻译技术仍不完美，会常常犯错误。但是，对于很多不需要极高翻译质量的任务而言，现在的翻译技术仍有用武之地。

翻译质量是否足够好取决于任务。我们还可以在机器翻译技术供应商的讨论中听到另外一种说法：质量由客户决定。归根结底，机器翻译成功与否取决于它是否能够帮助用户完成更多任务，而此类任务的执行者就是最好的评估者。

4.1.1 真实世界的任务

以从网上搜索计算机维修方案为例，当你输入相关的问题信息之后，有可能返回的都是芬兰语网页的链接。单击网络浏览器的翻译按钮就能够得到英语翻译版网页。尽管翻译结果存在瑕疵，但所提供的信息足以解决相关问题。这是机器翻译应用的一个成功案例。

上述例子也说明真实世界中的机器翻译并不是最终目标，它往往是更高层任务的一个预处理步骤，在这个例子中，更高层任务就是信息收集。

尽管当今机器翻译普遍应用于诸如信息收集这样的高层任务，但是将它们作为机器翻译研发人员的评价指标却不现实。任务的每个实例（如从芬兰语网页的翻译中找到解决计算机问题的有效信息）都需要做大量的准备工作，以便安排和培训评估人员。任务既需要简单到只要给定准确的翻译，评估人员就可以很好地进行评价，也需要复杂到仅给定芬兰语文本，评估人员根本无法进行评价。当完成所有准备工作并由人工进行评价之后，我们仅能得到一次评价的结果，可我们往往需要成百上千个这样的评价结果。

4.1.2 内容理解

为了将真实世界的任务变成评价机器翻译质量的一种基准，我们需要将它们简化为较简单的任务，这样就能反复地提交给评估人员进行评价。信息收集任务简化后的简单任务就是评估人员能否从翻译内容中了解基本含义。

简化内容理解任务的第一个尝试是将其转变为问答测试。我们向评估人员提供文档的机器翻译结果，然后根据文档内容提出相关问题。尽管人们经常提出上述想法，但是还没有在大规模的研究中使用。挑选文档和设计问题仍然涉及大量琐碎的工作。

作为 WMT 评测活动的一部分，2010 年的机器翻译系统人工评价任务进一步简化了上述想法，它只问了关于句子翻译的一个问题：这个翻译的含义是什么？首先，第一位评估人员将机器翻译的结果（此时评估人员无法看到源语言的句子）重写为流畅的目标语言句子。然后，第二位评估人员在给定源语言句子、修改后的译文和人工参考译文的条件下，评价修改后的译文是否正确。

表 4.1 中给出了不同语言对中翻译得正确的译文的百分比。德英翻译结果最佳（80%），英法翻译的结果最差（54%），然而，第二位评估人员对德英翻译的质量要求比法英翻译宽容得多，这从其对人工参考译文的评判正确率（分别为 98% 和 91%）中可以看出。

表 4.1 对译文内容理解效果的评价

语言对	最佳系统（%）	参考译文（%）
法语 – 英语	70	91
西班牙语 – 英语	71	98
德语 – 英语	80	98
捷克语 – 英语	60	100
英语 – 法语	54	91
英语 – 西班牙语	58	83
英语 – 德语	80	94
英语 – 捷克语	56	97

注：第一位评估人员在无法看到原文和参考译文的前提下修改译文，第二位评估人员（可以看到原文）判断第一位评估人员的修改结果是否正确。人工参考译文的评估方法也与此方法相同。结果取自 WMT 2010 评测活动（Callison-Burch et al., 2010）。

如果评估结果能够由经过培训且遵循一致标准的评估人员进行适当校准的话，评估结果将非常直观，它能够反映出翻译内容中可理解的部分有多少。我们也可以将其视为问题，“只掌握目标语言的人能够纠正多少机器翻译的结果”的答案，这样就能在计算机辅助翻译的场景下，降低对译后编辑人员所需具备的技能水平的要求。

4.1.3 译员翻译效率

如果机器翻译是用来提升专业译员的翻译效率的，那么将对内容的理解纳入考量标准就不是正确的评价方法。某些翻译结果尽管可能容易理解，但是仍需要花费大量的时间才能将其编辑为可接受的高质量译文。另外，翻译结果中可能会出现非常明显却易于修改的错误，比如遗漏了单词“not”。

人们真正关注的度量标准是专业译员在译后编辑时需要花费的时间。语言服务行业有一套完善的衡量译员的翻译效率的标准。理想情况下，专业译员在进行高质量翻译时，常见的翻译速度为每小时 500 ~ 1000 个单词（每个词用时 3 ~ 7 秒）。

实际上，机器翻译解决方案供应商常常将翻译效率的提升吹嘘为机器翻译水平提升的证据，它们宣称通过其技术可以将翻译效率提高 50%、100% 乃至 200%。我们可以回顾图 2.2 中对机器翻译技术的评价研究。对翻译效率的研究表明，译员使用译后编辑的方式每小时可以多翻译 42%（汉语）~ 131%（法语）的单词。

Sanchez-Torron 和 Koehn 于 2016 年进行了一项研究，该研究利用不同翻译质量等级的机器翻译系统衡量译员的翻译效率。他们随机将任意系统的翻译结果分配给一组译员，如图 4.2 所示，在使用最优系统的结果作为待编辑译文时，译员修改每个单词平均花费 4.06 秒，而使用最差系统的翻译结果作为待编辑译文时，修改每个单词需要花费 5.03 秒。

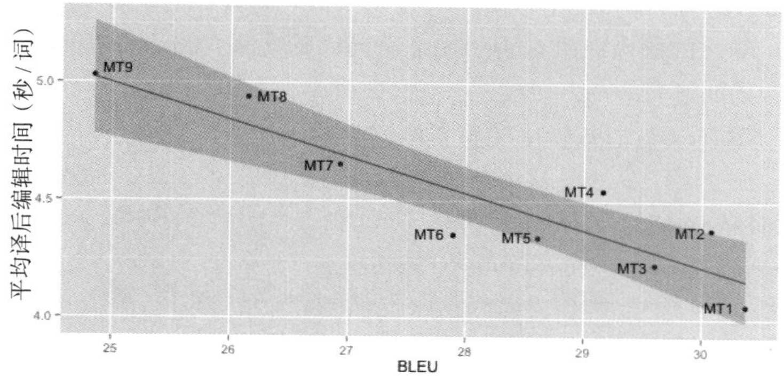

图 4.2 不同机器翻译系统的译后编辑速度。对于最差的翻译系统（MT9），修正一个单词平均需要 5.03 秒；对于最佳的翻译系统（MT1），修正一个单词平均需要 4.06 秒

多种因素使得人们对机器翻译效率的评估变得较为困难。在翻译文档时，译员在文档开头的句子上会花费更多时间，因为他们需要熟悉相关内容，并对此后经常出现的歧义词汇选择合适的译文。不同译员的翻译速度也有显著差异。在上述研究中，最快的译员翻译每个单词需要花费 2.86 秒，而最慢的译员翻译每个单词则需要 6.36 秒。

不同资质的译员和其他因素都会导致评价结果的不一致性，因此需要大规模的评估数据集才能获得统计显著的结果。当通过众包平台招聘译员时，质量控制也成了主要的问题，进而增加了此类评估的复杂性和成本。

4.2 人工评价

现在我们来看机器翻译系统评估中经常采用的人工评价方法。尽管这种方法无法像基于任务的评价方法那样提供更多的信息，但能够以合理的成本大规模进行。

4.2.1 忠实度和流畅度

首先想到的评价机器翻译质量的方法可能是向拥有双语资质的译员提供若干个源语言和目标语言句对以及机器翻译的结果，然后让译员判断翻译结果是否正确。

人们已经采用了“译文是否完美？”这一严格的正确性标准进行人工评价，这种评价通常仅在短句子上进行，因为机器翻译系统只有在处理短句子时才会有生成完全正确的译文的可能性。

一种更常见的方法是在进行人工评价时采用评分等级。考虑到“正确性”作为衡量指标可能过于宽泛，因而更常见的办法是使用流畅度和忠实度这两个标准：

- **流畅度**：输出的翻译结果是否为流畅的英语句子？这项指标包含对语法正确性和惯用词汇选择的评价。
- **忠实度**：输出的翻译结果是否和原文有同样的含义？是否存在部分信息缺失、增加或者扭曲的问题？

图 4.3 给出了评估人员对流畅度和忠实度评分的评估工具示例。

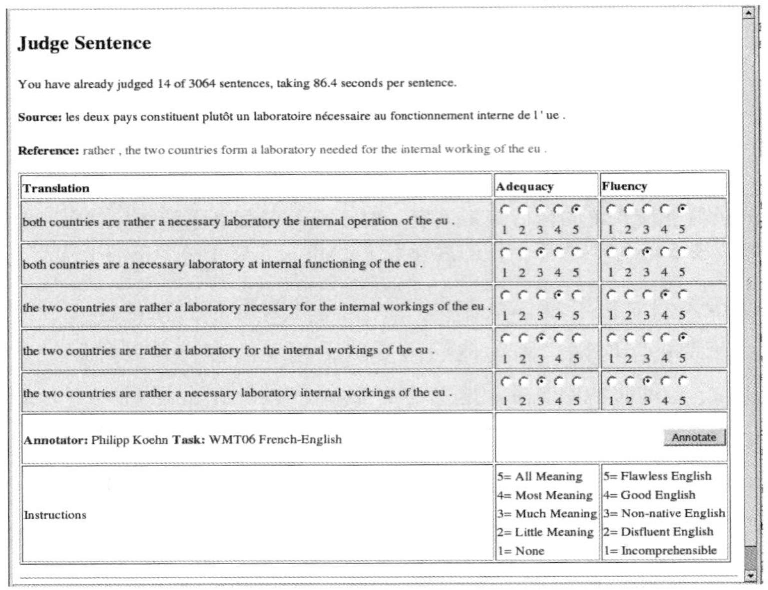

图 4.3　用于判断翻译质量的评估工具。给定 5 个翻译系统的输出结果，评估人员需要采用 5 分制给出流畅度（正确的译文表达）和忠实度（含义正确）评分

评估人员采用如下关于忠实度和流畅度的评分标准：

忠实度	
5	含义完全正确
4	绝大部分含义正确
3	基本含义翻译正确
2	少量含义翻译正确
1	完全错误

流畅度	
5	完美无缺的译文表达
4	正确的译文表达
3	不地道的译文表达
2	不流畅的译文表达
1	不可理解的译文表达

上述标准非常模糊，在应用过程中评估人员也很难保持标准一致，在给定同一翻译结果时，某些评估人员的评分（例如平均分为 4 分）通常会比另一些评估人员的评分（例如平均分为 2 分）要高出很多。

例如，在 Koehn 和 Mon 于 2005 年给出的评估结果中，平均流畅度得分范围为

2.33 ~ 3.67，平均忠实度得分范围为 2.56 ~ 4.13。图 4.4 给出了评价次数最多的 5 位评估人员的评分分布情况（每人进行了超过 1000 次评价）。

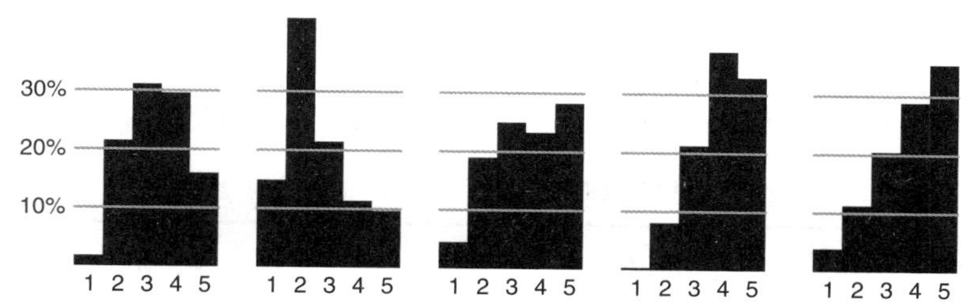

图 4.4 WMT 2006 评测中不同评估人员的忠实度评分直方图。不同评估人员的评分分布明显不同。流畅度评分也是如此

评估忠实度是个棘手的问题。人类非常善于弥补缺失的信息，考虑以下情况：假设你先看到了系统的输出结果，也许会对其中的部分含义感到困惑，只有看到参考译文（或源语言语句）之后，才会明白它的正确含义。但如果先看到参考译文或源语言语句，再去评价系统的输出结果，那么你可能不会注意到系统输出存在无法理解的问题，从而得出翻译结果基本反映了原文含义的结论。如果在理解句子的含义时具备足够的领域知识，那么也可能会出现后一种情况。

4.2.2 排序

最近的评测活动表明，流畅度评分与忠实度评分密切相关。这很容易理解，因为不流畅的句子往往也无法很好地表达语义，但是两个指标之间的相似性也表明人类在区分这两个准则时面临着困难。因此，我们只需要一种简单的质量评价标准。

与对流畅度和忠实度这两个指标进行绝对评分这种方法相比，对两个或多个翻译系统的结果以逐句比较的方式进行排序是一种更加简单的方式。给定两个翻译系统，让评估人员回答问题“系统 A 的输出结果优于系统 B 的输出结果吗？还是反之？或是无法区分二者的优劣？”的方法比让他们直接评估忠实度和流畅度评分更能取得一致的评价结果。

从某种意义上来说，图 4.3 所示的评估界面已经隐含了排序的任务。评估界面给出了不同系统的翻译结果，评估人员要对较优的翻译结果给出更高的分数。

如何验证一种人工评价方法优于另外一种呢？一种方案就是采用评估人员完成任务的可信度。我们可以使用 Kappa 系数来度量“评估人员间一致性”，其定义为：

$$K = \frac{p(A) - p(E)}{1 - p(E)} \tag{4.1}$$

其中，$p(A)$ 是评估人员评价结果一致次数的比例，$p(E)$ 是随机情况一致次数的比例。例如，在 5 分制的打分任务中，随机一致比例是 $p(E)$=1/5，在排序任务中，由于两个系统可能出现一个译文较好或者两个译文质量相当的情况，因此随机一致比例是 $p(E)=1/3$。

表 4.2 展示了流畅度和忠实度的 5 分制打分结果和句子排序结果的 Kappa 系数，该结果是根据 WMT 2007 评测活动的评价数据得到的。句子排序结果的 Kappa 系数（0.373）明显高于流畅度和忠实度评分结果的 Kappa 系数。这一结论让评测活动组织方更加倾向于采用句子排序方法，因此在随后的十年中，句子排序方法成了评测活动中的官方方法。

表 4.2 WMT 2007 评测活动中评估人员间一致性

评价方法	$p(A)$	$p(E)$	Kappa
流畅度	0.400	0.2	0.250
忠实度	0.380	0.2	0.226
句子排序	0.582	0.333	0.373

注：$p(A)$ 为一致比例，$p(E)$ 为随机一致比例。

排序方法可以直接统计出一个系统是否优于另一个系统。我们将系统 S_1 排名高于系统 S_2 的次数记为 $\text{win}(S_1, S_2)$，反之记为 $\text{loss}(S_1, S_2)$。如果 $\text{win}(S_1, S_2)$ 大于 $\text{loss}(S_1, S_2)$，则认为系统 S_1 更好。

当有多个系统参与评测时，人们希望知道如何通过两两比较的统计结果得到系统的排名。该问题可以通过计算系统与其他 n 个系统比较的**预期获胜率**的方式解决：

$$\text{预期获胜率}(S_j)=\frac{1}{n}\sum_{k,k\neq j}\frac{\text{win}(S_j,S_k)}{\text{win}(S_j,S_k)+\text{loss}(S_j,S_k)} \tag{4.2}$$

在处理译文质量相当的情况时需要特别注意，这种情况要么直接忽略不计，要么视为每个系统输赢各半。

4.2.3 连续分数

直接评估（direct assessment）是近年来人工评价方法在机器翻译评测活动中的一项最新进展。与前面描述的句子排序方法不同，这类评价方法就像它的名字所反映的，是对单一翻译句子进行直接评估，主要依靠评估人员在百分制的标尺上使用连续滑块进行打分。图 4.5 给出了直接评估的屏幕截图。

百分制解决了前面讨论的 5 分制的核心问题。评估人员对翻译质量的评价会有所不同，有的会给出较高的分数，而有的则会给出较低的分数。评估人员打分的范围也不尽相同。正如前面介绍的，有些评估人员永远也不会对译文打出 1 分或者 5 分。

百分制为解决这些问题提供了可能性。评估人员给出的分数的均值能够衡量译文的期望质量，分数的方差能够反映分值的变化范围。

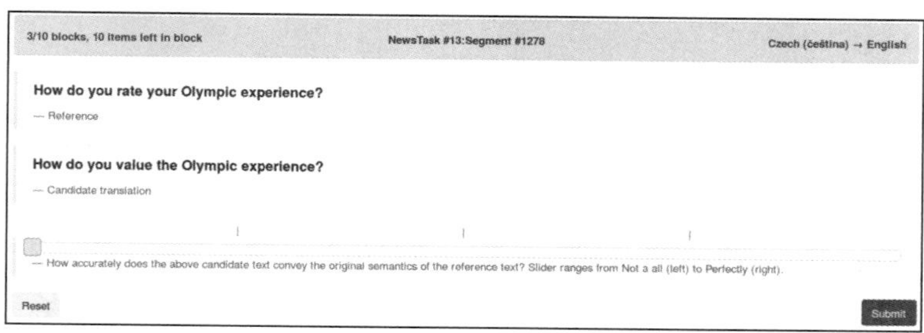

图 4.5 采用滑块进行连续打分，进而实现直接评估，在不给定若干个可用的翻译分数（例如 1 ~ 5 分）时，就可以有更好的区分度，而且不同评估者的分数更容易实现归一化

因此，我们需要对评分进行归一化。理想情况下，评估人员给出的分数都应在均值附近。给定某评估人员的一组打分结果 $\{x_1, \cdots, x_n\}$，其均值定义为：

$$\overline{x} = \frac{1}{n}\sum_{i=1}^{n} x_i \tag{4.3}$$

如果我们希望所有评估人员给出的平均分数相同，假设为 50，那么我们需要为每个分数 x_i 添加一个调整值 $50-\overline{x}$。

方差 s^2 定义为：

$$s^2 = \frac{1}{n-1}\sum_{i=1}^{n}(x_i - \overline{x})^2 \tag{4.4}$$

为了对方差实现归一化，我们将用均值归一化的评分除以方差 s^2。假设评分均值为 50，方差为 10，我们利用每名评估人员的平均评分 $\overline{x}$ 和方差 s^2 调整评分 x_i：

$$x_i^{\text{norm}} = 50 + \sqrt{10} \times \frac{(x_i - \overline{x})}{s^2} \tag{4.5}$$

当评测活动采用直接评估方法时，将从不同的机器翻译系统输出中随机选择翻译结果。将不同评估人员的分数归一化后，我们就可以计算出每个机器翻译系统的平均分数。

与对不同机器翻译系统输出的两两排序的评估方法相比，直接评估方法在规模上更占优势。如果要对比 n 个翻译系统，则需要进行 $n(n-1)/2$ 次两两比较。当评估活动有 10 个或者 20 个系统参与时，人们很难为任何一组系统对比收集足够多的评估结果，但直接评估能够应对的规模与翻译系统的数量呈线性关系。

直接评估方法通常让评估人员在给定参考译文和翻译结果的情况下进行打分，这使评估任务可以由目标语言的单语使用者完成，但是参考译文的质量可能会影响评估结果。如果参考译文的质量很差，那么评估结果将变得不可靠。

因此，我们也可以将源语言和翻译结果交给评估人员去打分。尽管这需要评估人员在某种程度上熟悉源语言，但它的确带来了额外的好处，我们也可以像评估机器翻译结果一样评估参考译文。这样可以揭示机器译文距离人类译文到底还有多大的差距。

4.2.4 众包评价

任何一种人工评价方法都需要做大量的工作，幸运的是对于熟悉目标语言的人来说这并不是一项特别困难的任务。因此，一种常见的做法是将人工评估任务外包给 Mechanical Turk 等众包平台完成。

例如，在 WMT 2018 评测活动中，有上百位众包人员参与了评估。在给定参考译文或者源语言的句子之后，众包人员对每一个源语言句子的译文进行直接评估。这项任务被分解为所谓的人类智能任务（Human Intelligence Task，HIT）。每个 HIT 需要对 100 个句子的译文进行评估，大约需要花费半个小时。

众包评价中至关重要的一步是质量控制。任何人都可以注册并完成任务，而不再需要建立长期的工作关系，这就造成众包人员很容易为了尽快完成任务而随意评价。因此，在设计评估任务时，必须进行质量控制检查。

在 100 个句子的直接评估任务中，有 60 句是正常的译文（显示机器翻译系统的翻译结果），而其余的 40 句分成 10 个部分，每个部分包括：

（1）系统的翻译结果。

（2）系统翻译结果的重复。

（3）人工生成的参考译文。

（4）系统翻译的较差结果，例如将某个短语替换为从测试集中其他位置随机抽取的另一短语。

需要注意的是，人工参考译文只能出现在基于源语言句子的直接评估中或者有两个不同的人工参考译文时。

将这 100 个句子随机打乱，相比于系统的原始翻译（1），我们希望看到认真的众包人员能够做到以下几点：

- 重复翻译（2）的评分和原始翻译（1）大致相同。
- 人工生成的参考译文（3）的评分更高。
- 较差翻译（4）的评分更低。

我们可以检查每位评估人员给出的结果是否符合上述条件。可以通过标准的统计显著性检验检查评估人员对较差翻译（4）的评分是否显著低于系统翻译（1）的评分。在 WMT 2018 评测活动中，舍弃了显著性检验不满足要求（p 值为 0.05）的评估人员的结果。只有 10% 的汉语评估人员和 22% 的俄语评估人员是可信的，而英语评估人员有 42% 是可信的。

因此，当需要频繁进行人工评估时，最好建立一个可信赖的评估者群体，以提高评估结果的可信度。

4.2.5 人工译文编辑率

前面讨论的机器翻译评价方法是在判断译文是否能够反映原文的信息量，并不是在判断纠正该译文所需的工作量。之前提到的例子中，缺失对"not"的翻译会导致人工评价给出较差的结果，但是这个错误却能很容易地纠正。

因此，如 4.1.3 节所介绍的基于任务的评价方法，我们可以利用译后编辑实现评价。正如前文所述，要评估译后编辑的时间，需要使用专业的译后编辑工具来追踪键盘的活动，因此我们可以通过统计译后编辑所修改的单词数量来衡量。这种方法不需要相关工具，只需要对比原始译文和修正后的译文，计算人工译文编辑率（相关计算方法参见 4.3.3 节）即可。

IWSLT 评测活动中采用了人工译文编辑率（Human Translation Edit Rate，HTER）。将不同机器翻译系统的结果随机分配给译后编辑人员，然后对每个机器翻译系统的原始译文与译后编辑的译文进行比较。

我们发现了一些有趣的现象：机器译文与其编辑后的译文之间的编辑率明显低于机器译文与人工独立翻译的参考译文之间的编辑率。举一个典型的例子：京都大学在 IWSLT 2017 评测活动中提交的罗马尼亚语与意大利语的翻译系统（Cettolo et al.，2017）的翻译结果与译后编辑译文之间的编辑率为 29.3%，可理解为 10 个单词中大约有 3 个单词需要修正，而与人工参考译文之间的编辑率为 60.6%。

由于对其他相关的参与系统的输出结果也进行了译后编辑，因此我们可以将京都大学给出的结果与其他翻译系统的译后编辑结果进行比较。直觉上，译文最有可能与其自身译后编辑结果更加接近，而实际上，当我们取每个句子最相近的匹配结果时，编辑率却下降到 22.7%。这个结果有点出人意料，一种可能的解释是评测中不同翻译系统的译文彼此之间非常相似，而某些译后编辑人员的编辑次数少于其他人，从而造成了这种意外的结果。

4.3 自动评价指标

在评价机器翻译系统时，我们需要信任评估人员给出的结果，因为他们是在查看不同系统的输出译文之后，再逐句进行检查并评估每个句子的质量，最终给出每个系统的总体评分的。

但是，人工评价方法存在一个重要缺陷，即需要花费很长时间，而且如果评估人员希望得到报酬的话，那就需要很大的经费开支。另外，机器翻译研究人员更愿意以一种便捷、快速的方式实现译文质量评价，最好能够每天多次对不同的系统进行评价，以检测不同的系统配置。

因此，我们需要一种能够对机器翻译质量进行自动评价的方法。理想情况下，我们希望有一个计算机程序快速地告诉我们改进后的翻译系统是否更好，这就是机器翻译自动评价方法的目标。其主要思路是提供一个人工生成的参考译文，评价方法可以将系统输出译文与参考译文进行比较。

近年来，机器翻译自动评价方法取得了很大的进展，研究人员信任自动评价指标，而且会根据自动评价分数的提高或降低来设计机器翻译系统。但是，自动评价指标一直存在争论，人们常常质疑这些评价指标能否区分系统的优劣。我们将在 4.4.1 节再次讨论这个问题。现在，我们先来了解一下自动评价方法。

4.3.1 BLEU

在实际应用中，指导机器翻译研究的自动评价指标都是基于系统输出译文与标准参考译文的比较完成的。我们面临的实际问题就是如何实现这种比较。

这里主要面临两个挑战。首先是翻译任务固有的歧义问题，即使是两个专业译员，在翻译同一个句子时也可能会给出两种不同的翻译结果，因此仅使用单个人工参考译文进行匹配过于严苛。其次，我们不仅需要考虑单词的匹配情况，还需要考虑单词的顺序。有些词序存在差异是合理的，而有些则不合理。

由于存在上述挑战，某些简单的方法——如统计正确翻译单词的个数（忽略了单词顺序）或单词错误率（这个指标用于语音识别，并需要相同的单词顺序）等——将无法得到准确的评价结果。

IBM 的研究人员设计了一种自动评价方法，这种方法在忽略词序和考虑词序之间采取了一种折中方案。他们将该评价方法的指标称为 BLEU，这个单词是法语单词，意思是“蓝色”(blue)，蓝色是 IBM 公司的代表颜色，几乎每个人都把它读作 blue。它也是双语评价替代方法（bilingual evaluation understudy）的首字母缩写。这个名字已经清楚地表明它不会像人工评价的质量那么好，只是一种替代方法。

BLEU 背后的理念是不仅统计翻译结果与参考译文匹配的单词数，而且需要计算更高阶的 n 元词组的匹配数目。因此，它对正确的词序给予奖励，理由是如果词序正确，那么就意味着二元词组（bigrams）、三元词组（trigrams）或者四元词组（4-grams）匹配的成功率更高。

上述基本理念还有很多改进方案。第一个改进方案是使用多个参考译文，因为仅与单个参考译文进行完全匹配过于严苛，因此这种改进方案希望当存在多个人工参考译文时，机器翻译结果与其中的任何一个 n 元词组匹配就算正确（见图 4.6）。

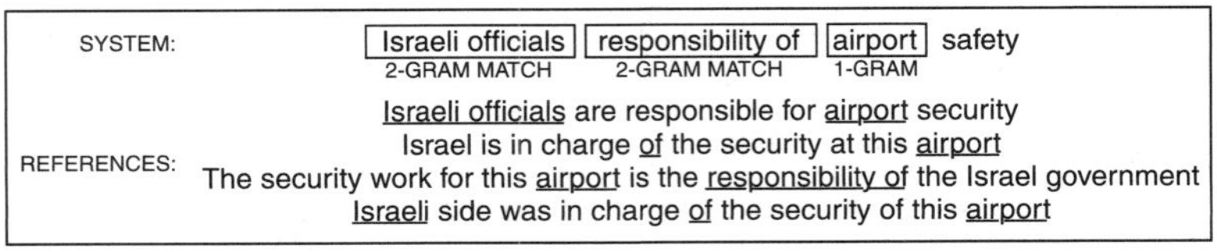

SYSTEM: [Israeli officials] [responsibility of] [airport] safety
(2-GRAM MATCH / 2-GRAM MATCH / 1-GRAM)

REFERENCES:
Israeli officials are responsible for airport security
Israel is in charge of the security at this airport
The security work for this airport is the responsibility of the Israel government
Israeli side was in charge of the security of this airport

图 4.6　利用多个参考译文实现更多的 n 元词组匹配，从而考虑了可接受译文的多样性

第二个改进方案则解决 BLEU 仅考虑**准确率**（precision）的问题，这说明我们在计算 n 元词组匹配的比例时统计的是机器译文在标准译文中的匹配比例，而不是相反的情况。当机器翻译系统遇到难以翻译的句子而不输出任何译文时，上述方法就无法使用。准确率通常与**召回率**（recall）联合使用，召回率计算的是参考译文中的 n 元词组在机器译文中的匹配比例。它们也可以组合为新的指标，称为 **f- 测度**（f-measure）：

$$\text{准确率} = \frac{\text{词组匹配数}}{\text{机器译文中的总词组数}} \tag{4.6}$$

$$\text{召回率} = \frac{\text{词组匹配数}}{\text{参考译文中的总词组数}} \tag{4.7}$$

$$\text{f-测度} = 2 \times \frac{\text{准确率} \times \text{召回率}}{\text{准确率} + \text{召回率}} \tag{4.8}$$

$$= \frac{\text{词组匹配数}}{(\text{机器译文中的总词组数} + \text{参考译文中的总词组数})/2} \tag{4.9}$$

就 BLEU 而言，采用多个参考译文会导致召回率的计算变得复杂，因此，BLEU 选择简单的长度惩罚来实现上述目标。它通过计算机器译文与参考译文的单词数之比来决定是否予以惩罚，如果小于 1（即机器译文太短），那么就激活该惩罚项（brevity-penalty）。

评价指标 BLEU 可以定义为：

$$\text{BLEU} = \text{惩罚项} \times \exp \sum_{i=1}^{4} \log \frac{i\ \text{元词组匹配数}}{\text{机器译文中的}\ i\ \text{元词组数}}$$

$$\text{惩罚项} = \min\left(1, \frac{\text{机器译文单词数}}{\text{参考译文单词数}}\right) \tag{4.10}$$

BLEU 值是在整个测试集（通常包括数千个句对）上统计计算得到的。基于多个参考译文的方法已经不再流行了，但偶尔也会采用。

4.3.2 同义词和形态变体

自动机器翻译评价需要将基本的语义分析任务（分析系统输出与人工参考译文之间的含义是否一致）转换为表层单词匹配任务。改变单词或单词顺序对于句子语义的影响有可能非常大，但也有可能微乎其微，因此很难进行衡量。

METEOR 指标给出了一些新的想路。BLEU 的一个明显缺点是它无法匹配近义词，假设某个系统输出的结果使用了名词“responsibility”，但是参考译文却使用了形容词“responsible”，尽管两者意思相近，但是由于单词不相同，BLEU 将其视为错误。那么，通过词干还原，即将这两个单词都简化为词干“respons”，它们就能够匹配了。

另一种检测相近语义的方法是使用同义词或语义密切相关的单词进行比对。以图 4.6 中的参考译文为例，译员对于“security”与“safety”及“responsibility”与“charge”的选择各不相同，采用不同的选择可能并不影响句子的语义，因此不应受到惩罚。

METEOR 方法融合了词干处理和同义词信息，它首先匹配单词的表层形式，然后进行词干匹配，最后进行语义类匹配。语义类别由 Wordnet 确定，Wordnet 是一种普遍使用的英语单词本体知识库，其他语言也存在类似的知识库。

METEOR 的主要缺点是计算分数的方法和公式要比 BLEU 复杂得多。同时，METEOR 也需要形态分析工具（提取词干）和同义词词库等语言资源。匹配过程涉及词对齐问题，计算复杂度较高，而且该方法还需要调整更多的参数，如召回率与精确率的权重、词干或同义词匹配的权重等。

4.3.3 TER

BLEU 评价指标比较简单，但是根据系统输出和参考译文计算出来的 BLEU 值缺乏直观的解释。在语音识别中，音频的转录质量由单词错误率（Word Error Rate，WER）衡量，这一指标是通过统计增加、删除和替换单词的个数而实现的。如果计算出系统的单词错误率为 7%，那么该指标值就能直观地体现系统的译文质量。

采用单词错误率作为机器翻译的评价指标存在较大的问题。考虑以下示例：

- **机器译文：** *A spokesperson announced today: "The plan will go forward."*
- **参考译文：** *"The plan will go forward," a spokesperson announced today.*

在这个示例中，机器译文与参考译文几乎完美地匹配，但是计算出来的单词错误率却非常高，因为单词必须按顺序进行匹配，比如按照如下方式匹配：

~~*A spokesperson announced today:*~~ *"The plan will go forward."*

a spokesperson announced today.

它会把主句"A spokesperson announced today"作为未匹配的 4 个单词删除，然后再插入这 4 个单词，因此在这 9 个单词的句子中，有 8 个单词是错误的（忽略标点符号）。

翻译错误率（Translation Error Rate，TER）有时也称为译文编辑率，在单词添加、删除和替换的基础上增加了移位（shift）操作，即移动任何一个单词序列均计为一次错误。在上述示例中，这 9 个单词的译文只有 1 个错误，因此 TER 为 1/9，即大约为 11%。

TER 值不仅非常直观，而且在给单个句子评分时是一个很好的指标。在计算 BLEU 值时需要用到 4 元词组的匹配准确率，但是句子的译文可能不存在 4 元词组，这将导致 BLEU 值为 0。尽管 TER 的使用不如 BLEU 广泛，但是它是句子级别译文质量评价的首选。

不过这种方法也存在如下缺点：TER 值的计算是 NP 完全问题。尽管单词错误率计算可以利用动态规划方法解决，在最坏情况下需要二次方的运行时间，但是想要得到机器译文和参考译文之间的最佳 TER 匹配，则有太多的移位操作需要考虑。Snover 等人于 2006 年提出了一种贪婪爬山算法来实现 TER 的计算，它首先计算机器译文与参考译文之间的

WER，然后遍历所有可能的移位操作，选择其中能最大限度减小 WER 的移位操作，最后选择最优移位操作。该过程迭代进行：找到最优移位操作，更新翻译结果，保留计数，直到所有可能的移位操作都产生更差的得分为止。

这是一种启发式的搜索方法，因此无法保证能找到最佳的匹配，而且仍需要很长的运行时间。

4.3.4 characTER

包括 BLEU 和 TER 在内的基于单词匹配的翻译评价方法存在多种问题，其中一个是无法对形态变体给予一定的分数，而且没有考虑到重要实词的得分应当高于相对次要的虚词的得分。characTER 是计算字符级别的译文编辑率（character Translation Edit Rate，characTER)，它是解决上述问题的一种简单有效的方法。形态变体在拼写方面具有相似性，因而它们之间存在很多字符级别的匹配。实词通常比虚词长，因此其字符数量更多。

考虑到 TER 的计算复杂性，在字符级别实现 TER 会极大地增加运行时间。对此，有人提出了一个相对简单的解决方案：将移位操作限制在单词序列范围内，即在移动过程中不分解单词。另外，人们还针对移位操作改进了计算方法：为了让移位操作的成本与单词删除、插入和替换（涉及许多字符编辑）的成本相一致，移位操作的成本记作参考译文单词的平均长度。

characTER 较适用于形态丰富的目标语言，但是与最近提出的许多指标一样，它尚未得到广泛采用。

4.3.5 自举重采样

如果我们改进了机器翻译系统，就需要翻译上千个句子的测试集来计算 BLEU、METEOR、TER 或 characTER 值，以对比改进之前和改进之后的系统性能。如果改进后的系统指标值更高，我们就认为这种改进能够提升翻译性能。

但是，改进前的系统可能对某些句子表现更好，而改进后的系统则对另一些句子表现更好。如果我们在其他测试集上进行评估会出现什么结果呢？评估结果有可能恰好相反。

学术领域常见的做法是不仅比较实验结果，同时也要分析统计显著性。面对上述情况，我们会想知道以下两个问题的答案：如果将两个系统进行**逐句对**比较（pairwise comparison)，那么我们在多大程度上确信（即有多大的“置信区间（confidence interval)”）一个系统优于另一个系统呢？如果我们获得了翻译系统的 BLEU 值，那么当我们选择类型相同（相同难度和领域）但句子不同的测试集时，我们期望分数落在哪个置信区间内呢？

统计显著性检验为我们提供了上述问题的答案。该答案的形式如下：系统 A 以 95%（p 值为 0.05）的概率优于系统 B。对于许多简单的评价方法，例如句子级别的人工打分方法，有完善的方法和工具可以计算统计显著性水平。但是，上面刚刚讨论的方法依赖于机器译文和参考译文之间相似性的复杂计算，因此之前的显著性检验方法不适用。

自举重采样（bootstrap resampling）是一种计算复杂评价方法的统计显著性方法。我们首先来考虑如何估计置信区间，这与**逐句对**比较非常相似。

考虑以下情况：假设我们从大量的测试句子中抽取 2000 个句子作为测试集，很容易就可以计算出该集合的 BLEU 值，但是该值能有多大概率代表在几乎无穷多的句子的测试集上计算的真实 BLEU 值呢？

如果我们重复地采样，产生不同的包含 2000 个句子的测试集，并在每个测试集上计算 BLEU 值，就可以得到 BLEU 值的分布，如图 4.7 中的钟形曲线所示。只要有足够多的测试集（例如 1000 个），我们就可以凭经验确定 95% 的置信区间。忽略 25 个最高的 BLEU 值和 25 个最低的 BLEU 值，我们就能够得到 95% 的 BLEU 的区间。

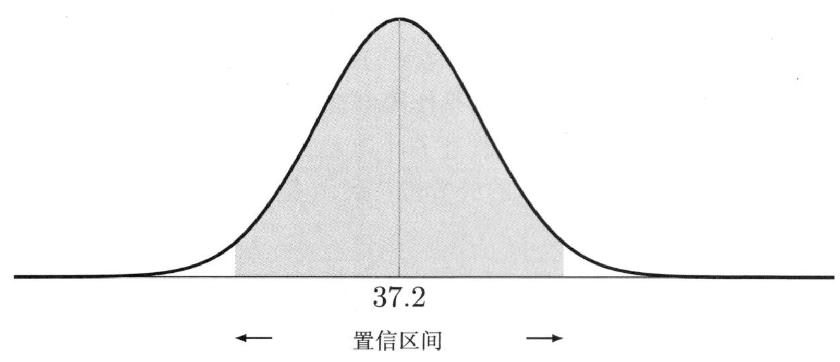

图 4.7　典型正态分布的置信区间。真实取值以 $q = 0.95$ 的概率（图中阴影部分）落入样本的置信区间内（此处均值 $\bar{x} = 37.2$）

上述观点可表述为：如果随机选择一个测试样本集，那么它有 95% 的概率落在中间的灰色区域。因此，一个真实的具有代表性的测试集也会有 95% 的概率处于此区间中。

假设使用 1000 个测试集，每个测试集包含 2000 个句子，这将意味着需要翻译 200 万个句子。如果能够做到这一点，我们完全有可能得到更小的置信区间。可以采用以下技巧：首先从包含 2000 个句子的初始测试集中通过有放回的重采样方法生成 1000 个测试集。由于允许同一句子多次重复，因此能够得到 1000 个不同的测试集和对应的 1000 个不同的测试结果。之后继续计算置信区间，就当作这些测试集彼此之间相互独立。

在此，我们不介绍自举重采样的理论证明，读者可以参考文献（Efron & Tibshiran, 1993）。直观上，自举重采样使用测试集的可变性来得到统计显著性。如果系统在翻译大部分测试集时有非常相似的性能表现，那么得分结果更可信，相反，如果测试集的性能表现差异很大，那么得分结果就不可信。

人们可以直接将自举重采样方法应用于不同系统的逐句对比较。在重新采样的测试集中，首先计算两个系统的得分，然后确定哪个系统更好。如果一个系统在至少 950 个测试集上表现更好，则该系统显著（$p \leqslant 0.05$）优于另一个系统。

4.4 指标研究

4.4.1 关于评价的争论

机器翻译自动评价指标在学术界一直是一个争论不休的话题。人们很难相信像 BLEU 值及上一节中介绍的其他简单评价指标能够正确地反映系统输出与参考译文（或源语言句子）之间的语义差异。

主要的质疑点如下：

- BLEU 忽略了不同单词的相对关系。有些单词很重要，一个最明显的例子是“not”，如果忽略的话会使译文呈现完全相反的含义。相比于限定词和标点符号等无关紧要的单词，名称和核心概念词是更重要的单词。但是在本章所介绍的方法中，所有单词均被同等地对待了。
- BLEU 仅在句子局部进行匹配，忽略了句子整体的语法连贯性。系统输出译文也许从 n 元词组的角度看可能质量尚可，但是从整体句子看就可能非常糟糕。有人质疑这种现象会使评价指标偏向于机器翻译系统，因为机器翻译系统擅长生成较好的 n 元词组，但是不擅长生成语法连贯的句子。
- 实际的 BLEU 值毫无意义。人们不知道 BLEU 值 30% 的含义是什么，因为实际数值取决于多种因素，例如参考译文的数目、不同的语言对、不同的领域，甚至是系统输出译文和参考译文的分词方法等。
- 最近的实验对人工译文的 BLEU 值进行了计算，即将人工参考译文与其他人工参考译文进行 BLEU 值计算。尽管人工译文的质量要高得多，但是这种人工译文的 BLEU 值也只是勉强高于机器翻译输出译文的 BLEU 值。

BLEU 最初提出来的时候，很多抱有怀疑态度的人就提出了上述质疑，而且这些质疑也适用于其他自动评价指标。但是，也有一些人持不同的观点。图 4.8 给出了有说服力的论证，其中显示了 NIST2002 评测中在阿拉伯语 – 英语翻译任务上不同机器翻译系统的人工评价和自动评价的性能表现。

在上述分析中，自动评价分数较低的系统对应的人工评价的分数也较低，而自动评价分数较高的系统对应的人工评价的分数也较高。这说明人工评价得分与自动评价得分之间具有高度的**相关性**。这符合人们对合格自动评价指标的期待，也正是自动评价指标应当做到的。

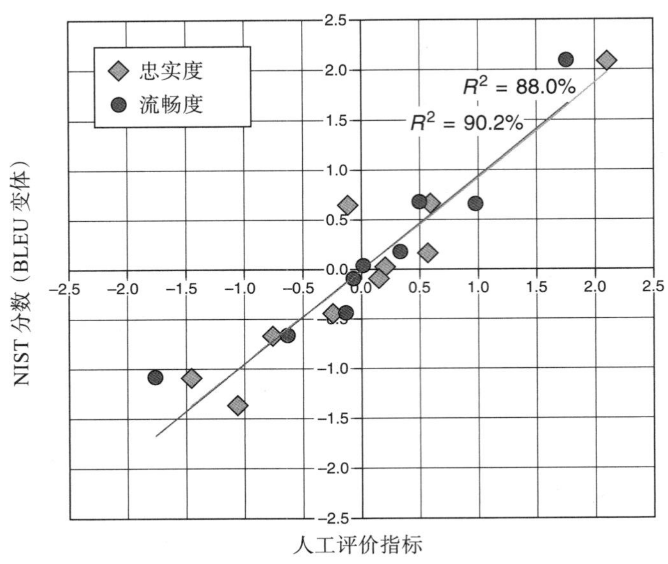

图 4.8 自动评价指标（NIST 分数）与人工评价指标（流畅度和忠实度）（该图的作者为 George Doddington）

4.4.2 对评价指标的评价

BLEU 的提出促进了自动评价指标的研究。在机器翻译大会（WMT）等很多评测活动中，不断地产生人工评价数据，研究人员可以利用这些数据评判新提出的自动评价指标是否比已有的指标（如 BLEU）与人工评价结果更相关。

皮尔逊相关系数（Pearson correlation coefficient）是衡量两个评价指标之间相关性的常用方法。以下是该方法的数学描述：假设有一组包含两个变量 x 和 y 的数据点 $\{(x_i, y_i)\}$，两个变量之间的皮尔逊相关系数 r_{xy} 定义为：

$$r_{xy} = \frac{\sum_i (x_i - \overline{x})(y_i - \overline{y})}{(n-1)s_x s_y} \tag{4.11}$$

为了计算相关系数 r_{xy}，首先需要计算变量 x 和 y 的样本均值 $\overline{x}$ 和 $\overline{y}$ 及样本方差 s_x 和 s_y：

$$\overline{x} = \frac{1}{n}\sum_{i=1}^{n} x_i$$
$$s_x^2 = \frac{1}{n-1}\sum_{i=1}^{n}(x_i - \overline{x})^2 \tag{4.12}$$

变量的相关性介于完全相关（$r_{xy} = 1$）和完全独立（$r_{xy} = 0$）之间。如何界定相关性也一直没有定论。表 4.3 给出了相关系数的常用标准。如果我们的目标是对比不同的自动评价指标与人工评价指标之间的相关性，那么相关性越高越好。

表 4.3　相关系数 r_{xy} 的常用标准

相关性	负相关	正相关
小	–0.29 ～ –0.10	0.10 ～ 0.29
中等	–0.49 ～ –0.30	0.30 ～ 0.49
大	–1.00 ～ –0.50	0.50 ～ 1.00

4.4.3　自动评价指标缺点的相关证据

人们用评测活动的数据进行了相关性研究，结果表明在某些特殊情况下人工评价指标和自动评价指标之间不相关。

在 2005 年的 NIST 评测中，阿拉伯语 – 英语翻译任务有多个系统提交了结果，其中一个是译后编辑的结果，是由仅熟悉目标语言但不了解源语言的单语人员完成的。该译后编辑结果只略提升了 BLEU 值，但是在人工评价中其流畅度和忠实度均得到了很大的提高（见图 4.9a 和图 4.9b）。

此外，人们将一个基于规则的商用机器翻译系统与两个不同的统计翻译系统（其中一个由完整数据集训练得到，另一个仅由 1/64 数据集训练得到）进行了比较。结果表明，BLEU 值无法正确地反映人工评价的结果。与基于规则的系统相比，较差的统计翻译系统的译文人工打分较低，但其 BLEU 值却更高。基于规则的翻译系统和较好的统计翻译系统得到了相近的人工评分，但它们的 BLEU 值却分别为 18% 和 30%（见图 4.9c）。

WMT 2006 评测活动的结论验证了后一种情况——同样用基于规则的翻译系统与不同的统计翻译系统进行比较。有趣的是，人们发现在领域外的测试数据上自动评分与人工评分的相关性更高。虽然基于规则的翻译系统并不是针对某个领域专门设计的，统计翻译系统却是根据 Europarl 数据训练得到的，但领域外的测试数据是政治和经济评论。这一发现似乎可以解释为什么相关性较差，因为自动评分方法过于受字面因素影响，所以在专业术语的打分上比人类评估人员给出的分数更高。

目前对自动评价指标的争论有一个普遍的共识：自动评价指标是统计机器翻译系统开发的一个基本工具，但是它并不完全适用于计算质量评分以对系统进行有效的排名。因此，评价指标的进一步研发仍然是学术界面临的一个挑战。

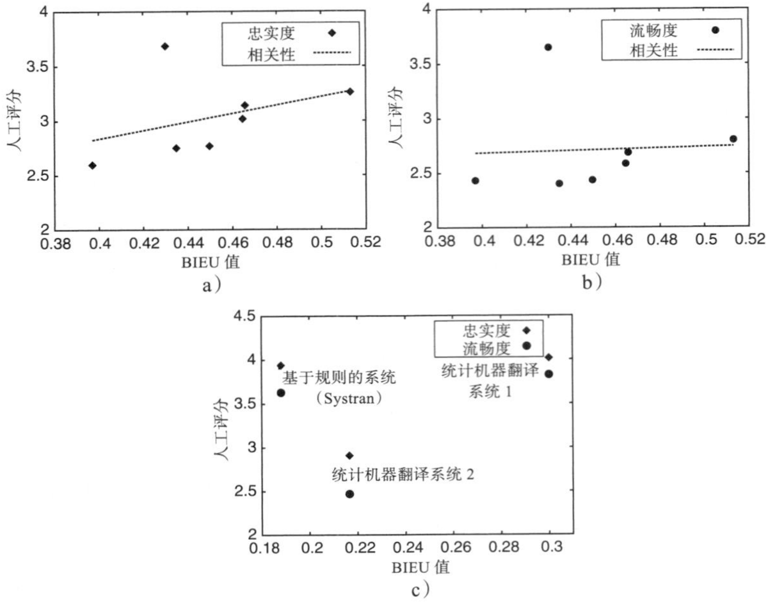

图 4.9　BLEU 与人工评价指标之间相关性较差的示例。在忠实度和流畅度评价中，译后编辑得到的译文的 BLEU 值较低，其人工评分反而较高。基于规则的系统的 BLEU 值远低于统计机器翻译系统，但是人工评分却与其中一个统计机器翻译系统相当。上述系统是在 Europarl 语料库上进行训练和评价的

4.4.4　新的评价指标

自动评价指标的研究是一项定义明确的任务。在给定多年评测活动的人工评价数据集的基础上，这项研究任务的挑战就是提出一种与人工评分高度相关的自动评价指标。实际上，每年都会举办关于自动评价指标的公开评测[⊖]，这些评测活动与 WMT 翻译评测同时进行。多年来，人们提出了多项新的评价指标。

以下是部分具有创新性的研究：

- METEOR 首次提出了在匹配时对同义词或具有相同词干的单词分配一定分数的策略，该思路可应用于其他任何以单词匹配为主的指标计算中。例如，BLEU 已被扩展为 BLEU-S，这种方法以一种更加宽泛的条件匹配 n 元词组。
- 给定一组明确的输入输出集，其中输入是源语言句子、机器翻译译文和参考译文的三元组，输出是人工评分，这种数据集很适合使用机器学习方法。我们可以根据之前的人工评价数据训练一个自动评价指标，并将其应用于新的测试集。人们已经提出了多种这样的指标，当前较为流行的评价指标是 BEER，它融合了词、子词和字

⊖ http://www.statmt.org/wmt19/metrics-task.html。

符特征以及词序特征。

- 大多数评价指标关注机器翻译译文和参考译文之间的单词匹配情况。对于词序差异较大的语言对（例如日语 – 英语），这种做法可能不太适用。设计指标时需要考虑如何评测单词顺序，为了解决这个问题，人们已经提出了像 RIBES 这样的评价指标，它能够统计以正确顺序排列的词组的数目。
- 机器翻译译文和参考译文之间的比较本质上是一种语义匹配任务，因此深层次的语言表示可能更加有效。于是人们提出了基于句法树结构和语义属性（如语义角色）匹配的评价指标（如 MEANT）。
- 深度学习方法已被用于评价指标的研究中。除了单词匹配以外，还可以进行词嵌入表示的匹配比较，或者首先将机器翻译译文与参考译文都转换成句子嵌入表示，然后再进行对比。这种方法需要预训练的嵌入表示，例如通过大量单语言文本训练所得到的句子嵌入表示。

值得注意的是，与人工评分的相关性大小并不是评估自动评价指标的唯一标准。正如之前所述，**可解释性**（interpretability）也是自动评价指标的一个重要方面。例如，人们并不知道 BLEU 值（假设为 34.2%）意味着什么，这是机器翻译系统研究者关注的问题。TER 的含义则较为直观，它可以大致理解为“需要修改的单词的比例”。

有些评价指标的计算需要额外的**资源**（resources），包括语言分析工具（如句法和语义分析器、词性标注工具、词干提取器和同义词匹配工具等）或数据（之前的评价结果、单语和双语数据等），这些资源在某些语种或领域里并不存在。任何需要训练的评价指标在使用过程中都会付出更多的代价，同时人们也会认为这些方法对数据有特殊的要求，因此会质疑其采用的训练集或测试集。当将这些自动评价方法用于翻译系统的优化时所带来的**计算代价**（computation cost）也可能是需要关注的一个问题。

尽管自动评价指标的研究已经开展了十余年，但令人惊讶的是，数据驱动的机器翻译研究中第一个常用的自动评价指标 BLEU 仍然是当前广泛使用的一个指标，或许其他方法的上述缺点能够解释这种现象。新的评价指标的可信度（credibility）也是需要考虑的问题，当研究人员仅采用新提出的评价指标时，人们也会关注系统的改进是否能够取得更高的 BLEU 值。采用多个评价指标不利于对新的评价指标的研究，因为大部分人更愿意看到自己熟悉的指标。

第二部分

Neural Machine Translation

基　础

第 5 章
Neural Machine Translation

神经网络

神经网络是一种机器学习方法，它可以根据一组输入预测输出。神经网络与其他的机器学习方法有诸多类似之处，但是它也有自身独特的优势。

5.1 线性模型

线性模型是统计机器翻译中的核心组件。在统计机器翻译中，一个句子的翻译候选 x 可以表示成一组特征 $h_j(x)$，我们对每一个特征值赋予相应的权重 λ_j，并对其进行加权求和，就可以得到最终的分数。模型的计算方式如下：

$$\text{score}(\lambda, x) = \sum_j \lambda_j h_j(x) \tag{5.1}$$

如果用图形表示的话，线性模型可以描述为一个神经网络，其中**输入节点**表示特征值，箭头表示特征对应的**权重**，输出节点表示最终的分数（见图 5.1）。

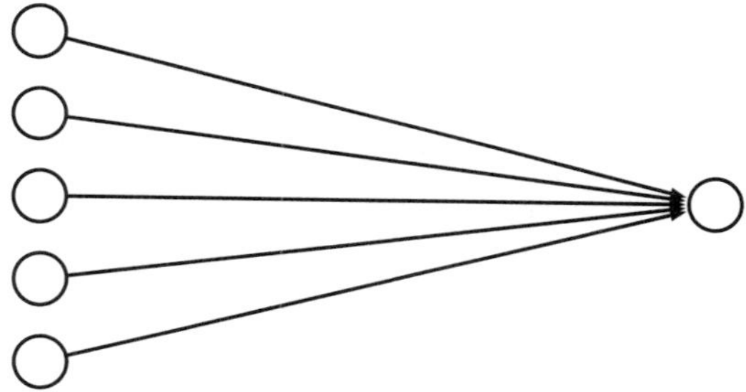

图 5.1　线性模型可以看作一个神经网络（输入节点表示特征值，箭头表示权重，输出节点表示最终分数）

训练方法可以给每个特征 $h_j(x)$ 赋予一个权重 λ_j，权重可以决定对应特征的重要性，调整权重可以赋予较好的译文更高的分数。在统计机器翻译中，这个过程称为参数调优。

但是，线性模型无法定义不同特征之间的复杂关系。举例来说，如果我们发现在某个短句子的翻译中，翻译模型比语言模型更重要，或者翻译概率超过 0.1 的短语译文差不多一样好，但是小于这个概率的短语译文都极其糟糕。第一种假设的情况说明特征之间存在依赖关系，而第二种情况说明特征与最终分数之间是非线性关系。线性模型无法处理此类情况。

人们经常使用异或（XOR）作为线性模型的反例，XOR 即为布尔运算⊕，其运算法则为：$0 \oplus 0=0$，$1 \oplus 0=1$，$0 \oplus 1=1$，$1 \oplus 1=0$。对有两个特征（表示输入）的线性模型来说，在任何权重情况下模型均无法给出正确的输出。线性模型假设所有的样本（即特征空间中的点）是线性可分的，而这一假设对于 XOR 和机器翻译所使用的特征来说是不成立的。

5.2　多层网络

神经网络在线性模型的基础上做了两点重要的改进，第一点是使用了多层网络。不同于直接利用输入计算输出，神经网络引入了**隐藏层**。之所以称其为“隐藏”是因为人们从训练样本中只能看到输入和输出，而无法观察到它们之间的连接方式——这里的“隐藏”含义与隐马尔可夫模型类似（见图 5.2）。

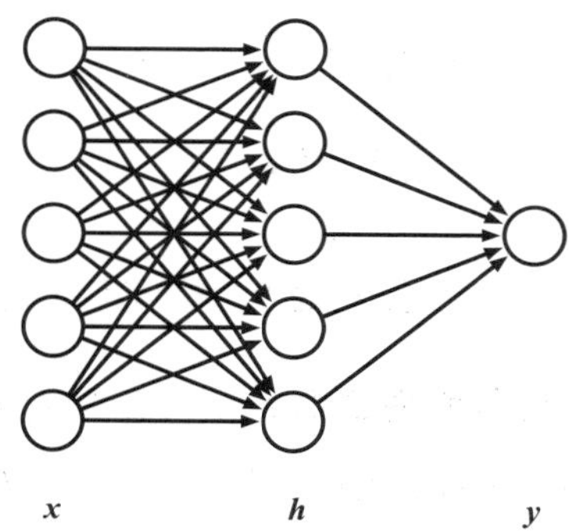

图 5.2　具有一个隐藏层的神经网络

神经网络通过两个步骤进行处理，首先对输入节点进行线性加权组合，计算每个隐藏层节点的值，然后对隐藏层节点进行线性加权组合，计算每个输出节点的值。

现在，我们来介绍神经网络相关文献中常用的数学符号。包含一个隐藏层的神经网络由以下部分组成：

- 输入节点的向量 $\boldsymbol{x} = (x_1, x_2, x_3, \cdots, x_n)^{\mathrm{T}}$；
- 隐藏层节点的向量 $\boldsymbol{h} = (h_1, h_2, h_3, \cdots, h_m)^{\mathrm{T}}$；
- 输出节点的向量 $\boldsymbol{y} = (y_1, y_2, y_3, \cdots, y_l)^{\mathrm{T}}$；
- 连接输入节点与隐藏层节点的权重矩阵 $\boldsymbol{U} = \{u_{j \leftarrow k}\}$；
- 连接隐藏层节点与输出节点的权重矩阵 $\boldsymbol{W} = \{w_{i \leftarrow j}\}$。

该神经网络的计算过程如下：

$$h_j = \sum_k u_{j\leftarrow k} x_k \tag{5.2}$$

$$y_i = \sum_j w_{i\leftarrow j} h_j \tag{5.3}$$

需要注意的是，尽管图中所示的神经网络只有一个输出节点，但实际上输出层可能有多个节点。

5.3 非线性模型

如果我们仔细观察一下公式（5.2）和公式（5.3），就会发现引入额外的隐藏层并不会提升输入和输出之间复杂关系的建模能力。我们可以简单地通过权重相乘的方法去掉隐藏层的影响：

$$\begin{aligned} y_i &= \sum_j w_{i\leftarrow j} h_j \\ &= \sum_j \left(w_{i\leftarrow j} \sum_k u_{j\leftarrow k} x_k \right) \\ &= \sum_{j,k} w_{i\leftarrow j} u_{j\leftarrow k} x_k \\ &= \sum_k x_k \left(\sum_j w_{i\leftarrow j} u_{j\leftarrow k} \right) \end{aligned} \tag{5.4}$$

神经网络的一个重要组件是**非线性激活函数**。在得到输入特征的线性加权组合 $s_j = \sum_k u_{j\leftarrow k} x_k$ 之后，通过使用这类激活函数就能够得到节点值 $h_j = f(s_j)$。公式（5.2）可以修改为：

$$h_j = f\left(\sum_k u_{j\leftarrow k} x_k \right) \tag{5.5}$$

常见的非线性激活函数有双曲正切函数 tanh(x) 和 Logistic 函数 sigmoid(x)。图 5.3 给出了这些函数的详细信息。激活函数能够将线性组合结果 s_j 的取值范围划分为不同的部分：

- 节点状态被抑制的部分（tanh 接近 0 的值，或者 sigmoid 接近 –1 的值）；
- 节点状态被部分激活的过渡部分；
- 节点状态被激活的部分（接近 1 的值）。

另一个常用的激活函数是**线性整流单元**（Rectified Linear Unit，ReLU），它不会输出负值（将负值映射为 0），而是保持正值不变。与 tanh(x) 或者 sigmoid(x) 相比，ReLU 的计算更加简单快捷。

每个隐藏层节点可以看作一个特征检测器，它能够激活某些状态的节点，同时抑制其他节点。神经网络支持者认为，使用隐藏层节点可以消除（或者至少大幅降低）对特征工程的需要：通过训练隐藏层自动发现有用的模式或特征，而不是由人工选择。

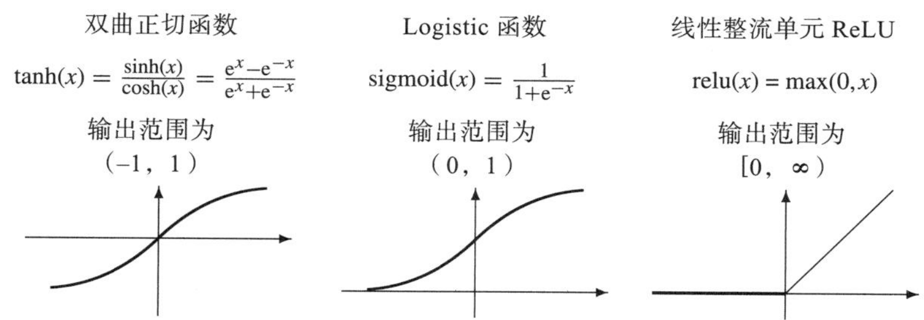

图 5.3 神经网络中常见的激活函数

人们不满足于单个隐藏层，发现将隐藏层节点一层一层地堆叠起来往往会取得更好的性能，这就是目前神经网络应用最常见的做法，称为深度学习。

5.4 推断

我们通过一个具体的例子来说明神经网络的推断过程（即如何通过输入值计算输出值）。给定如图 5.4 所示的神经网络，该网络中包含一个我们目前还没来得及介绍的新结构：偏置单元。偏置单元是值恒等于 1 的节点，偏置单元能够让神经网络在全 0 输入时仍然有效，否则无论如何调整权重，加权和 s_j 都将恒等于 0。

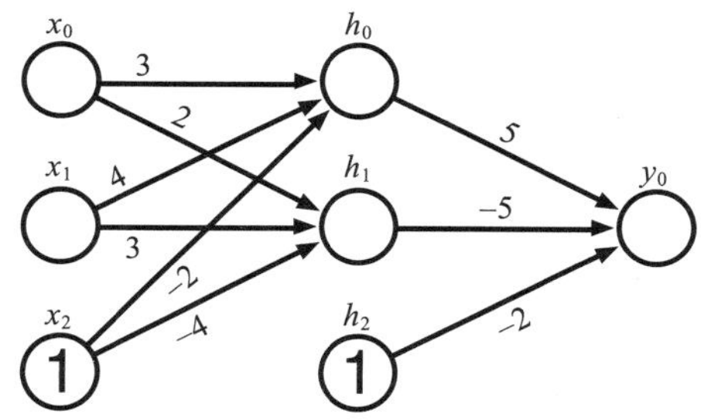

图 5.4 输入层和隐藏层包含偏置节点的简单的神经网络

我们利用这个神经网络来处理一些输入，假设第一个输入节点 x_0 的值为 1，第二个输入节点 x_1 的值为 0，偏置输入节点（以 x_2 表示）的值固定为 1。为了得到第一个隐藏层节点 h_0 的值，我们需要进行如下计算：

$$\begin{aligned} h_0 &= \text{sigmoid}\left(\sum_k x_k u_{0 \leftarrow k}\right) \\ &= \text{sigmoid}(1 \times 3 + 0 \times 4 + 1 \times (-2)) \\ &= \text{sigmoid}(1) \\ &= 0.731 \end{aligned} \tag{5.6}$$

其他节点的计算过程如表 5.1 所示。对于输入（1，0），输出节点 y_0 的值为 0.743。如果希望得到二值化的输出，那么可以将其理解为 1，因为输出取值范围 [0，1] 的阈值为 0.5，而输出节点的值大于该阈值。

表 5.1　当输入为（1，0）时，图 5.4 所示网络的计算过程

层	节点	加法运算	激活函数运算
隐藏层	h_0	$1\times3+0\times4+1\times(-2)=1$	0.731
隐藏层	h_1	$1\times2+0\times3+1\times(-4)=-2$	0.119
输出层	y_0	$0.731\times5+0.119\times(-5)+1\times(-2)=1.060$	0.743

对于所有的二值化输入，其输出为：

输入节点 x_0	输入节点 x_1	隐藏层节点 h_0	隐藏层节点 h_1	输出节点 y_0
0	0	0.119	0.018	$0.183\rightarrow0$
0	1	0.881	0.269	$0.743\rightarrow1$
1	0	0.731	0.119	$0.743\rightarrow1$
1	1	0.993	0.731	$0.334\rightarrow0$

上述神经网络实现了 XOR 运算。那么，它是如何做到的呢？如果我们观察隐藏层节点 h_0 和 h_1，就会发现 h_0 的表现与布尔运算 OR 类似：当输入节点的值至少有一个为 1 时，其取值较大（三种输入对应的 h_0 分别为 0.881、0.731、0.993），在输入节点均为 0 的情况下，其取值较小（0.119）。隐藏层节点 h_1 的表现则与布尔运算 AND 类似：仅当两个输入节点的值都为 1 时，其取值较大（0.731）。XOR 运算可以通过 AND 和 OR 隐藏层节点的减法实现。

值得注意的是，非线性是上述过程的关键。OR 节点 h_0 在输入为（1，1）时的取值并不比输入节点只有一个为 1 时（（0，1）和（1，0））大太多（0.993 对比 0.881 和 0.731），而在上述情况下，AND 节点 h_1 的值（0.731）存在显著的优势，从而使最终输出 y_0 的值低于阈值。如果像线性模型那样采用加权求和的方式，就无法达到这种效果。

如前所述，近年来深度学习方法成为神经网络应用的主流趋势。这种方法认为，在一般情况下通过增加隐藏层的数量可以提高模型的性能，XOR 的例子恰好印证了这种能力。单个输入输出层的网络可以模拟基本的布尔运算，如 AND 和 OR，这些运算用线性分类器就能建模。XOR 可以表示为 x OR $y-x$ AND y，在前面的神经网络例子中，第一层实现了 AND 和 OR 运算，第二层实现了减法运算。对于包含复杂计算的函数，需要将大量运算连接起来，因此就需要包含更多隐藏层的神经网络架构。如果神经网络隐藏层的数量与计算机程序的计算深度一致，那么这个网络就能够描述该计算机程序（在有充分训练数据的前提下）。这是**神经图灵机**（neural Turing machine）的相关研究内容，其目的是探索实现基本算法需要的网络架构（Gemici et al.，2017），例如，包含两个隐藏层的神经网络就足以实现 n

比特数字的排序算法。

5.5 反向传播训练

训练神经网络需要对权重进行优化，从而使网络能够在训练样本上实现正确的预测。通常，我们将训练样本的输入重复地提供给网络，对比网络的输出和对应样本中的真实输出结果，然后更新权重。一般情况下，需要对训练样本进行多轮循环，每轮循环称为训练数据的一次遍历（epoch）。

神经网络最常用的训练方法是**反向传播**算法，因为它首先更新输出层的权重，然后将误差信息传递到前一层。神经网络在处理完一个样本之后，网络中的每个节点都会得到一个误差项，这正是网络中权重更新的基础。

用于权重更新的具体计算公式采用**梯度下降**法。对于特定的节点，误差看作权重的函数。在给定函数的情况下，为了减少误差，我们需要计算这个误差函数对每个权重的梯度，并沿着负梯度的方向更新权重。

为什么要沿着梯度方向呢？这是一个多维度同时优化的问题，假设你需要寻找一个区域内的最低点（就像在沙漠中寻找水源），在向西的方向地面下降得比较快，而在向南的方向下降得比较缓，那么你就会选择往西稍微偏南的方向前进。换句话说，就是沿着负梯度方向走（见图 5.5）。

在接下来的两小节中，我们将以前面的神经网络为例推导权重更新的公式。如果你不想了解其推导过程，只想了解如何使用的话，那么可以直接跳过 5.5.1 和 5.5.2 节，直接查看 5.5.3 节中的公式总结。

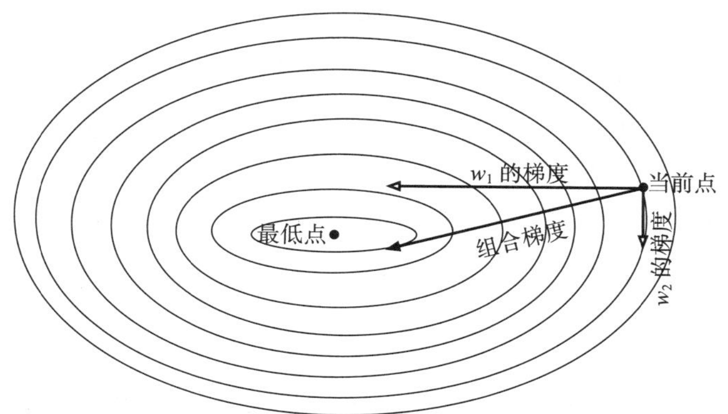

图 5.5 梯度下降训练。计算每一个维度的梯度。在这个例子中，权重 w_2 的梯度比权重 w_1 的梯度小，因此移动方向为左边稍微偏下（注意：箭头指向负梯度方向，指向最小化方向）

5.5.1 输出节点权重

我们首先对前面的数学符号进行回顾和扩展。在输出节点 y_i 上，我们首先计算权重和隐藏层节点值的线性组合：

$$s_i = \sum_j w_{i\leftarrow j} h_j \tag{5.7}$$

组合结果 s_i 再经过激活函数（如 sigmoid 函数）处理，得到最终的输出值 y_i：

$$y_i = \text{sigmoid}(s_i) \tag{5.8}$$

然后，对比网络的输出值 y_i 和训练样本中的目标值 t_i。根据对比结果，有多种计算误差值 E 的方法，这里使用 L2 范数：

$$E = \sum_i \frac{1}{2}(t_i - y_i)^2 \tag{5.9}$$

如前所述，我们的目的是通过计算误差值 E 关于权重 $w_{i\leftarrow j}$ 的梯度来确定权重需要更新的方向和大小。我们分别计算每一个权重 $w_{i\leftarrow j}$ 的梯度。首先，把梯度计算公式分解为三项：

$$\frac{\partial E}{\partial w_{i\leftarrow j}} = \frac{\partial E}{\partial y_i}\frac{\partial y_i}{\partial s_i}\frac{\partial s_i}{\partial w_{i\leftarrow j}} \tag{5.10}$$

然后，代入公式（5.7）到公式（5.9）逐项计算。

- 由于我们依据输出值 y_i 定义误差 E，因此可按照如下公式计算第一项：

$$\frac{\partial E}{\partial y_i} = \frac{\partial}{\partial y_i}\frac{1}{2}(t_i - y_i)^2 = -(t_i - y_i) \tag{5.11}$$

- 输出值 y_i 关于 s_i（权重和隐藏层节点值的线性组合）的梯度取决于激活函数。在使用 sigmoid 作为激活函数的情况下，可以得到：

$$\frac{\partial y_i}{\partial s_i} = \frac{\partial \text{sigmoid}(s_i)}{\partial s_i} = \text{sigmoid}(s_i)(1-\text{sigmoid}(s_i)) = y_i(1-y_i) \tag{5.12}$$

  为了使接下来的讨论尽可能地通用，不局限于 sigmoid 作为激活函数的情况，我们使用缩写 y_i' 来表示 $\frac{\partial y_i}{\partial s_i}$。注意，给定任意训练样本和任意可微激活函数，这个值都可以计算出来。

- 最后，计算 s_i 对于权重 $w_{i\leftarrow j}$ 的梯度，可以证明，该梯度就是隐藏层节点 h_j 的值：

$$\frac{\partial s_i}{\partial w_{i\leftarrow j}} = \frac{\partial}{\partial w_{i\leftarrow j}}\sum_j w_{i\leftarrow j} h_j = h_j \tag{5.13}$$

在公式（5.11）到公式（5.13）中，我们计算了误差值 E 的梯度的三项（公式（5.10）

右侧的三项)，把这些结果结合起来可以得到：

$$\frac{\partial E}{\partial w_{i\leftarrow j}} = \frac{\partial E}{\partial y_i}\frac{\partial y_i}{\partial s_i}\frac{\partial s}{\partial w_{i\leftarrow j}}$$
$$= -(t_i - y_i)y_i' h_j \tag{5.14}$$

考虑**学习率** μ，可以得到如下权重 $w_{i\leftarrow j}$ 的更新公式。需要注意的是，我们移除了公式中的负号，因为需要沿着负梯度方向得到最小值：

$$\Delta w_{i\leftarrow j} = \mu(t_i - y_i)y_i' h_j$$

这里我们需要引入一个重要的概念：**误差项** δ_i。注意，虽然参数权重更新关注的是权重，但是这个误差项与某个节点相关联。对于一个节点，其误差项只需要计算一次，却可以用于多个与该节点连接的节点的参数更新：

$$\delta_i = (t_i - y_i)y_i' \tag{5.15}$$

权重更新公式可以简化为：

$$\Delta w_{i\leftarrow j} = \mu\delta_i h_j \tag{5.16}$$

5.5.2 隐藏层节点权重

隐藏层节点的梯度计算方法和权重更新公式与输出层的类似。与之前介绍的一样，首先定义输入节点值 x_k（对应之前的 h_j）、权重 $u_{j\leftarrow k}$（对应之前的 $w_{i\leftarrow j}$）和线性加权组合的结果 z_j（对应之前的 s_i）：

$$z_j = \sum_k u_{j\leftarrow k} x_k \tag{5.17}$$

隐藏层节点值 h_j 的计算公式为：

$$h_j = \text{sigmoid}(z_j) \tag{5.18}$$

根据梯度下降法的原则，我们需要计算误差 E 对权重 $u_{j\leftarrow k}$ 的梯度，与前面一样，这个梯度可以分解为：

$$\frac{\partial E}{\partial u_{j\leftarrow k}} = \frac{\partial E}{\partial h_j}\frac{\partial h_j}{\partial z_j}\frac{\partial z_j}{\partial u_{j\leftarrow k}} \tag{5.19}$$

$\frac{\partial E}{\partial h_j}$ 的计算要更加复杂，因为误差 E 是直接由输出值 y_i 定义的，而不是由隐藏层节点 h_j 定义的。反向传播算法背后的思想是追踪隐藏层节点的误差对下一层节点误差的贡献，使用链式法则可以得到：

$$\frac{\partial E}{\partial h_j} = \sum_i \frac{\partial E}{\partial y_i}\frac{\partial y_i}{\partial s_i}\frac{\partial s_i}{\partial h_j} \tag{5.20}$$

我们已经计算过前两项 $\frac{\partial E}{\partial y_i}$（公式（5.11））和 $\frac{\partial y_i}{\partial s_i}$（公式（5.12））的结果，因此：

$$
\begin{aligned}
\frac{\partial E}{\partial y_i}\frac{\partial y_i}{\partial s_i} &= \frac{\partial}{\partial y_i}\sum_{i'}\frac{1}{2}(t_{i'}-y_{i'})^2 \times y_i' \\
&= \frac{\partial}{\partial y_i}\frac{1}{2}(t_i-y_i)^2 \times y_i' \\
&= -(t_i-y_i)y_i' \\
&= \delta_i
\end{aligned} \tag{5.21}
$$

公式（5.20）中的第三项可以直接进行计算：

$$
\frac{\partial s_i}{\partial h_j} = \frac{\partial}{\partial h_j}\sum_i w_{i\leftarrow j}h_j = w_{i\leftarrow j} \tag{5.22}
$$

把公式（5.21）和公式（5.22）合并起来，公式（5.20）就可以写为：

$$
\frac{\partial E}{\partial h_j} = \sum_i \delta_i w_{i\leftarrow j} \tag{5.23}
$$

上述结果比较直观，即在节点 h_j 上产生的误差取决于后续节点 y_i 的误差项 δ_i 与权重 $w_{i\leftarrow j}$ 的加权和，而权重 $w_{i\leftarrow j}$ 表征隐藏层节点 h_j 对输出节点 y_i 的影响。

下面介绍其余部分。公式（5.19）中的第二项为：

$$
\begin{aligned}
\frac{\partial h_j}{\partial z_j} &= \frac{\partial \text{sigmoid}(z_j)}{\partial z_j} \\
&= \text{sigmoid}(z_j)(1-\text{sigmoid}(z_j)) = h_j(1-h_j) = h_j'
\end{aligned} \tag{5.24}
$$

第三项为：

$$
\frac{\partial z_j}{\partial u_{j\leftarrow k}} = \frac{\partial}{\partial u_{j\leftarrow k}}\sum_k u_{j\leftarrow k}x_k = x_k \tag{5.25}
$$

把公式（5.23）、公式（5.24）和公式（5.25）组合起来，可以得到如下的梯度计算公式：

$$
\begin{aligned}
\frac{\partial E}{\partial u_{j\leftarrow k}} &= \frac{\partial E}{\partial h_j}\frac{\partial h_j}{\partial z_j}\frac{\partial z_j}{\partial u_{j\leftarrow k}} \\
&= \sum_i(\delta_i w_{i\leftarrow j})h_j' x_k
\end{aligned} \tag{5.26}
$$

和输出节点类似，我们为每个隐藏层节点定义误差项 δ_j：

$$
\delta_j = \sum_i(\delta_i w_{i\leftarrow j})h_j' \tag{5.27}
$$

那么，就可以得到类似形式的权重更新公式：

$$
\Delta u_{j\leftarrow k} = \mu\delta_j x_k \tag{5.28}
$$

5.5.3　公式总结

神经网络模型需要通过训练样本实现训练，它每次处理一个样本并进行一次权重更新，权重更新时沿着误差更小的梯度方向进行。更新的权重由网络中每一个非输入节点所对应的误差项 δ_i 计算得到。

对于输出节点，误差项 δ_i 由当前网络节点的实际输出 y_i 和该节点的目标输出值 t_i 得到：

$$\delta_i = (t_i - y_i)\ y_j' \tag{5.29}$$

对于隐藏层节点，误差项 δ_j 由后续节点的误差项 δ_i 和它们之间的连接权重 $w_{i\leftarrow j}$ 反向传播得到：

$$\delta_j = \sum_i (\delta_i w_{i\leftarrow j})\ h_j' \tag{5.30}$$

y_i' 和 h_j' 表示激活函数的导数，网络将每个节点的加权和传递给激活函数处理。

给定误差项，每个节点 h_j（或者 x_k）连接的权重 $w_{i\leftarrow j}$（或者 $u_{j\leftarrow k}$）在学习率 μ 的调节下进行更新：

$$\begin{aligned}\Delta w_{i\leftarrow j} &= \mu\delta_i h_j \\ \Delta u_{j\leftarrow k} &= \mu\delta_j x_k\end{aligned} \tag{5.31}$$

权重一旦更新，网络就开始处理下一个训练样本，通常情况下需要对训练数据处理多遍，每一遍称为一次训练数据遍历。

5.5.4　权重更新示例

给定图 5.4 的神经网络，我们以训练样本（1，0）→ 1 为例说明网络是如何进行处理的。

我们从计算输出节点 y_0 的误差项 δ 开始。在前向推断时（见表 5.1），已经计算了隐藏层节点加权线性组合值 s_0=1.060 和输出节点的值 y_0=0.743。输出节点目标值 t_0=1：

$$\delta = (t_0 - y_0)\ y_0' = (1-0.743)\times\text{sigmoid}'(1.060) = 0.257\times 0.191 = 0.049 \tag{5.32}$$

根据该值，我们可以计算权重的更新值，如 $w_{0\leftarrow 0}$ 的更新值为：

$$\Delta w_{0\leftarrow 0} = \mu\delta_0 h_0 = \mu\times 0.049\times 0.731 = \mu\times 0.036 \tag{5.33}$$

由于隐藏层节点 h_0 只与一个输出节点 y_0 连接，其对应的误差项 δ_0 的计算并不复杂：

$$\begin{aligned}\delta_j &= \sum_i (\delta_i w_{i\leftarrow 0}) h_0' = (\delta\times w_{0\leftarrow 0})\times\text{sigmoid}'(z_0) \\ &= 0.049\times 5\times 0.197 = 0.048\end{aligned} \tag{5.34}$$

表 5.2 列出了所有权重更新的结果。

表 5.2 在训练数据为（1，0）→ 1 时，图 5.4 所示神经网络（这里重新给出）的权重更新值（学习率 μ 为 1 的情况下）

节点	误差项	权重更新值
y_0	$\delta = (t_0 - y_0)\text{sigmoid}'(s_0)$ $\delta = (1-0.743) \times 0.191 = 0.049$	$\Delta w_{0\leftarrow j} = \mu\delta h_j$ $\Delta w_{0\leftarrow 0} = \mu \times 0.049 \times 0.731 = 0.036$ $\Delta w_{0\leftarrow 1} = \mu \times 0.049 \times 0.119 = 0.006$ $\Delta w_{0\leftarrow 2} = \mu \times 0.049 \times 1 = 0.049$
h_0	$\delta_j = \delta w_{i\leftarrow j}\text{sigmoid}'(z_j)$ $\delta_0 = 0.049 \times 5 \times 0.197 = 0.048$	$\Delta u_{j\leftarrow k} = \mu\delta_j x_k$ $\Delta u_{0\leftarrow 0} = \mu \times 0.048 \times 1 = 0.048$ $\Delta u_{0\leftarrow 1} = \mu \times 0.048 \times 0 = 0$ $\Delta u_{0\leftarrow 2} = \mu \times 0.048 \times 1 = 0.048$
h_1	$\delta_1 = 0.049 \times -5 \times 0.105 = -0.026$	$\Delta u_{1\leftarrow 0} = \mu \times (-0.026) \times 1 = -0.026$ $\Delta u_{1\leftarrow 1} = \mu \times (-0.026) \times 0 = 0$ $\Delta u_{1\leftarrow 2} = \mu \times (-0.026) \times 1 = -0.026$

5.5.5 验证集

神经网络的训练过程会经历多个轮次，即在整个训练集上多次迭代。那么，训练过程何时停止呢？当追踪训练过程时，我们会发现训练集的误差会不断减小，但是，在某一个时刻就会出现**过拟合**现象，即神经网络记住了训练数据，却失去了泛化性。

我们可以额外构建一个样本集来检查是否过拟合，这个样本集称为验证集，验证集不参与训练过程（见图 5.6）。当我们在训练过程的每个时刻在验证集上衡量误差时，就会发现在某个时刻误差开始增加了，因此，我们需要在验证集上误差最小的时候停止训练。

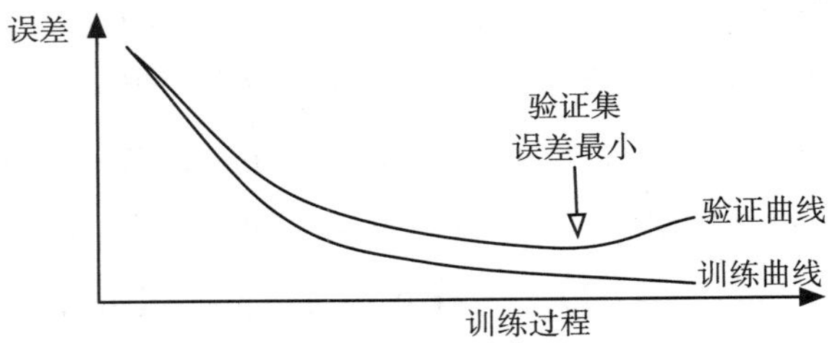

图 5.6 整个训练随时间变化的情况。训练集的误差不断下降，但是在验证集上，从某个时刻开始，误差却开始增加了。训练过程通常会在验证集误差最小的时候停止，以避免过拟合现象的发生

5.6 探索并行处理

5.6.1 向量和矩阵运算

我们可以将神经网络中需要进行的运算表示为向量和矩阵的运算。

- ❑ 前向计算：$\boldsymbol{x} = \boldsymbol{W}\boldsymbol{h}$。
- ❑ 激活函数：$\boldsymbol{y} = \text{sigmoid}(\boldsymbol{s})$。
- ❑ 误差项：$\boldsymbol{\delta} = (\boldsymbol{t}-\boldsymbol{y})\text{sigmoid}'(\boldsymbol{z})$。
- ❑ 误差项传播：$\boldsymbol{\delta}_l = \boldsymbol{W}^{\mathrm{T}}\boldsymbol{\delta}_{l+1} \cdot \text{sigmoid}'(\boldsymbol{z}_l)$。
- ❑ 权重更新：$\Delta\boldsymbol{W} = \mu\boldsymbol{\delta}\boldsymbol{h}$。

向量和矩阵运算的复杂度非常高。例如，如果网络中有 200 个节点，那么矩阵运算 $\boldsymbol{W}\boldsymbol{h}$ 就需要进行 200 × 200 = 40 000 次乘法运算。矩阵运算在计算机科学的图像处理领域较为常见。当在屏幕上渲染图像时，需要处理三维物体的几何属性，生成二维显示器上图像的色彩。出于快速图像处理的迫切需求——如用户在玩逼真的计算机游戏时——人们普遍采用了一种特殊的硬件：**图形处理单元**（Graphics Processing Unit，GPU）。

GPU 有大规模的运算核（例如，NVIDIA GTX 1080ti GPU 包含 3584 个线程处理器），但其指令集是轻量级的。GPU 可以发布指令同时对大量的数据点进行计算，这正是向量空间计算需要的。人们可以利用各种库函数对 GPU 进行编程，如支持 C++ 的 CUDA 等，GPU 编程已经成为开发大规模神经网络应用的重要组成部分。

标量、向量和矩阵统称为**张量**，张量可以包含多个维度：矩阵序列可以打包为三维的张量。高维张量广泛应用于神经网络工具包中。

5.6.2 小批量训练

每个训练样本都可以得到一组权重更新量 Δw_i。我们可以先对所有的训练样本进行处理，之后再进行权重更新。神经网络的优势在于它可以通过每个训练样本快速地学习，利用每个训练样本进行权重更新的方法称为**在线学习**。**随机梯度下降法**（Stochastic Gradient Descent，SGD）是一种改进的在线学习的梯度下降训练方法。

使用在线学习方法，模型通常只需要在训练数据集上迭代几轮即可收敛。但是，由于训练过程中持续不断地改变权重，所以训练过程很难并行化。因此，我们希望能够以批处理的方式同时训练多个样本，累计权重更新值，并整体对权重进行更新。训练集中用于一次训练的小样本集合称为**小批量**（mini batch），这样命名能够与**批训练**（batch training）区分开来。批训练是指一次处理所有的训练样本。

训练数据处理过程的组织方式有很多种，不同方式对并行处理有不同的限制。如果采用小批量训练的方式，就能并行计算权重的更新量 Δw，但是在用更新量 Δw 更改权重时也需要对其进行同步。

最后，人们可以采用一种称为 Hogwild 的训练方法，它能够在运行多个训练线程的同时，即时对权重进行更新，即便此刻仍有其他线程在使用这些权重。显然，这种方法在并行计算的场景下会破坏同步性，但在实践中上述方法并不会对性能造成影响。

5.7 动手实践：使用 Python 实现神经网络

有很多工具包可以帮助我们实现神经网络，其中大部分是基于目前最流行的脚本语言 Python 的。接下来的章节中将介绍如何实现神经机器翻译模型。你可以在 Python 交互式解释器中输入命令，查看其执行结果。

5.7.1 Numpy 库中的数据结构和函数

我们首先从推断和训练开始介绍。现在我们先不使用任何专用的神经网络工具包。我们需要利用高级数学计算库 Numpy，它支持向量、矩阵和其他维度的张量计算。

```
import math
import numpy as np
```

在计算机科学中，数组是描述向量、矩阵和高阶张量的典型数据结构。Numpy 实现了专门的数组数据结构，并定义了基本的张量运算，如加法和乘法等。

在前面的例子中，我们介绍了计算 XOR 的前馈神经网络，这里我们给出网络的权重表示，也就是权重矩阵 $\boldsymbol{W}$ 和 $\boldsymbol{W}_2$，偏置向量 $\boldsymbol{b}$ 和 $\boldsymbol{b}_2$。

```
W = np.array([[3,4],[2,3]])
b = np.array([-2,-4])
W2 = np.array([5,-5])
b2 = np.array([-2])
```

Numpy 没有提供我们要使用的 sigmoid 激活函数，因此我们需要自己定义这个函数。该函数逐个对向量元素进行计算，所以我们需要通过命令 `@np.vectorize` 将这种计算方式告诉 Numpy。我们通过如下方式定义 sigmoid 函数 $\mathrm{sigmoid}(x)=\dfrac{1}{1+\mathrm{e}^{-x}}$ 及其导数 $\mathrm{sigmoid}'(x)$：

```
@np.vectorize
def sigmoid(x):
  return 1 / (1 + math.exp(-x))

@np.vectorize
def sigmoid_derivative(x):
  return sigmoid(x) * ( 1 - sigmoid(x) )
```

在我们的例子中，输入输出对是：（1，0）→ 1，我们需要将它表示成向量，即 Numpy 的数组：

```
x = np.array([1,0])
t = np.array([1])
```

5.7.2 前向计算

现在，我们已经具备了实现神经网络推断所需要的条件。我们可以用向量和矩阵将输入层到隐藏层的计算表示成如下形式：

$$\boldsymbol{s} = \boldsymbol{W}\boldsymbol{x} + \boldsymbol{b}$$
$$\boldsymbol{h} = \text{sigmoid}(\boldsymbol{s}) \tag{5.35}$$

隐藏层到输出层的计算可以写为：

$$\boldsymbol{z} = \boldsymbol{W}_2\boldsymbol{h} + \boldsymbol{b}_2$$
$$\boldsymbol{y} = \text{sigmoid}(\boldsymbol{z}) \tag{5.36}$$

使用 Numpy 可以很容易地将其写为 Python 代码。为了实现向量和矩阵的乘积，我们还需要点积操作。需要注意的是，默认的乘法运算（*）是逐个进行元素相乘。

```
s = W.dot(x) + b
h = sigmoid( s )

z = W2.dot(h) + b2
y = sigmoid( z )
```

你可以通过以下方式查看输出的值：

```
>>> y
array([0.7425526])
```

这个时候也可以查看计算的中间结果，如隐藏层的值，这些值应该与本章表格中列出的值一致。

5.7.3 反向计算

下一步就是使用反向传播算法进行训练。回想一下，我们需要先计算误差和所有权重关于误差的梯度，然后运用学习率来缩放这些梯度，并用其更新权重。

所以，我们首先需要计算输出 $\boldsymbol{y}$ 和输出真值 $\boldsymbol{t}$ 之间的误差。我们可以使用 L2 范数计算，即 $\boldsymbol{E} = \frac{1}{2}(\boldsymbol{t}-\boldsymbol{y})^2$：

```
error = 1/2 * (t - y)**2
```

我们还需要设置一个学习率 μ，它通常为一个较小的值，例如 0.001，但在这里我们将其设置为 1。

```
mu = 1
```

接下来，我们进行数学求导，分别计算梯度 $\frac{\partial \boldsymbol{E}}{\partial \boldsymbol{W}}$、$\frac{\partial \boldsymbol{E}}{\partial \boldsymbol{b}}$、$\frac{\partial \boldsymbol{E}}{\partial \boldsymbol{W}_2}$ 和 $\frac{\partial \boldsymbol{E}}{\partial \boldsymbol{b}_2}$。我们的更新公式首先通过计算两个误差项 $\boldsymbol{\delta}_2$ 和 $\boldsymbol{\delta}_1$ 来简化这一过程，并用它们进行权重更新。

对于隐藏层到输出层的权重更新，我们首先计算 $\boldsymbol{\delta}_2$，然后用它去更新 $\boldsymbol{W}_2$ 和 $\boldsymbol{b}_2$：

$$\begin{aligned}\boldsymbol{\delta}_2 &= (\boldsymbol{t}-\boldsymbol{y})\text{sigmoid}'(\boldsymbol{z}) \\ \Delta \boldsymbol{W}_2 &= \mu\boldsymbol{\delta}_2\boldsymbol{h} \\ \Delta \boldsymbol{b}_2 &= \mu\boldsymbol{\delta}_2\end{aligned} \tag{5.37}$$

每个公式都可以用一行 Python 代码来实现：

```
delta_2 = ( t - y ) * sigmoid_derivative( z )
delta_W2 = mu * delta_2 * h
delta_b2 = mu * delta_2
```

由于引入了误差项 $\boldsymbol{\delta}$，输入层和隐藏层之间的权重更新与前面介绍的类似。第一层误差项 $\boldsymbol{\delta}_1$ 的值依赖于第二层误差项 $\boldsymbol{\delta}_2$ 的值，误差反向传播的过程为：

$$\begin{aligned}\boldsymbol{\delta}_1 &= \boldsymbol{W}\boldsymbol{\delta}_2 \cdot \text{sigmoid}'(\boldsymbol{s}) \\ \Delta \boldsymbol{W} &= \mu\boldsymbol{\delta}_1\boldsymbol{h} \\ \Delta \boldsymbol{b} &= \boldsymbol{\delta}_1\end{aligned} \tag{5.38}$$

同样，使用 Python 实现这些计算：

```
delta_1 = delta_2 * W2 * sigmoid_derivative( s )
delta_W = mu * np.array([ delta_1 ]).T * x
delta_b = mu * delta_1
```

5.7.4　链式法则的重复使用

我们从另一个角度看待反向计算过程，这也是下一章要讨论的内容。你可能已经忘记我们是如何求导得到权重更新公式的，你可能正在大脑中搜寻那些在高中时学过的数学知识。

但是，实际情况比想象的更为简单。为了利用反向传播算法实现梯度更新，我们更多地使用链式法则。概括来看，我们有一个由一系列函数运算（如矩阵乘法、激活函数等）构成的计算链。

以下给出目标输出向量 $\boldsymbol{t}$、隐藏层向量 $\boldsymbol{h}$、权重矩阵 $\boldsymbol{W}_2$、偏置项 $\boldsymbol{b}_2$ 和误差 $\boldsymbol{E}$ 相联系的计算过程：

$$\boldsymbol{E} = \text{L2}(\text{sigmoid}(\boldsymbol{W}_2\boldsymbol{h} + \boldsymbol{b}_2), \boldsymbol{t}) \tag{5.39}$$

对于权重矩阵 $\boldsymbol{W}_2$ 到误差 $\boldsymbol{E}$ 的计算链，我们首先进行矩阵相乘和向量相加运算，然后计算 sigmoid 函数，最终算出 L2 范数。为了计算 $\frac{\partial \boldsymbol{E}}{\partial \boldsymbol{W}_2}$，我们把其他值（$\boldsymbol{t}, \boldsymbol{b}_2, \boldsymbol{h}$）看作常数。通常，我们可以给出一个计算公式：$y = f(g(h(i(x))))$，其中，权重矩阵 $\boldsymbol{W}_2$ 作为输入 x，误差 $\boldsymbol{E}$ 作为输出 y。

为了求导，我们使用链式法则。我们从包含两个链式函数 $f(g(x))$ 的简单例子开始：

$$
\begin{aligned}
F(x) &= f(g(x)) \\
F'(x) &= f'(g(x))g'(x)
\end{aligned}
\tag{5.40}
$$

为了明确，我们换一种写法来描述梯度计算过程：

$$
\frac{\partial}{\partial x} f(g(x)) = \frac{\partial}{\partial g(x)} f(g(x)) \frac{\partial}{\partial x} g(x) \tag{5.41}
$$

我们将中间变量 $g(x)$ 记作 a：

$$
\begin{aligned}
a &= g(x) \\
\frac{\partial}{\partial x} f(g(x)) &= \frac{\partial}{\partial a} f(a) \frac{\partial}{\partial x} a
\end{aligned}
\tag{5.42}
$$

接下来，我们需要计算基本函数 f 和 g 关于输入的梯度。我们还需要前向计算过程中的相关结果，因为这些结果在反向计算中也会用到。

我们来从计算的最后一步开始详细介绍如何使用链式法则。整个计算过程的最后一步是计算误差：

$$
\begin{aligned}
E(\boldsymbol{y}) &= \frac{1}{2}(\boldsymbol{t} - \boldsymbol{y})^2 \\
\frac{\partial}{\partial \boldsymbol{y}} E(\boldsymbol{y}) &= \boldsymbol{t} - \boldsymbol{y}
\end{aligned}
\tag{5.43}
$$

用如下 Python 语句实现：

```
d_error_d_y = t - y
```

下一步是 sigmoid 激活函数的计算。它的输入为中间结果 $\boldsymbol{z}$。由于我们将采用反向传播方法进行梯度计算，因此需要计算误差关于中间结果的导数。这就是我们使用链式法则的原因。根据公式（5.42），我们进行如下替换：$\boldsymbol{y} \to a$，$\boldsymbol{z} \to x$，$\text{sigmoid} \to g$，$E \to f$：

$$
\begin{aligned}
\boldsymbol{y} &= \text{sigmoid}(\boldsymbol{z}) \\
\frac{\partial}{\partial \boldsymbol{z}} \boldsymbol{y} &= \text{sigmoid}'(\boldsymbol{z}) \\
\frac{\partial}{\partial \boldsymbol{z}} E(\text{sigmoid}(\boldsymbol{z})) &= \frac{\partial}{\partial \boldsymbol{y}} E(\boldsymbol{y}) \frac{\partial}{\partial \boldsymbol{z}} \boldsymbol{y}
\end{aligned}
\tag{5.44}
$$

计算出 $\frac{\partial}{\partial \boldsymbol{y}} E(\boldsymbol{y})$ 之后，我们可以直接将其与 sigmoid 的导数相乘，计算结果就是误差关于 $\boldsymbol{z}$ 的梯度。

Python 语句如下：

```
d_y_d_z = sigmoid_derivative( z )
d_error_d_z = d_error_d_y * d_y_d_z
```

现在，我们来近距离地观察一下反向传播是如何通过计算链计算梯度的。$\boldsymbol{z}$ 由 $\boldsymbol{W}_2\boldsymbol{h}+\boldsymbol{b}_2$ 得到，对于多个梯度的计算，首先是计算权重 $\boldsymbol{W}_2$ 和 $\boldsymbol{b}_2$ 的梯度，其次是 $\boldsymbol{h}$ 的梯度，以便在反向计算中将误差的梯度继续传播。

权重 $\boldsymbol{W}_2$ 的梯度计算公式如下：

$$\boldsymbol{z}=\boldsymbol{W}_2\boldsymbol{h}+\boldsymbol{b}_2$$

$$\frac{\partial}{\partial \boldsymbol{W}_2}\boldsymbol{z}=\boldsymbol{h}$$

$$\frac{\partial}{\partial \boldsymbol{W}_2}E(\text{sigmoid}(\boldsymbol{z}))=\frac{\partial}{\partial \boldsymbol{z}}E(\text{sigmoid}(\boldsymbol{z}))\frac{\partial}{\partial \boldsymbol{W}_2}\boldsymbol{z} \tag{5.45}$$

其中，$\frac{\partial}{\partial \boldsymbol{z}}E(\text{sigmoid}(\boldsymbol{z}))$ 的值在前一步中已经得到了，可以直接使用。

```
d_z_d_W2 = h
d_error_d_W2 = d_error_d_z * d_z_d_W2
```

由于我们将学习率 μ 设置成了 1，此时我们得到的梯度 `d_error_d_W2` 与 5.7.3 节的 `delta_W2` 一致。我们可以通过如下代码对比这两个数值：

```
>>> d_error_d_W2
array([0.03597961, 0.00586666])
>>> delta_W2
array([0.03597961, 0.00586666])
```

利用同样的方法可以得到前向计算过程 $\boldsymbol{z}=\boldsymbol{W}_2\boldsymbol{h}+\boldsymbol{b}_2$ 的梯度：

```
d_z_d_b2 = 1
d_error_d_b2 = d_error_d_z * d_z_d_b2

d_z_d_h = W2
d_error_d_h = d_error_d_z * d_z_d_h
```

输入 $\boldsymbol{x}$ 和隐藏层的结果 $\boldsymbol{h}$ 之间的梯度计算方法与前面介绍的方法一致：

```
d_s_d_h = sigmoid_derivative( s )
d_error_d_s = d_error_d_h * d_s_d_h

d_W_d_s = x
d_error_d_W = np.array([ d_error_d_s ]).T *
d_W_d_s

d_b_d_s = 1
d_error_d_b = d_error_d_s * d_b_d_s
```

5.8　扩展阅读

Goodfellow 等人于 2016 年出版的 *Deep Learning* 是一本介绍现代神经网络方法的书。另外，Goldberg 也于 2017 年出版了一本介绍神经网络在自然语言处理中应用的方法的书。

计 算 图

在 5.5 节给出的神经网络示例中，我们详细介绍了梯度下降训练所需要的梯度计算方法。看了前面复杂的计算过程之后，我们会惊奇地发现我们不需要再去计算任何复杂的神经网络架构的相关内容了，上述过程都能够自动完成。很多工具包都允许人们自己定义网络，余下的工作则由工具包自动完成。在本节中，我们将详细介绍如何实现这一过程。

6.1 用计算图描述神经网络

首先，我们将从不同的角度来审视构建的网络。前面我们将神经网络表示成由节点和它们之间的连接关系所构成的图（见图 5.4），或者用数学公式描述为：

$$\begin{aligned} \boldsymbol{h} &= \text{sigmoid}(\boldsymbol{W}_1\boldsymbol{x} + \boldsymbol{b}_1) \\ \boldsymbol{y} &= \text{sigmoid}(\boldsymbol{W}_2\boldsymbol{h} + \boldsymbol{b}_2) \end{aligned} \tag{6.1}$$

这两个公式描述的是前面示例中的前馈神经网络。现在，我们用**计算图**的形式来描述该数学公式。图 6.1 给出了计算图。图中的节点描述了模型的参数（权重矩阵 $\boldsymbol{W}_1$、$\boldsymbol{W}_2$ 和偏置向量 $\boldsymbol{b}_1$、$\boldsymbol{b}_2$）、输入 $\boldsymbol{x}$ 和它们之间的数学运算（相乘、相加、sigmoid 函数）。每个节点旁边给出了相应的值。

如果用计算图描述神经网络，那么神经网络可以看作输入和任意多个参数之间的一种连接操作。有些操作可能与大脑神经元毫无关系，这里将“神经网络”的含义进行了一定程度的延伸，它不仅仅像这个例子中的树结构一样，也可能是任意的**无环有向图**。换言之，计算图只需要包含明确的处理方向且路径无环即可。我们也可以从另一个角度理解计算图，它以一种可视化的方式展示了函数的调用方式，函数的实参包括输入、参数和之前的计算结果或其任何组合，但是函数中没有递归或循环部分。

当使用神经网络处理输入时，需要将节点 x 替换为输入值之后再实现计算。图 6.1 给出了输入向量为（1，0）^{T} 的计算过程。这个结果看起来很熟悉，因为这与 5.4 节中的例子相同。

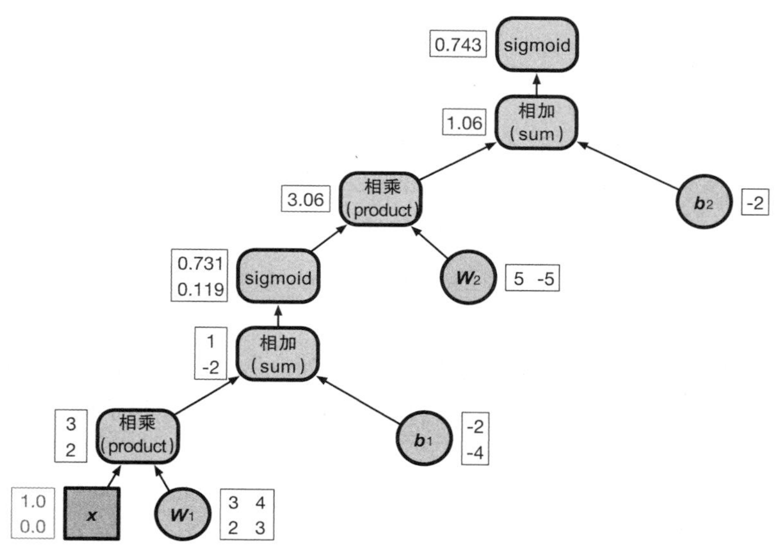

图 6.1 两层结构的前馈神经网络计算图，包括输入值 $\boldsymbol{x}$、权重参数 $\boldsymbol{W}_1$、$\boldsymbol{W}_2$、$\boldsymbol{b}_1$、$\boldsymbol{b}_2$ 和计算节点。每个参数节点的右侧为其具体值，输入和计算节点的左侧给出了计算图在输入为（1，0）^{T} 的计算结果

在我们进一步介绍之前，先来了解一下图中每个**计算节点**需要完成的功能，它包括如下内容：

- 执行其计算操作的函数；
- 输入节点的链接；
- 给定一个样本时的计算结果。

下一节，我们将为每个计算节点添加两项额外的功能。

6.2 梯度计算

到目前为止，我们已经看到了如何使用计算图处理输入向量。现在，我们来看如何用它简化模型的训练过程。训练模型需要一个误差函数和能够得到参数更新规则的梯度计算。

第一步很简单。为了计算误差，我们需要在计算图的末尾额外添加一个计算操作，用于计算输出值 y 和训练数据的正确输出值 t 所产生的误差。一种典型的误差函数是 L2 范数 $(t-y)^2/2$。从训练的角度看，计算图的执行结果就是误差值。

接下来到了更困难的一步——设计参数的更新规则。从计算图的角度看，模型参数更新量源于误差值并反向传播至模型参数。因此，我们也将更新值的计算过程称为图的**反向传递**，而将计算输出和误差的过程称为**正向传递**或**前向传递**。

微积分回顾

在微积分中，链式法则是两个或两个以上复合函数的导数计算公式。也就是说，如果 f 和 g 是函数，那么链式法则根据 f 和 g 的导数以及函数的乘积表示复合函数 $f\circ g$（将 x 映射到 $f(g(x))$ 的函数）的导数，如下所示：

$$(f\circ g)' = (f'\circ g)\cdot g'$$

上述公式用变量表示更加简洁。设 $F = f\circ g$，则对所有的 x，有 $F(x) = f(g(x))$, $F'(x) = f'(g(x))g'(x)$。

用莱布尼茨的描述方式可以将链式法则写作如下形式：如果变量 z 依赖于变量 y，而 y 依赖于变量 x，y 和 z 是因变量，那么，z 通过中间变量 y 也依赖于 x。于是，链式法则表示为：

$$\frac{\partial z}{\partial x} = \frac{\partial z}{\partial y}\cdot\frac{\partial y}{\partial x}$$

链式法则的上述两种版本是相关的，如果 $z = f(y)$，$y = g(x)$，则：

$$\frac{\partial z}{\partial x} = \frac{\partial z}{\partial y}\cdot\frac{\partial y}{\partial x} = f'(y)g'(x) = f'(g(x))g'(x)$$

（节选自维基百科）

接下来是连接权重矩阵 $\boldsymbol{W}_2$ 与误差计算的操作链：

$$\begin{aligned}
e &= \mathrm{L2}(\boldsymbol{y}, \boldsymbol{t}) \\
\boldsymbol{y} &= \mathrm{sigmoid}(\boldsymbol{s}) \\
\boldsymbol{s} &= \mathrm{sum}(\boldsymbol{p}, \boldsymbol{b}_2) \\
\boldsymbol{p} &= \mathrm{product}(\boldsymbol{h}, \boldsymbol{W}_2)
\end{aligned} \tag{6.2}$$

其中，$\boldsymbol{h}$ 为前面计算的隐藏层节点的结果。

为了计算参数矩阵 $\boldsymbol{W}_2$ 的更新规则，我们将误差看作这些参数的函数并对它们求导，在这里是 $\frac{\partial \mathrm{L2}(\boldsymbol{W}_2)}{\partial \boldsymbol{W}_2}$。回忆一下，我们在计算这个导数时先用链式法则把它分解成多项。现在我们也采用相同的方式：

$$\begin{aligned}
\frac{\partial \mathrm{L2}(\boldsymbol{W}_2)}{\partial \boldsymbol{W}_2} &= \frac{\partial \mathrm{L2}(\mathrm{sigmoid}(\mathrm{sum}(\mathrm{product}(\boldsymbol{h},\boldsymbol{W}_2),\boldsymbol{b}_2)),\boldsymbol{t})}{\partial \boldsymbol{W}_2} \\
&= \frac{\partial \mathrm{L2}(\boldsymbol{y},\boldsymbol{t})}{\partial \boldsymbol{y}}\frac{\partial \mathrm{sigmoid}(\boldsymbol{s})}{\partial \boldsymbol{s}}\frac{\partial \mathrm{sum}(\boldsymbol{p},\boldsymbol{b}_2)}{\partial \boldsymbol{p}}\frac{\partial \mathrm{product}(\boldsymbol{h},\boldsymbol{W}_2)}{\partial \boldsymbol{W}_2}
\end{aligned} \tag{6.3}$$

需要注意的是，为了计算 $\boldsymbol{W}_2$ 的更新规则，我们将计算过程中的其他变量（目标输出 $\boldsymbol{t}$、偏置向量 $\boldsymbol{b}_2$ 和隐藏层向量 $\boldsymbol{h}$）视为常量。上述公式将误差关于参数 $\boldsymbol{W}_2$ 的导数分解为沿着计算图节点传递的导数链。

因此，想要实现梯度计算，我们需要对计算图中的每个节点计算导数。在我们的例子中是：

$$\frac{\partial \mathrm{L2}(\boldsymbol{y},\boldsymbol{t})}{\partial \boldsymbol{y}}=\frac{\partial \frac{1}{2}(\boldsymbol{t}-\boldsymbol{y})^2}{\partial \boldsymbol{y}}=\boldsymbol{t}-\boldsymbol{y}$$
$$\frac{\partial \mathrm{sigmoid}(\boldsymbol{s})}{\partial \boldsymbol{s}}=\mathrm{sigmoid}(\boldsymbol{s})(1-\mathrm{sigmoid}(\boldsymbol{s}))$$
$$\frac{\partial \mathrm{sum}(\boldsymbol{p},\boldsymbol{b}_2)}{\partial \boldsymbol{p}}=\frac{\partial \boldsymbol{p}+\boldsymbol{b}_2}{\partial \boldsymbol{p}}=1$$
$$\frac{\partial \mathrm{product}(\boldsymbol{h},\boldsymbol{W}_2)}{\partial \boldsymbol{W}_2}=\frac{\partial \boldsymbol{W}_2\boldsymbol{h}}{\partial \boldsymbol{W}_2}=\boldsymbol{h} \tag{6.4}$$

如果我们想计算某个参数（如 $\boldsymbol{W}_2$）的梯度更新，就需要从误差项 $\boldsymbol{y}$ 开始，利用反向传递方法进行计算（见图 6.2）。

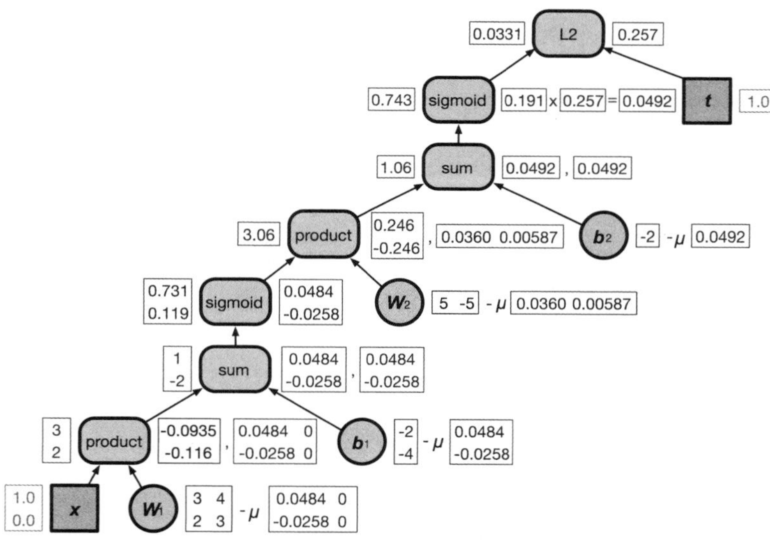

图 6.2　训练样本 $(0,1)^{\mathrm{T}} \rightarrow 1.0$ 对应计算图的反向传递梯度计算。梯度由节点的输入决定，某些节点有两个输入，因此也存在两个梯度

在反向传递中从计算图的顶端开始逐步计算梯度：

- 对于 L2 节点，使用如下公式：

$$\frac{\partial \mathrm{L2}(\boldsymbol{y},\boldsymbol{t})}{\partial \boldsymbol{y}}=\frac{\partial \frac{1}{2}(\boldsymbol{t}-\boldsymbol{y})^2}{\partial \boldsymbol{y}}=\boldsymbol{t}-\boldsymbol{y} \tag{6.5}$$

训练数据给定的目标输出值为 $t=1$，而我们在前向传递中计算的结果为：$y=0.743$。

因此，L2 范数的梯度为 1–0.743 = 0.257。注意，我们这里使用前向传递的计算结果进行梯度计算。

❑ 对于顶层的 sigmoid 节点，使用如下公式：

$$\frac{\partial \text{sigmoid}(\boldsymbol{s})}{\partial \boldsymbol{s}} = \text{sigmoid}(\boldsymbol{s})(1-\text{sigmoid}(\boldsymbol{s})) \tag{6.6}$$

回忆一下，sigmoid 的计算公式 $\text{sigmoid}(s)=\frac{1}{1+\mathrm{e}^{-s}}$，将前向传递中算出的值 s = 1.06 代入上述公式中就可以得到 0.191。按照链式法则，将该值与前面得到的 L2 节点的梯度 0.257 相乘，即 0.191 × 0.257 = 0.0492。

❑ 对于顶层的 sum 节点，只需简单地将之前的梯度值复制过来即可，因为其导数是 1：

$$\frac{\partial \text{sum}(\boldsymbol{p},\boldsymbol{b}_2)}{\partial \boldsymbol{p}} = \frac{\partial \boldsymbol{p}+\boldsymbol{b}_2}{\partial \boldsymbol{p}} = 1 \tag{6.7}$$

注意，sum 节点有两个相关的梯度，一个与 product 节点的输出有关，另一个与参数 $\boldsymbol{b}_2$ 有关。这两个的导数都是 1，所以梯度值相同，都是 0.0492。

❑ 对于顶层的 product 节点，使用如下公式：

$$\frac{\partial \text{product}(\boldsymbol{h},\boldsymbol{W}_2)}{\partial \boldsymbol{W}_2} = \frac{\partial \boldsymbol{W}_2\boldsymbol{h}}{\partial \boldsymbol{W}_2} = \boldsymbol{h} \tag{6.8}$$

之前我们处理的均为标量，这是第一次处理向量：隐藏层节点 $\boldsymbol{h}$ = (0.731, 0.119)^{T}。根据链式法则，该向量与之前计算的标量 0.0492 相乘：

$$\left(\begin{bmatrix}0.731\\0.119\end{bmatrix}\times 0.0492\right)^{\mathrm{T}} = [0.0360 \quad 0.005\,87]$$

sum 节点有两个输入，因此也有两个梯度，另一个梯度与底部 sigmoid 节点的输出有关：

$$\frac{\partial \text{product}(\boldsymbol{h},\boldsymbol{W}_2)}{\partial \boldsymbol{h}} = \frac{\partial \boldsymbol{W}_2\boldsymbol{h}}{\partial \boldsymbol{h}} = \boldsymbol{W}_2 \tag{6.9}$$

与前面类似，算式为：

$$(\boldsymbol{W}_2 \times 0.0492)^{\mathrm{T}} = ([5 \quad -5]\times 0.0492)^{\mathrm{T}} = \begin{bmatrix}0.246\\-0.246\end{bmatrix}$$

得到所有的梯度之后，我们就能读取权重更新的相关值，即与可训练参数相关的梯度。权重矩阵 $\boldsymbol{W}_2$ 是 product 节点第二个输入项的梯度，$\boldsymbol{W}_2$ 在 t+1 时刻的新权重是：

$$\boldsymbol{W}_2^{t+1} = \boldsymbol{W}_2^{t} - \mu\frac{\partial \text{product}(\boldsymbol{x},\boldsymbol{W}_2^{t})}{\partial \boldsymbol{W}_2^{t}} = [5 \quad 5] - \mu[0.0360 \quad 0.005\,87] \tag{6.10}$$

其余的计算过程与之类似，只是替换为前馈神经网络的其他层而已。

我们给出的例子并未包括特殊情况：某个节点的计算结果在计算图的后续步骤中可能会被多次使用。因此，节点在反向传播过程中会存在多个节点反向传递的梯度。在这种情况下，我们需要将这些步骤中的梯度累加，以考虑它们的综合影响。

我们再来看计算图中节点所包括的内容：

- 计算结果的函数；
- 输入节点的链接（为了得到函数的参数值）；
- 在前向传递中样本的计算结果；
- 执行梯度计算的函数；
- 子节点的链接（为了得到下游梯度值）；
- 前向处理一个样本时根据当前样本计算梯度。

从面向对象编程的角度看，计算图中的节点为结果值和梯度的计算分别提供了前向函数和后向函数。在计算图的实例化过程中，函数与具体的输入和输出相关，并且能够获知变量（结果值和梯度）的维度。在前向传递和后向传递过程中，函数变量会被赋值。

6.3 动手实践：深度学习框架

下一节我们将介绍各种网络架构。但是，所有的架构都需要向量和矩阵运算，也需要计算导数以得到权重更新公式。在处理这些网络架构时，编写几乎相同的代码会非常烦琐。因此，为了便于开发针对特定问题的神经网络方法，研究人员设计了多种框架。在编写本书之时，著名的框架有 PyTorch[一]、TensorFlow[二]、MXNet[三]和 DyNet[四]。这些框架允许研究人员使用 Python 或其他编程语言编写神经网络，同时这些框架隐藏了计算细节，包括在 GPU 上的计算细节。

6.3.1 利用 PyTorch 实现前向和反向计算

这类框架并不是针对可直接使用的神经网络架构设计的，而是提供向量空间运算和导数计算的高效实现技术，并且完全支持 GPU。本节将以 PyTorch 为例（其他框架与之类似）用几行 Python 代码实现第 5 章给出的神经网络示例。

如果你已经安装了 PyTorch（`pip install torch`），那么可以在 Python 命令行界面执行如下命令：

㊀ PyTorch，http://pytorch.org。
㊁ TensorFlow，http://www.tensorflow.org。
㊂ MXNet，http://mxnet.apache.org。
㊃ DyNet，http://dynet.readthedocs.io。

```
import torch
```

对于参数向量和矩阵等，PyTorch 有自己特有的数据类型，称为 torch.tensor。下面我们通过该示例介绍如何指定神经网络的参数：

```
W = torch.tensor([[3,4],[2,3]], requires_grad=True,
    dtype=torch.float)
b = torch.tensor([-2,-4], requires_grad=True,
    dtype=torch.float)
W2 = torch.tensor([5,-5], requires_grad=True,
    dtype=torch.float)
b2 = torch.tensor([-2], requires_grad=True,
    dtype=torch.float)
```

变量的定义还包括：指定基本数据类型（float）和梯度指示器（requires_grad=True）。稍后再做进一步介绍。

为了使用该神经网络，我们还需要一个输入输出对：

```
x = torch.tensor([1,0], dtype=torch.float)
t = torch.tensor([1], dtype=torch.float)
```

有了上述变量之后，我们就能定义从输入 $\boldsymbol{x}$ 到输出 $\boldsymbol{y}$ 的计算链：

```
s = W.mv(x) + b
h = torch.nn.Sigmoid()(s)

z = torch.dot(W2, h) + b2
y = torch.nn.Sigmoid()(z)

error = 1/2 * (t - z) ** 2
```

可以看出，PyTorch 自己定义了 sigmoid 函数 torch.nn.Sigmoid( )，因此我们不需要再对其定义。张量之间的乘法可采用不同的函数实现，具体取决于张量的类型。第一个乘法是矩阵 $\boldsymbol{W}$ 和向量 $\boldsymbol{x}$ 之间的乘法，我们将其记作 mv，两个矩阵之间的乘法记作 mm。第二个乘法是两个向量 $\boldsymbol{W}_2$ 和 $\boldsymbol{h}$ 之间的相乘，记为 torch.dot。

以上即为前向计算，这个过程看起来很像我们在 5.7.2 节中使用 Numpy 所做的。

那么反向计算呢？如下所示：

```
error.backward()
```

我们不再需要求解用到的每个函数的梯度，所有这些过程都是自动完成的。

在执行反向传递之后，我们就可以查看变量梯度，我们将其设置为了 requires_grad。例如：

```
>>> W2.grad
tensor([-0.0360, -0.0059])
```

注意，当你多次运行该代码时，梯度在不断地累积。所以需要使用函数 W2.grad.data.zero_() 重置它。

6.3.2 循环训练

在训练过程中，我们需要为模型提供输入输出对样本，然后更新模型的参数。通常由两个循环完成：第一个循环遍历所有给定的训练样本。遍历所有训练数据的过程称为一次训练数据遍历（epoch）。第二个循环（epoch 循环）遍历训练数据一定的次数（对于神经机器翻译，通常是 10 ~ 100 次）或者直到满足收敛条件（如在最后几次迭代中，模型质量不再提升）。

图 6.3 将上节的代码片段进行了组合，并将它们封装在 epoch 循环和训练样本的循环中（不少代码看上去应该很熟悉）：

```
import torch
W = torch.tensor([[3,4],[2,3]], requires_grad=True, dtype=torch.float)
b = torch.tensor([-2,-4], requires_grad=True, dtype=torch.float)
W2 = torch.tensor([5,-5], requires_grad=True, dtype=torch.float)
b2 = torch.tensor([-2], requires_grad=True, dtype=torch.float)

training_data = [ [ torch.tensor([0.,0.]), torch.tensor([0.]) ],
                  [ torch.tensor([1.,0.]), torch.tensor([1.]) ],
                  [ torch.tensor([0.,1.]), torch.tensor([1.]) ],
                  [ torch.tensor([1.,1.]), torch.tensor([0.]) ] ]

mu = 0.1

for epoch in range(1000):
  total_error = 0

  for item in training_data:
    x = item[0]
    t = item[1]

    # forward computation
    s = W.mv(x) + b
    h = torch.nn.Sigmoid()(s)
    z = torch.dot(W2, h) + b2
    y = torch.nn.Sigmoid()(z)
    error = 1/2 * (t - y) ** 2
    total_error = total_error + error

    # backward computation
    error.backward()

    # weight updates
    W.data  = W  - mu * W.grad.data
    b.data  = b  - mu * b.grad.data
    W2.data = W2 - mu * W2.grad.data
    b2.data = b2 - mu * b2.grad.data

    W.grad.data.zero_()
    b.grad.data.zero_()
    W2.grad.data.zero_()
    b2.grad.data.zero_()

  print("error: ", total_error/4)
```

图 6.3 多轮次训练的示例神经网络的基本实现

训练集由 4 个二进制 XOR 操作的样本组成：

x	y	$x \oplus y$
0	0	0
0	1	1
1	0	1
1	1	0

我们将训练数据置于数组 training_data 之中，每个输入和输出均编码为 PyTorch 张量。注意，这里使用了一种简洁的表示方法，给每个数字后面添加了一个句点，表示该张量为浮点数，而不是显式地声明张量的数据类型为 torch.float。

该代码还跟踪了训练样本随时间变化的平均误差。如果运行这段代码，你会看到开始迭代时的误差为 0.0353，而在最终迭代时减少为 0.0082。上述变化在开始阶段最为显著。

6.3.3 批训练

请注意我们是如何实现权重更新的。我们计算每个训练样本的梯度之后立即更新模型。一种常用的数据训练策略是分批处理训练样本，只有在处理完某个批次内的所有训练样本之后才对模型进行更新。

你可以这样修改代码：将注释 # weight updates 后的内容从内部循环移到外部循环。就是这么简单，因为梯度会不断累积，直到明确将其归零为止。

但是，还有另一种实现批训练的方法。我们并不是在每个训练样本上进行反向传播，然后再让梯度累积：

```
error.backward()
```

而是对累积误差进行反向传播：

```
total_error.backward()
```

由于 total_error 将所有训练样本的计算误差相加，因此这样做会将各自的计算图连接起来，整个计算图以 total_error 作为结束。但是，这样做能够连接所有独立的计算图，而且分别对每个图实现反向传递。

为了提高效率，我们可以构建一个批次的训练数据，从而一次训练即可完成：

```
x = torch.tensor([ [0.,0.], [1.,0.], [0.,1.], [1.,1.] ])
t = torch.tensor([ 0., 1., 1., 0. ])
```

现在需要对前向传递的实现代码做一点修改，因为此时的输入为矩阵（一个维度表示样本，另一个维度表示该样本的值）。出于相同的原因，隐藏层的值同样也是矩阵：

```
s = x.mm(W) + b
h = torch.nn.Sigmoid()(s)
z = h.mv(W2) + b2
y = torch.nn.Sigmoid()(z)
```

PyTorch 已经实现了一个函数，它能够对训练样本的单个误差值求平均值：

```
error = 1/2 * (t - y) ** 2
mean_error = error.mean()
mean_error.backward()
```

6.3.4 优化器

图 6.3 的代码非常明确且详细地给出了几乎所有神经网络训练时常用的处理步骤。它至少包括四个部分：模型、数据、定义如何更新权重的优化器和训练循环。

在 PyTorch 中，神经网络模型被定义为 `torch.nn.Module` 的派生类。下面是针对示例给出的神经网络的上述实现方法：

```
class ExampleNet(torch.nn.Module):

  def __init__(self):
    super(ExampleNet, self).__init__()
    self.layer1 = torch.nn.Linear(2,2)
    self.layer2 = torch.nn.Linear(2,1)
    self.layer1.weight = torch.nn.Parameter(torch.tensor([[3.,2.],[4.,3.]]))
    self.layer1.bias = torch.nn.Parameter(torch.tensor([-2.,-4.]))
    self.layer2.weight = torch.nn.Parameter(torch.tensor([[5.,-5.]]))
    self.layer2.bias = torch.nn.Parameter(torch.tensor([-2.]))

  def forward(self, x):
    s = self.layer1(x)
    h = torch.nn.Sigmoid()(s)
    z = self.layer2(h)
    y = torch.nn.Sigmoid()(z)
    return y
```

这段代码使用了内置的线性映射函数，函数中包括一个权重矩阵和一个偏置向量。尽管更常用的做法是随机地进行初始化（也是默认情况下的做法），但是这里我们还是显式地对它们进行了赋值。

前向计算是在 `forward` 函数中实现的。这个函数的输入为一批训练样本，返回的是计算结果。

建立数据结构之后，我们可以实例化一个神经网络对象，并为它定义优化器：

```
net = ExampleNet()
optimizer = torch.optim.SGD(net.parameters(), lr=0.1)
```

正如之前所做的那样，上述代码使用随机梯度下降法进行训练，但是如果使用 Adam 或其他更新算法，只需要选择不同的优化器即可。下面的训练循环说明了优化器是如何使用的：

```
for iteration in range(1000):
  optimizer.zero_grad()
```

```
out = net.forward( x )
error = 1/2 * (t - out) ** 2
mean_error = error.mean()
print("error: ",mean_error.data)
mean_error.backward()
optimizer.step()
```

在处理训练样本之前，需要将梯度设置为零（optimizer.zero_grad()），通过调用类函数 net.forward 实现前向传递，误差的计算方法与之前相同。反向传递后，优化器被触发（optimizer.step()）。

神经语言模型

在给定多个输入的情况下，神经网络具有对条件概率分布 $p(d|a,b,c)$ 进行建模的强大能力。对于未见数据点（如在训练数据中未被观察到的数据 (a,b,c,d)），神经网络具有很好的鲁棒性。传统的基于统计的估计方法会利用回退和聚类方法解决数据稀疏问题，这就需要我们对问题（首先应当删除条件上下文的哪一部分呢？）和聚类选择（设置多少簇类呢？）有深入的了解。

n 元语言模型将句子的概率简化为每个单词以之前几个单词作为上下文条件的概率（如 $p(w_i|w_{i-4},w_{i-3},w_{i-2},w_{i-1})$ ）的乘积，这是计算条件上下文概率的一种典型模型，人们希望利用更多的上下文信息估计条件概率的分布，但是由于缺少数据，通常采用聚类的方法实现。在统计语言模型中，一般会采用复杂的折扣法和回退法，以在低阶模型的丰富数据（如二元模型 $p(w_i|w_{i-1})$ ）与高阶模型的稀疏数据之间寻求平衡。现在，我们利用神经网络来寻求更好的解决方案。

7.1 前馈神经语言模型

图 7.1 给出了 5 元神经网络语言模型的示意图。网络节点表示上下文单词，它们与隐藏层相连接，隐藏层又与输出层相连接，由输出层给出预测单词。

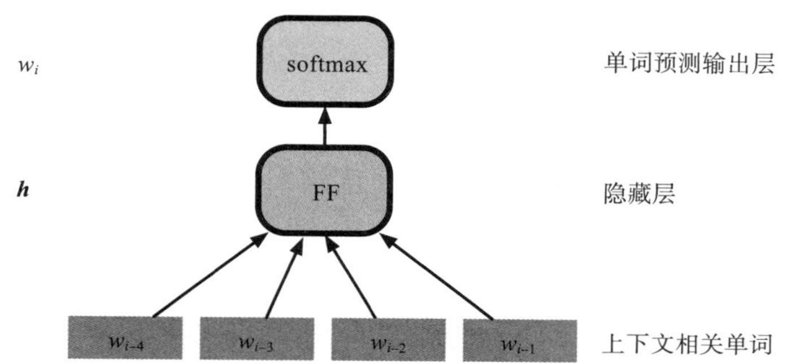

图 7.1 神经语言模型的示意图，利用单词 w_i 之前的单词预测该单词

7.1.1　表征单词

现在我们面临一个难题：应该如何表示单词呢？神经网络中的节点一般为实数值，而单词则是词汇表中的某个离散项。我们不能简单地使用单词的 ID 号，因为神经网络会认为 ID 号为 124321 的单词与 ID 号为 124322 的单词非常相似，而实际中这些数字完全是随机设置的。如果使用比特编码的方式表示单词的 ID 号也会遇到同样的问题。单词 $(1,1,1,1,0,0,0,0)^T$ 和单词 $(1,1,1,1,0,0,0,1)^T$ 具有非常相似的编码，但是它们彼此之间可能没有任何关系。虽然人们偶尔也会探索此类比特编码的方法，但是它对我们接下来要考虑的问题没有任何帮助。

与上述方法不同，我们采用一个高维向量表示每个单词，每一维度表示词汇表中的一个单词，与单词匹配的维度为 1，其余的维度为 0。这种向量表示叫作**独热向量**（one-hot vector）。例如：

- dog = $(0,0,0,0,1,0,0,0,0,\cdots)^T$
- cat = $(0,0,0,0,0,0,0,1,0,\cdots)^T$
- eat = $(0,1,0,0,0,0,0,0,0,\cdots)^T$

这类向量的维度非常大，我们需要改进这种单词表示方法。一种权宜之计是将词汇量限制为最常用的单词，如 20 000 个最常用单词，同时将其他单词特殊标记。我们还可以使用词类方法（或者采用自动聚类方法和基于语言学的方法，如基于词性标注的分类方法）减少向量的维数。我们后续会再次讨论词汇表太大的问题。

为了提取单词的特征，我们在输入层和隐藏层之间加入一个额外的层。在这一层中，每个上下文单词均单独投射到低维空间中。我们对每个上下文单词使用相同的权重矩阵，从而为每个单词生成一个连续的空间表示，该表示独立于单词的位置。这种表示通常称为**词嵌入**（word embedding）。

在相似上下文中出现的单词应该具有相似的词嵌入。例如，如果用于语言模型任务的训练数据大量地包含如下 n 元词组：

- *but the cute dog jumped*
- *but the cute cat jumped*
- *child hugged the cat tightly*
- *child hugged the dog tightly*
- *like to watch cat videos*
- *like to watch dog videos*

语言模型就会知道“dog”和“cat”经常出现在相似的上下文中，因此它们在某种程度上可以互换。如果我们依据上下文去预测“dog”，但是该上下文在训练数据中仅与“cat”一同出现过，那么我们仍然能够依据该上下文预测到“dog”。词嵌入能够实现单词之间的泛化（聚类），并在未知上下文时做出较鲁棒的预测（回退）。

7.1.2 神经网络架构

图 7.2 展示了一个成熟的前馈神经网络语言模型架构，该架构包括以独热向量表示的上下文单词输入层、词嵌入层、隐藏层和单词预测输出层。

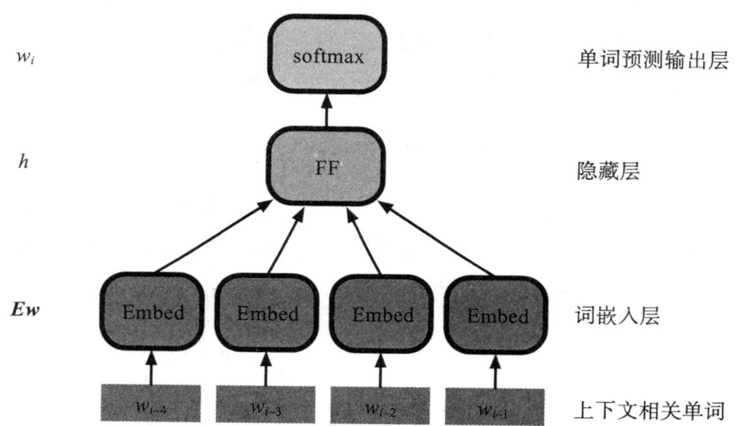

图 7.2 前馈神经网络语言模型的整体架构。上下文相关单词（w_{i-4}, w_{i-3}, w_{i-2}, w_{i-1}）首先被表示为独热向量，随后投射到连续空间表示为词嵌入（对所有单词使用相同的权重矩阵 $\boldsymbol{E}$）。隐藏层将预测以独热向量表示的单词

上下文单词首先被编码为独热向量，然后通过嵌入矩阵 $\boldsymbol{E}$ 生成一个包含浮点数的向量，即词嵌入。嵌入向量通常大约有 500 或 1000 个节点。注意，所有的上下文单词均使用相同的嵌入矩阵 $\boldsymbol{E}$。

同样需要注意的是，从数学角度看，上述计算并不复杂，因为与矩阵 $\boldsymbol{E}$ 相乘的向量输入为独热向量，矩阵乘法的大部分输入值均为零。因此，我们实际上是选择了矩阵中与输入单词的 ID 号对应的那一列，所以这里并没有使用激活函数。从某种意义上说，嵌入矩阵是词嵌入的一个查找表 $E(w_j)$，它以单词的 ID 号 w_j 为索引：

$$E(w_j) = \boldsymbol{E}w_j \tag{7.1}$$

将所有上下文的词嵌入 $E(w_j)$ 拼接起来，并输入典型的前馈层，就能将其映射到模型的隐藏层。如果使用双曲正切函数作为激活函数，我们可以得到：

$$\boldsymbol{h} = \tanh\left(\boldsymbol{b}_h + \sum_j \boldsymbol{H}_j E(w_j)\right) \tag{7.2}$$

输出层可以看作单词的概率分布。与之前介绍的做法一样，首先对每个节点 i 计算权重 w_{ij} 和隐藏层节点值 h_j 的线性组合 s_i：

$$s = Wh \tag{7.3}$$

为了确保它成为一个概率分布，我们使用 softmax 激活函数使所有值相加为 1：

$$p_i = \text{soft}\max(s_i, s) = \frac{e^{s_i}}{\sum_j e^{s_j}} \tag{7.4}$$

这里描述的模型与文献（Bengio et al.，2003）提出的神经概率语言模型非常类似。他们提出的模型有一项不同，它将上下文词嵌入层直接连接到输出层，额外添加了经权重矩阵 U_j 线性变换之后的词嵌入 $E(w_j)$。因此，公式（7.3）替换为：

$$s = Wh + \sum_j U_j E(w_j) \tag{7.5}$$

他们在论文中提到，尽管上下文单词与输出单词直接相连最终不会提高性能，但却能够加快训练速度。稍后我们讨论更深层次的模型时将再次介绍缩短隐藏层的方法。它们也被称为残差连接（residual connection）、跳跃连接（skip connection）或者高速连接（highway connection）。

7.1.3　训练

我们利用训练语料库中的所有 n 元词组训练神经语言模型的参数（词嵌入矩阵、权重矩阵、偏置向量）。对于每个 n 元词组，我们将上下文单词输入网络，并将网络的输出与需要预测的正确单词的独热向量进行对比，根据反向传播实现权重更新。

语言模型通常由困惑度（perplexity）评价，困惑度与语言模型在给定的正确文本上计算的概率有关，例如，一个地道英语的语言模型就是一个好的语言模型。因此，语言模型的训练目标是增加训练数据的似然概率。

在训练过程中，给定上下文 $x = (w_{n-4}, w_{n-3}, w_{n-2}, w_{n-1})$，我们有正确的独热向量 y。对于每个训练样本 (x, y)，训练目标函数定义为负对数似然概率：

$$L(x, y; W) = -\sum_k y_k \log p_k \tag{7.6}$$

注意，只有其中一个 y_k 的值为 1，其余的都是 0，所以这实际上就是正确单词 k 的概率 p_k。采用这种方式定义训练目标后就可以更新所有的权重，包括导致输出错误单词的那些权重。

7.2　词嵌入

在继续介绍之前，我们需要思考一下词嵌入表示在神经机器翻译和许多其他自然语言处理任务中的作用。我们这里将其定义为单词在高维空间（如 500 或 1000 个浮点数）的稠密编码。在撰写本书之时，词嵌入表示已经在自然语言处理领域取得了惊人的效果。

思考一下，词嵌入在前面描述的神经语言模型中的作用是表示上下文单词，从而预测序列中的下一个词。

之前的示例中有一部分内容是：

- *but the cute dog jumped*
- *but the cute cat jumped*

由于“dog”和“cat”出现在相同的上下文中，因此它们在预测单词“jumped”时应当有相同的作用。它应该不同于“dress”之类的单词，这类单词不太可能预测“jumped”。拥有相似上下文的单词其语义也相似，这在词汇语义学中是一个强有力的观点。

研究人员喜欢引用 John Rupert Firth 的观点：“You shall know a word by the company it keeps.”（你需要从一个单词周围的单词了解该单词）。如 Ludwig Wittgenstein 的更宽泛的说法是“The meaning of a word is its use.”（一个单词的用法就是这个单词的含义）。

含义和语义都是非常复杂的概念，它们的很多定义并不明确。分布式词汇语义学的思想是根据单词的分布式属性（即单词在何种上下文中出现）定义单词。相似上下文中出现的单词（如“dog”和“cat”）应该有相似的表示。在向量空间模型（例如我们这里所说的词嵌入）中，相似性可以通过距离函数度量，如使用余弦距离——向量之间的夹角——度量。

如果将高维的词嵌入投影到二维空间中，我们就能够对词嵌入进行可视化展示，如图 7.3 所示。图中相似的词（“drama”“theater”和“festival”）聚集在一起。

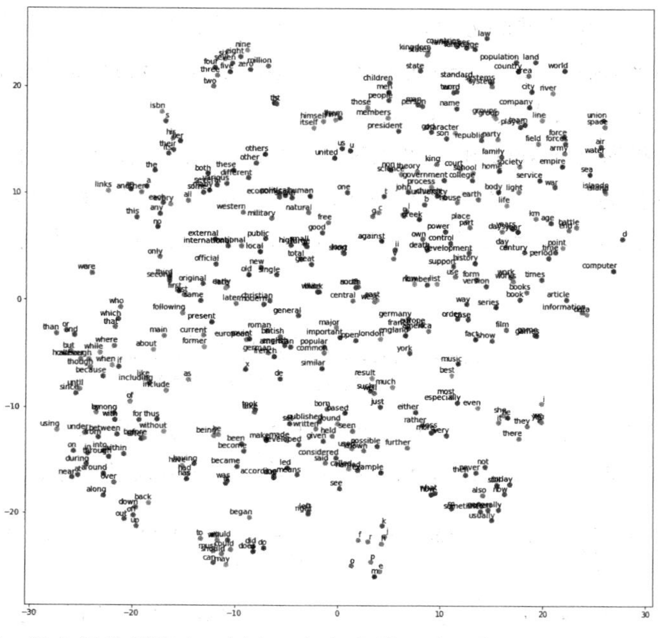

图 7.3　投射到二维空间的词嵌入。语义上相似的单词彼此靠近（插图来自 James Le，经允许后在此使用）

但是，为什么要止步于此呢？我们希望在拥有语义表征之后能够实现如下的语义推断：

- queen = king + (woman – man)
- queens = queen + (kings – king)

确实存在一些证据表明词嵌入可以做到这一点（Mikolov et al.，2013d），但是我们最好到此为止，只需要知道词嵌入是神经机器翻译中的一个重要工具即可。

7.3　噪声对比估计

我们之前讨论过，因为需要使用 softmax 函数对输出节点的结果 y_i 进行归一化，所以计算神经语言模型概率的计算开销很大，即使我们只对特定 n 元词组的分数感兴趣，但仍然需要计算所有输出节点的值。为了免去归一化这一步，我们希望所训练的模型能够自动实现对 y_i 值的归一化处理。

一种方法是在目标函数中加入额外的约束，该约束为：归一化因子 $Z(x)=\sum_j e^{s_j}$ 接近于 1。因此，不同于简单的似然目标函数，我们可以加入该因子对数的 L2 范数。注意，如果 $\log Z(x) \simeq 0$，则 $Z(x) \simeq 1$：

$$L(\boldsymbol{x},\boldsymbol{y};\boldsymbol{W}) = -\sum_k y_k \log p_k - \alpha \log^2 Z(x) \tag{7.7}$$

另一种训练自归一化模型的方法叫作噪声对比估计，其主要思想是优化模型，从而使其能够分辨正确的训练样本与人工构建的噪声样本，它不需要计算所有输出节点的值，因此该方法在训练过程中只需要较少的计算量。

我们来给出模型分布 $p_m(\boldsymbol{y}|\boldsymbol{x};\boldsymbol{W})$。给定噪声分布 $p_n(\boldsymbol{y}|\boldsymbol{x})$（使用一元语言模型 $p_n(\boldsymbol{y})$ 作为噪声分布是一个不错的选择），在训练样本 U_t 之外，我们首先生成一组噪声样本 U_n。如果两组数据大小相同 $|U_n|=|U_t|$，那么给定一个样本 $(\boldsymbol{x};\boldsymbol{y}) \in U_n \cup U_t$，将其预测为正确训练样本的概率为：

$$p(\text{correct} \mid \boldsymbol{x},\boldsymbol{y}) = \frac{p_m(\boldsymbol{y} \mid \boldsymbol{x};\boldsymbol{W})}{p_m(\boldsymbol{y} \mid \boldsymbol{x};\boldsymbol{W}) + p_n(\boldsymbol{y} \mid \boldsymbol{x})} \tag{7.8}$$

噪声对比估计的目标是最大化正确训练样本 $(\boldsymbol{x};\boldsymbol{y}) \in U_t$ 的概率 $p(\text{correct} \mid \boldsymbol{x},\boldsymbol{y})$，同时最小化噪声样本 $(\boldsymbol{x};\boldsymbol{y}) \in U_n$ 的概率 $p(\text{correct} \mid \boldsymbol{x},\boldsymbol{y})$。我们可以将目标函数定义为如下对数似然函数：

$$L = \frac{1}{2|U_t|}\sum_{(x;y)\in U_t} \log p(\text{correct} \mid \boldsymbol{x},\boldsymbol{y}) + \frac{1}{2|U_n|}\sum_{(x;y)\in U_n} \log(1 - p(\text{correct} \mid \boldsymbol{x},\boldsymbol{y})) \tag{7.9}$$

回想一下自归一化模型最初的目的，首先需要注意的是，噪声分布 $p_n(\boldsymbol{y} \mid \boldsymbol{x})$ 是归一化的，因此，这会鼓励模型分布产生同样归一化的结果。如果 $p_m(\boldsymbol{y} \mid \boldsymbol{x};\boldsymbol{W})$ 过大，例如 $\sum_y p_m(\boldsymbol{y} \mid \boldsymbol{x};\boldsymbol{W})>1$，

那么模型也会给予噪声样本很高的值。相反，$p_m(\boldsymbol{y} \mid \boldsymbol{x};\boldsymbol{W})$ 过小会给予噪声样本很低的值。

因为只需要计算给定训练样本和噪声样本的输出节点值，因此训练速度会更快。我们不需要计算其他节点的值，不需要使用 softmax 函数进行归一化。

给定训练目标函数 L，我们可以像之前那样利用标准的深度学习工具包实现完整的计算图。这些工具包通过梯度下降训练（或其变体）计算所有参数 $\boldsymbol{W}$ 的梯度 $\partial L/\partial \boldsymbol{W}$，并使用它们进行参数更新。

7.4　循环神经语言模型

相比传统的统计回退模型，本章描述的前馈神经语言模型能够利用更长的上下文信息，它能够灵活地处理未知的上下文信息。换言之，词嵌入能够处理相似的单词，同时能够提升在任意上下文位置中对未见词预测的鲁棒性。因此，与传统的统计模型相比，它可以处理更大范围的上下文信息。事实上，据说有人已经将其应用在超大模型（如 20 元模型）中。

另一种替代方案就是**循环神经网络**（Recurrent Neural Network，RNN），它不再使用固定的上下文窗口，能够处理任意长度的上下文序列。它的特点就是在预测单词 w_{n+1} 时，能够利用预测单词 w_n 时的隐藏层作为额外输入（见图 7.4）。

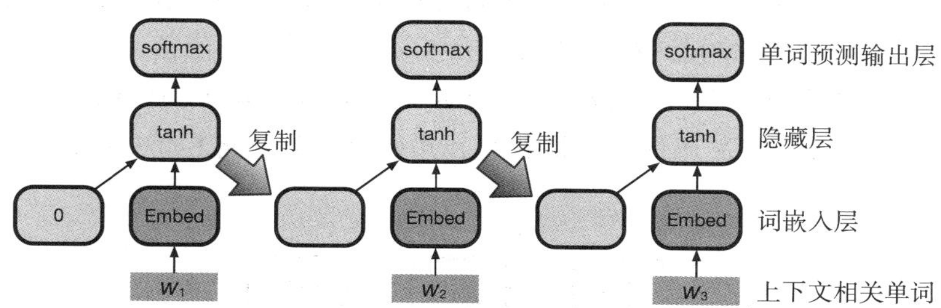

图 7.4　循环神经语言模型。第一个单词 w_1 预测第二个单词 w_2 之后，其隐藏层将被重用并与正确的第二个单词 w_2 一起预测第三个单词 w_3。同样，在预测单词 w_4 时会重复使用单词 w_3 的隐藏层

该模型在最初阶段与我们之前讨论的前馈神经语言模型没有任何不同。网络的输入是句子的第一个单词 w_1 和表示句子开始的另一组神经元。w_1 的词嵌入表示和句子开始的标记的神经元首先被映射为隐藏层 h_1，该隐藏层之后用以预测输出单词 w_2。

该模型使用与前面相同的架构：单词（输入和输出）用独热向量表示；词嵌入和隐藏层使用 500 个神经元，隐藏层使用双曲正切作为激活函数，输出层使用 softmax 函数。

在预测序列中的第三个单词 w_3 时，就会出现有趣的事情。与之前相同的是，输入之一是前面的单词 w_2（现在已知），不同的是，预测 w_3 时重用了预测单词 w_2 时的隐藏层，而该隐藏层蕴含了 w_1 和用来表示句子开始的标记的神经元的信息。

在前面的前馈神经网络架构中（公式（7.2）），在预测第 i 个单词时，我们从前 n 个单词（如前 3 个）的词嵌入 $E(w_{i-j})$ 计算隐藏状态 $\boldsymbol{h}_i$，它使用了一个共享的词嵌入矩阵 $\boldsymbol{E}$、每个单词的权重矩阵 $\boldsymbol{H}_j$ 和一个偏置项 $\boldsymbol{b}_h$：

$$\boldsymbol{h}_i = \tanh\left(\boldsymbol{b}_h + \sum_{1 \leqslant j \leqslant 3} \boldsymbol{H}_j E(w_{i-j})\right) \tag{7.10}$$

现在，我们将其修改为递归形式，将前一个单词 w_{i-1} 与前一个隐藏状态 $\boldsymbol{h}_{i-1}$ 结合起来。这里通过一个权重矩阵 $\boldsymbol{V}$ 实现对前一个隐藏状态 $\boldsymbol{h}_{i-1}$ 的映射：

$$\boldsymbol{h}_i = \tanh(\boldsymbol{b}_h + \boldsymbol{H}E(w_{i-1}) + \boldsymbol{V}\boldsymbol{h}_{i-1}) \tag{7.11}$$

在某种程度上，隐藏状态 $\boldsymbol{h}_{i-1}$ 的神经元编码了句子前面所有的上下文信息。它们在每一步都融入新的单词信息，因此包含了句子的完整历史信息。所以，句子的最后一个单词会受到句首单词的部分影响。此外，该模型更加简单：模型的权重参数少于 3 元前馈神经语言模型的权重参数。

那么，如何训练这样一个任意长度上下文的模型呢？

一种想法是：在初始阶段（利用第一个单词预测第二个单词），模型架构与前馈神经网络相同，因此训练过程也相同。我们在输出层计算误差并将其反向传播到输入层。我们通过这种方式处理每个训练样本，本质上就是将之前训练样本的隐藏层视为当前样本的固定输入。然而，这种方式无法为隐藏层中之前的历史表示提供反馈信息。

基于时间的反向传播算法（Back-Propagation Through Time，BPTT）的训练过程（见图 7.5）是以固定的步数将循环神经网络展开，并利用 n 个单词（如 5 个单词）的预测实现误差传播。

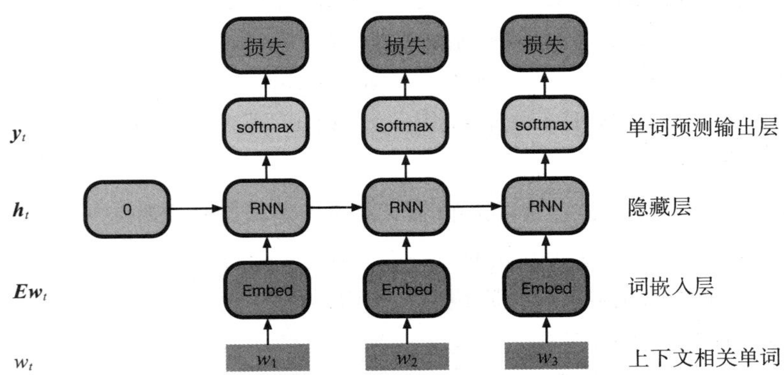

图 7.5　基于时间的反向传播算法（Back-Propagation Through Time, BPTT）。将神经网络通过在固定数量的预测步骤上展开循环神经网络（这里是 3），我们可以根据预测所有输出单词的训练目标和通过梯度下降对误差进行反向传播来更新参数

BPTT 可以应用于每一个训练样本（这里称为时刻），但是这会增加计算复杂度，每次

计算都要经过多个时刻。因此可以采用小批量的方式更新权重（参见 5.6.2 节）。首先我们处理一批训练样本（如 10 ~ 20 个训练样本，或者整个句子），然后再更新权重。

考虑到当前计算机的能力，人们已经越来越普遍地将循环神经网络完全展开。尽管循环神经网络在理论上可以是任意长度的，但是给定具体的训练样本后，它的长度实际上就是已知且固定的，因而我们可以为每一个给定的训练样本构造完整的计算图，将误差定义为所有单词预测误差的总和，然后在整个句子上实现反向传播。这确实要求我们快速地构建出计算图——所谓的**动态计算图**，目前已经有一些工具包可以很好地支持动态计算图。

7.5 长短时记忆模型

用序列语言模型进行单词预测时，考虑以下步骤：

After much economic progress over the years, the **country** → *has*

前一个单词“country”在预测单词“has”时包含最丰富的信息，而之前的其他单词都没有很强的相关性。一般而言，单词的重要性随着离预测单词的距离的增加而降低。循环神经网络中的隐藏状态总是依据最新的单词而更新，对于旧单词的记忆会随着时间的推移而逐渐减少。

但是，在有些情况下，距离更远的单词反而更重要，如下例所示：

The **country** *which has made much economic progress over the years still* → *has*

在这个例子中，动词“have”的词形变化取决于主语“country”，它们被一个很长的从句分开了。

循环神经网络能够对任意长度的序列进行建模，其架构非常简单，但是这种简单的架构也导致了许多问题。

- 隐藏层有双重作用，它既是网络的存储器，又作为连续空间表示，用以预测输出单词。
- 人们有时需要更多地关注紧挨着的前一个单词，有时需要更加关注更远的上下文信息，但是却没一个明确的机制进行控制。
- 如果我们在长序列上训练模型，那么模型的任何更新都需要反向传播到句子开头的位置。然而，反向传播需要经过较多的步骤，人们会担心新信息会在某一步淹没旧信息。这个问题叫作**梯度消失**[⊖]。

尽管长短时记忆（Long Short-Term Memory，LSTM）神经网络架构的名字让人感到困惑，但它确实解决了上面这些问题。它实际使用起来并不困难，但设计却比较复杂。从数学的角度，它改进了之前简单的状态更新过程，即利用前一时刻的状态和新的输入单词计

⊖ 需要注意的是存在一个与之相对应的**梯度爆炸**问题，即经过多步传递后，梯度值变得过大。通常由**梯度剪枝**——也就是给梯度设置一个最大值（最大值为超参数）——缓解这个问题。

算新的隐藏状态。不同于带有激活函数的线性变换，它将一系列中间结果的计算串联到一起，受数字电路设计的启发，这些中间结果称作**门**和**状态**。

LSTM 网络的基本模块称为单元，它的一个显著区别是有一个显式的记忆状态。单元内的记忆状态受普通计算机的数字存储单元的启发，数字存储单元提供读取、写入和重置操作。数字存储单元可能只存储一个比特，但是 LSTM 单元却能够存储一个实数。

此外，LSTM 单元中的读取 / 写入 / 重置操作通过实数值参数控制，这些实数值参数称作门（见图 7.6）。

- **输入门**（input gate）控制新的输入单词能够在多大程度上改变记忆状态。
- **遗忘门**（forget gate）控制之前的记忆状态有多少信息需要保留（或者遗弃）。
- **输出门**（output gate）控制当前的记忆状态有多少信息传递到下一层。

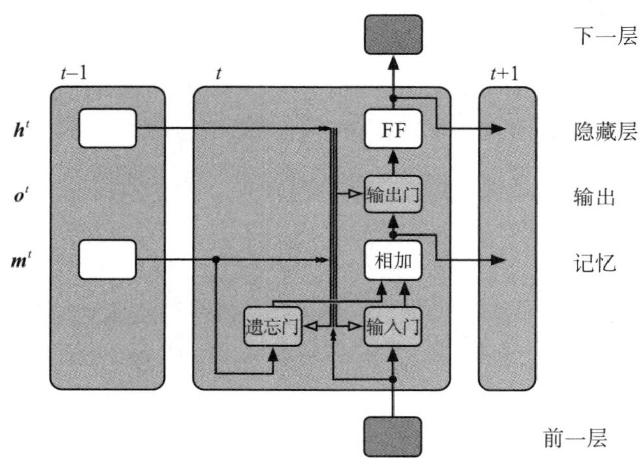

图 7.6　长短时记忆神经网络模型中的一个单元结构。和循环神经网络一样，它从前一层接收输入，接收前一时刻 t–1 的输出值。记忆状态 $\boldsymbol{m}$ 根据输入状态 i 和前一步记忆状态 $\boldsymbol{m}^{t-1}$ 进行更新。各种门控信息在记忆单元的通道中流通，并决定输出值 $\boldsymbol{o}$

用时刻 t 标记输入、记忆和输出值之后，我们将单元内部的信息流定义为：

$$\begin{aligned}\text{memory}^t &= \text{gate}_{\text{input}} \times \text{input}^t + \text{gate}_{\text{forget}} \times \text{memory}^{t-1} \\ \text{output}^t &= \text{gate}_{\text{output}} \times \text{memory}^t\end{aligned} \tag{7.12}$$

传递给下一层的隐藏层节点值 $\boldsymbol{h}^t$ 由输出值经过激活函数 f 生成：

$$\boldsymbol{h}^t = f(\text{output}^t) \tag{7.13}$$

LSTM 层由多个 LSTM 单元向量组成，就像传统层由多个节点向量组成一样。LSTM 层的输入的计算方式与循环神经网络节点的输入的计算方式相同。前一层的节点值 $\boldsymbol{x}^t$ 和前一个时刻的隐藏层值 $\boldsymbol{h}^{t-1}$，与权重矩阵 $\boldsymbol{W}^x$ 和 $\boldsymbol{W}^h$ 相乘之后求和，再经过激活函数 g 得到输入值：

$$\text{input}^t = g(\boldsymbol{W}^x \boldsymbol{x}^t + \boldsymbol{W}^h \boldsymbol{h}^{t-1}) \tag{7.14}$$

但是，如何设置这些门的参数呢？它们有着相当重要的作用，在某些上下文的场景中，我们更倾向于利用最近的输入（$\text{gate}_{\text{input}} \approx 1$），而不采用之前的记忆（$\text{gate}_{\text{forget}} \approx 1$），也不关注当前单元的状态（$\text{gate}_{\text{output}} \approx 0$）。因此，需要利用大范围的上下文信息指导门控值的计算。

如何根据复杂的上下文相关信息计算门控值呢？我们将门视作神经网络中的一个节点，对于每一个门 $a \in$（输入门，遗忘门，输出门），都定义权重矩阵 $\boldsymbol{W}^{xa}$、$\boldsymbol{W}^{ha}$ 和 $\boldsymbol{W}^{ma}$，将权重与前一层的节点值 $\boldsymbol{x}^t$、前一时刻的隐藏层值 $\boldsymbol{h}^{t-1}$ 和前一时刻的记忆状态 memory^{t-1} 进行相乘，再通过激活函数 h 计算门控值：

$$\text{gate}_a = h(\boldsymbol{W}^{xa} \boldsymbol{x}^t + \boldsymbol{W}^{ha} \boldsymbol{h}^{t-1} + \boldsymbol{W}^{ma} \text{memory}^{t-1}) \tag{7.15}$$

LSTM 的训练方法与循环神经网络相同，采用基于时间的反向传播方式，或者将网络完全展开。尽管 LSTM 单元内部的操作比循环神经网络更复杂，但是所有的操作仍然基于矩阵乘法和可微激活函数。因此，我们可以计算目标函数关于所有参数的梯度，并计算更新函数。

7.6　门控循环单元

LSTM 单元增加了大量的额外参数，每一个单独的门均增加了多个权重矩阵。参数过多会延长训练时间并增加过拟合的风险，而门控循环单元（Gated Recurrent Unit，GRU）是一种更为简单的方案，而且已经应用于神经翻译模型。在撰写本书时，虽然 LSTM 单元在神经机器翻译中再次引起了人们的关注，但是这两种都是常用的方法。

GRU 没有设立单独的记忆状态，它只保留了隐藏状态，这个隐藏状态有两项功能（见图 7.7）。同时，GRU 只有两个门。与前面类似，这两个门通过输入和之前的状态进行预测：

$$\begin{aligned}\text{update}_t &= g(\boldsymbol{W}_{\text{update}}\, \text{input}_t + \boldsymbol{U}_{\text{update}} \text{state}_{t-1} + \boldsymbol{b}_{\text{update}})\\ \text{reset}_t &= g(\boldsymbol{W}_{\text{reset}}\, \text{input}_t + \boldsymbol{U}_{\text{reset}} \text{state}_{t-1} + \boldsymbol{b}_{\text{reset}})\end{aligned} \tag{7.16}$$

第一个门将输入和之前的状态进行组合，这种组合与传统的循环神经网络类似，唯一的不同之处是之前的状态通过重置门（reset gate）进行控制。由于门的取值在 0 到 1 之间，因此组合结果可能会优先考虑当前的输入：

$$\text{combination}_t = f(\boldsymbol{W} \text{input}_t + \boldsymbol{U}(\text{reset}_t \circ \text{state}_{t-1})) \tag{7.17}$$

接下来，利用更新门（update gate）对前一个状态和刚刚计算的组合结果进行加权求和，以实现两者的平衡。

$$\text{state}_t = (1 - \text{update}_t) \circ \text{state}_{t-1} + \text{update}_t \circ \text{combination}_t + \boldsymbol{b} \tag{7.18}$$

在一种极端情况下，若更新门为 0，那么之前的状态会直接传递到新的状态。在另一种极端情况下，更新门为 1，新的状态则主要由输入决定，在重置门允许的情况下，尽可能多地受到前一状态的影响。

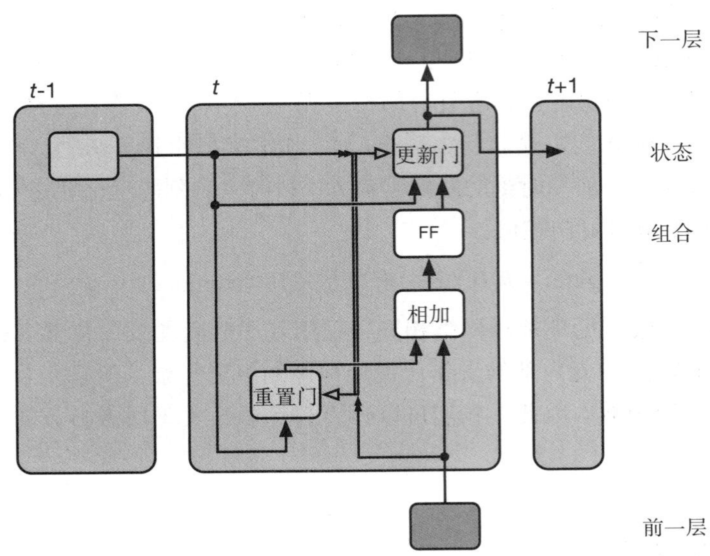

图 7.7 门控循环单元是 LSTM 单元的一种简化。它只有一个内部状态与外部相连接

利用门机制实现的两个操作均取决于先前状态和当前输入，这种做法看起来略显多余，但是它们有不同的作用。得到 combination_t（公式（7.17））的第一个操作是循环神经网络的一个典型组件，能够以复杂的方式组合输入和输出。第二个操作能够产生新的隐藏状态和单元输出（公式（7.18）），它能够忽略输入，从而使长距离的记忆信息能够简单地传递，同时能够在反向传播过程中传递梯度，实现长距离依赖。

7.7 深度模型

当前流行的术语“深度学习”对于新一波神经网络研究来说有明确的应用动机。深度学习将多个隐藏层进行堆叠，已经在图像和语音识别等任务中取得了显著的效果。

层数越多，能够实现的计算就越复杂，就如同利用一连串传统的计算组件（布尔门）能够实现更复杂的计算一样，如数字的加法和乘法。尽管上述观点在很长一段时间内得到了普遍认同，但现代硬件最近才真正实现了上述深度神经网络。我们已经从对图像和语音的实验中看到了多层神经网络，甚至几十层的神经网络确实能够提高处理性能。

深度神经网络的思想如何应用于语言中常见的序列预测任务呢？有多种选择方法：图 7.8 给出了两个例子。在浅层神经网络中，输入传递到一个单层的隐藏层，并利用隐藏层预测输出。我们可以采用多个隐藏层，这些隐藏层 $\boldsymbol{h}_{t,i}$ 通过堆叠组合在一起，每一层就像浅层循环神经网络的隐藏层，它的状态取决于前一个时刻的状态值 $\boldsymbol{h}_{t-1,i}$ 和序列中前一层的状态值 $\boldsymbol{h}_{t,i-1}$。

$$\begin{aligned} \boldsymbol{h}_{t,1} &= f_1(\boldsymbol{h}_{t-1,1},\boldsymbol{x}_t) && \text{第一层} \\ \boldsymbol{h}_{t,i} &= f_i(\boldsymbol{h}_{t-1,i},\ \boldsymbol{h}_{t,i-1}) && i>1 \\ \boldsymbol{y}_t &= f_{i+1}(\boldsymbol{h}_{t,I}) && \text{最后一层 } I \text{ 的预测} \end{aligned} \tag{7.19}$$

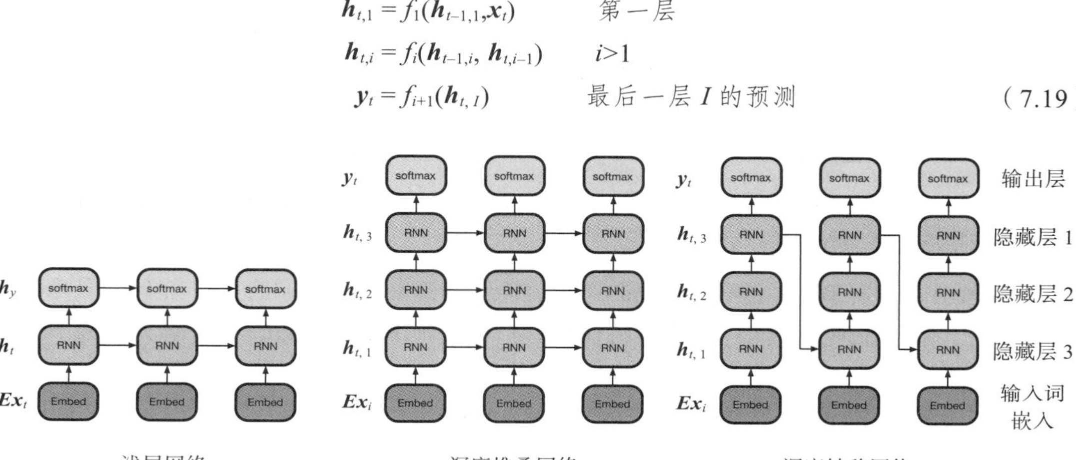

图 7.8 深度循环神经网络：输入首先通过隐藏层，再输出预测值。在深度堆叠模型中，隐藏层也以水平方式连接，即某一层 t 时刻的状态值取决于 t–1 时刻的状态值和前一层 t 时刻的状态值。在深度转移模型中，网络层在任意 t 时刻以顺序方式连接。t–1 时刻的最后一个隐藏层与 t 时刻的第一个隐藏层相连接

采用**深度转移**网络，隐藏层可以直接连接，第一个隐藏层 $\boldsymbol{h}_{t,1}$ 能够接受前一时刻最后隐藏层 $\boldsymbol{h}_{t-1,I}$ 的信息，而其他隐藏层与前一时刻没有连接：

$$\begin{aligned} \boldsymbol{h}_{t,1} &= f_1(\boldsymbol{h}_{t-1,I},\ \boldsymbol{x}_t) && \text{第一层} \\ \boldsymbol{h}_{t,i} &= f_i(\boldsymbol{h}_{t,i-1}) && i>1 \\ \boldsymbol{y}_t &= f_{i+1}(\boldsymbol{h}_{t,I}) && \text{最后一层 } I \text{ 的预测} \end{aligned} \tag{7.20}$$

在这些公式中，函数 f_i 可能是一个前馈层（矩阵相乘加激活函数）、LSTM 单元或者 GRU 单元。

在传统的统计机器翻译中应用神经语言模型的实验表明：3 ~ 4 个隐藏层能够产生较好的效果（Luong et al.，2015a）。

当前的硬件具备了训练深度模型的能力，它们也确实将计算资源发挥到了极限。神经网络中不仅有着更大的计算量，而且训练的收敛速度也往往较慢。采用跳跃连接（将输入直接连接到输出或最后的隐藏层）的方式有时会加快训练速度，但是依然会比浅层网络多花几倍的训练时间。

7.8 动手实践：PyTorch 中的神经语言模型

上一章，我们介绍了如何利用 PyTorch 实现神经网络模型。自动梯度计算和基本神经网络模块的库类函数以及优化器的使用极大地减少了需要编写的代码量。

我们将介绍如何利用循环神经网络实现神经语言模型。

7.8.1 循环神经网络

循环神经网络和前馈神经网络的一个区别是，计算图的结构取决于正在处理的句子的长度，长句子需要更大的计算图。

但是，一旦我们获取了需要处理的句子就能够知道其长度，同时可以绘制出需要构造的计算图。为了处理上述问题，我们将构建一个单词预测的类函数，然后将其在整个句子内循环，最终构建整个句子的计算图。

循环神经网络中单词预测的类函数实现代码如下：

```
class RNN(torch.nn.Module):
  def __init__(self, vocab_size, hidden_size):
    super(RNN, self).__init__()
    self.hidden_size = hidden_size
    self.embedding = torch.nn.Embedding(vocab_size, hidden_size)
    self.gru = torch.nn.GRU(hidden_size, hidden_size)
    self.out = torch.nn.Linear(hidden_size, vocab_size)
    self.softmax = torch.nn.LogSoftmax(dim=1)

  def forward(self, input, hidden):
    embedded = self.embedding(torch.tensor([[input]])).view(1, 1, -1)
    output, hidden = self.gru(embedded, hidden)
    output = self.softmax(self.out(output[0]))
    return output, hidden

  def initHidden(self):
    return torch.zeros(1, 1, self.hidden_size)
```

可以看到，代码定义了成员变量和 `forward` 函数。另外还有一个叫 `initHidden` 的特殊函数，它设置了初始的隐藏状态。这种实现方法充分利用了 PyTorch 现有的神经网络模块：

- 嵌入步骤 `torch.nn.Embedding`，将词汇表 ID 号映射到嵌入向量。
- 门控循环单元 `torch.nn.GRU`，它是循环网络的核心，接收前一个隐藏状态和新输入的单词，计算新的隐藏状态并预测输出单词。
- 额外的前向层 `torch.nn.Linear`，将输出状态转化为输出单词的预测。
- softmax 激活函数 `torch.nn.LogSoftmax`，将输出单词的预测转化为合适的概率分布。

上述基本计算步骤在循环神经网络类的初始化阶段进行定义，由于它们还需要实例化参数向量（随机初始化），因此当多次调用 `forward` 函数时，都需要与对象保持关联。

实际的前向函数只需要按顺序调用这些步骤即可。

7.8.2 文本处理

在自然语言处理中，通常需要进行大量的预处理和数据准备工作，使训练和测试数据满足要求的格式。在这里，我们只介绍一些基本步骤。我们假设语言模型的训练数据存储在一个文件中，每一行表示一个句子。

我们需要定义一个关键的数据结构：将单词（如“ dog”）映射到 ID 号（如“73”）的词汇表。为此，我们建立一个 Vocabulary 类：

```
class Vocabulary:
  def __init__(self):
    self.word2id = {"<s>": 0, "</s>": 1}
    self.id2word = {0: "<s>", 1: "</s>"}
    self.n_words = 2

  def getID(self, word):
    if word not in self.word2id:
      self.word2id[word] = self.n_words
      self.id2word[self.n_words] = word
      self.n_words += 1
    return self.word2id[word]
```

其中有两个特殊的单词标记，<s> 代表句子的开头，</s> 代表句子的结尾。我们给它们设置特殊的 ID 号，分别为 0 和 1。还有两个 Python 字典数据结构，分别实现从单词到 ID 号的映射和从 ID 号到单词的映射。

函数 getID 将单词映射为 ID 号，同时它还具有向词汇表中添加新单词的功能。我们在加载训练数据时调用这个函数，在此之后，词汇表便保持不变。

在示例代码中，我们没有考虑以下情况：测试阶段遇到词汇表中没有出现过的单词。为此，人们通常会在字典中添加一个特殊的未知单词的标记，并用它代替实际词汇表中没有的单词。需要读者自己将其添加到代码中。

在得到词汇表对象之后，我们就可以读取训练语料库了。如前面的假设一样，数据按每行一个句子的格式存储。我们使用 tokenizeString 函数实现基本的单词切分，删除所有非拉丁字母或句号、感叹号和问号这三个标点符号，这样代码就可以使用了。在实践中，单词切分可能需要语言专用的工具进行额外处理。

```
def tokenizeString(s):
  s = re.sub(r"([.!?])", r" \1", s)
  s = re.sub(r"[^a-zA-Z.!?]+", r" ", s)
  return s

def readCorpus(file):
  lines = open(file, encoding='utf-8').read().strip().split('\n')
  text_corpus = ["<s> " + tokenizeString(l) + " </s>" for l in lines]
  return text_corpus
```

函数 readCorpus(file) 读取文本文件并返回一个句子数组，每个句子都是一个字符串。下面的代码将调用本节定义的函数读取文本文件：

```
text_corpus = readCorpus("example.txt")
vocab = Vocabulary()
numbered_corpus = [[vocab.getID(word) for word in
sentence.split(' ')] for sentence in text_corpus]
```

运行这段代码后，我们就有了用于神经网络训练的训练数据，训练数据为句子数组，每个句子是以 ID 号表示的单词数组。

7.8.3 循环训练

在实现了所有基本对象和数据结构之后，我们就可以实现循环训练了。首先需要设置超参数，实例化类对象：

```
criterion = torch.nn.NLLLoss()
hidden_size = 256
learning_rate = 0.01
rnn = RNN(vocab.n_words, hidden_size)
optimizer = torch.optim.SGD(rnn.parameters(), lr=learning_rate)
```

上述代码将隐藏层的大小设置为 256 个神经元，将学习率设置为 0.01。它还实例化了一个循环神经网络对象 `rnn`，并定义了损失函数 `torch.nn.NLLLoss()`，即负对数似然。语言模型的目标是以高概率或似然度预测正确的给定单词。对数将结果保持在一个合理的范围内，同时取对数似然值的相反数（从负值变为正值）作为损失（我们需要降低的正数值）。

以这个损失函数作为训练标准，我们采用基本的随机梯度下降法（`torch.optim.SGD`）进行参数更新。随机梯度下降法在训练期间使用相同的学习率，并利用该学习率缩放梯度实现参数的更新。

让我们继续完成和实现循环训练。为了对训练数据进行多次遍历，我们需要实现 epoch 循环，循环遍历每个训练集中的句子：

```
for epoch in range(10):
  total_loss = 0
  for sentence in numbered_corpus:
    optimizer.zero_grad()
    sentence_loss = 0
    hidden = rnn.initHidden()
    for i in range(len(sentence)-1):
      output, hidden = rnn.forward( sentence[i], hidden )
      word_loss = criterion( output, torch.tensor([sentence[i+1]]))
      sentence_loss += word_loss
    total_loss += sentence_loss.data.item();
    sentence_loss.backward()
    optimizer.step()
```

每个句子的处理都有固定的标准流程，如重置优化器，在开始阶段为损失定义一个变量，将其加起来构建训练损失总和，以及在结束时触发反向传播和优化器等。读者最感兴趣的问题可能是如何处理任意给定句子中的单词。

循环神经网络包含一个隐藏状态，所以我们利用函数 rnn.initHidden 对其进行初始化，然后在句子的单词内实现循环。对每个单词，通过调用前向函数 rnn.forward 扩展计算图。对每个单词的处理都会产生一个预测结果 output，我们需要将其与下一个标准单词 sentence[i+1] 进行对比。回想一下，预测结果 output 是词汇表中所有单词的概率分布，负的对数似然计算只需要提取赋予正确单词的那个概率值即可。

将每个单词的损失（word_loss）相加就得到句子的损失 sentence_loss。整个句子处理完成后，整个计算图也就完成构建了，我们从 sentence_loss 开始运行误差反向传播算法。

7.8.4　建议

本章提供了训练神经网络语言模型的完整代码。通过对模型进行各种可能的扩展去练习深度学习编码技能，是一个很好的起点。以下是我给出的一些建议。

损失报告：添加跟踪 word_loss、sentence_loss 和 total_loss 的打印语句。想想有哪些方法可以对原始分数进行归一化，从而使上述分数有合理的解释？上述哪些信息最丰富？是否还有其他汇总分数的方法？为了实现细粒度跟踪，还应添加如下信息：最佳预测单词（torch.argmax(output, dim=1)）、正确给定的单词和预测到正确给定单词的概率。

批处理：目前给出的代码一次只处理一个句子。如果像前面介绍的那样批量处理多个句子将更高效，这就需要修改代码使其能够实现批处理。注意，计算图的大小由批处理中最长句子的长度决定。

验证集：跟踪训练集的损失并不能发现是否出现过拟合现象，因此需要添加验证集并定期计算验证集的损失。通常情况下，如果经过一定次数的检查之后，验证集的损失没有出现新的最小值，就会触发早期停止。

生成文本：训练开始运行后，使用模型生成新的文本。换言之，让模型预测单词并将上一个预测单词（和隐藏状态）提供给 RNN 的 forward 函数，生成给定数量的句子。你还可以尝试基于字符的语言模型，即每个字母均单独生成，此方法的计算代价较低。对于基于字符的语言模型，我们可以观察到模型以多大的频率生成合法的单词。

在 GPU 上训练：在 CPU 上使用大型数据集训练语言模型需要花费大量时间。我们可以修改代码使其能够在 GPU 上运行：需要声明设备端为 GPU（set torch.device），同时将参数存储在 GPU 内存中（to(device)），这样计算图的前向和后向运行都在 GPU 上完成。

更深层的模型：7.7 节讨论了神经语言模型中更深层次的架构，你可以实现其中的网络架构。

https://pytorch.org/ 网站是这方面信息的重要来源。

7.9 扩展阅读

早期神经网络研究的目标是解决语言模型的问题。神经语言模型的一项重要参考是（Bengio et al.，2003），他们利用前馈神经网络实现了一个 n 元语言模型，网络以历史单词作为输入，预测单词作为输出。文献（Schwenk et al.，2006）将上述语言模型引入机器翻译（也称为“连续空间语言模型”），并将其用于重排序，这类似于早期的语音识别工作。文献（Schwenk，2007）提出了多种加速方法。上述方法已有对应的开源工具包（2010 年），并且支持 GPU 训练（2012 年）。

文献（Baltescu et al.，2004）首先对单词进行聚类，并将单词编码为类别和单词在类别中的位置信息，显著降低了计算复杂度，从而能够在解码器中集成神经网络语言模型。文献（Vaswani et al.，2013）提出了另一种降低计算复杂度并实现解码器集成的方法，采用了噪声对比估计，该方法会在训练阶段对模型的输出分数进行粗略的自归一化，因此不需要对所有可能的输出单词计算概率。文献（Baltescu & Blunsom，2015）比较了两种技术——基于聚类并采用归一化分数的单词编码方法和未进行归一化分数的噪声对比估计法，结果表明后者具有更好的性能和更快的速度。

文献（Wang et al.，2013）提出了另一种直接的解码器集成方法，他们将一个包含 8192 个单词的连续空间语言模型转换为 ARPA（SRILM）格式的传统 n 元语言模型。文献（Wang et al.，2014）提出了一种集成连续空间语言模型与传统 n 元语言模型的方法，该方法能够充分利用两者的优势，既能更好地估计较小列表中单词的概率分布，同时也能利用传统模型全覆盖的优势。

文献（Finch et al.，2012）利用循环神经网络语言模型对音译系统的 n-best 列表重新打分。文献（Sundermeyer et al.，2013）对比了前馈神经网络与长短时记忆神经网络语言模型（循环神经网络语言模型的一种变体），实验表明后者在语音识别重排序任务中表现更好。文献（Mikolov，2012）的研究表明，利用循环神经网络语言模型对机器翻译系统的 n-best 列表进行重排序能够显著提升翻译性能。

神经语言模型并不像一般深度学习方法那样包含多个隐藏层。但是，文献（Luong et al.，2015a）发现使用 3 ~ 4 个隐藏层比只使用单层的效果更好。

神经机器翻译中的语言模型：传统的统计机器翻译模型有一个直接的机制，可以集成额外的知识源，例如大型的领域外语言模型。集成端到端的神经机器翻译则较为困难。文献（Gülçehre et al.，2015）的研究为神经机器翻译模型增加了一个由额外单语数据训练的语言模型，该语言模型采用循环神经网络（可以并行运行）的形式。该文献对比了两种方法：1）使用语言模型重排序（或重打分）；2）在预测单词时使用门控单元平衡语言模型与翻译模型之间的权重。后者是一种更深层次的集成方法。

神经翻译模型

我们终于做好了准备，该介绍翻译模型了。我们之前已经熟悉了循环神经语言模型，而且已经完成了大部分工作。即将介绍的神经机器翻译模型是神经语言模型的直接扩展：添加一个对齐模型。

8.1 编码器 – 解码器方法

我们首先尝试直接扩展语言模型来实现神经翻译模型。回想一下循环神经网络，它将语言建模为序列过程。给定所有先前的单词，模型可以预测下一个单词。当预测到句子的结尾时，翻译模型仍需要进一步逐词预测出句子的译文（见图 8.1）。

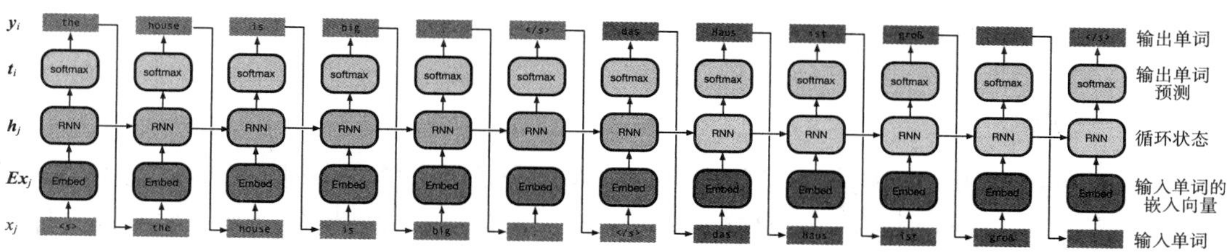

图 8.1 序列到序列的编码器 – 解码器模型。通过扩展语言模型，我们将英语的输入句子“ the house is big”和德语的输出句子“ das Haus ist groß”拼接在一起。循环网络中间部分的状态（在处理完输入句子结束标记 < /s > 后）包含了整个输入句子的语义嵌入

为了训练这个模型，我们只需要将输入和输出句子进行拼接，然后使用相同的方法训练语言模型即可。在解码阶段，将输入句子提供给模型，并进行模型预测，直到得到句子的结束字符为止。

上述网络是如何工作的呢？当模型处理至输入句子的末尾时（已经预测了句子结束标记 </s>），隐藏状态就编码了输入句子的语义。换言之，最后的隐藏层节点所构成的向量即为输入句子的**嵌入向量**。这就是模型的**编码阶段**。在**解码阶段**，该隐藏状态就用于生成相应的译文。

显然，上述模型对循环神经网络的隐藏状态有较高的要求。在编码阶段，它需要融合

输入句子的所有信息，不能遗忘从句子开始到结尾的每个单词的信息。在解码阶段，它不仅需要包含足够的信息来预测每一个单词，同时需要考虑输入句子已经翻译的部分和还需要翻译的部分。

实践表明，所提出的这些模型在翻译短句子（10 ~ 15 个单词）时较为有效，但是对于长句子，翻译质量较差。人们对模型进行了一些小改进，例如将输入句子的嵌入向量输入解码阶段所有隐藏状态中。这使解码器的结构与编码器不同，由于不再需要记住输入信息，所以模型减小了解码阶段隐藏状态的部分负载。另一个想法是反转输出句子的顺序，目的是让输入句子的最后一个单词靠近输出句子的最后一个单词。

在下一节中，我们将对输出单词与输入单词之间的对齐关系进行建模，使模型的质量得到显著改善。

8.2　添加对齐模型

第一个成功的神经机器翻译模型是引入了注意力的序列到序列的编码器–解码器模型，实际上它就是在上一节介绍的模型基础上融合了显式的对齐机制。在深度学习领域，这种对齐称作**注意力**（attention）。我们在这里将不加区分地使用“对齐”和“注意力”这两个词。

注意力机制确实增加了模型的复杂性，下面我们逐步进行介绍。首先介绍编码器，然后介绍解码器，最后介绍注意力机制。

8.2.1　编码器

编码器的任务是得到输入句子的表示。输入句子是一个单词序列，我们首先需要查询嵌入矩阵，然后如之前描述的基本语言模型一样，采用循环神经网络处理这些单词，使隐藏状态能够结合单词左侧上文信息（即所有前面的单词）编码单词。为了获得右侧上下文信息，我们还构建了另一个从右到左运行（更准确地讲，是从句子的结尾到开头进行编码）的循环神经网络。

图 8.2 展示了该模型框架。模型包含两个不同方向的循环神经网络，称为双向循环神经网络。从数学角度来看，编码器包括每个输入单词 $\boldsymbol{x}_j$ 所查找的嵌入向量和隐藏状态 $\overrightarrow{\boldsymbol{h}_j}$ 和 $\overleftarrow{\boldsymbol{h}_j}$ 的映射。

$$\overleftarrow{\boldsymbol{h}_j} = f(\overleftarrow{\boldsymbol{h}_{j+1}}, \overline{\boldsymbol{E}}\boldsymbol{x}_j) \tag{8.1}$$

$$\overrightarrow{\boldsymbol{h}_j} = f(\overrightarrow{\boldsymbol{h}_{j-1}}, \overline{\boldsymbol{E}}\boldsymbol{x}_j) \tag{8.2}$$

在上面的公式中，使用通用函数 f 表示循环神经网络单元。该函数可能是典型的前馈神经网络层，例如 $f(\boldsymbol{x})=\tanh(\boldsymbol{W}\boldsymbol{x}+\boldsymbol{b})$，或者是更加复杂的 GRU 或 LSTM 单元。最早提出上述方法的论文使用的是 GRU 模型（Cho et al.，2014），但是最近 LSTM 更加流行。

注意，我们可以通过预测序列中下一个单词的任务训练这些模型，但在实际中，我们是在整个机器翻译模型中训练该模型的，相关介绍见“解码器”部分。编码器的输出是两个隐藏状态（$\overrightarrow{h_j}$，$\overleftarrow{h_j}$）拼接得到的单词表示序列。

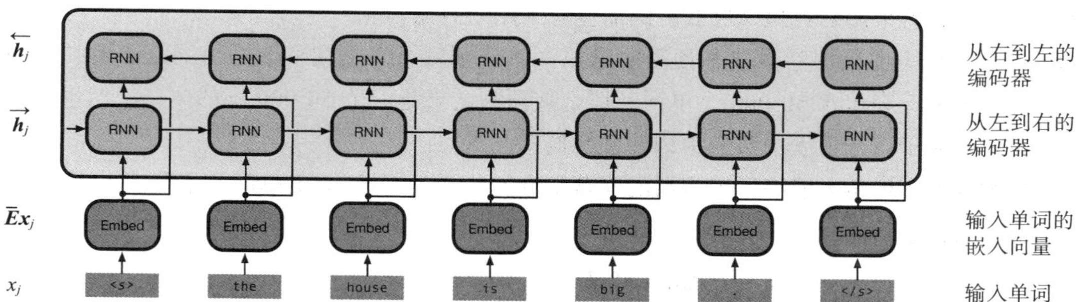

图 8.2　神经机器翻译模型的第一部分：输入编码器。编码器由两个循环神经网络组成，它们分别从左到右和从右到左进行编码（双向循环神经网络）。编码器的状态是两个循环神经网络隐藏状态的组合

8.2.2　解码器

解码器也是一个循环神经网络。解码器根据输入上下文的某种表示（详见 8.2.3 节）、前一时刻的隐藏状态和预测的输出单词，生成新的解码器隐藏状态和新预测的输出单词（见图 8.3）。

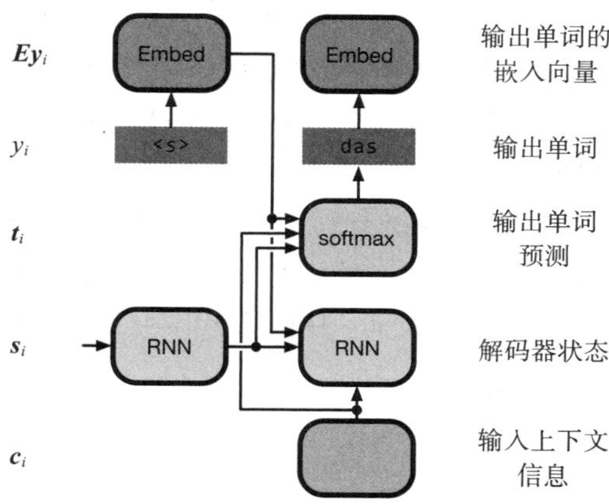

图 8.3　神经机器翻译模型的第二部分：输出解码器。给定输入句子的上下文信息和前一时刻所预测单词的嵌入表示，计算新的解码器状态并预测新的输出单词

从数学角度来看，模型采用循环神经网络，该网络能够得到一系列隐藏状态 s_i，隐藏状态 s_i 由前一时刻的隐藏状态 s_{i-1}、前一个时刻输出单词的嵌入表示 Ey_{i-1} 和输入上下文信息 c_i（我们将在后面给出定义）计算得到：

$$\boldsymbol{s}_i = f(\boldsymbol{s}_{i-1}, \boldsymbol{E}\boldsymbol{y}_{i-1}, \boldsymbol{c}_i) \tag{8.3}$$

同样，函数 f 将输入进行组合并生成下一个隐藏状态，f 可以有多种选择：包含激活函数的线性变换、GRU 或 LSTM 等。通常情况下，解码器的函数选择应与编码器相匹配。因此，如果编码器采用 LSTM，那么解码器也应采用 LSTM。

我们现在需要根据隐藏状态预测输出单词。该预测结果是在整个输出词汇表上的概率分布。如果词汇表包含 50 000 个单词，那么该预测结果是一个 50 000 维的向量，向量中的每个元素对应于该词汇表中对应单词的预测概率。

预测的概率向量 $\boldsymbol{t}_i$ 取决于解码器的隐藏状态 $\boldsymbol{s}_{i-1}$、前一时刻输出单词的嵌入表示 $\boldsymbol{E}\boldsymbol{y}_{i-1}$ 和输入上下文信息 $\boldsymbol{c}_i$：

$$\boldsymbol{t}_i = \text{softmax}(\boldsymbol{W}(\boldsymbol{U}\boldsymbol{s}_{i-1} + \boldsymbol{V}\boldsymbol{E}\boldsymbol{y}_{i-1} + \boldsymbol{C}\boldsymbol{c}_i) + \boldsymbol{b}) \tag{8.4}$$

注意，这里再次使用了 $\boldsymbol{E}\boldsymbol{y}_{i-1}$，因为我们采用的是隐藏状态 $\boldsymbol{s}_{i-1}$ 而非 $\boldsymbol{s}_i$。这种设计方案将 $\boldsymbol{s}_{i-1}$ 到 $\boldsymbol{s}_i$ 的信息传递与输出单词 $\boldsymbol{t}_i$ 的预测区分开。

softmax 将原始向量转换为概率分布，其中的所有元素值相加之和为 1。通常情况下，向量中的最大值对应的单词为输出单词的预测结果 $\boldsymbol{y}_i$。它的词嵌入 $\boldsymbol{E}\boldsymbol{y}_i$ 将用于循环神经网络的下一个时刻。

在训练过程中，正确的输出单词 $\boldsymbol{y}_i$ 是已知的，因此训练会利用该单词驱动参数更新。训练的目标是最大化正确的输出单词的生成概率。驱动训练的损失函数是正确单词的负对数翻译概率：

$$\text{cost} = -\log \boldsymbol{t}_i[\boldsymbol{y}_i] \tag{8.5}$$

理想情况下，我们希望正确单词的预测概率为 1，也就是说其负对数概率为 0，但是通常而言，正确单词的概率越低，损失越大。需要注意的是，损失函数与单个单词相关，整个句子的损失是所有单词损失的总和。

在对新的测试句子进行推断时，我们通常选择最大值 $\boldsymbol{t}_i$ 对应的单词 $\boldsymbol{y}_i$，即最大似然的翻译结果。该单词的嵌入 $\boldsymbol{E}\boldsymbol{y}_i$ 可用于下一时刻的推断。但是，我们还是要探索柱搜索的策略，用于选择当前时刻可能的翻译结果 $\boldsymbol{y}_i$，从而为下一个单词的预测提供不同的条件上下文。后续章节将介绍更详细的信息。

8.2.3 注意力机制

到目前为止，编码器和解码器还是两个相对松散的模块。编码器能够提供单词表示 $\boldsymbol{h}_j = (\overrightarrow{\boldsymbol{h}_j}, \overleftarrow{\boldsymbol{h}_j})$ 的序列，而解码器则期待每个时刻 i 都有相关的输入上下文信息 $\boldsymbol{c}_i$。接下来，我们介绍将编码器和解码器紧密联系在一起的注意力机制。

注意力机制很难通过典型的神经网络图进行介绍，但是图 8.4 还是简要地给出了注意力机制的输入和输出之间的关系。注意力机制利用所有输入单词的表示 $\boldsymbol{h}_j = (\overrightarrow{\boldsymbol{h}_j}, \overleftarrow{\boldsymbol{h}_j})$ 和解码器前一时刻的隐藏状态 $\boldsymbol{s}_{i-1}$，输出当前时刻对应的源端上下文状态 $\boldsymbol{c}_i$。

注意力的动机是尝试计算解码器状态（包含输出句子中所处位置的信息）和每个输入单词之间的关系。基于上述关联关系的强度（换言之，每个特定的输入单词对产生下一个输出单词的相关性），我们对单词表示的影响赋予相应的权重。

数学上，我们首先通过前馈层计算上述关联关系（使用权重矩阵 $\boldsymbol{W}_a$、$\boldsymbol{U}_a$ 和权重向量 $\boldsymbol{v}_a$）：

$$a(\boldsymbol{s}_{i-1}, \boldsymbol{h}_j) = \boldsymbol{v}_a^{\mathrm{T}}\tanh(\boldsymbol{W}_a\boldsymbol{s}_{i-1} + \boldsymbol{U}_a\boldsymbol{h}_j) \tag{8.6}$$

该计算结果是一个标量值，表示输入单词 j 对预测输出单词 i 的重要程度。

我们使用 softmax 对注意力权重进行归一化，从而使所有输入单词 j 的注意力权重加起来为 1：

$$\alpha_{ij} = \frac{\exp(a(\boldsymbol{s}_{i-1}, \boldsymbol{h}_j))}{\sum_k \exp(a(\boldsymbol{s}_{i-1}, \boldsymbol{h}_k))} \tag{8.7}$$

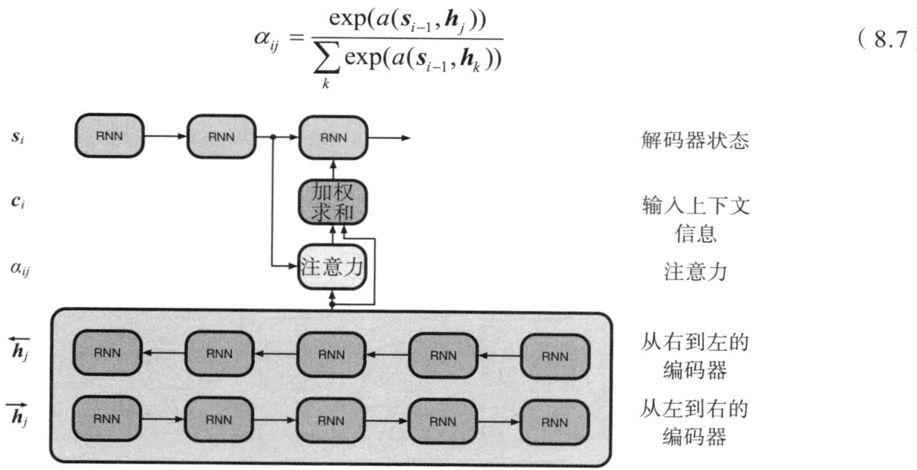

图 8.4 神经机器翻译模型的第三部分：注意力模型。模型计算解码器上一时刻隐藏状态和输入单词表示（编码器所有状态）之间的关系，其关联程度用以对编码器状态进行加权求和。计算得到的源端上下文信息则用以更新解码器的下一个隐藏状态

现在，我们利用归一化后的注意力权重来衡量输入单词表示 $\boldsymbol{h}_j$ 对上下文向量 $\boldsymbol{c}_i$ 的贡献，可以得到：

$$\boldsymbol{c}_i = \sum_j \alpha_{ij}\boldsymbol{h}_j \tag{8.8}$$

简单地将单词表示向量（无论是否加权）加起来，乍看起来确实是一件奇怪而简单的事情，但在基于深度学习的自然语言处理中却是非常普遍的做法。研究人员现在已经不加犹豫地将单词嵌入求和或者采用其他类似方法的结果作为句子嵌入使用。

8.3 训练

在得到完整的模型之后，我们现在可以更加仔细地介绍训练过程了。一个挑战是每个训练样本的编码器长度与解码器长度都不相同，句对中的句子长度不同，因此无法为每个训练样本构建相同的计算图，而要动态地为每个样本构建计算图。这项技术称作循环神经网络**展开**，该方法已在语言模型部分介绍过（参见 7.4 节）。

图 8.5 给出了一个样本（短句对）完全展开的计算图。需要注意以下问题：句对的计算误差是每个单词计算误差的总和，在预测下一个单词时，我们使用给定的正确单词作为解码器隐藏状态和单词预测的条件上下文。因此，训练目标是基于给定的完美上下文计算得到正确单词的概率。人们也尝试了不同训练目标，如 BLEU 值，但是这些训练目标并未展示出优越的性能。

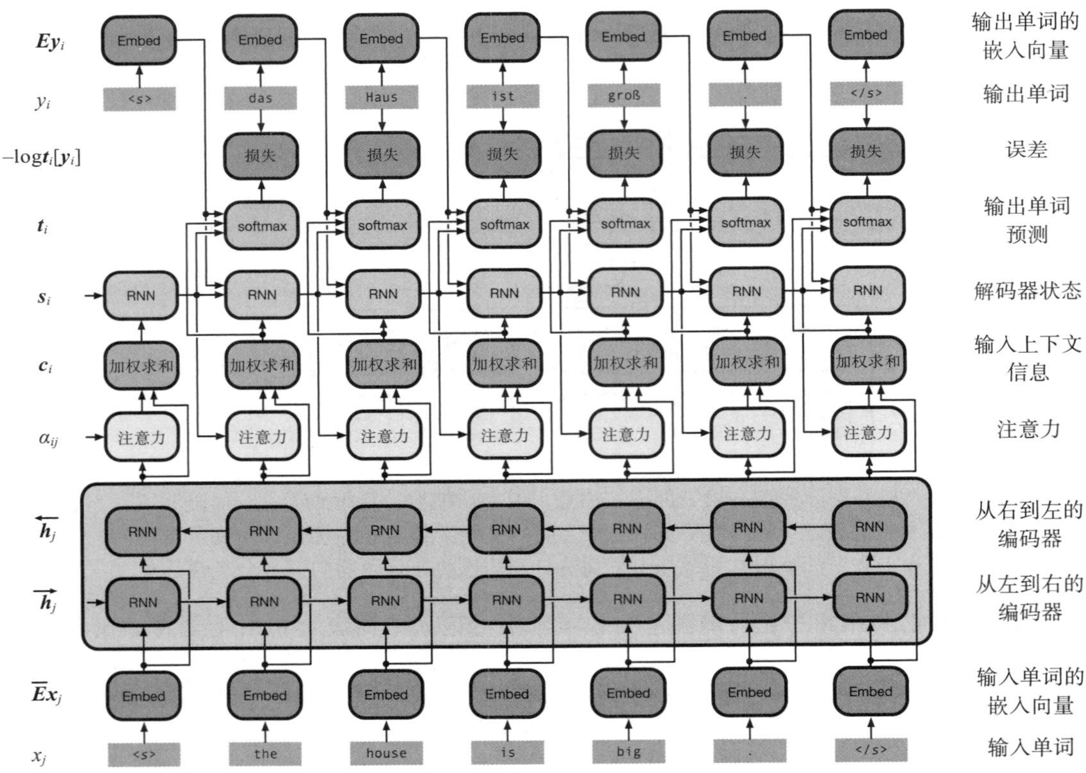

图 8.5 一个训练样本完全展开的计算图：输入句子包含 7 个单词“<s> the house is big . </s>”，输出包含 6 个词“das Haus is groß . </s>”。首先计算每个输出单词的损失函数（误差），然后将句子中各单词误差相加。在遍历解码器状态时，之前的正确单词用作条件上下文

在实际使用中，神经机器翻译模型的训练需要用到 GPU，GPU 很适合处理深度学习模

型的高度并行性（处理大量的矩阵乘法）。为了进一步提高并行度，我们可以一次处理多个句对（如 100 个）。这意味着我们需要增加所有状态张量的维数。

举个例子，我们用向量 $\boldsymbol{h}_j$ 表示某个句对的每个输入单词。由于我们已经得到了输入单词的序列，将这些向量组合起来就构成一个矩阵。当批量处理句对时，需要再次将这些矩阵组合，构成三维张量。

类似地，再举一个例子，解码器的隐藏状态 $\boldsymbol{s}_i$ 是对应第 i 个输出单词的向量。由于批量处理句子，所以我们将这些隐藏状态组合成一个矩阵。注意，在这种情况下，将所有输出单词的隐藏状态进行组合没有帮助，因为这些隐藏状态是按顺序计算的。

回忆一下注意力机制的第一个计算公式：

$$a(\boldsymbol{s}_{i-1}, \boldsymbol{h}_j) = \boldsymbol{v}_a^{\mathrm{T}}\tanh(\boldsymbol{W}_a\boldsymbol{s}_{i-1} + \boldsymbol{U}_a\boldsymbol{h}_j) \tag{8.9}$$

可以将解码器状态 $\boldsymbol{s}_{i-1}$ 构成的矩阵和输入编码 $\boldsymbol{h}_j$ 构成的三维张量输入 GPU 中完成计算，从而得到注意力权重构成的矩阵（一个维度代表句对，一个维度代表输入单词）。考虑到 $\boldsymbol{W}_a$、$\boldsymbol{U}_a$ 和 $\boldsymbol{v}_a$ 存在大量可重复使用的结果，而且该计算存在并行性，因此 GPU 可以发挥其真正的计算能力。

你可能会觉得这与之前介绍的内容存在明显的矛盾之处。开始时我们说一次只能处理一个训练样本，因为句对通常有不同的长度，因而计算图有不同的大小。之后我们却又主张将句对进行批处理（如 100 个句对一起处理），以提高并行性。这些确实是相互矛盾的目标（见图 8.6）。

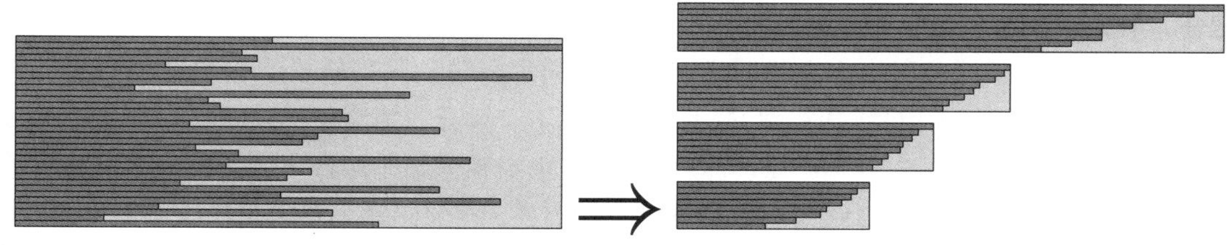

图 8.6 为更好地利用 GPU 的并行能力，我们需要一次处理一批训练样本（句对）。我们将一批训练样本转换为一组具有相似长度的小批量数据。这会减少填充单词消耗的计算时间（浅灰色）

当批处理训练样本时，需要考虑批处理中输入和输出句子的最大长度，并按照最大长度展开计算图。对于较短的句子，我们利用非单词字符填充剩余的空白，并利用**掩码**（mask）追踪有效数据所在位置。这意味着我们必须确保在输入句子长度之外的单词无法获得注意力权重，并且模型也不会根据输出句子长度之外的单词计算误差和梯度更新量。

为了减少空白字符的计算量，一个方法是按照长度对批处理的句对进行排序，然后将它们分成长度相近的**小批量**（mini batch）进行处理[⊖]。

整体而言，训练过程包含以下步骤：

- 随机打乱训练语料（以避免因时间或话题顺序导致的过度偏差）；
- 将语料分为大批量；
- 将每个大批量分成小批量；
- 处理每个小批量，计算梯度；
- 利用大批量计算的梯度更新参数。

通常情况下，训练神经机器翻译模型需要经过 5 ~ 15 次数据遍历（对整个训练语料库进行遍历）。一种常用的终止训练的准则是利用验证集（不属于训练数据集）检查模型训练的进度，当模型在验证集上的误差无法进一步降低时停止训练。训练更长的时间不会进一步改进性能，甚至可能因过拟合而降低性能。

8.4 深度模型

受视觉与语音识别等研究领域的经验启发，最近的机器翻译研究也开始关注更深层的模型。简而言之，即在基线模型架构中添加更多的中间层。

神经机器翻译的核心组件是编码器和解码器，编码器接收输入单词并将其转换为包含上下文信息的表示序列，解码器则生成输出单词序列。两者都是循环神经网络。

回想一下，我们已经讨论了如何为语言模型构造更深层的循环神经网络（参见 7.7 节）。现在，我们需要将该思想扩展到编码器和解码器的循环神经网络之中。

所有这些循环神经网络都有相同之处，即它们都将输入序列转换为输出序列，并在每个时刻 t 将新输入 $\boldsymbol{x}_t$ 的信息与前一时刻的隐藏状态 $\boldsymbol{h}_{t-1}$ 组合，预测新的隐藏状态 $\boldsymbol{h}_t$。根据该隐藏状态，模型就能进行其他预测（在解码器场景中为预测输出单词 $\boldsymbol{y}_t$，而在语言模型场景中为序列的下一个单词），隐藏状态也可能有其他用处（在编码器场景中用作注意力机制）。

8.4.1 解码器

图 8.7 给出了采用深层架构的神经机器翻译解码器部分。我们可以看到在时刻 t，模型不再只包含单个隐藏状态 $\boldsymbol{s}_t$，而是包含一个隐藏状态序列 $\boldsymbol{s}_{t,1}, \boldsymbol{s}_{t,2}, \cdots, \boldsymbol{s}_{t,I}$。

隐藏状态的连接方法有多种。7.7 节提出了两种思路：1）在堆叠循环神经网络中，隐藏状态 $\boldsymbol{s}_{t,i}$ 由前一层的隐藏状态 $\boldsymbol{s}_{t,i-1}$ 与同一层前一时刻的隐藏状态 $\boldsymbol{s}_{t-1,i}$ 决定；2）在深度转

⊖ 这里的技术术语有些混乱。有时候整个训练语料库称为一个“批量”（batch），这样命名可以区分“批量”更新和“在线”更新。在这种情况下，批次的子集所形成的更小的批量称作“小批量”（mini-batch）（参见 5.6.2 节）。但是在这里，我们用术语“批量”（或“大批量”（maxi-batch））表示此类子集，而用术语“小批量”表示子集的子集。

移循环神经网络中，第一层隐藏状态 $\boldsymbol{s}_{t,1}$ 由前一时刻的最后一层隐藏状态 $\boldsymbol{s}_{t-1,I}$ 和输入决定，而其他隐藏状态 $\boldsymbol{s}_{t,i}(i>1)$ 只取决于前一层的状态 $\boldsymbol{s}_{t,i-1}$。

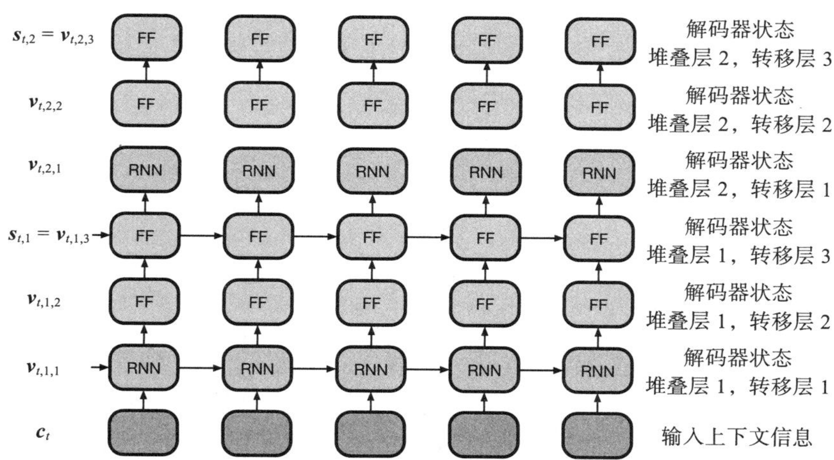

图 8.7 深度解码器。不同于使用单个循环神经网络层表示解码器状态，深度模型由多个层组成。这里给出的是深度转移和堆叠循环神经网络的一种组合结构，省略了单词预测、单词选择和输出单词嵌入等步骤，这些步骤与图 8.3 相同

图 8.7 结合了这两种思路，其中部分层采取堆叠方式（状态由前一时刻 $\boldsymbol{s}_{t-1,i}$ 和前一层 $\boldsymbol{s}_{t,i-1}$ 决定），其他层采用深度转移方法（状态仅由前一层 $\boldsymbol{s}_{t,i-1}$ 决定）。

在数学上，我们将其分为堆叠层 $\boldsymbol{s}_{t,i}$：

$$
\begin{aligned}
\boldsymbol{s}_{t,1} &= f_1(\boldsymbol{x}_t, \boldsymbol{s}_{t-1,1}) \\
\boldsymbol{s}_{t,i} &= f_i(\boldsymbol{s}_{t,i-1}, \boldsymbol{s}_{t-1,i}) \quad i>1
\end{aligned} \tag{8.10}
$$

和深度转移网络 $\boldsymbol{v}_{i,i,j}$：

$$
\begin{aligned}
\boldsymbol{v}_{t,i,1} &= g_{i,1}(\mathrm{in}_{t,i}, \boldsymbol{s}_{t-1,i}) \qquad \mathrm{in}_{t,i}\ 等于\ \boldsymbol{x}_t\ 或\ \boldsymbol{s}_{t,i-1} \\
\boldsymbol{v}_{t,i,j} &= g_{i,j}(\boldsymbol{v}_{t,i,j-1}) \qquad j>1 \\
\boldsymbol{s}_{t,i} &= \boldsymbol{v}_{t,i,j}
\end{aligned} \tag{8.11}
$$

函数 $f_i(\boldsymbol{s}_{t,i-1}, \boldsymbol{s}_{t-1}, i)$ 通过一系列函数 $g_{i,j}$ 计算，每一个函数 $g_{i,j}$ 可以为前馈神经网络层（矩阵乘法加激活函数）、LSTM 单元或者 GRU 单元。在任何情况下，每个函数 $g_{i,j}$ 都拥有各自可训练的模型参数的集合。

8.4.2 编码器

编码器的深度循环神经网络与解码器的有着相同的思路，但是有一个例外：在基线神经翻译模型中，我们使用双向循环神经网络同时对左侧和右侧上下文进行建模。我们希望任意深度的编码器的每一层都有此结构。

图 8.8 给出了上述想法的实现方式，称为**交替循环神经网络**。它基本上类似于堆叠循环神经网络，但是有一个不同之处：每层的隐藏状态 $\boldsymbol{h}_{t,i}$ 由上一时刻的隐藏状态 $\boldsymbol{h}_{t-1,i}$ 或下一时刻的隐藏状态 $\boldsymbol{h}_{t+1,i}$ 交替决定。

在数学上，我们将其表示为：偶数层隐藏状态 $\boldsymbol{h}_{t,2i}$ 由左侧上下文 $\boldsymbol{h}_{t-1,2i}$ 决定，奇数层隐藏状态 $\boldsymbol{h}_{t,2i+1}$ 由其右侧上下文 $\boldsymbol{h}_{t+1,2i+1}$ 决定：

$$
\begin{aligned}
\boldsymbol{h}_{t,1} &= f(\boldsymbol{x}_t, \boldsymbol{h}_{t-1,1}) \\
\boldsymbol{h}_{t,2i} &= f(\boldsymbol{h}_{t,2i-1}, \boldsymbol{h}_{t-1,2i}) \\
\boldsymbol{h}_{t,2i+1} &= f(\boldsymbol{h}_{t,2i}, \boldsymbol{h}_{t+1,2i+1})
\end{aligned}
\tag{8.12}
$$

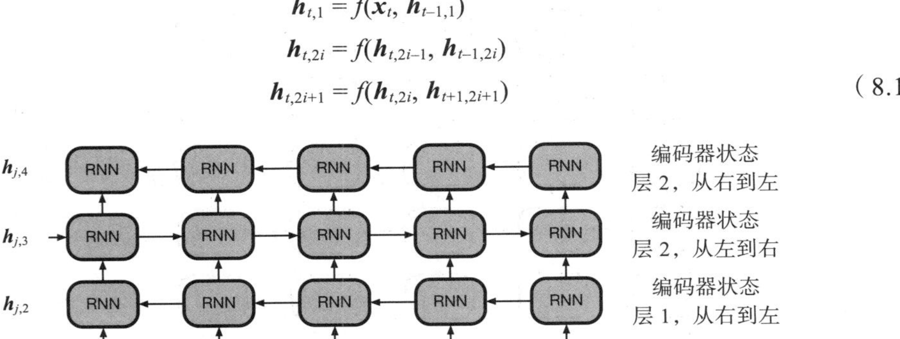

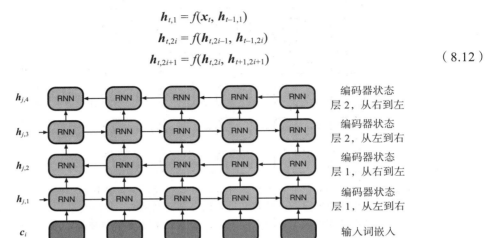

图 8.8　深度交替编码器，结合了先前提出的用于神经机器翻译的双向循环神经网络（见图 8.2）和堆叠循环神经网络（见图 7.8）的思想。可以像图 8.7 中的解码器那样将深度转换网络的思路用于进一步扩展该架构

与之前的解码器一样，我们可以采用深度转换网络的方法扩展该模型。

需要注意的是，人们通常会将输入直接连接到输出，以改进深度模型。在编码器场景中，这种做法就意味着从嵌入到编码器最后一层的直接连接，或者在每一层将输入直接与输出相连。这种**残差连接**有助于模型训练。在训练的早期阶段，模型可以跳过深层架构。当模型学习了基本功能后，就会利用深度架构对模型能力进一步优化。一般而言，残差连接会在训练早期阶段有显著的效果提升（以更快的初始速度减少模型的困惑度），但是在最后已经收敛的模型中，该方法的改进较小。

8.5　动手实践：利用 PyTorch 实现神经翻译模型

从很多方面讲，神经翻译模型都是神经语言模型的一种扩展，因此它们的实现方式很相似。编码器和解码器模型与语言模型中的循环神经网络相似，同时训练阶段均通过遍历每个输出单词来建立动态计算图。

本节给出的代码是根据 PyTorch 官方教程中有关序列到序列翻译模型的部分经过改进

后的结果[注]。

8.5.1 编码器

编码器与 7.8.1 节中的循环神经网络相差无几：

```
class Encoder(torch.nn.Module):
  def __init__(self, vocab_size, hidden_size, max_length=MAX_LENGTH):
    super(Encoder, self).__init__()
    self.hidden_size = hidden_size
    self.max_length = max_length
    self.embedding = torch.nn.Embedding(vocab_size, hidden_size)
    self.gru = torch.nn.GRU(hidden_size, hidden_size)

  def forward(self, input, hidden):
    embedded = self.embedding(torch.tensor([[input]])).view(1, 1, -1)
    output, hidden = self.gru(embedded, hidden)
    return output, hidden
```

由于编码器实际上并不预测单词，因此这里只需去掉 softmax 的计算。需要注意的是，该实现返回的是门控循环单元的输出状态。本章大部分内容描述了一种更为简单的模型，它采用前馈网络，将隐藏状态用于改进输入表示。

我们向这个编码器的类中添加一个额外的函数，即处理整个输入句子的函数：

```
  def process_sentence(self, input_sentence):
    hidden = torch.zeros(1, 1, self.hidden_size)
    encoder_outputs = torch.zeros(self.max_length, self.hidden_size)
    for i in range(len(input_sentence)):
      embedded = self.embedding(torch.tensor([[input_sentence[i]]])).
view(1, 1, -1)
      output, hidden = self.gru(embedded, hidden)
      encoder_outputs[i] = output[0, 0]
    return encoder_outputs
```

函数返回整个输入句子的编码器表示 `encoder_outputs`，它是一个矩阵或一个单词表示向量序列。上述循环遍历整个句子，并将 GRU 的输出状态存储在这个矩阵中。该循环与第 7 章循环神经语言模型的训练循环非常相似，不同之处在于该循环不计算任何损失。当然，我们在这里只是生成中间状态，这些状态无法进行评价。这也意味着输出状态不用预测下一个单词，而是由解码器在后续使用。

8.5.2 解码器

解码器的核心也是循环神经网络，但是模型进行了改进，使其能够利用输入句子的信息，涉及注意力的计算和编码器输出状态的加权。图 8.9 给出了解码器的完整代码。下面我们介绍代码中的关键部分。

[注] Sean Roberton, NLP from scratch: Translation with a sequence to sequence network and attention, PyTorch, https://pytorch.org/tutorials/intermediate/seq2seq_translation_tutorial.html.

```
class Decoder(torch.nn.Module):
  def __init__(self, vocab_size, hidden_size, max_length=MAX_LENGTH):
    super(Decoder, self).__init__()
    self.hidden_size = hidden_size
    self.vocab_size = vocab_size
    self.max_length = max_length

    self.gru = torch.nn.GRU(2 * hidden_size, hidden_size)
    self.embedding = torch.nn.Embedding(vocab_size, hidden_size)
    self.Wa = torch.nn.Linear(hidden_size, hidden_size, bias=False)
    self.Ua = torch.nn.Linear(hidden_size, hidden_size, bias=False)
    self.va = torch.nn.Parameter(torch.FloatTensor(1,hidden_size))

    self.out = torch.nn.Linear(3 * hidden_size, vocab_size)

  def forward(self,
              prev_output_id,
              prev_hidden,
              encoder_output,
              input_length):
    prev_output = self.embedding(torch.tensor([prev_output_id])).unsqueeze(1)

    m = torch.tanh(self.Wa(prev_hidden) + self.Ua(encoder_output))
    attention_scores = m.bmm(self.va.unsqueeze(2)).squeeze(-1)
    attention_scores = self.mask(attention_scores, input_length)
    attention_weights = torch.nn.functional.softmax( attention_scores, -1 )

    context = attention_weights.unsqueeze(1).bmm(encoder_output.unsqueeze(0))

    rnn_input = torch.cat((prev_output, context), 2)
    rnn_output, hidden = self.gru(rnn_input, prev_hidden)

    output = self.out(torch.cat((rnn_output, context, prev_output), 2))
    output = torch.nn.functional.log_softmax(output[0], dim=1)
    return output, hidden

  def mask(self, scores, input_length):
    s = scores.squeeze(0)
    for i in range(self.max_length-input_length):
      s[input_length+i] = -float('inf')
    return s.unsqueeze(0)

  def initHidden(self):
    return torch.zeros(1, 1, self.hidden_size)
```

图 8.9 神经翻译模型的解码器。解码器在每个时刻计算对编码器状态的注意力并预测一个输出单词

解码器不仅需要考虑前一时刻的输出单词和隐藏状态，也需要考虑编码器的输出，正如 forward 函数的参数所示。解码器还需要利用源句子长度实现注意力掩码：

```
def forward(self,
          prev_output_id,
          prev_hidden,
          encoder_output,
          input_length):
```

首先，前一时刻的输出单词被映射为词嵌入 prev_output。接下来需要计算注意力，它包括两个步骤：注意力权重的计算和利用权重衡量输入单词编码表示的贡献。

我们按照公式（8.6）计算注意力得分：

$$a(\boldsymbol{s}_{i-1}, \boldsymbol{h}_j) = \boldsymbol{v}_a^{\mathrm{T}}\tanh(\boldsymbol{W}_a\boldsymbol{s}_{i-1} + \boldsymbol{U}_a\boldsymbol{h}_j)$$

公式需要线性变换矩阵 $\boldsymbol{W}_a$、$\boldsymbol{U}_a$ 和参数向量 $\boldsymbol{v}_a$：

```
self.Wa = torch.nn.Linear(hidden_size, hidden_size, bias=False)
self.Ua = torch.nn.Linear(hidden_size, hidden_size, bias=False)
self.va = torch.nn.Parameter(torch.FloatTensor(1,hidden_size))
```

forward 函数实现了上述公式。为了清楚起见，将其分为两个步骤：

```
m = torch.tanh(self.Wa(prev_hidden) + self.Ua(encoder_output))
attention_scores = m.bmm(self.va.unsqueeze(2)).squeeze(-1)
```

然后，利用 softmax 将注意力得分转化为权重。由于注意力得分是根据批训练中最大输入序列的长度计算的，因此需要屏蔽与实际单词不对应的值：

```
attention_scores = self.mask(attention_scores, input_length)
attention_weights = torch.nn.functional.softmax( attention_scores, -1 )
```

接下来，利用注意力权重对编码器的输出状态进行加权求和，计算源端输入的上下文：

```
context = attention_weights.unsqueeze(1).bmm(encoder_output.unsqueeze(0))
```

解码器隐藏状态的更新与编码器类似，不同之处在于它不仅取决于前一时刻的隐藏状态，同时取决于前一时刻的输出单词：

```
rnn_input = torch.cat((prev_output, prev_hidden), 2)
rnn_output, hidden = self.gru(rnn_input, prev_hidden)
```

最后，使用得到的源端输入的上下文和解码器隐藏状态信息对下一个目标单词进行预测：

```
output = self.out(torch.cat((rnn_output, context, prev_output), 2))
output = torch.nn.functional.log_softmax(output[0], dim=1)
```

8.5.3　训练

得到模型的所有基本组件后，训练就应该非常熟悉了。我们首先读取平行语料库[⊖]（分两部分进行，源端和目标端）：

```
source_text_corpus = readCorpus("Tanzil.20k.de-en.de")
target_text_corpus = readCorpus("Tanzil.20k.de-en.en")
source_vocab = Vocabulary()
target_vocab = Vocabulary()
```

⊖ 见 Tanzil（http://opus.nlpl.eu/Tanzil.php），这里使用前 20 000 行。

```
source_numbered_corpus = [[source_vocab.getIndex(word) for word in
sentence.split(' ')] for sentence in source_text_corpus]
target_numbered_corpus = [[target_vocab.getIndex(word) for word in
sentence.split(' ')] for sentence in target_text_corpus]
```

然后需要设定一些超参数，尤其是损失函数、隐藏状态的大小和学习率：

```
criterion = torch.nn.NLLLoss()
hidden_size = 256
learning_rate = 0.01
```

在具备上述条件之后，我们就可以实例化编码器和解码器。需要注意的是，这里有两个模型，因此需要定义两个优化器，每个模型一个优化器：

```
encoder = Encoder(source_vocab.n_words, hidden_size)
decoder = Decoder(target_vocab.n_words, hidden_size)
encoder_optimizer = torch.optim.SGD(encoder.parameters(), lr=learning_rate)
decoder_optimizer = torch.optim.SGD(decoder.parameters(), lr=learning_rate)
```

接下来是训练循环。首先对训练数据集进行多次遍历，每一次遍历对训练样本进行循环，开始下次循环之前先重置优化器：

```
for epoch in range(100):
  for source_sentence, target_sentence in zip(source_numbered_corpus,
                                              target_numbered_corpus):
    encoder_optimizer.zero_grad()
    decoder_optimizer.zero_grad()
```

之前定义了一个计算编码器状态的函数，这里只需调用它即可：

```
encoder_output = encoder.process_sentence( source_sentence )
```

现在，我们可以遍历目标句子的单词。这与语言模型的训练循环基本相同，不同之处在于 forward 函数还需将 encoder_output 作为参数：

```
sentence_loss = 0
hidden = decoder.initHidden()
for i in range(len(target_sentence)-1):
  output, hidden = decoder.forward( target_sentence[i],
                                     hidden,
                                     encoder_output
                                     len(source_sentence) )
  word_loss = criterion( output, torch.tensor([target_sentence[i+1]]))
  sentence_loss += word_loss
```

最后，运行反向传播算法并触发优化器：

```
sentence_loss.backward()
encoder_optimizer.step()
decoder_optimizer.step()
```

8.6　扩展阅读

注意力模型起源于序列到序列模型。文献（Cho et al.，2014）利用循环神经网络实现了序列到序列模型。文献（Sutskever et al.，2014）则使用了 LSTM 网络，并在解码前翻转了源语言语序。

文献（Bahdanau et al.，2015）开创性地增加了一种对齐模型（所谓的注意力机制），它能够将生成的输出单词与源端单词建立联系，同时输出单词也取决于前一时刻产生目标单词的隐藏状态。源语言单词由两个循环神经网络的隐藏状态表示，它们分别从左到右和从右到左编码源语言句子。文献（Luong et al.，2015b）改进了注意力机制（称为“全局”注意力模型），同时提出了一种硬约束的注意力模型（称为“局部”注意力模型），将注意力分布约束为围绕某个输入单词的高斯分布。

为了明确地平衡源端上下文（输入单词）和目标端上下文（已经产生的目标单词）之间的影响，（Tu et al.，2016a）介绍了一种基于插值权重（称为“上下文门”）的方法，该权重能够在预测解码器下一个隐藏状态时调节下列因素的影响：1）源端上下文状态；2）解码器前一时刻的隐藏状态和输出单词。

深度模型

人们在增加神经翻译模型的编码器和解码器的层数时提出了多种方法。文献（Wu et al.，2016）首先利用传统的双向循环神经网络计算输入单词的表示，然后使用多个堆叠循环层对其进行改进。文献（Shareghi et al.，2016）提出了前向和后向交替的循环神经网络模型。文献（Miceli Barone et al.，2017b）发现编码器和解码器使用 4 个堆叠层和两个深度转移层，同时在编码器上采用交替网络，可以取得很好的效果。在各种数据条件下，目前仍需要根据经验探索各种不同的选择（包括跳跃连接的使用、LSTM 与 GRU 的选择，以及各种类型的层数选择等）。

第 9 章

Neural Machine Translation

解码

解码是给定输入语句生成其翻译的过程。在机器学习中，这个过程也叫推断，但是这里我们仍使用机器翻译领域的术语。

在深度学习中，解码通过计算图的前向传递方式实现。与训练过程相同的是，每一时刻只预测一个单词，但是，我们不再需要将预测的输出单词与训练数据的标准译文进行对比，而是生成整个输出单词序列。由于每个时刻模型预测的概率分布给出了很多可能的单词选择，因此可能的输出序列有指数级的搜索空间。

本章中我们将讨论如何利用柱搜索方法解决搜索问题以找到最优序列，并在基本算法的基础上介绍各种改进方法。

9.1 柱搜索

用神经机器翻译模型进行翻译时一次只推进一步，每一步模型只预测一个单词。模型首先计算所有单词的概率分布，然后选出概率最大的单词并进行下一个预测步骤。由于模型预测需要依据之前的输出单词（请参见公式（8.3）），因此我们使用其词嵌入表示作为下一个预测步骤依赖的上下文（见图 9.1）。

在每一时刻，模型都会得到所有单词的概率分布。在这个例子中，单词“ the”是概率最高的单词，因此我们选择它作为输出单词。模型在计算下一个输出单词的概率分布时，会利用之前选择的单词作为模型依赖的上下文，再选择最有可能的单词，如此反复，直至生成句子结束符为止。

图 9.2 给出了神经机器翻译模型将德语句子翻译成英语句子的一个真实例子。尽管模型往往给概率最高的单词分配大部分的概率值，但是这句话的翻译也同样表明了单词选择存在不确定性，例如“believe”（68.4%）对比“think”（28.6%），或“different”（41.5%）对比“ various”（22.7%）。同样，语法结构上也存在不确定性，例如句子是应该以篇章连词“but”（42.1%）开头，还是以主语“I”（20.4%）开头。

上述过程说明，在进行以一个最佳译文（1-best）为目标的贪婪搜索时，我们总会选择最有可能的单词。但是，这又不可避免地陷入所谓的**花园路径问题**。有时在生成单词序列后，我们才意识到之前已经选择了错误的单词。在这种情形下，最佳序列的开头部分往往由概率较低的单词组成，而在整个输出中，其后续单词的概率则较高。考虑需要生成非组合型习惯短语的场景，这些短语的第一个单词本身可能就是一个较为奇怪的单词选择（例如“piece of cake for easy”）。只有当整个短语翻译出来时，才知道之前的选择是正确的。

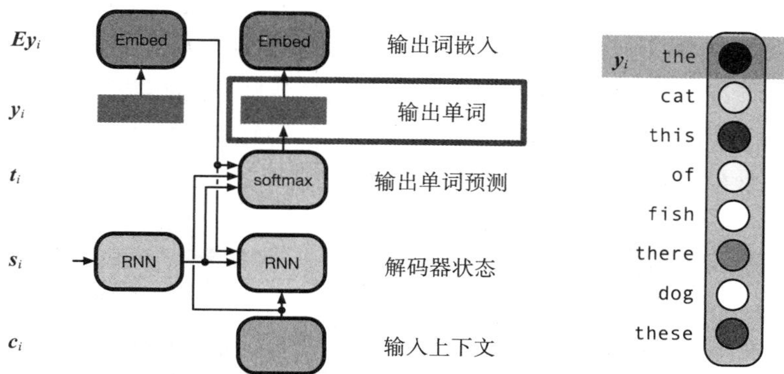

图 9.1　基本解码步骤。模型预测一个单词的概率分布，从中选出概率最高的单词（the）。其嵌入表示是预测下一个单词的部分条件上下文（另一部分是解码器状态）

输入句子

ich glaube aber auch, er ist clever genug um seine Aussagen vage genug zu halten, so dass sie auf verschiedene Art und Weise interpretiert werden können.

输出单词预测

最佳		候选
but	(42.1%)	*however* (25.3%), *I* (20.4%), *yet* (1.9%), *and* (0.8%), *nor* (0.8%), …
I	(80.4%)	*also* (6.0%), , (4.7%), *it* (1.2%), *in* (0.7%), *nor* (0.5%), *he* (0.4%), …
also	(85.2%)	*think* (4.2%), *do* (3.1%), *believe* (2.9%), , (0.8%), *too* (0.5%), …
believe	(68.4%)	*think* (28.6%), *feel* (1.6%), *do* (0.8%), …
he	(90.4%)	*that* (6.7%), *it* (2.2%), *him* (0.2%), …
is	(74.7%)	*'s* (24.4%), *has* (0.3%), *was* (0.1%), …
clever	(99.1%)	*smart* (0.6%), …
enough	(99.9%)	
to	(95.5%)	*about* (1.2%), *for* (1.1%), *in* (1.0%), *of* (0.3%), *around* (0.1%), …
keep	(69.8%)	*maintain* (4.5%), *hold* (4.4%), *be* (4.2%), *have* (1.1%), *make* (1.0%), …
his	(86.2%)	*its* (2.1%), *statements* (1.5%), *what* (1.0%), *out* (0.6%), *the* (0.6%), …
statements	(91.9%)	*testimony* (1.5%), *messages* (0.7%), *comments* (0.6%), …
vague	(96.2%)	*v@@* (1.2%), *in* (0.6%), *ambiguous* (0.3%), …
enough	(98.9%)	*and* (0.2%), …
so	(51.1%)	, (44.3%), *to* (1.2%), *in* (0.6%), *and* (0.5%), *just* (0.2%), *that* (0.2%), …
they	(55.2%)	*that* (35.3%), *it* (2.5%), *can* (1.6%), *you* (0.8%), *we* (0.4%), *to* (0.3%), …
can	(93.2%)	*may* (2.7%), *could* (1.6%), *are* (0.8%), *will* (0.6%), *might* (0.5%), …
be	(98.4%)	*have* (0.3%), *interpret* (0.2%), *get* (0.2%), …
interpreted	(99.1%)	*interpre@@* (0.1%), *constru@@* (0.1%), …
in	(96.5%)	*on* (0.9%), *differently* (0.5%), *as* (0.3%), *to* (0.2%), *for* (0.2%), *by* (0.1%), …
different	(41.5%)	*a* (25.2%), *various* (22.7%), *several* (3.6%), *ways* (2.4%), *some* (1.7%), …
ways	(99.3%)	*way* (0.2%), *manner* (0.2%), …
.	(99.2%)	</s> (0.2%), , (0.1%), …
</s>	(100.0%)	

图 9.2　神经机器翻译模型的单词预测示例。通常情况下，首选单词占有了大多数的概率值，但是语义相关的单词的排名可能也较高，例如 believe（68.4%）和 think（28.6%）

需要注意的是，传统的统计机器翻译模型也面临同样的问题，甚至可能会遇到更多的问题，因为传统方法在预测下一个单词时依赖的是稀疏的上下文信息。统计机器翻译模型的解码算法保留了一个包含 n 个最佳候选假设（部分翻译）的列表，随后对它们进行扩充，再保留扩充后的 n 个最佳候选假设。神经机器翻译模型也采用了同样的做法。

在预测译文的首个单词时，我们会保留一个柱空间，存储 n 个最有可能的单词译文，对它们按预测概率打分。然后使用柱空间中的每一个单词作为下一个单词的条件上下文，由于存在不同的上下文，我们会根据每个上下文生成各自的预测结果。然后我们将已经生成的部分翻译结果的得分（此时的得分只是第一个单词的概率）与当前预测单词的概率相乘，选取最高分数的词对作为下一时刻的柱空间（见图 9.3）。

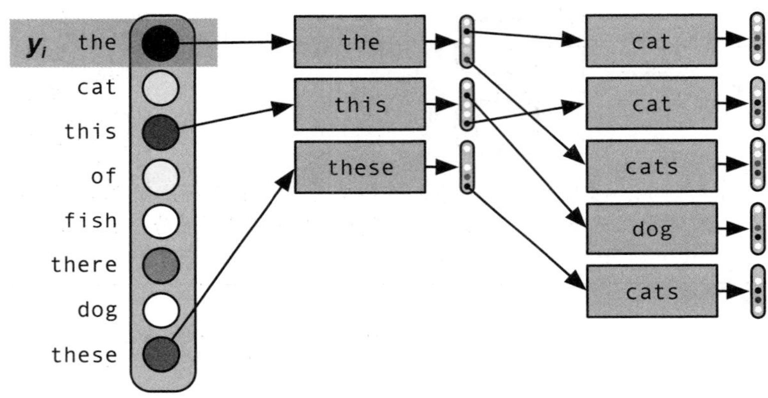

图 9.3 神经机器翻译的柱搜索。柱空间保留了概率最高的几个译文候选，每个候选将作为上下文条件预测下一个单词，由于上下文条件不同，下一个预测的单词也往往不同

这一过程会一直持续，在每一时刻，我们会将单词的翻译概率累积，并将累积结果作为每一个假设的得分。当生成句子结束符时，句子的翻译才结束。此时，我们将已完成的假设从柱空间中移除，并将柱空间的大小减 1。当柱空间中的假设个数为 0 时，搜索过程结束。

图 9.4 展示了搜索产生假设图的过程。它从句子开始符 <s> 开始，以句子结束符 </s> 作为结束。给定一个完整的假设图，翻译结果可以通过后向指针回溯得到。得分最高的完整假设（即以句子结束符 </s> 结尾的假设）即为最佳译文。

在选择最佳路径的过程中，我们会将单词的预测概率相乘以得到路径分数。在实践当中，利用译文输出长度对分数进行归一化（即除以单词总数）往往能取得更好的结果。我们会在搜索结束后，进行上述归一化。如果在搜索的过程中，柱空间中所有翻译结果长度相同，那么就不需要进行归一化。

注意，在传统的统计机器翻译中，如果不同的假设之间在未来预测的特征函数中有相同的条件上下文，就可以融合这些假设。对于循环神经网络而言，上述情况不可能再次出现，因为从一开始起整个输出序列就与之前解码的结果相关。因此，神经机器翻译模型的搜索图通常不如统计机器翻译模型的搜索图那么丰富，它只有一个搜索树，其完整路径数目与柱空间大小相同。

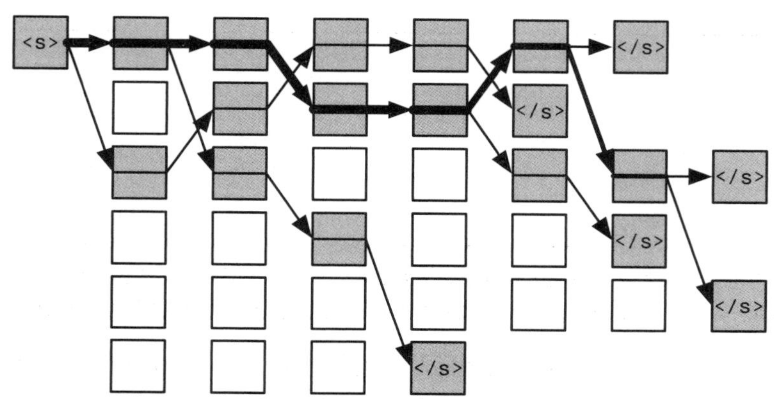

图 9.4 神经机器翻译柱搜索解码的搜索图。在每个时刻选择 6 个最佳部分翻译（称为假设），当预测到句子结束符 </s> 时，输出句子才解码完成。之后减小柱空间的大小，当产生 n 个完整的句子译文后结束搜索。利用句子结束符的后向指针，我们可以从图中回溯翻译结果。空白框表示该假设不属于任何一个完整路径

9.2 集成解码

在机器学习中有一种通用技术，即对于一个给定任务，人们不是单单构建一个系统，而是构建多个系统，然后将多个系统进行融合，这种技术称为**系统集成**。该策略非常成功，人们已经提出了各种各样的方法构建可用以集成的系统，例如通过使用特征或者数据的不同子集构建系统。对于神经网络，一种较为直接的方法就是采用不同的初始化方法或者不同的训练过程停止条件（即选择不同训练阶段的模型）。

这种方法为什么会有效呢？一种直观的解释是因为不同的系统会犯不同的错误，当两个系统的结果一致时，我们会认为这两个系统的结果都正确，而不是认为这两个系统犯了同样的错误。我们还能够从人类生活中体会到上述通用原则，如设立委员会进行决策或选举中的民主投票。

将集成方法运用到神经机器翻译中时，需要解决两个子问题：1）生成候选系统；2）融合它们的输出结果。

9.2.1 生成候选系统

对于第一个子问题（即生成候选系统），图 9.5 给出了两种解决方法。在训练神经翻译模型时，我们不断遍历整个训练数据集，直至满足停止条件。这种做法缺少在验证集上利用损失函数（以交叉熵度量）或翻译性能（以 BLEU 值度量）对模型进行评价的环节。

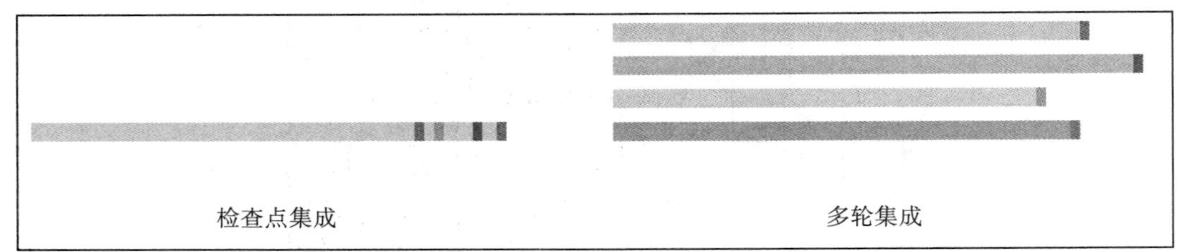

图 9.5 产生候选系统的两种方法。检查点集成方法采用训练各个阶段所保存的模型，而多轮集成方法则采用在不同的初始权重和不同顺序下的训练数据独立训练的模型

在训练过程中，我们会以固定的间隔（如批处理每迭代 10 000 次）保存模型，一旦训练结束，便回过头检查这些不同阶段模型的性能，然后选择在验证集上表现最佳的 n 个（例如四个）模型（通常以 BLEU 值衡量翻译质量）。由于在训练过程中选择了不同检查点所保存的模型，因此这种方法称为**检查点集成**。

多轮集成需要以完全不同的训练过程构建系统。正如之前提到的，可以采用模型参数的不同随机初始化实现，因为这会让模型训练寻找到不同的局部最优值。我们也可以随机打乱训练数据，句子顺序不同也会产生不同的训练结果。

多轮集成效果往往更好，但是其计算量也很大。注意，多轮集成也可以建立在检查点集成之上。与简单地组合最终检查点的模型不同，这种方法首先在每一个训练过程中采用检查点集成，然后再组合这些集成模型。

9.2.2 融合系统输出

神经翻译模型可以深度融合多个系统。回想一下，神经翻译模型首先预测可能输出单词的概率分布，然后再得到其中的一个单词。在这里，我们可以对不同的训练模型进行融合，每个模型均预测一个概率分布，然后融合各自的预测结果。融合方式为对概率分布进行简单的平均，然后根据平均概率分布选择最佳的输出单词（见图 9.6）。

对不同的系统给予不同的权重可能会比较好，尽管不同的模型是根据不同随机起始点训练生成的，但是它们的质量非常相近，因此人们一般采取平均的做法。

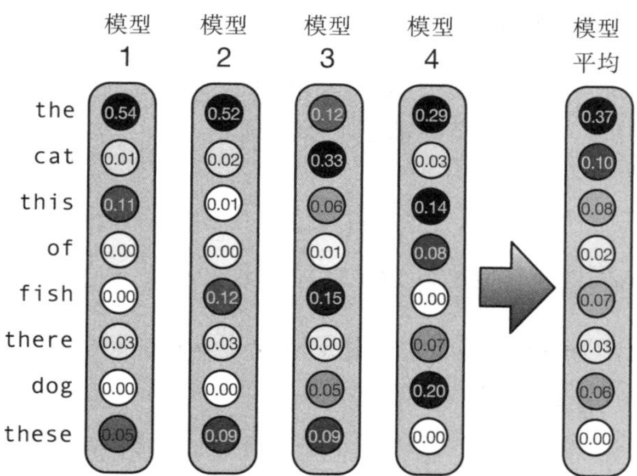

图 9.6 模型集成的融合预测。每个模型独立地预测输出单词的概率分布，并将概率分布进行平均得到融合分布

9.3 重排序

9.3.1 利用从右到左解码的重排序

让我们扩展一下模型集成的思想：与利用不同随机初始化得到不同模型的做法不同，我们首先按照标准方法构建一组系统，然后将目标语言句子的顺序进行反转，再利用词序反转的句子训练第二组系统。第二组系统称为从右到左的系统，实际上这不是一个好名字，因为有些语言正常的书写顺序就是从右到左的，如阿拉伯语或希伯来语，对于这些语言来说，这个名字显得很多余。

从左到右的系统和从右到左的系统之间的组合不再适用上一节所描述的深度集成方法，因为它们从不同的方向生成译文。为解决上述问题，需要采取**重排序**方法，它包含以下步骤：

- 利用从左到右系统的集成方法，为每个输入句子生成 n 个最佳候选译文；
- 使用所有从左到右系统和从右到左系统对每个候选译文评分；
- 对于每一个候选译文，对不同模型的评分进行融合（简单平均即可）；对于每个输入句子，选择评分最高的候选译文。

利用从右到左系统对给定译文进行评分需要**强制解码**，这是一种特殊的推断模式，它能够根据输入句子预测给定的译文。实际上与推断相比，这个模式更接近训练（给定输出译文）。

9.3.2 利用反向模型的重排序

传统的统计机器翻译系统包含多个不同的模型组件，每一个组件在解码过程中贡献众多分数中的一个。其中的一个评分组件基于贝叶斯规则：

$$p(y \mid x) = \frac{1}{p(x)} p(x \mid y) p(y) \tag{9.1}$$

当将其应用到翻译模型时，这意味着不同于直接评估翻译概率 $p(y \mid x)$，我们需要利用目标语言到源语言的反向翻译概率 $p(x \mid y)$ 和语言模型 $p(y)$。归一化因子 $\frac{1}{p(x)}$ 可以忽略，因为句子 x 对所有候选译文 y 均一样。

1. 语言模型

贝叶斯规则的主要动机是引入语言模型概率 $p(y)$，这类语言模型可以在大型单语语料库上训练得到，它们对于统计机器翻译系统的性能有至关重要的作用。在神经机器翻译中，如第 7 章所述，语言模型可以利用循环神经网络训练得到。集成解码将其添加为另一项评分也很简单，因为在给定之前生成的输出单词的情况下，它也能预测下一个单词的概率。

2. 反向翻译模型

增加反向翻译概率 $p(x \mid y)$ 的难度更大，因为它取决于整个输出句子。只有当整个解码过程完成时，才能得到输出句子。因此，我们需要回到重排序方法。我们首先利用原始翻译模型 $p(y \mid x)$ 生成候选译文，然后根据反向翻译模型 $p(x \mid y)$ 对候选译文进行评分，最后综合得分并找到最佳译文。

9.3.3 增加 *n*-best 列表的多样性

神经机器翻译模型的柱搜索的柱空间的大小往往较小，通常在 5 ~ 20 之间。这意味着模型生成的 *n*-best 列表很小——它们与柱空间的大小相同。柱搜索的路径不会合并，因此路径形成一棵搜索树，而不是像传统的统计机器翻译模型那样形成搜索网格。同时，*n*-best 列表中的翻译彼此之间非常相似。对于长句，它们仅仅只在最后一个单词有所不同。图 9.7 是一个例子。

对于重排序来说，保持可供选择的多样化译文非常重要。如果所有的候选译文在早期都犯了同样的错误，重排序也无法修正错误。人们尝试了多种生成多样化 *n*-best 列表的方法。

He never wanted to participate in any kind of confrontation.
He never wanted to take part in any kind of confrontation.
He never wanted to participate in any kind of argument.
He never wanted to take part in any kind of argument.
He never wanted to participate in any sort of confrontation.
He never wanted to take part in any sort of confrontation.
He never wanted to participate in any sort of argument.
He never wanted to take part in any sort of argument.
He never wanted to participate in any kind of controversy.
He never wanted to take part in any kind of controversy.
He never intended to participate in any kind of confrontation.
He never intended to take part in any kind of confrontation.
He never wanted to take part in some sort of confrontation.
He never wanted to take part in any sort of controversy.

图 9.7 德语句子“Er wollte nie an irgendeiner Art von Auseinandersetzung teilnehmen”的 *n*-best 列表，译文的大部分内容非常相似，句子结构没有太多变化，只是单词选择有所不同

1. 蒙特卡罗解码

不同于严格选择最佳目标单词的方法，我们在每个时刻采用掷骰子的方法。我们可以使用一个预先设定好的骰子，例如，如果下一个预测单词是“wanted”的概率为 80%，我们便以 80% 的概率选择该单词。这样仍然有可能生成得分最高的译文，但是也有 20% 的概率选择其他单词，如果重复此过程，就可以生成一个更长的多样化的翻译列表。需要注意的是，这通常是一个低效的解码策略。

2. 添加多样性偏置项

如果某个单一假设生成了太多与其他假设相同的部分，那么就会减少柱空间的多样性。为了避免这种情况，我们可以根据每个假设在 *n*-best 列表中的排名，对第二名、第三名、第四名等翻译假设进行惩罚。举一个例子，不同于直接使用预测概率 0.6、0.2 和 0.1 等，我们采用 $0.6\times\beta^0$、$0.2\times\beta^1$ 和 $0.1\times\beta^2$。偏置项 β 的精确值可以在 0 ~ 1 的范围内手动设置。

9.3.4 评分组件的权重学习

这里只介绍了几个对句对进行评分的模型，句对由一个输入句子和一个候选译文组成。除了生成 *n*-best 列表的常规神经机器翻译模型外，我们还介绍了从右到左的翻译模型——该模型首先生成输出句子的最后一个单词，和反向翻译模型——该模型利用语言模型和相反的语言方向的翻译模型。

到目前为止，我们只是建议将各个组件的评分相乘（或将它们的对数分数相加），从而将其组合：

$$\text{score}(y \mid x) = \sum_i f_i(y \mid x) \tag{9.2}$$

但是，如果某些组件好于其他组件并且应该获得更大的权重时，应该怎么做呢？在数学上，这意味着每一个组件都有一个权重 λ_i：

$$\text{score}(y \mid x) = \sum_i \lambda_i f_i(y \mid x) \tag{9.3}$$

这就产生了如下问题：应该如何设置权重 λ_i 呢？

如果仅有少量的组件，那么通过直觉和少量的实验可能就足够了。对于任意的一组权重 $\{\lambda_i\}$，我们可以在开发集上对 n-best 列表进行重排序，并根据参考译文对排名第一的译文进行评分，这样就能发现哪一组权重在开发集上表现最好。

但是，不同于手动尝试各种权重的设置方法，我们可以自动实现这一过程。在介绍自动方法之前，我们要先对整个实验设置有清晰的认识，如图 9.8 所示。我们需要另外设置一个**开发集**，它也称为句对的**调优集**。开发集通常包括几千个句子，我们期望开发集能够代表需要生成的测试数据的类型。

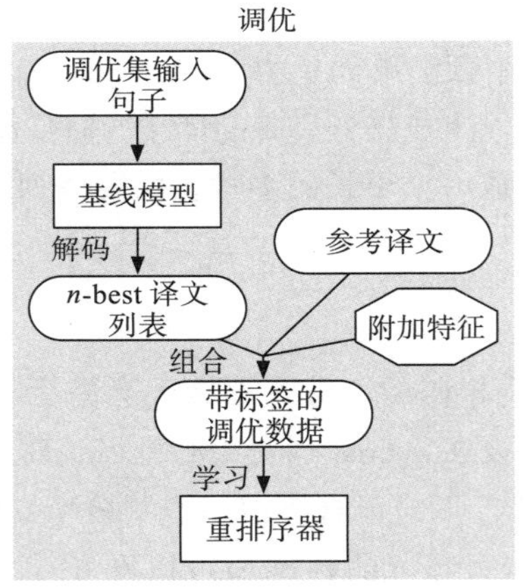

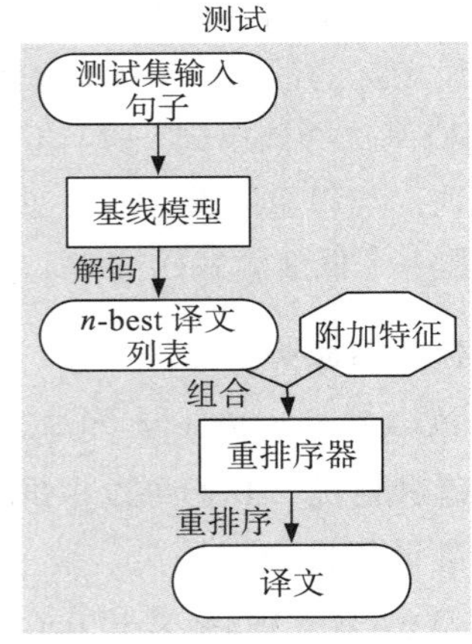

图 9.8　重排序。为了利用解码过程无法计算的特征（例如从右到左的模型，或者反向翻译模型），我们首先生成一个 n-best 译文列表，再利用附加特征对每个译文评分，并选择总体评分最好的译文。我们希望训练特征权重以衡量不同特征的贡献，最终筛选出质量最高的译文

对于开发集里的源语言句子，我们生成 n-best 候选译文列表。对于 n-best 中的每个候选译文，计算译文质量得分，并利用其他组件计算一个附加得分。对于 BLEU 这样的指标而言，计算每个候选译文的质量得分并不容易，因为 BLEU 是在整个集合上计算得到的，而不是根据集合中每个得分计算其平均值。常用的替代方法包括：1）计算句子级的 BLEU 值（通常将每个 n 元词组匹配计数加 1，实现平滑计数）；2）只将相关句子的译文进行更改，计算整体 BLEU 值的影响；3）计算相关的统计信息（n 元词组匹配计数、句子长度、参考

长度)，并利用它们设计算法。

输入句子、对应的 *n*-best 译文列表、每个候选译文的组件得分以及质量得分组成的集合将被标记为训练数据，然后利用这些训练数据学习重排序的权重。

在开发集上计算基线模型产生的 *n*-best 列表的理想得分（oracle score）往往非常有用。该得分是我们能够获得的最乐观的分数，因为只有当每个 *n*-best 列表中排名最高的译文恰好就是质量最好的译文时才能得到这个分数。对于我们实际能得到的分数而言，这个分数显得过于乐观，但是知道上限值仍然非常有用。尤其是当理想得分不是很高的时候，这种情况要么表明我们的基线模型不是很好，要么其 *n*-best 列表不够多样化。

1. 网格搜索

如果我们只有少量的评分组件，而且每一个组件都有一组合理的权重（例如 0.1、0.2、0.5、1、5、10），那么我们可以为所有的组件遍历所有可能的权重，利用每一组权重对 *n*-best 列表重排序，并计算译文总分数，进而查看最好的权重设置。如果我们考虑 c 个组件，且每个组件有 w 个可能的权重，那么重排序需要进行 c^w 次循环，当 c 和 w 都比较小（比如说小于 10）时，上述方式是可行的。如果我们找到了一个较好的权重设置，就可以进行更细粒度的网格搜索，即在找到的最佳权重设置的附近以较小的间隔搜索权重。

2. 最小错误率训练

这种方法是多年来训练统计机器翻译系统的核心方法。如果一次只能优化一个权重，而且其他权重都保持不变（以它们各自合理的初始值为起点），那么就可以探索不同的权重值对 *n*-best 列表的译文排名的影响，尤其是对不同译文排在首位的影响。有一种重要的观点认为，目标权重的微小变化不会产生任何影响。我们可以确定权重值在排名第一的译文发生实际变化时的阈值，从而将需要探索的间隔限定为一个有限的集合。因此，我们实际上可以找到单个权重的最佳值（假设所有其他权重都保持不变）。我们对所有的权重都进行上述更新，同样一次只更新一个权重，进行多次迭代直到单个权重的更新无法提升模型性能为止。

3. 逐对排名优化

我们可以将重排序问题转化为分类问题。从 *n*-best 列表中选择两个候选译文，我们可以得到它们的组件得分和质量得分。因此，我们就知道了哪一个译文更好。这为我们提供了如下的训练样本：“组件得分差异→{较好，较差}”。如果训练一个线性分类器学习权重，使其在该分类任务上性能较好，那么我们就可以在重排序中使用这些学习到的权重。

注意，重排序方法在当今的神经机器翻译系统的应用并不普遍，部分原因是它们不如单个模型的那么好用，也有部分原因是人们已经考虑过有限数量的组件，但是该方法并没有展现出太多的性能提升。与此相反的是，重排序（也称为参数调优）是统计机器翻译的一个核心步骤。*Statistical Machine Translation*（Koehn，2010）的第 9 章对其进行了详细的讨论，其中大部分方法仍然适用于神经机器翻译。

9.4 优化解码

训练传统统计机器翻译模型的一个重要步骤为参数调优，在该步骤中，基于含几千个句对的小型开发集实现对翻译质量（通常以 BLEU 度量）的优化。这一步划定了生成模型和判别训练之间的明显界限，生成模型尝试准确地表示训练数据，而判别训练则希望更好地完成翻译任务。这些方法在神经机器翻译中并没有那么大的差别。神经机器翻译模型直接通过预测译文的下一个单词优化模型，这基本上就是翻译任务。

但是，单个单词的预测任务离翻译完整句子的实际任务仍然有很大的差距。最令人关注的是，单词预测任务需要在给定完美前序单词的情况下完成，潜在假设是先前预测的单词都是正确的。在实际测试时，解码可能会在早期阶段预测错误的单词，然后给出完全错误的预测结果。因此，我们希望对完整句子的翻译任务进行优化。

1. 句子级的损失函数

人们提出了多种方法将训练目标从预测下一个单词转变为优化句子级的得分。在这种训练过程中，首先需要对整个句子进行推断（通常采用贪婪搜索方法），然后利用句子级的质量得分计算损失函数，例如利用句子级 BLEU 值。

尽管这个思路比较简单，但是该方法的计算代价却非常高。在之前的方法中，我们计算每个单词的误差反馈，而且在计算时采用使训练数据批处理易于并行进行的方法。而现在，每个句子仅收到一次误差反馈，并且无法有效控制目标句子长度，因此无法利用长度对句对进行分批处理。在撰写本书之时，这项技术还没有得到广泛使用。

2. 合成训练数据

如果我们的目标是生成具有较高 BLEU 值的译文，那么我们可以创建一个包含此类译文的调优数据集。首先在此调优集上运行解码器，生成 n-best 列表，然后从中选择得分最高的一个译文（或者多个译文），之后我们利用这些数据训练神经机器翻译模型。这里的训练数据即为原始输入句子与 n-best 列表中 BLEU 值最高的译文组成的句对。

实际的参考译文的评价得分最高，那么与参考译文相比，合成译文有什么好处呢？简单地说，合成译文对模型而言更容易训练。它们可以逐步改进模型，从而得到更好的译文，而不是直接争取达到最高的目标，即直接预测出参考译文，因为参考译文与当前模型预测结果往往相差太远。

9.5 约束解码

在很多场景下，我们可能想要忽略解码算法产生的最佳预测结果中的部分译文。在商业应用场景中，特定翻译任务往往需要遵循预先指定的术语。也许我们应在交互环境中使用机器翻译，此时翻译人员可以采纳或拒绝使用机器翻译系统提供的选项，而我们则需要对这些译文选项做出回应。我们也可以利用基于规则的模块翻译日期或量值（例如将日期从西方日历翻译为阿拉伯日历，将温度从摄氏度翻译为华氏度）。

我们还可能希望指导解码器遵循特定的单词顺序，例如首先翻译特定的某一部分，或者将某个特定短语作为整体翻译。

9.5.1 XML 模式

我们可以利用 XML 标记语言的方式对解码算法指定这类约束。例如：

The <x translation="Router">router</x> is <wall/> a model <zone>Psy X500 Pro</zone>.

XML 标签向解码器指定：

- “router”一词应当翻译为“Router”；
- 句子的第一部分“The router is”应该比剩余部分先翻译（`< wall/ >`）；
- 品牌名称“Psy X500 Pro”应该作为一个整体翻译（`< zone >`,`< /zone >`）。

在传统的统计机器翻译解码算法中集成上述模式较为简单，因为算法显式地跟踪对齐方式和覆盖度。由于每个单词仅需要翻译一次，所以使用 XML 标签为其指定译文可以忽略模型提供的所有现有翻译选项。解码器只能采纳所提供的译文。

在神经机器翻译解码器上强制实现此类约束要困难得多。神经机器翻译在覆盖度和对齐方式上没有硬性约束——输出单词仅通过注意力机制与输入单词存在着微弱的联系。因此，如果注意力机制充分集中在有指定译文的输入单词上，那么解码算法可以使用指定的译文。但是，什么才算是“充分集中”呢？如何确保输入的单词不会再次被翻译呢？

广泛采用的统计机器翻译解码器 Moses 实现了本章介绍的 XML 模式，但是到目前为止，神经机器翻译中的相关工作仅关注指定单词或短语翻译这一问题。尽管这仍是一个开放性的研究挑战，但是人们已经探索了多项新想法而且取得了一定的成功，无论是指定单词的翻译准确率还是对整体翻译质量的影响都有一定程度的提升。

9.5.2 网格搜索

我们现在介绍一种在神经机器翻译解码中集成翻译约束的方法。

有一个担忧是，为了满足约束需要付出一定的代价——这种做法通常会迫使解码器选用预测概率较低的单词，因而会生成柱搜索不包含的假设（译文假设）。很多缓解这一问题的专门方法都存在不同方面的缺陷。如果我们不考虑满足约束的代价（即不考虑翻译概率），那么就会鼓励模型满足所有约束条件，而不管它们在句子中是否有意义。在保持所有得分的基础上，同时增加约束满足度的奖励会增加一个新的超参数，超参数的最优值取决于每个特定的输入语句。

因此，人们产生了一种想法：根据约束条件是否满足对柱空间进行划分。与使用包含所有假设的单一柱空间方法不同，我们采用一组柱空间，每一个柱空间对应约束的一个子集。由于有两个维度（柱空间和柱空间中的译文假设），因此称为网格（见图 9.9）。

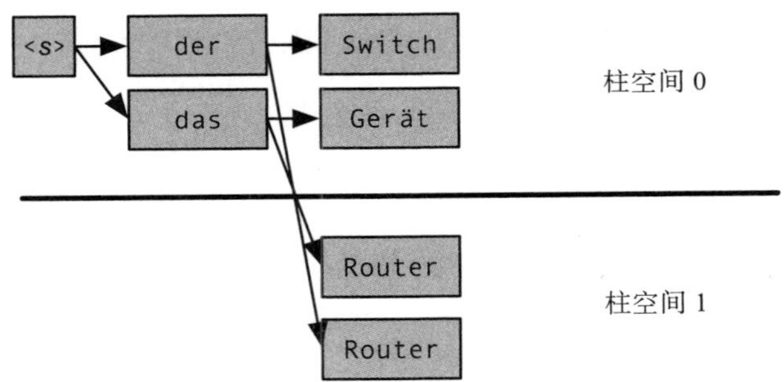

图 9.9 网格搜索。翻译一个句子需要多个柱空间，柱空间的数目取决于需要满足的解码约束的数目。当某个假设满足解码约束（例如生成输出词“Router”）时，则将其置于下一个柱空间中

在搜索的任意阶段，我们可能想要满足某一项约束，满足约束后的假设会移至另一个柱空间。在这个柱空间中，新的译文假设必须与其他满足相同约束的译文假设竞争，因此处于一个公平的竞争环境中。那些以最小限度更改基础模型从而满足约束的译文将被柱搜索挑选出来。

搜索结束后，柱空间中满足所有约束的最佳假设即为最佳译文。

9.5.3 强制注意力

到目前为止，我们介绍的网格搜索算法仅强制让输出句子包含指定的译文。但是，它没有考虑这些译文应该放置在输出句子的哪个位置上，以及替换模型的哪部分译文。因此，模型可能用指定的译文替换其他输出单词的翻译结果，或者只是将它们添加到完整句子的翻译中。

即便注意力机制并不是对齐和追踪覆盖度的理想方法，我们也应该利用它去指导翻译约束的满足。约束所覆盖的输入单词的注意力可以用来指导该约束的满足。我们可能会强制限制当约束所覆盖的输入单词的注意力权重达到阈值时，才开始进行约束满足。

此外，当考虑满足约束条件时，我们可以将相关输入单词的注意力权重看作附加的代价因子。当包含约束的假设的注意力集中在其他地方时，需要对其进行惩罚。一种简单的方法是将相关输入单词的注意力权重加起来以计算此惩罚代价。

之后，我们不希望再次翻译已经满足约束的输入单词，一种做法是忽略模型的预测结果，并将其注意力权重设置为零。

9.5.4 评价

当解码算法需要满足翻译约束时，其性能评价就变得非常复杂。当指定的输出单词在模型预测中置信度较低时，解码器可能会因此变得困惑，同时整个句子的译文就变得非常糟糕。实践中人们已经观察到了这一现象。还存在一些特定于约束解码的错误类型，例如约束所覆盖输入单词的双重解码和输出单词的错误替换等。

在某些使用场景下，我们可能希望在尽可能多地满足约束和获得高质量译文之间实现平衡，而不是一味地满足约束。在撰写本书之时，如何实现这一点仍是一个开放的研究问题。

9.6 动手实践：Python 中的解码

令人惊讶的是，解码算法与神经机器翻译模型的实现细节无关，甚至与实现它的基础工具集也无关。解码算法和模型之间的唯一交互是调用前向步骤实现输出单词的预测。解码算法虽然需要追踪模型解码器的隐藏状态，但是无须知道状态表示什么，也无须知道模型如何使用隐藏状态。

为了介绍柱搜索的实现方法，我们提供了代码，这些代码附在上一节中神经机器翻译模型训练中的代码之后。通常情况下，合理的做法是将训练和解码器分作两个不同的可执行文件。在训练结束后，最佳模型会保存到硬盘，然后由解码器加载此模型来翻译任何输入。

9.6.1 假设

一个核心的数据结构是假设，即搜索树上的一个节点，表示部分译文。在我们的代码中，我们只是将其用作便于操作的对象，保存与搜索节点有关的 4 种相关信息：指向前一个假设的链接、模型中对应的隐藏状态、前一时刻生成的输出单词以及损失（即目前为止这条路径的单词翻译概率的负对数似然概率）：

```
class Hypothesis:
  def __init__(self,prev_hyp,state,word,cost):
    self.prev_hyp = prev_hyp
    self.state = state
    self.word = word
    self.cost = cost
```

9.6.2 柱空间

另一个数据结构是柱空间，它包含一组假设。人们通常将其实现为一个类，在类的内部实现向柱空间中添加假设和其他效用函数。例如，它可以保留有用的信息，如柱空间中所存储假设的最大损失阈值等。如前所述，柱空间同样有最大空间限制：

```
class Beam:
  def __init__(self,max_size):
    self.max_size = max_size
    self.hyp_list = []
    self.threshold = float('inf')
```

将假设添加到柱空间的过程有点复杂。只有当某个假设的损失在柱空间中排在前 n 时，我们才会将该假设添加到柱空间中。我们还需要考虑一些特殊情况，这里先略过。

首先，类中的 add 函数接收由搜索算法生成的新假设：

```
def add(self,new_hyp):
```

如果柱空间中的假设数没有达到最大限制，那么可以将其直接添加到柱空间中：

```
  if len(self.hyp_list) < self.max_size:
    self.hyp_list.append(new_hyp)
    return
```

否则，我们需要检查新假设的损失是否比柱空间中最差假设的损失更小。已经有一些更精巧的数据结构可以处理上述问题，但是这里为了更加清晰地介绍，我们需要明确搜索柱空间中的最差假设：

```
self.threshold = 0
worst = 0
for i, hyp in enumerate(self.hyp_list):
  if hyp.cost > self.threshold:
    self.threshold = hyp.cost
    worst = i
```

上述代码能够得到列表 hyp_list 中最差假设的位置 worst 与其对应的得分 self.threshold，它可以用类变量的方式表示。

只有在新假设的损失小于最差假设的损失时，我们才会将新假设添加到柱空间中。在这种情况下，我们会重新设定最差假设：

```
if new_hyp.cost < self.threshold:
  self.hyp_list[worst] = new_hyp
```

另一个重要的类函数是处理下一个柱空间的大小的函数。回想一下前面的介绍：当有一个假设预测出句子结束标记时，我们需要减小柱空间的大小。因此，允许扩展的假设数量就是下一个柱空间的大小，为当前柱空间的大小减去已经结束的假设的个数。可以通过以下函数实现：

```
def maxExtension(self):
  max_extension = len(self.hyp_list)
  for hyp in self.hyp_list:
```

```
    if hyp.word == END_OF_SENTENCE:
      max_extension -= 1
  return max_extension
```

9.6.3 搜索

得到所需的数据结构之后，就可以实现柱搜索算法了。它首先需要进行多个初始化，例如，声明句子开始标记与结束标记的 ID 号，设置柱空间的最大尺寸：

```
START_OF_SENTENCE = 0
END_OF_SENTENCE = 1
MAX_BEAM = 12
```

模型的构建需要对给定的源语言句子进行编码。我们假设模型的编码器和解码器已经实例化，并且已经加载了模型参数：

```
encoder_output = encoder.process_sentence( source_sentence )
```

柱搜索的构建需要一个初始的柱空间，该柱空间包含初始假设，初始假设包括初始的解码器隐藏状态和句子开始标记。它没有前序假设和损失，也就是说该初始假设并没有从任何假设扩展而来，因此将前序假设设置为 None，损失设置为 0：

```
init_hyp = Hypothesis(None, decoder.initHidden(), START_OF_SENTENCE, 0)
beam = Beam( MAX_BEAM )
beam.add( init_hyp )
history = [ beam ]
```

我们在变量 history 中记录柱搜索的历史。

我们现在可以进行解码了。当生成句子结束标记的假设时，假设已达到所需要的数目时（MAX_BEAM），搜索过程就会停止。但是模型不能保证一定会生成句子结束标记，而且一些较差的翻译模型常常会陷入无休止的循环，一遍又一遍地生成相同的单词或短语。因此，另一项停止准则就是不允许生成的译文长度比输入的句子长很多。我们需要在循环中设置这些内容：

```
for position in range(len(source_sentence) * 2 + 5):
```

在真正进行柱搜索解码之前，我们需要决定新的柱空间需要生成的假设数目。最初的数目为 MAX_BEAM，但是之后我们需要根据之前的柱空间信息计算尚未生成句子结束标记的假设数目。如果为 0，则搜索过程结束：

```
if position == 0:
  max_size = MAX_BEAM
else:
  max_size = beam.maxExtension()
  if max_size == 0:
    break
new_beam = Beam(max_size)
```

我们现在开始将对之前的柱空间进行假设扩展，除非它们已经预测到了句子结束标记：

```
for hyp in beam.hyp_list:
  if hyp.word == END_OF_SENTENCE:
    continue
```

利用模型预测下一个单词：

```
output, hidden = decoder.forward( hyp.word,
                                  hyp.state,
                                  encoder_output,
                                  len(source_sentence) )
output = output[0].data
```

我们会得到输出单词的一个概率分布。回忆一下前面介绍的，output 是一个从所有输出单词 ID 到对数概率的一个映射，由 softmax 函数计算。现在，我们对此进行循环，并创建一个新假设，如果其损失（负对数概率加上原始假设的损失）低于阈值，则将其加入柱空间中：

```
for word in range(len(output)):
  cost = -output[word].item() + hyp.cost
  if cost < new_beam.threshold:
    new_hyp = Hypothesis( hyp, hidden, word, cost )
    new_beam.add( new_hyp )
```

最后只需要做一些记录：在 history 中记录新的柱空间，并为下一次迭代准备前一时刻的柱空间。

```
history.append( new_beam )
beam = new_beam
```

9.6.4　输出最佳译文

搜索结束时会生成一个搜索图，搜索图中包含所有的假设，也包含了所有的译文，即以句子结束标记作为结尾的假设。在所有这些假设中，我们需要找到损失最小的一个：

```
best = None
best_cost = float('inf')
for beam in history:
  for hyp in beam.hyp_list:
    if hyp.word == END_OF_SENTENCE and hyp.cost < best_cost:
      best_cost = hyp.cost
      best = hyp
```

然后根据最佳假设的后向指针进行回溯，读取译文，直到读取到初始假设为止（即没有前序假设）：

```
hyp = best
translation = []
while hyp.prev_hyp != None:
  hyp = hyp.prev_hyp
  translation.insert( 0, target_vocab.id2word[ hyp.word ] )
print(' '.join(translation))
```

9.7 扩展阅读

1. 柱搜索的改进

Hu 等人提出了两种改进柱搜索的方法（Hu et al.，2015b）。不同于对堆栈大小为 N 的所有假设进行扩展，该方法一次只对堆栈中的一个最佳假设进行扩展。为了避免仅扩展最短假设，他们引入了长度惩罚。类似地，Shu 和 Nakayama 不是为每一个局部长度的翻译生成固定数量的假设，而是在单个优先队列中组织假设，无论它们的长度如何（Shu & Nakayama，2018）。他们也使用了长度惩罚因子（称为进度惩罚），并对输出长度进行预测。Freitag 和 Al-Onaizan 在神经机器翻译中引入了阈值剪枝（Freitag & Al-Onaizan，2017），他们丢弃得分低于最佳分数乘以一个特定比例的那些假设，从而在保持质量的同时加快解码速度。Zhang 等人探索了假设重组技术，这是一项著名的统计机器翻译解码技术，它合并了最新输出单词相同且长度相似的假设，从而加快了解码速度，并在柱空间大小固定的情况下取得了更高的质量（Zhang et al.，2018c）。Zhang 等人将立方体剪枝的思想应用于神经模型解码，将最后输出单词相同的假设合并到所谓的"子立方体"中（Zhang et al.，2018b）。状态依次地进行扩展，从分数最高的子立方体中得分最高的假设开始，进而获得后续假设的概率。对于某些假设，当再没有新的假设生成时，状态就不再扩展。

柱搜索的一个问题是，当柱空间较大时，会较早地生成句子结束标记，从而生成更短的译文。Kikuchi 等人迫使解码器生成具有指定范围长度的译文，而忽略不满足要求的完整翻译，他们还在解码器状态进程中加入附加的输入特征：长度嵌入（Kikuchi et al.，2016）。He 等人为每个生成的单词增加单词奖励（他们还提出了增加词法翻译概率和 n 元语言模型的思路）（He et al.，2016b）。文献（Murray & Chiang，2018）研究了单词的最佳奖励值。Huang 等人添加了一个有界的单词奖励，将假设长度增加到预期的最佳长度（Huang et al.，2017）。Yang 对这个奖励进行了改进并更改了柱搜索的停止条件，以便生成足够多的较长译文（Yang，2018a）。

2. 随机搜索

Ott 等人使用蒙特卡罗解码方法分析搜索空间（Ott et al.，2018a），而 Edunov 等人则使用蒙特卡罗方法进行反向翻译（Edunov et al.，2018a）。

3. 贪婪搜索

文献（Cho，2016）提出了一种贪婪解码方法，该方法在解码器的隐藏状态中添加噪声，对添加的不同随机噪声解码多个候选译文，然后从这些候选译文中选择非噪声模型概率最高的译文。Gu 等人基于此思想提出了一种可训练的贪婪解码方法，他们不再使用噪声项，而是学习一个调整项，该调整项是利用强化学习以句子级的翻译质量（由 BLEU 值度量）为优化目标，经过优化得到的（Gu et al.，2017a）。

4. 快速解码

Devlin 通过预计算和 16 位浮点运算提高解码速度（Devlin，2017）。Zhang 等人调整了训练目标来实现自归一化，从而删除输出单词预测中的 softmax 归一化操作（Zhang et al.，2018b）。Hoang 等人对多个输入语句进行批处理以提高解码速度，其中使用专门的 GPU 核函数改进 *k*-best 的提取方法，并使用 16 位浮点运算（Hoang et al.，2018a）。Iglesias 等人也发现批处理确实能够取得改进（Iglesias et al.，2018a）。文献（Argueta & Chiang，2019）融合了 softmax 计算和 *k*-best 提取计算。Senellart 等人用知识蒸馏法构建了一个较小的模型，可以更快地进行解码（Senellart et al.，2018）。

5. 限制假设生成

Hu 等人将需要计算翻译概率的单词限制为传统的统计翻译模型的短语表中输入句子对应的目标语言单词，从而成倍地提升翻译速度，而质量损失很小（Hu et al.，2015b）。Mi 等人扩展了这项工作，使单词的预测空间限制为词汇翻译表中最高翻译概率的单词和最频繁的单词（Mi et al.，2016）。Shi 和 Knight 通过统计对齐模型和（不太成功的）局部敏感哈希算法获得词典，从而加快解码速度（Shi & Knight，2017）。

6. 限制搜索空间

与统计机器翻译相比，尽管神经机器翻译的流畅度很高，但是其忠实度不高。换句话说，译文可能会以各种方式偏离输入句子的语义，例如漏翻一部分单词或生成一些不相关的单词。Zhang 等人提出了将神经解码器的搜索空间限制为基于短语系统生成的搜索图（Zhang et al.，2017a）。Khayrallah 等人将其扩展到搜索网格（Khayrallah et al.，2017）。

7. 重排序

Niehues 等人探索了解码过程中的搜索空间，他们发现解码过程出现的搜索错误较少，但是在柱搜索过程中选择其他译文可以获得更好的翻译结果（Niehues et al.，2017）。类似地，Blain 等人观察到柱空间较大时最佳译文（1-best）的质量会降低，但是 *n*-best 列表中的译文得分更高（Blain et al.，2017）。Liu 等人通过训练一个模型对 *n*-best 列表重排序，该模型从句子的最后一个单词开始生成输出译文，称为从右到左的解码方法（Liu et al.，2016a）。这个方法已被 Sennrich 等人成功应用于他们参加 WMT 2016 机器翻译评测任务的获胜系统中（Sennrich et al.，2016b）。Hoang 等人提出了使用反向翻译和语言模型训练的方法（Hoang et al.，2017）。Li 和 Jurafsky 通过添加偏置项的方式惩罚单个假设过多扩展的现象，从而生成更加多样化的 n-best 列表（Li & Jurafsky，2016）。作为一种改进方式，Li 等人通过强化学习的方式学习多样化，采用 n-best 列表重排序后生成的更高翻译质量作为奖励（Li et al.，2016）。Stahlberg 等人使用最小贝叶斯风险对解码网格进行重排序，该方法还能组合统计机器翻译和神经机器翻译的搜索图（Stahlberg et al.，2017）。Iglesias 等人发现使用最小贝叶斯风险解码能够在 Transformer 模型上实现性能提升（Iglesias et al.，2018）。

Niehues 等人将基于短语的机器翻译译文作为额外信息与源语言句子进行拼接，并将拼接结果输入神经机器翻译的解码器中（Niehues et al.，2016）。Geng 等人将该思路扩展到多轮解码，将常规解码轮次的输出译文用作第二轮次解码的附加输入（Geng et al.，2018）。该过程重复执行固定次数，或者根据所谓的策略网络的决策而停止。Zhou 等人提出了一种系统融合方法，该方法对不同的翻译系统（例如神经机器翻译和统计机器翻译的多种改进系统）的输出进行融合，采用多源解码的方式，即采用多个编码器，每个系统的译文输入一个编码器中，然后将编码状态输入同一个解码器中，从而产生更加一致的翻译结果（Zhou et al.，2017）。

8. 约束解码

在实际部署机器翻译系统时，经常需要使用预先指定的目标语言单词或短语覆盖模型的预测结果，例如强制生成所需要的术语或支持外部模块。Chatterjee 等人允许为特定的输入单词指定预定义的译文，并根据输入单词的注意力修改解码器从而使用预定义的译文（Chatterjee et al.，2017）。Hokamp 和 Liu 改进了解码算法，强制解码器生成某些指定的输出字符串，每次生成这样一个满足约束的输出字符串时，将假设放入不同的柱空间中，最终的译文从该柱空间中提取，这个柱空间包含所有指定输出的假设（Hokamp & Liu，2017）。与该想法类似，Anderson 等人采用有限状态机的状态标记假设，用以表明已满足约束（预定义的译文）的子集（Anderson et al.，2017）。Hasler 等人对上述方法进行了改进，采用线性（非指数）数量的约束满足状态，并且移除已满足约束条件的单词的注意力（Hasler et al.，2018）。Post 和 Vilar 将柱空间划分为子柱空间，而不是采用复制柱空间的方式，这样能够减少有此类约束的句子的解码时间（Post & Vilar，2018）。Hu 等人对上述方法进行了扩展，采用字典树（trie）结构编码约束，这种方式更加便于处理以相同单词开头的约束，还能够改进批处理（Hu et al.，2019）。

Song 等人用指定译文替换输入中的对应单词，并采用指针网络直接复制指定译文，从而辅助翻译此类混合语言的输入（Song et al.，2019）。Dinu 等人也采用了指定译文作为输入的方式，但是除了原始的源语言单词之外，还根据三个不同类别——常规输入单词、具有指定译文的输入单词和指定的译文，使用源端因子标记输入字符（Dinu et al.，2019）。

9. 同声传译

融合语音识别和机器翻译就可以实现口语的实时翻译，这需要解码算法对流式的输入单词序列进行翻译，而且需要在输入尽可能少的情况下开始翻译。Satija 和 Pineau 提出基于强化学习的方法平衡输入等待和译文生成（Satija & Pineau，2016）。Cho 和 Esipova 将问题定义为预测一系列读写动作，即读取一个新的输入单词并写出下一个输出单词（Cho & Esipova，2016）。Gu 等人在此框架下使用强化学习方法优化了解码算法（Gu et al.，2017b）。Alinejad 等人引入预测算子对解码算法进行优化，该算子预测接下来应该输入哪些单词（Alinejad et al.，2018）。Dalvi 等人提出了一种简化的静态读写方法，该方法可以预先读取一定数量的输入单词（Dalvi et al.，2018）。类似地，Ma 等人使用 wait-*k* 策略，该策略预先读取固定数目的输入单词，并训练一个前缀到前缀的翻译模型（Ma et al.，2019b）。他们发现模型可以预测出缺失的未来输入。Arivazhagan 等人用一种学习方法预测一次应该提前看几个输入单词的窗口大小，并将其整合到注意力机制中，其训练目标既考虑了预测的准确性，又考虑了提前看源端单词的惩罚情况（Arivazhagan et al.，2019）。类似地，Zheng 等人训练了一个端到端的模型，该模型可以同时实现翻译预测的学习和提前看输入单词的操作（Zheng et al.，2019）。在训练中，根据训练数据生成具有不同输入单词窗口大小的动作序列。

10. 网格解码

在离线语音翻译——翻译一个音频文件且没有任何实时性要求——的情况下，人们可以尝试更紧密地融合语音识别模块和机器翻译模块。一种常见的策略是以单词网格的形式展现语音识别系统的完整搜索图，该方法也可用于保留分词中的单词歧义、形态分析或不同字节对编码。Zhang 等人提出了一种新颖的作用于网格的注意力机制，它不考虑网格中与任何给定节点不能在同一路径中的节点，并且还考虑了网格中节点的概率（Zhang et al.，2019a）。

11. 交互式翻译预测

另一个特殊的解码场景是机器与人的交互式翻译。在这种场景下，机器翻译系统就单词翻译提供建议，一次提供一个单词，人类译员要么接受建议，要么修改建议译文。无论哪一种方式，机器翻译系统都必须对当前的部分译文进行扩展。Knowles 和 Koehn 发现与采用网格搜索的传统统计方法相比，神经网络方法的预测结果更好（Knowles & Koehn，2016）。文献（Wuebker et al.，2016）和（Peris et al.，2017b）还建议对给定的部分译文进行强制解码，然后让模型给出后续的预测。Knowles 等人对专业译员进行了一项研究，研究表明交互式翻译预测能够提高部分译员的翻译速度（Knowles et al.，2019）。Peris 和 Casacuberta 将这项技术扩展到了图像描述生成等序列到序列的任务中（Peris & Casacuberta，2019）。

第三部分

Neural Machine Translation

提　高

第 10 章

Neural Machine Translation

机器学习技巧

关于机器学习，有一个美丽的故事。给定一组来自真实世界具体问题的样本（在我们的场景中即互为翻译的句对），算法将自动建立一个模型，然后就可以用模型对未知样本进行预测。深度学习方法认为，我们甚至不需要过多地考虑问题的具体属性（如句子中动词和名词扮演的不同角色），深度学习模型会自动发现这些内在属性，从而摆脱特征工程的任务。这一切都是通过简单的基于梯度下降法的误差反向传播方法实现的。

不幸的是，在处理诸如机器翻译等复杂问题时，使用深度学习方法需要一些技巧来处理那些基础学习算法可能会偏离轨道的问题。在本章中，我首先调研了机器学习的常见缺陷，然后对目前神经机器翻译模型中用来克服这些缺陷的相关方法进行回顾。

这一章使我想起了很久以前我和一名研究生对话的情况。这名学生在机器学习领域进行了深入的探索，他的论文初稿中有一章专门介绍了各种机器学习技巧。我问他为什么要罗列出那些晦涩的、违背直觉的方法，他回答说："因为我全用上了。"今天看来确实如此。

10.1 机器学习中的问题

我们画了一幅梯度下降的图，类似于沿着山坡向下走到一个误差最小的山谷。即使在这种简单的情景（忽略模型处在一个有着数千甚至数百万维度的空间中）中，也有许多地方可能出错。图 10.1 中描述了一些基本问题。

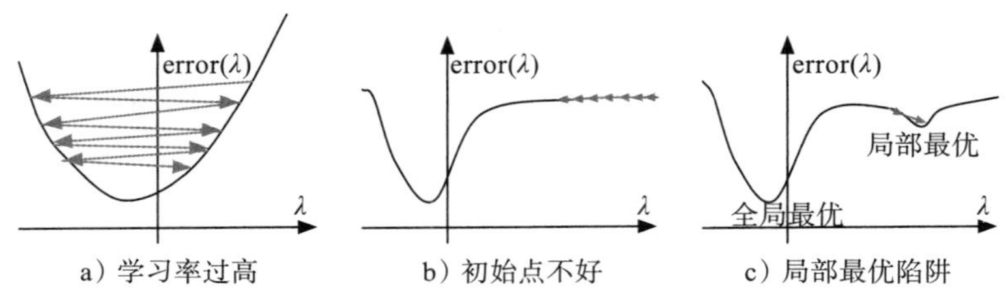

图 10.1 梯度下降训练中的一些问题（本章会讨论一些改进细节）。学习率过高可能会导致参数更新过于剧烈，越过最优值；初始点选取不好的话需要很多次更新才能离开平稳阶段；存在局部最优陷阱

1. 学习率

学习率是一个超参数，它定义了权重更新时梯度的放缩比例。在最简单的形式中，学习率是一个需要手动设置的固定值。学习率过高会导致权重更新时越过最优点（见图 10.1a）。相反，学习率过低时会导致收敛速度太慢。

在设置学习率时，还有一些额外的因素要考虑。在训练初期，所有的权重都远离最优值，因此我们希望快速改变它们的值。在训练后期，更新量越来越细微，我们不希望它们有太大的改变。所以，我们希望在初始阶段把学习率设置得较高，但使其随着时间的推移不断降低。这个总体思路称为**退火**（annealing）。本章后面将介绍更多调整学习率的复杂方法。

2. 权重的初始化

训练开始时，所有的权重都被初始化为随机数值。随机性很重要，它使不同的隐藏节点始于不同的值，从而学习扮演不同的角色。如果这些初始值离最优值非常远，则到达最优点可能需要很多步参数更新（见图 10.1b）。对于仅在很小区间内发生显著变化的 sigmoid 激活函数，这是一个尤为突出的问题。对于某些区间内梯度为零的线性整流单元（ReLU）而言，问题更为突出。显然，我们不能预先就随机设定出很接近最优值的初始权重，但至少它们应该落在一个容易调整的范围内，也就是说，在这个范围内对这些初始值的调整是起作用的。

3. 局部最优陷阱

图 10.1c 给出了局部最优问题的一个简单描述。训练并非达到了全局最优的谷底，而是陷入了一个小坑里。向左或向右移动都意味着走上坡路，所以跳不出去。局部最优点的存在使搜索受限，从而错过全局最优点。

需要注意的是，该描述对问题进行了很大的简化。我们通常使用的激活函数都是凸函数，它们具有确定可到达的最优点。但是，我们要处理大量的高维参数，而且处理的训练样本（或批样本）的误差曲面每次都不一样。

4. 梯度消失和梯度爆炸

深度神经网络，尤其是循环神经网络存在的一个特殊问题是梯度消失和梯度爆炸。这些网络的一个特点是，其连接输入和输出的计算路径较长，误差在输出端计算，但是需要沿着路径反向传播到处理输入的第一组参数。

当计算路径上的梯度相乘时，如果所有的梯度都大于 1，我们最终就会得到一个很大的数（称为**梯度爆炸**）；如果所有的梯度都小于 1，我们得到的最终结果就会趋近于 0（称为**梯度消失**，见图 10.2）。因此，对于路径中早期计算的参数，要么更新过度，要么没有实质的更新。

值得注意的是，该问题对于循环神经网络来说尤为严重。在循环神经网络中，从输入到输出的漫长计算路径中相同计算不断循环，加快了循环时梯度的增加或减少。

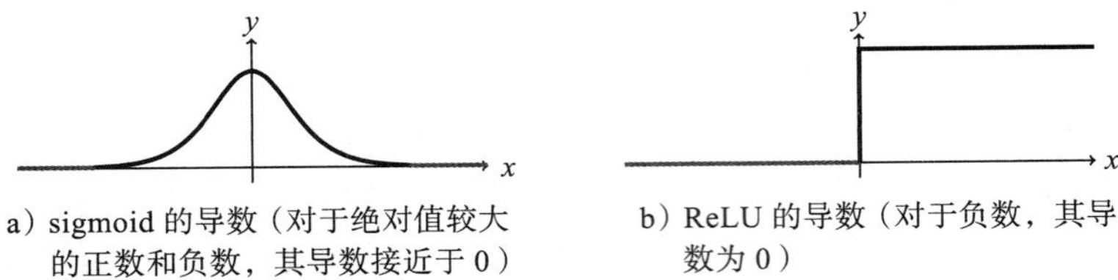

a）sigmoid 的导数（对于绝对值较大的正数和负数，其导数接近于 0）

b）ReLU 的导数（对于负数，其导数为 0）

图 10.2 梯度消失。如果梯度接近于 0，则不会对参数进行更新，对计算图中上游的参数也是如此

5. 过拟合、欠拟合

机器学习的目的是基于某一问题的代表性样本习得该问题的一般规律。它通过设置给定模型架构的模型参数值来达到这一目的。模型的复杂性应与问题的复杂性相匹配。如果模型参数冗余，经过足够长时间的训练，该模型会记住所有的训练样本，然而在未知的测试样本上表现欠佳，这种情况称为**过拟合**。如果参数不够，模型无法表示问题，这种情况称为**欠拟合**。

图 10.3 展示了一个二维空间中的分类任务。过于简单的模型只能在圆圈和方块之间绘制一条直线，无法学习到两个类别之间真正的分类曲线。

太过自由地绘制曲线会导致模型泛化能力不足。自由度称为模型的**容量**。

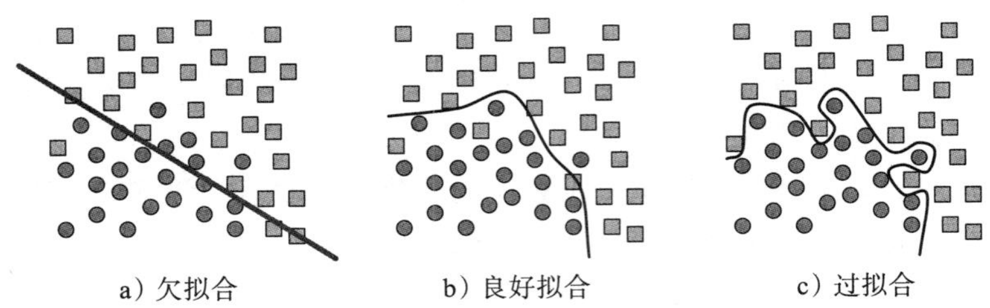

a）欠拟合　b）良好拟合　c）过拟合

图 10.3 欠拟合与过拟合。训练参数太少（低容量）时，模型无法很好地匹配数据（欠拟合）；参数太多（高容量）时，会导致模型记住训练数据、泛化能力不足（过拟合）

10.2 确保随机性

机器学习的理想情况是，从参数空间的某个随机点出发，遇到**随机独立同分布**（Independent and Identically Distributed，IID）的训练样本（这些样本分别独立地服从相同的潜在真实概率分布），然后向一个近似于真实情况的模型靠拢。为了接近理想情况，在训练数据和初始化权重过程中避免不适合的结构是很重要的。一种称为**最大熵训练**的机器学

习方法可以作为一个解决方案，它的原则是在缺乏具体证据的情况下，模型应该尽可能地随机（即具有最大熵值）。

10.2.1　打乱训练数据

用于神经机器翻译的训练数据通常有多个来源，如欧洲议会会议记录语料或者字幕翻译集，每一种语料库都有其特点，会推动训练走向不同方向。每个语料库内部可能还会有不同的特征，例如按时间顺序排序的语料库，即语料库中前面的训练数据源自较旧的文本，而后面的内容则源自新的文本。

由于我们更新权重时，每次只会用到一批训练数据，因此它们更容易受最后出现的训练样本的影响。如果最后一部分训练数据全部来自同一个语料库，那么模型将倾向于该语料库，从而造成偏差。还应该注意的是，一旦模型在验证集上的性能（通过交叉熵或者表征翻译质量的 BLEU 来度量）不再提高，我们通常会停止训练。如果部分训练数据比其他数据更有用（或者只是更类似于验证集），那么这些性能度量就可能在训练过程中有所不同，并且训练可能会因为遇到了有害的训练样本而提前停止。

为了平衡掉这些影响，训练数据在训练开始时会被随机打乱。在训练的每一轮（训练数据的一次完整遍历）重新打乱训练数据是常规操作，但由于神经机器翻译使用了规模非常大的语料库，这么做可能没有必要。

10.2.2　权重初始化

在训练开始前，权重被初始化为随机数值，这些数值服从均匀分布。我们倾向于通过初始化权重使节点值处于激活函数的过渡区域，而非处于较低或较高的浅层斜坡区域，因为在这些区域产生变化需要很长时间。例如，对于 sigmoid 激活函数，在 [–1，1] 之间取值会使激活值分布在区间 [0.269，0.731]。

对于 sigmoid 激活函数，网络最后一层常用下述区间对权重进行初始化：

$$\left[-\frac{1}{\sqrt{n}},\frac{1}{\sqrt{n}}\right] \tag{10.1}$$

其中，n 是前一层的神经元数目。对于隐藏层，常从以下区间初始化权重：

$$\left[-\frac{\sqrt{6}}{\sqrt{n_j+n_{j+1}}},\frac{\sqrt{6}}{\sqrt{n_j+n_{j+1}}}\right] \tag{10.2}$$

其中 n_j、n_{j+1} 分别是前一层与后一层的神经元数目。

这些准则由 Glorot 和 Bengio 于 2010 年首次提出。

10.2.3　标签平滑

神经机器翻译模型的预测具有令人惊讶的确定性。多数情况下，几乎所有的概率质量以超过 99% 的预测概率被分配给一个单词。这些峰值概率分布对于解码和训练来说都是一个问题。在解码时，合理的替代方案没有被给予足够的信任，阻碍了柱搜索的成功。在训练时，则更有可能出现过拟合现象。

在解码过程中，处理峰值分布的一种常规策略是对它们进行平滑处理（Chorowski & Jaitly，2017）。正如之前所描述的那样，预测层为每个单词生成一个数值，然后该数值由 softmax 转换成概率：

$$p(y_i) = \frac{\exp s_i}{\sum_j \exp s_j} \tag{10.3}$$

softmax 计算方式可以采用被称为**温度**的参数 T 进行平滑处理：

$$p(y_i) = \frac{\exp s_i / T}{\sum_j \exp s_j / T} \tag{10.4}$$

温度取值越高，分布越平滑，也就意味着可能性最大的选择被赋予的概率变小了。

然而，峰值分布问题的根源在于训练过程，因为训练时将所有的概率质量分配给了一个单词，所以训练就以这样的分布为优化目标。为了修正这一点，我们可以认为正确结果并不服从完美的峰值分布，而是服从平滑的、将部分概率质量（如其中的 10%）分散给其他单词的分布。我们可以均匀处理（为所有单词分配相同的概率），也可以考虑词语的一元文法概率（训练数据目标端每个单词的相对频率）。

10.3　调整学习率

梯度下降训练法意味着一个简单的权重更新策略：只需要沿着梯度下降。由于实际的梯度值相当大，所以我们使用学习率来对梯度进行放缩。学习率通常是一个非常小的数字，比如 0.001。此外，我们可能希望随着时间的推移不断改变学习率（如一开始更新幅度较大，之后对权重进行细微更新）。

简单的**学习率调整方案**可以在每轮训练之后减小学习率，比如将其减半。但是，研究人员提出了更加先进且被广泛使用的方法。

10.3.1　动量项

在权重值远离最优点的情况下，即使大多数训练样本都推动权重值朝同一方向变化，这些小的更新仍然需要一段时间来累积，直到权重值达到最优。一个常规技巧是使用**动量**

项来加速训练。动量项 m_t 在每一时刻 t（即对每个训练样本）都进行更新。我们把动量项在前一时刻的值 m_{t-1} 和当前时刻的原始权重变化量 Δw_t 结合，并用这样产生的动量项的值来更新权重。

例如，若衰减率为 0.9，则更新公式变为：

$$m_t = 0.9m_{t-1} + \Delta w_t$$
$$w_t = w_{t-1} - \mu m_t \tag{10.5}$$

10.3.2　调整每个参数的学习率

常规的训练策略是使学习率 μ 随着时间的推移不断减小。一开始参数远离最优值，需要大幅调整，但是在训练后期，我们更加关注细微的改进，如果学习率较大，可能导致参数在最优值附近来回跳跃。

1. Adagrad

不同参数在到达其最优值的过程中可能处于不同的阶段，因此对每个参数设置不同的学习率可能会有所帮助。其中一种方法叫作**自适应梯度算法**（Adagrad），它会记录为每个参数计算的梯度，并随着时间推移累积它们的平方值，然后用这个累积结果调整学习率。

Adagrad 更新公式建立在每一时刻 t 的误差 E 关于权重 w 的梯度 $\left(即\ g_t = \frac{\partial E_t}{\partial w}\right)$ 累积之和的基础上。我们用该权重的学习率 μ 除以梯度的累积之和：

$$\Delta w_t = \frac{\mu}{\sqrt{\sum_{\tau=1}^{t} g_\tau^2}} g_t \tag{10.6}$$

直观地看，参数值变化大（对应大的梯度 g_t）时会导致其权重参数学习率的降低。

2. Adam

自适应动量估计算法（Adam）的灵感来源于动量项思想与通过累积变化调整参数更新的思路的结合。这是另一种将原始梯度转化为参数更新的方法。

首先，借助动量项的思想，计算过程如公式（10.7）所示：

$$m_t = \beta_1 m_{t-1} + (1-\beta_1)g_t \tag{10.7}$$

然后，用梯度平方（正如 Adagrad 中那样）来调整学习率。由于存在原始累积过大的风险，会永久地降低学习率，因此 Adam 使用了指数衰减的方式，就如同动量项一样：

$$v_t = \beta_2 v_{t-1} + (1-\beta_2)g_t^2 \tag{10.8}$$

其中，超参数 β_1 和 β_2 通常为接近 1 的数值，但这也意味着在训练初期，m_t 和 v_t 的值接近于它们的初始值 0。为了改善这一点，这两项被修正如下：

$$\hat{m}_t = \frac{m_t}{1-\beta_1^t}$$
$$\hat{v}_t = \frac{v_t}{1-\beta_2^t} \tag{10.9}$$

随着训练时间的增加，这种修正会消失：$\lim_{t\to\infty}\frac{1}{1-\beta^t}\to 1$。

有了学习率 μ、动量项 $\hat{m}_t$ 和累积变化 $\hat{v}_t$，每次用 Adam 按照以下方式进行权重更新：

$$\Delta w_t = \frac{\mu}{\sqrt{\hat{v}_t}+\varepsilon}\hat{m}_t \tag{10.10}$$

其中，超参数的取值通常为 $\beta_1 = 0.9$，$\beta_2 = 0.999$，$\varepsilon = 10^{-8}$。

还有其他各种调整学习率的适应方案，目前这个研究领域非常活跃。例如，二阶导数（二阶导数的方阵称为**海森矩阵**（Hessian matrix））给出了一些有用的关于变化率的信息。但是，二阶导数的计算成本一般很高，所以通常采用其他的快捷方法。

10.3.3 批梯度更新

一种将梯度转化为权重更新的方法是，首先处理所有的训练样本，累积所有得到的梯度值并用该累积之和更新参数。但是，为了使训练收敛，这一过程需要对训练数据进行很多次遍历。

与之完全相反的做法是，一次处理一个训练样本，并立即用它的梯度来更新权重。由于它是对随机采样得到的训练样本进行处理，因此该变体被称为**随机梯度下降法**。它使得收敛速度更快，但是有一个缺陷——最后送入模型的训练样本会对最终参数值产生不均衡的影响。

考虑到利用现代 GPU 硬件进行尽可能多的并行化计算所能带来的效率增益，我们通常将几个双语句对进行批处理，计算它们的梯度，然后通过对梯度求和来更新参数。

需要注意的是，我们不仅仅是因为 GPU 的设计特性才批量处理训练样本，也想要在多台机器上进行分布训练。为了避免通信开销，用每台机器处理一批训练样本，然后将梯度传回到参数服务器来执行更新操作。这又会产生另一个问题：某些机器在批处理时速度更快。造成这种状况的原因多种多样，其中大多数与底层系统的问题有关，比如机器上的负载。只有当所有的机器都传回它们的结果之后，模型才会更新，接着才能送出新一批数据。

在**异步训练**中，并不需要等待所有的机器都传回它们的梯度，而是直接执行每一个参数更新，并发送新的一批数据。这种训练会导致这样一个问题：某些机器使用的是非常老旧的参数。但是，在实际应用中这似乎不是个问题。另外，还可以选择抛弃“掉队者”，放弃它们对应的梯度（Chen et al，2016a）。

10.4 避免局部最优

设计神经网络架构和优化方法的最大问题是要确保模型收敛到全局最优，或者至少能够收敛到一组参数值，使得模型在未知的测试数据上得到接近于全局最优的结果。对于这个问题，实际上并没有真正的解决方案。它需要经过实验和分析，更像一门工艺，而不是科学。尽管如此，本节还是希望介绍一些常用的有助于避免陷入局部最优的方法。

10.4.1 正则化

大规模神经机器翻译模型拥有多达数亿个参数，这些模型同样需要通过数以亿计的样本（每个目标语言词汇预测算一个样本）来训练。这两个数字之间并没有严格规则意义上的关联，但是人们仍有一种共识——参数太多而训练样本太少将导致过拟合。反之，如果模型参数太少而训练样本太多，就会导致欠拟合，即缺乏足够的模型容量去学习问题的特性。

正则化是机器学习中的一个标准技巧，它在损失函数中添加了一项来保持模型的简洁。这里的“简洁”是指参数不取极端值（除非确实需要），而是接近于零。而且，简洁的模型可能不会使用全部参数，例如将不需要的参数设置为零。这一思想背后蕴含着一个普遍的哲理——保持模型简洁。这一类论述常常援引自**奥卡马剃刀**（Occam's razor）原理——在诸多解释中，选择最简单的那一个。

模型的复杂度通常用参数的 L2 范数来度量。我们会在损失函数中添加 L2 范数，即所有参数的平方和。由此，训练目标不仅仅是尽可能地匹配训练数据，还需要保持参数值尽可能小。考虑一下，当我们计算 L2 范数的梯度时会发生什么呢？我们会获得一个与其当前参数值相关的数值，接着梯度下降法会减小参数。因此，增加 L2 范数可以理解为权重衰减，那些没有帮助的参数将会趋向于零值。

机器翻译中的深度学习方法通常不会在损失函数中包含正则项，但许多技巧可以视为正则化的一种表现形式。

10.4.2 课程学习

平行语料库中的双语句对会被随机地呈现给学习算法。如上所述，对于这种随机性，有一些很好的论证，也有研究在探索如何以其他的方式输入训练数据。这种思想叫作**课程学习**（curriculum learning）。正如学生在小学或者大学期间并不是随机地学习知识，而是从简单的概念开始学习，进而学习更加复杂的问题。

回到机器翻译问题，这意味着我们可以从易到难来排列训练样本。首先用容易的样本训练一轮，然后加入较为困难的样本，只在最后一轮才在整个训练集上优化模型。这个想法很简单，但是很多细节难以处理。

首先，如何衡量双语句对的难度？我们可以遵循简单的规则，比如选择短句子，甚至可以从双语句对中抽取片段（类似于统计机器翻译中的短语对抽取）来创建人工训练数据。我们可以使用预训练的神经机器翻译系统来为双语句对打分，以期能够删除异常点和语义不匹配的句对。

其次，该如何设置课程呢？该为第一轮训练设置多少容易的样本呢？每一级难度该训练多少轮？这些决策都需要通过实验来建立一些经验法则，但对于不同的数据，结果可能相差甚远。

在撰写本书时，还有许多尚未解决的问题。不过我们应该意识到，不同轮次训练不同的数据集是自适应方法的一个常规思路，这一点将在第 13 章详细讨论。

10.4.3　drop-out 法

前两节讨论了有助于训练开展的方法，现在我们来考虑另一个问题。如果训练进展得很顺利，但现有的一组参数停留在了一个区域，在该区域内模型已经学习了任务的某些性质，要想学习其他性质会使这组参数远离这个“舒适区”，那该怎么办呢？

机器翻译中一个很形象的例子是，模型已经学习了语言模型，但是忽略了源语言输入句子的作用，也因此忘记了翻译这个核心任务。这样的模型可以生成漂亮的目标语言句子，但是它与输入完全无关。更进一步的训练无非只是改进模型，使之能够更好地利用输出句中的远距离词汇，但是仍然会继续忽略输入。

人们已经提出了多种方法来使训练跳出这些局部最优点。当前流行的一种方法称为 drop-out，听起来有一点简单且古怪。对于每一批训练样本，随机地忽略网络中的某些节点，即将它们的值设为 0，与之相关的参数也不再进行更新。这些被忽略的节点可能占总数的 10%、20% 甚至 50%。训练会在忽略了某些节点的情况下继续进行多轮迭代（可能只是针对某一批训练样本），然后再选择另一组不同的节点并忽略它们（见图 10.4）。

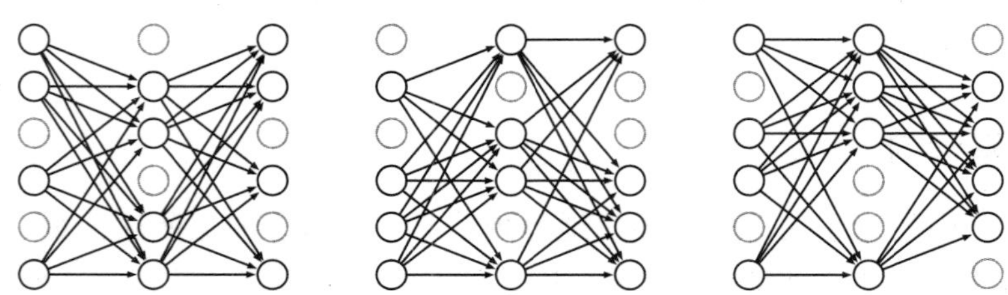

图 10.4　drop-out。对于每一批训练样本，在训练时随机删除一些节点，将它们的值设为 0 且不再更新其权重

显然，在网络节点被忽略之前，它们在模型训练过程中扮演着某些重要角色。但在这些节点被忽略之后，其他节点将会替代它们完成某些功能。最终我们会得到一个更加鲁棒的模型，该模型中多个节点共同扮演类似的角色。

从另一个角度来看，可以将 drop-out 视为集成学习的一种形式。一般我们不只训练一个模型，而是同时执行多个训练过程，其中每个训练过程都会生成一个模型，接着在推断过程中融合多个模型的预测结果，以此来获得较大的性能提升（参见 9.2 节）。每个模型会出现不同的错误，但当它们预测结果一致时，该结果很可能是正确的。从网络中移除节点有效地创建了一个不一样的模型，该模型在一段时间内可以独立训练。所以，通过遮蔽不同的节点集合，可以同时训练多个模型。尽管这些模型会共享许多参数，而且我们并不显式地融合不同的预测结果，但是，相比训练一个真正的集成模型，我们通常使用更小的参数规模和更少的计算量以避免很多时空开销。

10.5　处理梯度消失和梯度爆炸问题

由于梯度在计算图上的计算路径较长，因此可能会因为表现异常而变得太小或太大。对于具有多层网络或多个循环单元的深度模型而言，这个问题尤其严重。在设计神经网络架构时，需要密切关注梯度的表现。下面我们介绍一些有助于解决这个问题的通用技巧。

10.5.1　梯度裁剪

如果梯度变得过大′，一个很简单的做法就是减小它们的梯度值。这种方法称为梯度裁剪——用一个指定阈值（通常使用 L2 范数）来限定一个参数向量的所有梯度之和。

我们为阈值定义一个超参数 τ，然后检查参数张量（通常是权重矩阵）梯度值的 L2 范数有没有超过该阈值。如果超过阈值，就按比例缩小每个梯度值，这个比例是指阈值 τ 与所有梯度值 g_j 的 L2 范数之间的比值。因此，张量中每个梯度值 g_i 都采用下述公式进行调整：

$$g_i' = g_i \times \frac{\tau}{\max(\tau, \mathrm{L2}(\boldsymbol{g}))} = g_i \times \frac{\tau}{\max\left(\tau, \sqrt{\sum_j g_j^2}\right)} \tag{10.11}$$

相比选择一个固定的阈值，我们也可以动态地检测异常梯度值并放弃这部分的更新。在**自适应梯度裁剪**算法中，我们追踪梯度值的均值和方差，这样可以检测到那些处于正态分布以外的梯度值。这个过程一般通过动态更新均值和标准差来实现（Chen et al.，2018）。

10.5.2　层归一化

层归一化旨在解决相邻网络层级之间信息传递的量纲问题，这种问题在神经机器翻译用到的深度神经网络模型中尤为突出，因为在深度模型中计算会通过一系列神经网络层级。对于某些训练样本，它们在某一层的平均值会变得非常大，接着被送入下一层继续生成很大的输出值，而且不断地继续下去。如果所用的激活函数没有将输出限定在较窄的区间之内（比如线性整流单元），这将会是一个难题。

与之相反的一个问题则是，对于其他训练样本而言，同一层的平均值可能非常小。显然，这会给训练带来问题。回顾公式（5.31），梯度更新会受节点输出值的强烈影响。太小的节点输出值会导致梯度消失，太大则会造成梯度爆炸。

为了解决这个问题，可以对每一层进行归一化处理——通过向神经网络增添额外的计算步骤来实现。回忆一下，前馈神经网络层 l 首先由权重矩阵 $\boldsymbol{W}$ 与前一层 $\boldsymbol{h}^{l-1}$ 的节点输出值进行矩阵相乘，得到一个加权和 $\boldsymbol{s}^l$，然后用激活函数（比如 sigmoid）处理：

$$\begin{aligned}\boldsymbol{s}^l &= \boldsymbol{W}\boldsymbol{h}^{l-1}\\ \boldsymbol{h}^l &= \text{sigmoid}(\boldsymbol{s}^l)\end{aligned} \tag{10.12}$$

我们可以通过下述公式计算加权和向量 $\boldsymbol{s}^l$ 中各值的均值 μ^l 和方差 σ^l：

$$\begin{aligned}\mu^l &= \frac{1}{H}\sum_{i-1}^{H} s_i^l\\ \sigma^l &= \sqrt{\frac{1}{H}\sum_{i-1}^{H}(s_i^l-\mu^l)^2}\end{aligned} \tag{10.13}$$

利用这些值以及另外两个偏置向量 $\boldsymbol{g}$ 和 $\boldsymbol{b}$，我们可以对向量 $\boldsymbol{s}^l$ 进行归一化处理：

$$\hat{\boldsymbol{s}}^l = \frac{\boldsymbol{g}}{\sigma^l}(\boldsymbol{s}^l-\mu^l)+\boldsymbol{b} \tag{10.14}$$

其中差值表示每个向量元素减去了均值。

该公式首先将 $\boldsymbol{s}^l$ 中的值减去均值来实现归一化，因此保证了归一化之后它们的均值为 0。然后，所得向量再除以方差 σ^l。附加的偏置向量提供了一定的灵活度，它们可以在相同类型的多层网络之间共享，例如循环神经网络中的不同时间步长使用的循环计算单元。

10.5.3　捷径连接和高速连接

深度学习中的“深度”一词意味着模型会经历多个层级（常常是一系列神经网络层）的计算。显然，在这么多层级之间传递误差信息对于反向传播算法而言是一个挑战。值得注意的是，一个输入值必须经过许多计算才能产生一个输出值，然后输出值再与真实目标值进行匹配。这一条计算链中涉及的所有参数都需要调整。考虑到一开始这些参数的值都是随机的，所以训练能够正常进行就已经很令人惊讶了。

但是，更深层次的架构可能会将这种惊人的能力延伸得太远。避免这个问题的一种常用方法就是给这些模型架构添加捷径连接，不再强制输入值经过所有层（如 6 层）的处理，而是将输入直接连接到最后一层。在训练的早期迭代过程中，我们希望模型关注这些简单路径（反映了简单模型架构的学习），而在训练后期则希望能够挖掘深度模型的真正威力。

这些捷径连接有很多学名，**残差连接**和**跳跃连接**是常用说法。在最简单的形式中，前馈神经网络层（公式（10.15））被扩展成只通过输入，而跳过了函数 f（公式（10.16））：

$$y = f(x) \tag{10.15}$$

$$y = f(x) + x \tag{10.16}$$

需要注意这对梯度传播造成的影响，捷径连接的梯度计算方式如下：

$$y' = f'(x) + 1 \tag{10.17}$$

其中，常数 1 表示梯度在传递后没有发生变化。所以即使在多层深度网络中，误差传播也会有一条从最后一层连到输入层的直连路径。

将上述思路进一步延伸，我们可以调控对输出 y 产生影响的 $f(x)$ 和 x 的信息量。在**高速连接**网络中，我们借助门机制 $t(x)$（通常由前馈神经网络层计算）进行调控：

$$y = t(x)f(x) + (1-t(x))x \tag{10.18}$$

图 10.5 展示了捷径连接的多种不同设计。

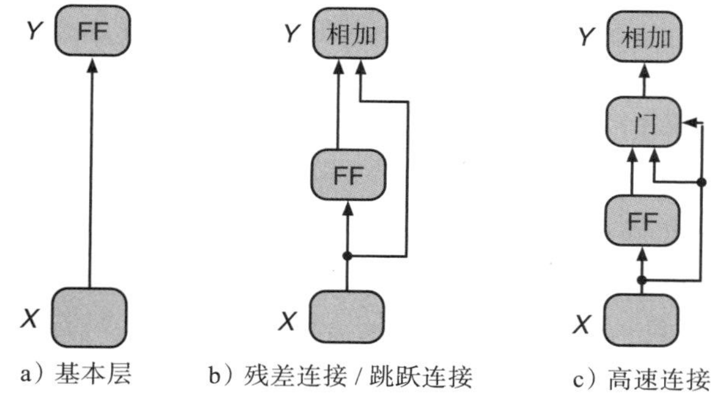

图 10.5 捷径连接和高速连接。a）为 X 层与 Y 层的基本连接方式；b）为残差连接或跳跃连接，将输入和 X、Y 层之间的输出相加；c）为在高速网络中，学习一个门值进行调控

10.5.4 LSTM 和梯度消失

7.5 节介绍过长短时记忆单元（LSTM），这种类型的神经网络的核心动机是解决梯度消失问题，因为误差反向传播需要经过所处理序列中的每一步，循环神经网络尤其容易出现梯度消失问题。正如 10.5.3 节讨论的，LSTM 单元允许网络中存在捷径连接。

具体来讲，序列处理中的不同时间步骤通过记忆单元的传递联系了起来。回顾公式（7.12）：

$$\text{memory}^t = \text{gate}_{\text{input}} \times \text{input}^t + \text{gate}_{\text{forget}} \times \text{memory}^{t-1} \tag{10.19}$$

对于一些节点，如果遗忘门的值接近于 1，那么其梯度传递给前序时刻的节点时几乎不发生变化。

10.6 句子级优化

到目前为止，我们用来驱动参数更新的损失函数都定义在单词级。针对平行数据中给出的每个目标语言端的单词，我们首先以概率分布的形式对所有目标语言词汇表中的单词做出模型预测，然后对比有多少概率值分配给了正确的目标单词。

尽管每个时刻都可以进行参数更新，但是机器翻译是一个序列预测任务。训练过程中每个时刻都是基于完全正确的前序单词输出预测下一个单词的，这并非测试阶段真实的学习目标，因为测试阶段需要在没有正确前序单词的情况下产生整个输出序列。这个问题在机器学习中称为**曝光偏差**，它是指在测试过程中所见的上下文从来没有在训练中出现过。那么，我们是不是也应该在训练时预测整个输出序列并与正确序列进行对比呢？

10.6.1 最小风险训练

在预测输出序列时，逐词比较输出序列和正确序列是没有帮助的。如果在序列开始时额外生成了一个单词，那么所有正确的单词都会往右偏离一个位置，从而导致与正确结果完全不匹配，但是，这个序列可能仍然是一个很好的译文。此外，考虑重排序的情况——单词顺序相对于正确输出序列有任何偏差都会受到严厉的惩罚。

比较句子的翻译结果在译文评价中已经被广泛地研究，这也是机器翻译中句子级自动评价指标一个长期存在的基本问题。一个最古老但仍然占主流地位的评价指标是 BLEU（参见 4.3.1 节），它对系统输出和参考译文进行单词和词组的匹配，同时纳入一个长度惩罚项，惩罚过短的译文，此外也有一些其他的评价指标，比如译文编辑率。

之前我们在单词预测中使用交叉熵作为损失函数，定义为分配给正确单词 $\boldsymbol{y}_i$ 的预测概率（根据概率分布 $\boldsymbol{t}_i$）的负对数，正如公式（8.5）所示：

$$\text{loss} = -\log \boldsymbol{t}_i[\boldsymbol{y}_i] \tag{10.20}$$

从另一个角度看，该模型对第 i 个输出单词给出了多种预测结果 $\boldsymbol{y}$，而我们为每一个预测结果分配了一个损失值，正好是正确单词的为 1，是错误单词的为 0。

$$\text{loss} = -\log \sum_{\boldsymbol{y} \in V} \delta(\boldsymbol{y} = \boldsymbol{y}_i) \boldsymbol{t}_i[\boldsymbol{y}] \tag{10.21}$$

上述公式允许我们使用 0 或 1 损失之外的另一种译文质量度量方法，也正是句子级优化所采用的想法。假设现在还是单词级的优化，我们可能想要利用损失函数分配一部分分数给微小误差（例如词法变体或者同义词）。为此，相比只有在 $\boldsymbol{y}$ 和 $\boldsymbol{y}_i$ 匹配时才会触发的克罗内克 δ 函数，我们可以使用其他任何译文质量度量指标（如下式所示）：

$$\text{loss} = -\log \sum_{\boldsymbol{y} \in V} \text{quality}\,(\boldsymbol{y}, \boldsymbol{y}_i) \boldsymbol{t}_i[\boldsymbol{y}] \tag{10.22}$$

由于质量得分通过概率分布 t_i 加权，因此得出的损失函数可以看作对期望损失的计算。最小化期望损失的优化方法称为**最小风险训练**。

现在，我们预测完整的序列 $\boldsymbol{y}$。在数学上，损失函数的定义方式几乎不变：

$$\text{loss} = -\log \sum_{\boldsymbol{y}' \in V^*} \text{quality}\,(\boldsymbol{y}', \boldsymbol{y}) t(\boldsymbol{y}') \tag{10.23}$$

这样我们就可以使用 BLEU 或者其他评价指标作为其中的质量得分。

不过，上述公式在计算上有许多难点。如上所述，即使有了合适的长度约束，可能的序列空间 $\boldsymbol{y}' \in V^*$ 也是无限的，可能的序列数量随长度呈现指数级增长。为了使问题易于处理，我们必须依靠采样方法，使采样的序列占据大部分的概率质量。

对整个译文句子的采样可以通过柱搜索方法实现。这种方法旨在找出最可能的翻译结果，但是译文缺乏多样性。**蒙特卡罗搜索**是一种替代方案，它类似于重复贪婪搜索，唯一的不同点在于，现在不再是每次都从预测的概率分布中选出最有可能（概率最高）的单词，而是在给定预测概率分布的基础上随机地（服从均匀分布）选择输出的单词。

举例来说，如果模型预测单词“cat”的概率是 17%，预测单词“tiger”的概率是 83%，现在掷一次骰子，如果出现 1 就选择“cat”，否则选择“tiger”。在模型已知的情况下，这个过程根据序列概率生成每个可能的输出序列。多次重复该搜索过程就能获得多个句子译文。在极限情况下，每个输出句子的相对频率约等于其概率值，因此公式（10.23）中包含概率分布 t。

值得注意的是，虽然对可能的译文空间进行采样使句子级优化变得可行，但是它的计算成本仍然比传统的单词级优化大得多。我们必须采用柱搜索或重复蒙特卡罗搜索收集一个数据点来计算反向传播值。在单词级的优化中，预测一个单词就足够了。

但是，句子级优化有着明显的优势，它更清晰地反映了测试期间的解码过程（预测序列然后打分）。此外，它还支持生成对抗训练等方法。

10.6.2 生成对抗训练

生成对抗网络（Generative Adversarial Network，GAN）源自计算机游戏研究领域，它将机器翻译等任务形式化为两个玩家的游戏，两个玩家分别是**生成器**和**判别器**。生成器对任务进行预测，而判别器则试图将这些预测结果与真实的训练样本区别开。

应用于机器翻译（Wu et al.，2017；Yang et al.，2018b）时，生成器就是给定输入句子生成翻译结果的传统神经机器翻译模型，而判别器则试图将这些翻译结果与真实译文区分开。具体来说，对于训练数据的一个双语句对 (x,y)，生成器（即神经机器翻译模型）读入源语言句子 x，然后生成它的一个翻译 t，判别器旨在检测出这个翻译对 (x,t) 是机器产生的数据，而将训练语料中的句对 (x,y) 归类为人类产生的数据。

在训练过程中，判别器依据给定的正样本 (x,y) 和负样本 (x,t) 提升其预测能力。为两者做出正确决策的能力被用作反向传播训练的误差信号。

判别器的重点也在于改进生成器的训练过程。通常我们训练生成器来预测输出序列中的每个单词。现在，我们要把这个训练目标与迷惑判别器的目标结合起来，所以一共有两个目标函数，每个目标的重要性通过人工设定的超参数 λ 来平衡。

使这种设置变得复杂的是，来自判别器的误差信号只能针对完整的句子翻译 t 进行计算，而典型的神经机器翻译训练是基于正确的单个单词的预测的。在机器学习中，这类问题被定义为**强化学习问题**。强化学习被定义为只有在经过一系列决策之后才能获得用于训练的错误信号的一种方法。典型的例子就是国际象棋和穿越迷宫来躲避怪兽寻找黄金这样的游戏。以国际象棋为例，我们只能在游戏结束时才知道我们的走法是否正确，但是无法获得每一步单独的反馈。

在强化学习的语言中，生成器被称为**策略**，而迷惑判别器的能力称为**奖励**。解决这个问题的常用方法是基于当前神经机器翻译模型采样不同的译文。给定一组采样译文，我们可以计算每个译文的奖励，例如有效地迷惑判别器的程度，并以其为训练目标更新模型。

10.7　扩展阅读

最近设计开发的一些关键技术已经成为神经机器翻译研究的标准工具和基础。权重随机初始化的取值范围需要谨慎地选择（Glorot & Benjio，2010）。标签平滑可以用来避免模型的过度“自信”，即通过对目标概率分布的优化，将一些概率质量从正确的目标单词转移到其他单词上（Chorowski & Jaitly，2017）。多台 GPU 上的分布式训练引出了同步更新的问题。Chen 等人对比了包括同步更新在内的多种方法（Chen et al.，2016a）。drop-out（即在某训练期内一组节点被随机遮掩）等方法可以让训练更加鲁棒（Srivastava et al.，2014）。梯度裁剪一般用来规避多层反向传播时的梯度爆炸或梯度消失问题（Pascanu et al.，2013）。Chen 等人简要介绍了自适应的梯度裁剪算法（Chen et al.，2018）。层归一化也可以确保节点取值在合理的边界范围内（Lei Ba et al.，2016）。

1. 调整学习率

梯度下降训练中学习率的优化方法是一个热点课题，主流方法包括 Adagrad（Duchi et al.，2011）、Adadelta（Zeiler，2012）和当前广泛使用的 Adam 方法（Kingma & Ba，2015）。

2. 序列级优化

最小风险训练支持使用 BLEU 等指标进行句子级优化（Shen et al.，2016）。该方法采样一组可能的译文，然后基于译文的相对概率计算期望损失，即译文概率加权的 BLEU 值，这使得汉英翻译任务中的译文质量大幅提升。Neubig 采样 20 个译文样本并利用平滑的句子级 BLEU 值进行优化，取得了性能提升（Neubig，2016）。Hashimoto 和 Tsuruoka 优化 BLEU 的一种变体 GLEU，并且通过缩小词汇表的方式进行训练加速（Hashimoto & Tsuruoka，2019）。Wiseman 和 Rush 在训练中设计一种损失函数来惩罚正确译文未进入柱搜索候选空间的情形（Wiseman & Rush，2016）。Ma 等人也关注正确译文未进入柱搜索候选空间的情形，他们记录初始序列预测的损失，然后针对当前的正确译文优化模型、重置柱搜索（Ma et al.，2019c）。Edunov 等人比较了各种单词级和句子级的优化技巧，发现性能最好的句子级最小风险优化方法与其他方法相比只有很小的优势（Edunov et al.，2018）。Xu 等人在前序单词中混合使用预测的单词和正确单词，他们利用对齐模块来保持混合前序单词与目标训练译文同步（Xu et al.，2019）。Zhang 等人采用渐进式优化方法，逐渐从匹配参考译文转向匹配单词级和句子级的模型最佳结果，其中单词级模型最佳结果通过 Gumbel 噪声采样获得，句子级模型最佳结果通过从柱搜索得到的前 n 个最佳候选（n-best）列表中筛选 BLEU 最佳译文获得（Zhang et al.，2019b）。

3. 更快的训练

Ott 等人通过 16 位算法和更大规模的批处理提高训练速度，其中更大规模的批处理能够减小不同 GPU 的计算差异，从而缩短了其闲置时间。基于此，他们在 128 个 GPU 上进行了并行训练（Ott et al.，2018c）。

4. 从右到左训练

一些学者发现，句子右半部分的翻译质量低于左半部分，并将这个现象归因于曝光偏差：在训练时使用正确的前序单词（也称为“教师强迫”）预测下一个单词，然而在解码时只能使用先前预测产生的译文作为前序单词。Wu 等人的研究表明，这种不平衡很大程度上是语言因素造成的：左半部分好、右半部分差的现象只会在右向分支语言中出现，比如英语和汉语，而在日语等左向分支语言中则正好相反（Wu et al.，2018）。

5. 对抗训练

Wu 等人将对抗训练方法引入神经机器翻译，在模型中判别器与传统机器翻译模型一起训练以区分机器译文和人类参考译文，而迷惑判别器的效果则被设置为机器翻译模型的额外训练目标（Wu et al.，2017）。Yang 等人提出了一个类似的方案，但是给神经翻译模型训练增加了一项基于 BLEU 的优化目标（Yang et al.，2018b）。Cheng 等人采用对抗训练来解决鲁棒性问题（Cheng et al.，2018）。他们发现，当一个输入单词改为同义词时，70% 的译文都会改变。他们通过合成训练数据让模型变得更加鲁棒，合成数据通过将输入单词替换为同义词（嵌入空间的近邻词）获得，并且使用判别器基于输入的编码预测输入句子是原来的句子还是经过同义词替换后的句子。

6. 知识蒸馏

还有一些方法，它们可以修改损失函数，使其不仅奖励那些和训练数据近似匹配的单词预测，还奖励与已有模型（教师模型）的输出结果匹配较好的预测。Khayrallah 等人使用一个通用领域模型作为教师模型，以避免在领域自适应（通过微调实现）过程中产生的领域过拟合问题（Khayrallah et al.，2018a）。Wei 等人在训练中利用先前检查点中的最优模型作为教师模型来指导训练（Wei et al.，2019）。

替代架构

到目前为止，我们介绍了一种基于循环神经网络的神经机器翻译模型。最近，基于卷积神经网络和自注意力网络等神经网络工具箱中的其他组件的替代架构被相继提出。如何构建神经机器翻译模型架构仍是一个开放问题。

本章将首先介绍应用于机器翻译的神经网络架构的各种组件，重点介绍注意力机制，然后详细讲解最近出现的循环神经网络的两个竞争对手。尽管这两种模型仍然由一个编码器（学习输入的语义表示）和一个解码器（逐词生成输出字符串）构成，但是与循环神经网络相比，它们在架构上存在明显的差异。

11.1 神经网络组件

虽然神经网络的最初灵感来自大脑中的神经元，但是计算图的基本思想允许进行任何计算，只要该算式可微或部分可微。目前，我们正在构建的是深层可训练的模型，对模型的生物有效性没有要求，因此术语“深度学习”比“神经网络”更加合适。

接下来让我们来看看如今应用在神经机器翻译模型中的几个常见算子。

11.1.1 前馈层

第 5 章介绍的前馈层是一种经典的神经网络组件，它由矩阵乘法和激活函数组成。

从数学的角度，前馈层将输入向量 $\boldsymbol{x}$ 乘以矩阵 $\boldsymbol{M}$，再加上偏置向量 $\boldsymbol{b}$，然后逐元素使用激活函数，将其映射到输出 $\boldsymbol{y}$：

$$\boldsymbol{y} = \text{activation}(\boldsymbol{Mx} + \boldsymbol{b}) \tag{11.1}$$

由于经常使用这个基本组件，我们将使用如下记法：

$$\boldsymbol{y} = \text{FF}_{\text{activation}}(\boldsymbol{x}) = a(\boldsymbol{Mx} + \boldsymbol{b}) \tag{11.2}$$

历史上的神经网络设计只包含几个前馈层，分别称为输入层、隐藏层和输出层。尽管很简单，但是它们已经被证明是解决各种机器学习问题的强大工具。当你有一个固定维度的向量表示 $\boldsymbol{x}$，需要将其映射到另一个固定维度的向量表示 $\boldsymbol{y}$ 时，前馈层是第一个值得尝试的。

我们来看一个与翻译不同的例子。假设已知一些人的电影偏好（比如从 1 到 5 的电影评分），我们想预测他们对书籍的偏好，即他们喜欢某一本书的概率。一个人对电影的偏好被编码在向量 $\boldsymbol{x}$ 中，他对书籍的偏好被编码在向量 $\boldsymbol{y}$ 中。多层前馈神经网络利用若干隐藏层处理输入的电影偏好向量，预测、生成对书籍的偏好趋向。

前馈层也被称为具有几何特性的**仿射变换**，即在原始空间中以直线连接的点在输出空间中仍然是直线。

11.1.2 因子分解

当输入和输出向量的维度巨大时前馈层将面临挑战。权重矩阵 $\boldsymbol{M}$ 的规模是输入向量维度与输出向量维度的乘积，这可能非常大。

回想一下关于书籍和电影偏好的例子，若有成千上万的书籍和成千上万的电影，那么矩阵 $\boldsymbol{M}$ 将有数百万甚至数十亿的参数需要学习。由于我们只能获得有限的用户偏好，而需要学习的参数有很多，因此导致模型过拟合。

所以，我们希望使用一个矩阵 $\boldsymbol{A}$ 将高维向量 $\boldsymbol{x}$ 转换成低维向量 $\boldsymbol{v}$，然后用一个矩阵 $\boldsymbol{B}$ 将其映射到输出空间，如果忽略前馈层的激活函数和偏置，则计算公式如下：

$$\begin{aligned}\boldsymbol{v} &= \boldsymbol{A}\boldsymbol{x}\\ \boldsymbol{y} &= \boldsymbol{B}\boldsymbol{v} = \boldsymbol{B}\boldsymbol{A}\boldsymbol{x}\end{aligned} \tag{11.3}$$

下面用具体的例子解释现在的相关参数规模：如果向量 $\boldsymbol{x}$ 有 5000 个维度，向量 $\boldsymbol{y}$ 有 2000 个维度，但是向量 $\boldsymbol{v}$ 只有 20 个维度，那么将需要计算 $5000 \times 2000 = 10\ 000\ 000$ 个参数的矩阵乘法转变成分别计算 $5000 \times 20 = 100\ 000$ 和 $20 \times 2000 = 40\ 000$ 个参数的两个矩阵乘法，参数量减少了近 99%（见图 11.1）。

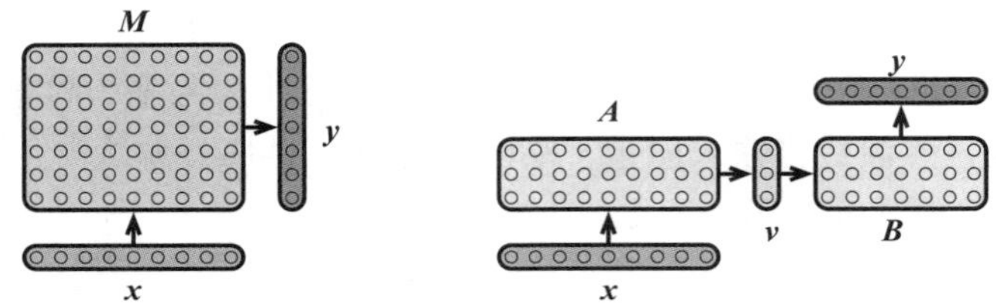

图 11.1 因子分解，不使用大矩阵 $\boldsymbol{M}$ 来将 $\boldsymbol{x}$ 映射至 $\boldsymbol{y}$，而是首先将 $\boldsymbol{x}$ 投影到低维向量 $\boldsymbol{v}$，然后再映射到 $\boldsymbol{y}$

关于低维向量 $\boldsymbol{v}$ 有几种理解方法，它捕捉了联系输入空间和输出空间属性的显著特征。在我们的例子中，我们可能期望理想的情形下向量 $\boldsymbol{v}$ 中的一个神经元代表对戏剧的偏好，另一个神经元代表对科幻小说的偏好，但是作为一个整体，向量 $\boldsymbol{v}$ 确实编码了一般的属性，比如电影类型。

词嵌入可以理解为因子分解的一个应用，相比于使用词汇表规模的 10 000 甚至 100 000 个维度的表示形式，词嵌入将这些表示缩减为更方便计算的 500 或 1000 维。

11.1.3 基本的数学运算

在计算图中，我们通常使用一些基本的数学运算来组合多个输入或减少表示的维度。

拼接 一个处理步骤通常需要输入多个向量（例如，输入单词和上一时刻的状态），其在前馈层中的计算方式如下：

$$\boldsymbol{y} = \text{activation}(\boldsymbol{M}_1\boldsymbol{x}_1 + \boldsymbol{M}_2\boldsymbol{x}_2 + \boldsymbol{b}) \tag{11.4}$$

上述计算方式可以从另一种角度理解，即首先将 $\boldsymbol{x}_1$ 和 $\boldsymbol{x}_2$ 拼接成单个向量 $\boldsymbol{x}$，然后再乘以一个矩阵 $\boldsymbol{M}$：

$$\begin{aligned} \boldsymbol{x} &= \text{concat}(\boldsymbol{x}_1, \boldsymbol{x}_2) \\ \boldsymbol{y} &= \text{activation}(\boldsymbol{M}\boldsymbol{x} + \boldsymbol{b}) \end{aligned} \tag{11.5}$$

在这个前馈层输入的例子中，两种计算方式似乎区别不大，没有实际的影响。但是，当需要多个输入时，使用显式的拼接操作是有意义的。

加法 一个常见的操作是将具有相同维度的向量相加。虽然看起来非常简单，但是在神经网络模型中被使用得非常频繁。一个直观的例子是处理层的输出与捷径连接的加法操作，捷径连接使得早期训练阶段可以跳过处理层，然后随着时间的推移进行学习调整。

另一个不那么直观的例子是用于句子表示的词袋模型。如果一个句子由单词 $\boldsymbol{w}_1,\cdots,\boldsymbol{w}_n$ 组成，我们可以把这些向量都加起来：

$$\boldsymbol{s} = \sum_{i}^{n} \boldsymbol{w}_i \tag{11.6}$$

虽然用这种方式把单词拼在一起看起来很奇怪，但是确实有很多好处。单词序列可以有任意长度，但是通过这种方式，我们可以获得固定大小的句子表示 $\boldsymbol{s}$。

我们可以对输入向量进行加权。神经机器翻译模型中的注意力机制就采用这种方式计算每个输入表示对应的权重，然后对所有输入进行加权求和。

乘法 另一个基本的数学运算是乘法。两个向量相乘有两种方法，一种类似于加法运算，通过两个向量逐元素相乘得到一个新的向量。下面是二维向量相乘的例子：

$$\boldsymbol{v} \otimes \boldsymbol{u} = \begin{pmatrix} v_1 \\ v_2 \end{pmatrix} \otimes \begin{pmatrix} u_1 \\ u_2 \end{pmatrix} = \begin{pmatrix} v_1 \times u_1 \\ v_2 \times u_2 \end{pmatrix} \tag{11.7}$$

另一种是点积，通过逐元素相乘并求和，最终得到一个数值：

$$\boldsymbol{v} \cdot \boldsymbol{u} = \begin{pmatrix} v_1 \\ v_2 \end{pmatrix} \cdot \begin{pmatrix} u_1 \\ u_2 \end{pmatrix} = v_1 \times u_1 + v_2 \times u_2 \tag{11.8}$$

例如，简单形式的注意力机制（详见 11.2.1 节）采用点积方式计算解码器状态 $\boldsymbol{s}_{j-1}$ 与输入单词的隐藏表示 $\boldsymbol{h}_j$ 之间的注意力数值 a_{ij}（$a_{ij} = \boldsymbol{s}_{j-1} \cdot \boldsymbol{h}_i$）。

最大值　当我们的目标是减少表示向量的维度时，简单地取向量的最大值可能就足够了。以图像处理中的物体检测为例，例如检测图像中的人脸，如果图像的某个区域产生有效匹配，这足以表明图像中存在人脸。因此，如果我们有一个向量，其中的每个元素代表图像的不同区域，那么我们可以搜索最大值元素，并返回该最大值。

最大池化层通过对每组的 k 个值求最大值，将 n 维向量（或 $n \times m$ 矩阵）简化为 $\frac{n}{k}$ 维向量 $\left(\text{或}\ \frac{n}{k} \times \frac{m}{k}\ \text{矩阵}\right)$。

最大输出层首先形成不同的前馈层分支，然后逐元素求最大值。举个简单的例子，比如有两个前馈层（参数分别为 $\boldsymbol{W}_1$、$\boldsymbol{b}_1$ 和 $\boldsymbol{W}_2$、$\boldsymbol{b}_2$），最大输出为：

$$\text{maxout}(\boldsymbol{x}) = \max(\boldsymbol{W}_1\boldsymbol{x} + \boldsymbol{b}_1, \boldsymbol{W}_2\boldsymbol{x} + \boldsymbol{b}_2) \tag{11.9}$$

因为 ReLU 激活函数返回前馈层和 0 之间的最大值，所以可以理解为最大输出层的一个例子：

$$\text{ReLU}(\boldsymbol{x}) = \max(\boldsymbol{W}\boldsymbol{x} + \boldsymbol{b}, 0) \tag{11.10}$$

11.1.4　循环神经网络

7.4 节至 7.7 节详细介绍了循环神经网络，本节重点讨论这些模型的一些性质。从最抽象的形式来说，循环神经网络每个时间步骤 t 接收输入 $\boldsymbol{x}_t$ 和前一时刻的状态，并输出一个新的状态：

$$\boldsymbol{s}_t = f(\boldsymbol{s}_{t-1}, \boldsymbol{x}_t) \tag{11.11}$$

我们讨论了计算状态的各种方法：可以直接采用简单的前馈层，但是更加成功的方式是采用门控循环单元（GRU）和长短时记忆单元（LSTM）。

由于机器翻译中处理的输入和输出都是单词序列，因此循环神经网络自然适合这个问题。这也符合我们对语言的一些直觉：人类在阅读或聆听时都是按照单词序列处理语言的，并且同样也是逐词地产生语言。语言学家告诉我们语言遵循递归结构，有关内容我们推迟到 11.1.5 节再讲。最邻近的单词是最相关的，并且它们到当前状态所需要的计算步骤更少，但是，整个前序序列都会影响当前的状态，因此不能丢弃任何信息，这与 n 元语言模型不同，后者考虑的是 n–1 个单词的有限历史。

但是，循环神经网络存在计算难题，由于我们经常处理几十个单词的序列，它们会创建很长的计算链，这意味着梯度更新在训练过程中需要传递很长的路径。此外，它还限制了前向和反向计算的并行处理。这两个原因导致循环神经网络难以训练，所以研究人员一直在寻找替代方案。

11.1.5　卷积神经网络

卷积神经网络（Convolutional Neural Network，CNN）在图像处理中很常见（见图 11.2），它们在最近兴起的深度学习革命中发挥了至关重要的作用。它们的主要优点是能够降低输入空间的维度。想象一下，在一幅数百万像素的图像中，我们可能只是想预测它是否包含一张人脸。

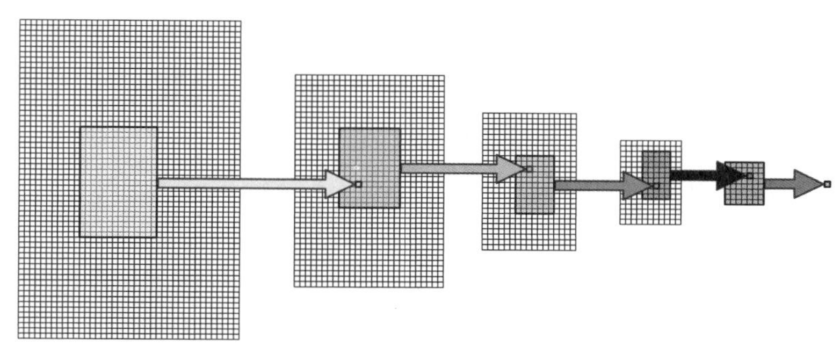

图 11.2　卷积神经网络在图像处理中的作用：通过一系列卷积层使图像区域越来越小

我们有充分的理由说明为什么卷积神经网络也可以用于机器翻译。语言的句法和语义理论并不将语言视为单词序列，而是看作一种递归结构，句子的中心词是动词，动词与主语名词和宾语名词之间有直接关系，而名词可能与限定词和形容词等有进一步的依赖关系。机器翻译任务不应该简单地视为将输入语言中的单词逐个映射到输出语言中，而应该将输入句子的意思用输出语言表达出来。该思想的核心是句子意思的向量表示。如何获取**句子嵌入**是自然语言处理领域的一个研究热点，卷积神经网络就是方法之一。

卷积神经网络的关键步骤是将高维输入表示（一个向量，在图像中是矩阵）映射为低维表示，通常采用简单的前馈层来实现。这个过程通常不是一步完成的，而是分几步完成。此外，没有固定的层次结构，在每一步都对输入中的重叠区域进行映射。

在图像处理中，卷积神经网络使用卷积核来降低表示的维度，例如卷积核将 50 × 50 像素的区域映射为一个标量值。在自然语言处理中，我们通常将三个或更多邻近的单词（多个向量）映射为一个向量。重复这些步骤，每次像图像处理那样将表示压缩为更小的矩阵，或者像句子处理那样将词嵌入向量压缩为更少的向量（见图 11.3）。

机器翻译可以使用卷积神经网络将外语句子编码为单个向量，然后将这种中间语义表示解码为目标语言的完整句子。

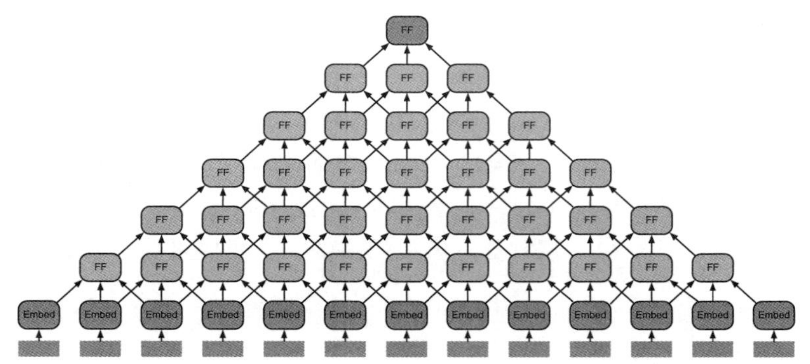

图 11.3 卷积神经网络将词嵌入序列（底部）转变为句子表示向量（顶部）

11.2 注意力模型

机器翻译是一项结构化的预测任务，也就是说，机器翻译模型所做的预测不是二元决策或分类，而是一个需要逐步组合构建的结构预测，例如，句子译文需要逐词地构建，预测每个单词时依赖的上下文各不相同，有时仅依赖输入句子中的某个单词。该现象启发了注意力机制，将注意力集中到输入句子的几个单词，甚至一个单词上。在序列到序列的循环神经网络中加入注意力机制帮助神经机器翻译模型取得了突破性进展，从而使它们比早期的统计方法更具竞争力。

注意力模型也被应用于其他机器学习问题，比如图像处理中的场景描述。当生成描述“一个女孩向一个男孩扔飞盘”时，“女孩”“飞盘”和“男孩”这些词语是由关注图像某个特定区域的注意力机制指导产生的。

11.2.1 注意力计算

注意力机制在 8.2.3 节中已经有所介绍。我们遵循 Bahdanau 等人最初的建议（Bahdanau et al.，2015）：注意力值由前一时刻的隐藏状态 $\boldsymbol{s}_{i-1}$ 和每个输入单词的词嵌入表示 $\boldsymbol{h}_j$ 作为输入通过前馈层计算：

$$a(\boldsymbol{s}_{i-1}, \boldsymbol{h}_j) = \boldsymbol{v}_a^{\mathrm{T}}\tanh(\boldsymbol{W}_a\boldsymbol{s}_{i-1} + \boldsymbol{U}_a\boldsymbol{h}_j) \tag{11.12}$$

这并不是计算注意力的唯一方法。文献（Luong et al.，2015b）和（Vaswani et al.，2017）提出了使用较少参数的模型：

- **点积**：$a(\boldsymbol{s}_{i-1}, \boldsymbol{h}_j) = \boldsymbol{s}_{i-1}^{\mathrm{T}}\boldsymbol{h}_j$
- **缩放点积**：$a(\boldsymbol{s}_{i-1}, \boldsymbol{h}_j) = \dfrac{1}{\sqrt{|\boldsymbol{h}_j|}}\boldsymbol{s}_{i-1}^{\mathrm{T}}\boldsymbol{h}_j$
- **一般形式**：$a(\boldsymbol{s}_{i-1}, \boldsymbol{h}_j) = \boldsymbol{s}_{i-1}^{\mathrm{T}}\boldsymbol{W}_a\boldsymbol{h}_j$

❑ **局部形式**：$a(\boldsymbol{s}_{i-1}) = \boldsymbol{W}_a \boldsymbol{s}_{i-1}$

Luong 等人的实验表明，在不添加任何参数的情况下，基于点积的注意力计算方法取得了不错的结果（Luong et al.，2015b）。即将在 11.5 节讨论的 Transformer 模型采用了基于缩放点积的自注意力计算方法。

Luong 等人同时也提出了解码器的简化处理方法（见图 11.4），它去除了解码器状态对输入上下文的冗余依赖条件，以及输出单词预测对前一时刻输出单词的依赖条件（Luong et al.，2015b）。这些方法已经被广泛应用于最近的神经机器翻译模型中，尽管这些模型仍然采用传统的前馈层来计算注意力。

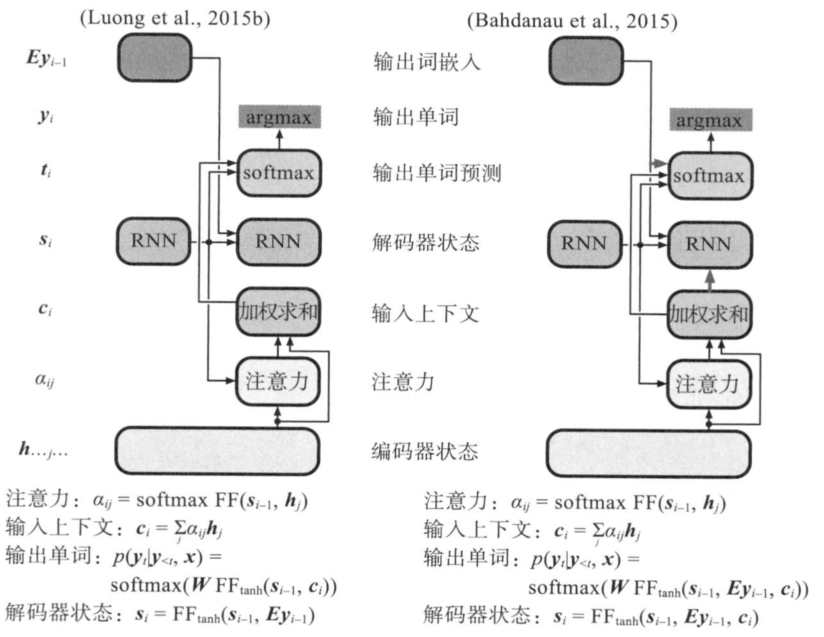

图 11.4 文献（Luong et al.，2015b）和（Bahdanau et al.，2015）提出的解码器状态计算图。模型中通常使用 GRU 或 LSTM 单元，这里的解码器状态计算进行了简化

11.2.2 多头注意力

注意力计算结果为标量值，每个输入单词的表示都通过该标量值进行加权。考虑到注意力的核心是连接输入和输出，那么，为什么不应用神经网络中冗余的普遍准则呢？这就是多头注意力背后的动机（Vaswani et al.，2017）。

在多头注意力中，我们计算一组（例如 16 个）注意力权重时，每一个都采用自己的参数。对于每个注意力头 k，在每个时间步长 i，我们使用某个参数化的 softmax 函数 a^k 计算解码器状态 $\boldsymbol{s}_{i-1}$ 和编码器状态 $\boldsymbol{h}_j$（对应第 j 个输入单词）之间的关联度：

$$\alpha_{ij}^{k} = \text{softmax } a^{k}(\boldsymbol{s}_{i-1}, \boldsymbol{h}_{j}) \tag{11.13}$$

然后，对 k 个注意力权重进行平均：

$$\alpha_{ij} = \frac{1}{k}\sum_{k}\alpha_{ij}^{k} \tag{11.14}$$

多头注意力是一种集成建模形式，每个注意力头对输入单词的重要性理解略有不同，它们的评估结果结合在一起之后可以给出更加全面的重要性度量。

11.2.3　细粒度注意力

那么，为什么只用一个标量值来表示整个向量的权重呢？为什么不学习向量中每个元素的权重呢？ Choi 等人提出了细粒度的注意力模型（Choi et al.，2018）。

在细粒度的注意力模型中，注意力值的计算返回一个向量而不是标量值。从结构上讲，我们仍然采用前馈神经网络（或任何变体）获得注意力权重：

$$a(\boldsymbol{s}_{i-1}, \boldsymbol{h}_{j}) = \text{FF}^{k}(\boldsymbol{s}_{i-1}, \boldsymbol{h}_{j}) \tag{11.15}$$

现在 softmax 将应用于每个维度 d：

$$\alpha_{ij}^{d} = \frac{\exp a^{d}(\boldsymbol{s}_{i-1}, \boldsymbol{h}_{j})}{\sum_{k} a^{d}(\boldsymbol{s}_{i-1}, \boldsymbol{h}_{k})} \tag{11.16}$$

然后，注意力权重和输入单词的表示进行逐元素相乘，以计算当前时刻的输入上下文：

$$\boldsymbol{c}_{i} = \sum_{j}\alpha_{ij} \times \boldsymbol{h}_{j} \tag{11.17}$$

11.2.4　自注意力

最后，一种非常不同的观点认为注意力机制的动机是满足输入单词和输出单词之间语义对齐的需要。但是，如何使用这种方法优化编码器中输入单词的表示呢？

输入单词的表示主要依赖于它自身，但也会受周围上下文的影响。我们之前用循环神经网络对其进行建模，使用左边或右边的上下文来优化每个单词的表示。现在，我们介绍如何使用注意力机制实现这一目标。

循环神经网络中的隐藏状态是从当前单词和前一时刻的隐藏状态中计算出来的，即根据之前的上下文对当前的单词表示进行优化。自注意力尝试解决这样一个问题：对于句子中的一个单词，在给定其他所有上下文单词的前提下，如何得到该单词更好的表示呢？首先需要解决这样一个问题：句子中每个单词之间有多大的相关性呢？这就是注意力部分。然后，该方法利用这些注意力权重来学习更好的单词表示。

对于向量 $\boldsymbol{h}_j$ 的序列（维度为 $|\boldsymbol{h}|$，向量序列表示为矩阵 $\boldsymbol{H}$），Vaswani 等人通过如下方式计算自注意力（Vaswani et al.，2017）：

$$\text{self-attention}(\boldsymbol{H}) = \text{softmax}\left(\frac{\boldsymbol{H}\boldsymbol{H}^{\mathrm{T}}}{\sqrt{|\boldsymbol{h}|}}\right)\boldsymbol{H} \quad (11.18)$$

式中，每个单词表示 $\boldsymbol{h}_j$ 与任意其他上下文单词表示 $\boldsymbol{h}_k$ 之间的关联度是通过矩阵 $\boldsymbol{H}$ 和其转置 $\boldsymbol{H}^{\mathrm{T}}$ 的点积计算的，结果对应原始关联度矩阵 $\boldsymbol{H}\boldsymbol{H}^{\mathrm{T}}$ 中的一个向量。该向量中的值首先按单词表示向量的大小 $|\boldsymbol{h}|$ 进行缩放，然后通过 softmax 进行归一化操作，以使元素之和等于 1。归一化后的关联度值向量将用于对上下文单词进行加权。

另一种不使用矩阵 $\boldsymbol{H}$ 而使用单词表示向量 $\boldsymbol{h}_j$ 的计算方法如下：

$$\begin{aligned} a_{jk} &= \frac{1}{|\boldsymbol{h}|}\boldsymbol{h}_j\boldsymbol{h}_k^{\mathrm{T}} && \text{原始关联度}\left(\frac{\boldsymbol{H}\boldsymbol{H}^{\mathrm{T}}}{\sqrt{|\boldsymbol{h}|}}\right) \\ \alpha_{jk} &= \frac{\exp(a_{jk})}{\sum_k \exp(a_{jk})} && \text{归一化关联度（softmax）} \\ \text{self-attention}(\boldsymbol{h}_j) &= \sum_k \alpha_{jk}\boldsymbol{h}_k && \text{加权求和} \end{aligned} \quad (11.19)$$

我们将在 11.5 节详细描述基于自注意力机制的 Transformer 模型。

11.3 卷积机器翻译模型

第一个端到端的神经机器翻译模型实际上并不是基于循环神经网络的，而是基于卷积神经网络的（Kalchbrenner & Blunsom，2013）。

图 11.5 展示了对输入句子进行编码的卷积神经网络架构。卷积核是这些网络的基本组成部分，它使用矩阵 $\boldsymbol{K}_i$ 将 i 个输入单词的表示合并为一个表示。将卷积核应用于输入句子中所有 i 个单词长度的序列，我们可以将句子表示的长度减少 $i-1$。重复这个过程，最终可以利用一个向量表示整个句子。

图 11.5 呈现了一个具有两个卷积层 K_i 的模型架构，其后接一个前馈层 L_i 将短语表示序列合并为句子表示。卷积核 K_i 和前馈层 L_i 的大小取决于句子的长度。示例显示了一个 6 个单词的句子和两个 3 个单词窗口的卷积核 K_2、K_3 以及 3 个单词窗口的前馈层 L_2。对于更长的句子，则需要更大的卷积核。

自下而上层次化地处理和构造句子表示的方法是建立在对语言递归本质的洞察基础之上的。该过程类似于线图分析，只不过不使用单一的层次结构。另外，我们对最终的句子表示有很高的要求，它必须能够代表任意长度句子的完整语义。

生成输出句子的过程与自下而上的编码过程相反。解码器面临的一个问题是如何确定输出句子的长度。Kalchbrenner 和 Blunsom 建议通过额外添加一个模型来解决让这个问题，让这个模型根据输入长度预测输出长度（Kalchbrenner & Blunsom，2013）。输出长度确定后就可以选择反卷积矩阵的大小。

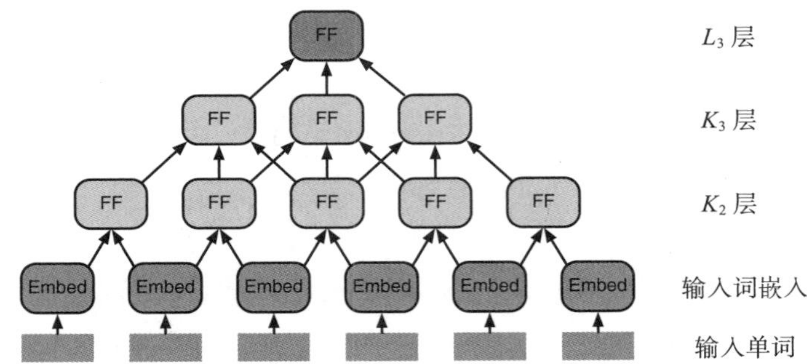

图 11.5　基于卷积神经网络的句子编码。由于仅使用两个卷积层，所以编码不同句子时卷积核的大小会有所不同（本例中为 K_2 和 K_3）。解码过程和这个过程相反

图 11.6 提供了上述想法的一个变体，该架构使用 K_2 和 K_3 卷积层，得到短语表示序列，而不是单个句子表示。图中称为转移层的网络明确地将输入单词的短语表示映射为输出单词的短语表示。

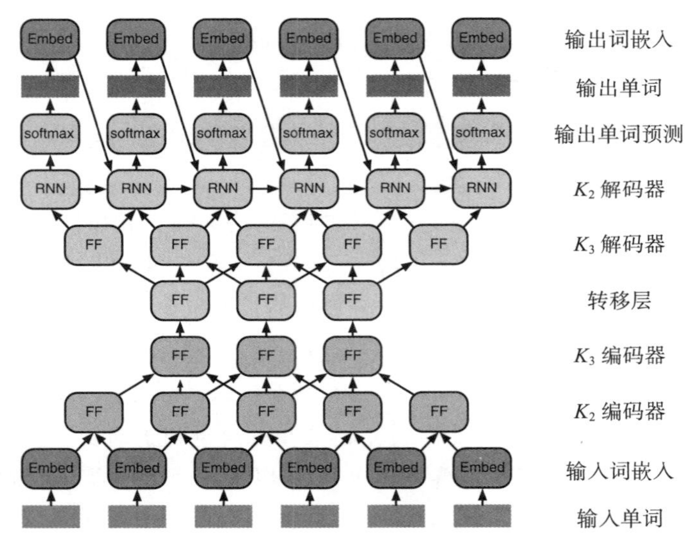

图 11.6　卷积神经网络模型的改进版。卷积操作不产生句子的向量表示，而是给出向量序列。解码器由循环神经网络（从输出词嵌入到最终解码层的连接）决定

模型的解码器在输出部分包含一个循环神经网络，在这里放入一个循环神经网络一定程度上削弱了关于卷积神经网络更利于并行化的论断。但是，这种论断对于输入编码来说仍然成立，只是顺序语言模型是一个非常强大的工具，不容忽视。

虽然刚刚描述的卷积神经机器翻译模型为机器翻译的神经网络方法铺平了道路，但是与传统方法相比，它无法获得更具竞争力的结果。处理长句子时，将句子表示压缩成单个向量表示是一个很大的挑战。然而，该模型已经成功地应用于传统统计机器翻译系统生成的候选译文的重排序。

11.4 融合注意力机制的卷积神经网络

Gehring 等人提出了一种结合卷积神经网络和注意力机制的神经网络架构（Gehring et al.，2017），它本质上就是我们之前描述的典型神经机器翻译方法——基于注意力机制的序列到序列模型，只是用卷积层代替了循环神经网络。

11.3 节介绍了卷积，其思想是将相邻单词的短序列组合并映射为单一的向量表示。从另一个角度来看，卷积在有限的窗口内，同时利用左边和右边的上下文对单词进行编码。现在，我们来详细地描述这个神经模型中的编码器和解码器。

11.4.1 编码器

图 11.7 展示了编码器中使用的卷积层。对于每一个输入单词，每一层的状态都由前一层的对应状态及其左右相邻的两个单词所决定。值得注意的是，由于我们以每个单词为中心进行了卷积操作，所以这些卷积层并没有缩短序列，对于超出边界的单词位置使用零值向量进行填充。

在数学上，我们从输入单词的词嵌入 $\boldsymbol{E}\boldsymbol{x}_j$ 开始，通过不同深度 d 的逐层编码 $\boldsymbol{h}_{d,j}$，直到达到最大深度 D：

$$\begin{aligned}\boldsymbol{h}_{0,j} &= \boldsymbol{E}\boldsymbol{x}_j \\ \boldsymbol{h}_{d,j} &= f(\boldsymbol{h}_{d-1,j-k}, \cdots, \boldsymbol{h}_{d-1,j+k}) \qquad 0<d \leqslant D\end{aligned} \tag{11.20}$$

Gehring 等人使用前馈层作为函数 f，并且与其对应的前一层状态 $\boldsymbol{h}_{d-1,j}$ 建立残差连接（Gehring et al.，2017）。

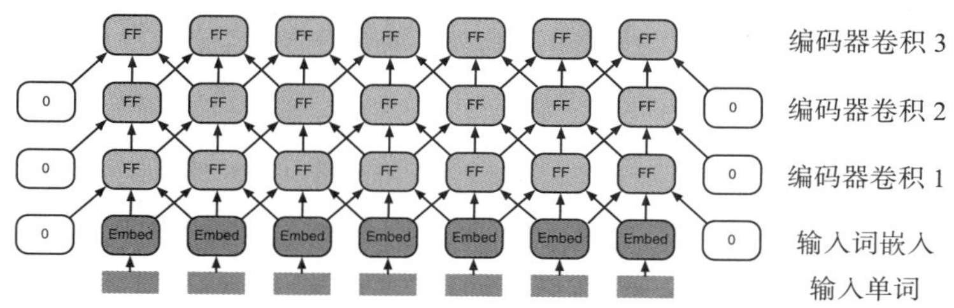

图 11.7 使用层叠卷积层的编码器（可以使用任意数量的层）

注意，与典型模型中的双向循环神经网络相比，即使有多个卷积层，单词的最终表示

$\boldsymbol{h}_{D,j}$ 也可能仅包含句子的部分上下文信息。然而，输入句子中有助于消除歧义的相关上下文单词可能并不在此窗口范围之内。

另一方面，基于卷积网络的编码器在计算上有显著的优势。同一层的所有单词都可以并行处理，甚至可以合并成能够在 GPU 上有效并行的大规模张量运算。

11.4.2 解码器

传统模型中的解码器的核心是循环神经网络。回想一下公式（8.3）对状态的定义：

$$\boldsymbol{s}_i = f(\boldsymbol{s}_{i-1}, \boldsymbol{E}\boldsymbol{y}_{i-1}, \boldsymbol{c}_i) \tag{11.21}$$

其中，$\boldsymbol{s}_i$ 为当前时刻的解码器状态，$\boldsymbol{E}\boldsymbol{y}_{i-1}$ 为前一时刻输出单词的词嵌入，$\boldsymbol{c}_i$ 为输入上下文。

卷积神经翻译模型没有循环解码器状态，例如，状态计算不依赖于前一时刻的状态 $\boldsymbol{s}_{i-1}$，而是以 k 个最邻近的单词序列为条件：

$$\boldsymbol{s}_i = f(\boldsymbol{E}\boldsymbol{y}_{i-\kappa}, \cdots, \boldsymbol{E}\boldsymbol{y}_{i-1}, \boldsymbol{c}_i) \tag{11.22}$$

此外，这些解码器卷积层可以堆叠，就像编码器卷积层一样（见图 11.8）：

$$\begin{aligned} \boldsymbol{s}_{1,i} &= f(\boldsymbol{E}\boldsymbol{y}_{i-\kappa}, \cdots, \boldsymbol{E}\boldsymbol{y}_{i-1}, \boldsymbol{c}_i) \\ \boldsymbol{s}_{d,i} &= f(\boldsymbol{s}_{d-1,i-\kappa-1}, \cdots, \boldsymbol{s}_{d-1,i}, \boldsymbol{c}_i) \quad 0<d \leqslant \hat{D} \end{aligned} \tag{11.23}$$

该架构与典型神经机器翻译模型的主要区别体现在解码器状态依赖的条件。卷积神经机器翻译中，解码器通过一系列卷积层进行计算，而且每一层都输入源语言上下文。

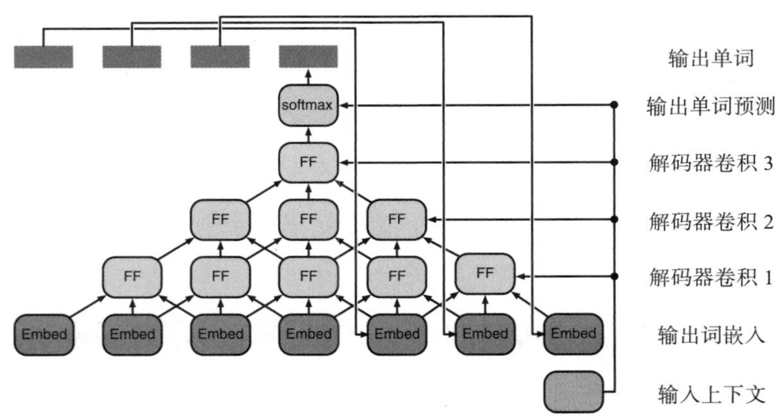

图 11.8　融合注意力机制的卷积神经网络解码器。解码器状态基于已经预测的输出单词通过一系列卷积层（这里是 3 层）计算得到。每个卷积状态还依赖于由输入句子和注意力机制计算的源语言上下文

11.4.3 注意力

计算源语言上下文 $\boldsymbol{c}_i$ 的注意力机制与传统循环神经翻译模型基本相同。回想一下，在循环神经网络翻译模型中，$\boldsymbol{c}_i$ 就是利用通过编码器计算的单词表示 $\boldsymbol{h}_j$ 与解码器前一时刻的状态 $\boldsymbol{s}_{i-1}$ 之间的关联度 $a(\boldsymbol{s}_{i-1}, \boldsymbol{h}_j)$ 得到的（参见公式（8.6））。

在卷积神经翻译模型中，我们同样有编码器和解码器状态（$\boldsymbol{h}_{D,j}$ 和 $\boldsymbol{s}_{\hat{D},i-1}$），它们之间的关联度值通过 softmax 归一化，之后可用于对输入单词的表示（例如编码器状态 $\boldsymbol{h}_{D,j}$）进行加权求和。这里的一个改进是，在计算上下文向量 $\boldsymbol{c}_i$ 时，输入单词的表示不仅仅是编码器状态 $\boldsymbol{h}_{D,j}$，而是编码器状态 $\boldsymbol{h}_{D,j}$ 和输入单词的词嵌入 $\boldsymbol{x}_j$ 之和。这是使用残差连接辅助深度神经网络训练的常用技巧。

11.5 自注意力：Transformer

使用循环神经网络的不利之处是，它们需要对整个输入语句逐词顺序地进行长时间的遍历，这既费时又限制了并行化。前几节中用卷积神经网络替换了典型模型中的循环神经网络。但是，卷积网络仅使用有限的上下文窗口来丰富单词的表示。我们想要的是这样一种架构，它既允许我们使用广泛的上下文，又可以高度并行化。那会是什么样的架构呢？

事实上，我们之前已经遇到过满足上述要求的神经网络架构，即注意力机制。它考虑每个输入单词和任意输出单词之间的关联度，并使用它来构建整个输入序列的向量表示。自注意力将这个思路扩展到了编码器，它不是计算输入和输出单词之间的关联度，而是计算输入单词和其他输入单词之间的关联度。一种观点认为，这种机制通过使用有助于消除歧义的上下文单词来改进每个输入单词的表示，从而细化每个输入词的表示形式。

11.5.1 自注意力层

11.2.4 节介绍了自注意力，给定输入单词的表示 $\boldsymbol{h}_j$，将表示序列排列成矩阵 $\boldsymbol{H}=(\boldsymbol{h}_1, \cdots, \boldsymbol{h}_j)$，自注意力计算如下：

$$\text{self-attention}(\boldsymbol{H}) = \text{softmax}\left(\frac{\boldsymbol{H}\boldsymbol{H}^{\mathrm{T}}}{\sqrt{|\boldsymbol{h}|}}\right)\boldsymbol{H} \tag{11.24}$$

自注意力的计算只是用于编码输入语句的自注意力层中的一步。接着还有 4 个步骤：

- 首先，我们将自注意力与残差连接结合起来，这些残差连接直接传递了前一层单词的表示：

$$\text{self-attention}(\boldsymbol{h}_j) + \boldsymbol{h}_j \tag{11.25}$$

- 接着，进行层归一化（详见 10.5.2 节）：

$$\hat{\boldsymbol{h}}_j = \text{layer-normalization}(\text{self-attention}(\boldsymbol{h}_j) + \boldsymbol{h}_j) \tag{11.26}$$

- 然后，采用基于 ReLU 激活函数的标准前馈层：

$$\text{ReLU}(\boldsymbol{W}\hat{\boldsymbol{h}}_j + \boldsymbol{b}) \tag{11.27}$$

- 最后，再次使用残差连接和层归一化办法增强表示能力：

$$\text{layer-normalization}(\text{ReLU}(\boldsymbol{W}\hat{\boldsymbol{h}}_j + \boldsymbol{b}) + \hat{\boldsymbol{h}}_j) \tag{11.28}$$

这只是深层模型中的一层，我们可以堆叠几个相同的层（假设 $D = 6$）：

$$\begin{aligned} \boldsymbol{h}_{0,j} &= \boldsymbol{E}\boldsymbol{x}_j && \text{从输入词嵌入开始} \\ \boldsymbol{h}_{d,j} &= \text{self-attention-layer}(\boldsymbol{h}_{d-1,j}) && 0<d \leqslant D \end{aligned} \tag{11.29}$$

深层建模是自注意力层中使用残差连接的原因，由于提供了与输入的捷径连接，这些残差连接对训练很有帮助，可以在训练的早期阶段先学习简单模型，然后才在训练后期利用深度模型所支持的相互依赖关系学习更加复杂的模型。层归一化是一种标准的训练技巧，对深度模型尤其有帮助（详见 10.5.2 节和图 11.9）。

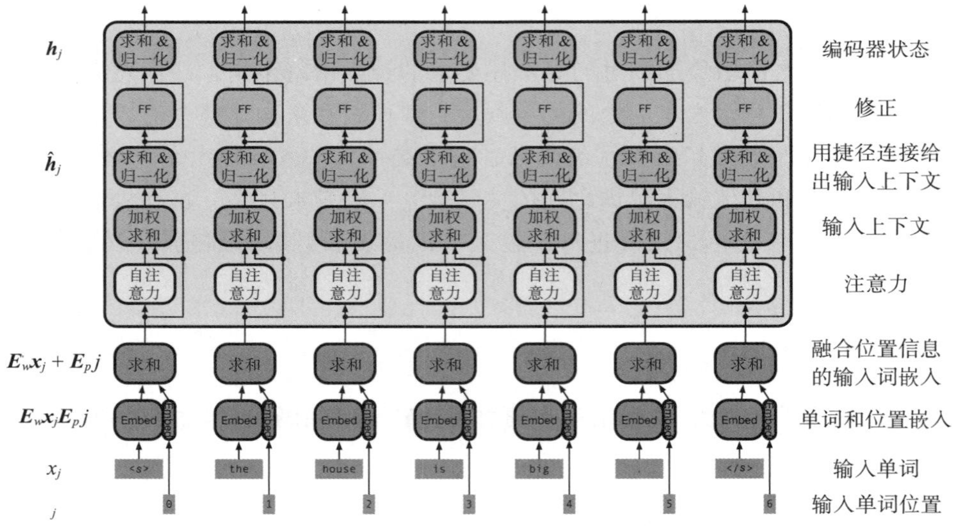

图 11.9 Transformer 模型的编码器。不同于循环神经网络或卷积神经网络，注意力机制首先混合目标单词和上下文单词的词嵌入，然后用前馈层优化这个表示

11.5.2 解码器中的注意力

自注意力的思路也被用于解码器，在解码器中自注意力计算输出单词之间的关联度。

此外，解码器也使用了传统的注意力机制。因此，解码器的每一层总共有三个子层：

- 自注意力：输出单词首先以词嵌入 $\boldsymbol{s}_i = \boldsymbol{E}\boldsymbol{y}_i$ 进行编码，然后按照公式（11.18）计算自注意力。单词 $\boldsymbol{s}_i$ 仅限于和位置 $k \leqslant i$ 处的单词 $\boldsymbol{s}_k$（即之前产生的输出单词）计算关联度。我们将该子层输出单词 i 的处理结果表示为 $\tilde{\boldsymbol{s}}_i$：

$$\text{self-attention}(\tilde{\boldsymbol{S}}) = \text{softmax}\left(\frac{\boldsymbol{S}\boldsymbol{S}^{\mathrm{T}}}{\sqrt{|\boldsymbol{h}|}}\right)\boldsymbol{S} \tag{11.30}$$

- 注意力：模型中的注意力机制与自注意力机制接近。唯一的区别在于，之前我们计算隐藏状态 $\boldsymbol{H}$ 之间的自注意力，而现在计算解码器状态 $\tilde{\boldsymbol{S}}$ 和最后的编码器状态 $\boldsymbol{H}$ 之间的注意力：

$$\text{self - attention}(\tilde{\boldsymbol{S}}, \boldsymbol{H}) = \text{softmax}\left(\frac{\tilde{\boldsymbol{S}}\boldsymbol{H}^{\mathrm{T}}}{\sqrt{|\boldsymbol{h}|}}\right)H \tag{11.31}$$

与自注意力计算相似的详细说明如下：

$$\begin{aligned}
a_{ik} &= \frac{1}{|\boldsymbol{h}|}\tilde{\boldsymbol{s}}_i \boldsymbol{h}_k^{\mathrm{T}} && \text{原始关联度}\left(\frac{\tilde{\boldsymbol{S}}\boldsymbol{H}^{\mathrm{T}}}{\sqrt{|\boldsymbol{h}|}}\right) \\
\alpha_{ik} &= \frac{\exp(a_{ik})}{\sum_k \exp(a_{ik})} && \text{归一化关联度（softmax）} \\
\text{attention}(\tilde{\boldsymbol{s}}_i) &= \sum_k \alpha_{ik}\boldsymbol{h}_k && \text{加权求和}
\end{aligned} \tag{11.32}$$

就像前面描述的自注意力层一样，残差连接、层归一化和额外的 ReLU 层都用来增强注意力的计算。

值得注意的是，注意力计算的输出结果是对输入单词表示的加权和 $\sum_k \alpha_{ik}\boldsymbol{h}_k$。我们通过残差连接的方式将解码器自注意力计算的结果状态添加进来，这样可以跳过深层传递，从而加速训练。

- 前馈层：该子层与编码器层相同，即 $\text{ReLU}(\boldsymbol{W}_s\hat{\boldsymbol{s}}_i + \boldsymbol{b}_s)$。

每个子层后面都有“做加法和归一化”的步骤，即首先使用残差连接，然后进行层归一化（如注意力子层所述）。解码器的执行步骤如图 11.10 所示。

完整的 Transformer 模型由多个相互堆叠的编码器层和解码器层组成。完整的多层模型如图 11.11 所示。

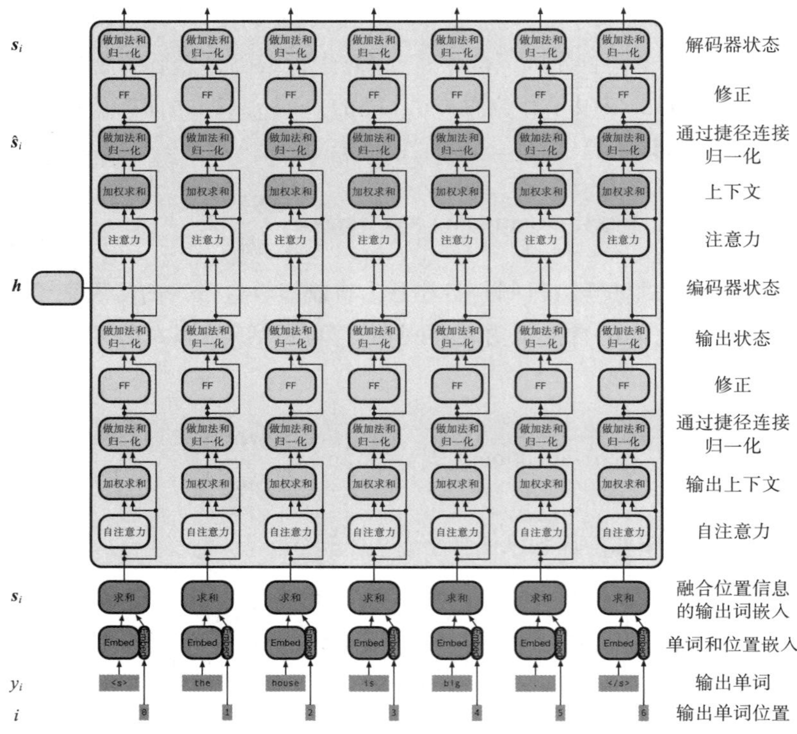

图 11.10　Transformer 模型的解码器。该架构的第一部分类似于编码器：首先计算自注意力，结果由前馈层进行优化；然后计算对编码器状态的注意力，最后再次优化表示结果

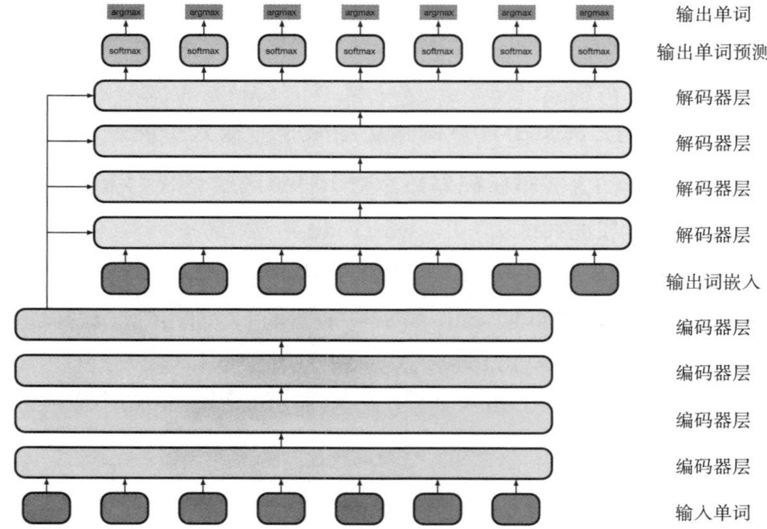

图 11.11　完整的基于注意力机制的 Transformer 模型。多个堆叠的自注意力层对输入进行编码，解码器基于注意力机制计算多个层的输出表示，其中第一层首先由前一时刻输出的词嵌入进行初始化

11.6 扩展阅读

本章介绍了不同于循环神经网络的多种神经机器翻译架构。我们不必在它们之间做选择，而是要利用它们最好的部分。我们也不必只使用单一的编码器或解码器架构，可以结合利用，例如并行地使用循环神经网络编码器和自注意力编码器，然后结合两者的表示结果。

1. 卷积神经网络

Kalchbrenner 和 Blunsom 构建了一个卷积神经翻译模型（Kalchbrenner & Blunsom，2013），该模型首先用卷积神经网络对源句子进行编码，然后采用与编码相反的卷积过程生成目标语言译文。Gehring 等人对此提出了一种改进版的卷积神经翻译模型，在编码器和解码器中使用多个卷积层，编码器并不减少输入序列的长度，而是在每一层加入了更广泛的上下文（Gehring et al.，2017）。

2. 自注意力（Transformer）

Vaswani 等人将基于注意力机制的序列到序列模型的循环神经网络（编码器和解码器）替换为多个自注意力层（Vaswani et al.，2017）。这个模型还有许多其他改进，如使用多头注意力，对句中单词的位置进行编码等。Chen 等人在编码器和解码器中比较了 Transformer 和循环神经网络的不同配置方案，发现很多译文质量的提升都得益于一些训练技巧，实验结果显示组合 Transformer 编码器和 RNN 解码器能够取得更好的结果（Chen et al.，2018）。Dehghani 等人提出了一种称为通用 Transformer 的变体，不使用固定数量的编码层和解码层，而是在单个处理层上进行任意循环来达到多层计算的目的（Dehghani et al.，2019）。

3. 更深的 Transformer 模型

单纯地通过增加编码器和解码器中层的数量来实现更深层的 Transformer 模型会导致更糟糕的结果，有时甚至是灾难性的结果。Wu 等人首先训练 n 层 Transformer 模型，然后保持其参数不变，增加额外的 m 层并单独训练其参数（Wu et al.，2019）。Bapna 等人认为底层的编码模块在解码器中没有得到充分利用，因此将所有编码层与解码器的注意力模块进行连接（Bapna et al.，2018）。Wang 等人通过将归一化步骤重新定位到每个模块的开始，并将残差连接添加到所有之前的层（而不仅仅是前面的一层），从而成功地训练了最多 30 层的深度 Transformer 模型（Wang et al.，2019a）。

4. 文档级上下文

Maruf 等人在翻译句子时，将整个源语言文档视为上下文，并对所有输入句子进行注意力计算，然后相应地对句子进行加权（Maruf et al.，2018）。Miculicich 等人将该想法扩展为分层注意力模型，这种注意力机制首先针对句子计算注意力权重，然后计算句中单词的注意力权重（Miculicich et al.，2018）。由于计算代价问题，文档范围被限制在一个窗口周围的句子。Maruf 等人也采用分层注意力模型，首先计算整个文档中句子的注意力权重，然后过滤出最相关的句子并计算这些句子中单词的注意力权重（Maruf et al.，2019）。该模型使用门机制来区分待翻译源语言句子中的单词和上下文句子中的单词。Junczys-Dowmunt 拼接源语言文档中所有的句子，并将拼接结果视为单个句子（最多 1000 词）进行翻译，实验结果表明译文质量得到了显著提升（Junczys-Dowmunt，2019）。

重温单词

我们的模型是建立在如下基本假设上的：词汇是构成语言的基本单位。但实际情况并非如此简单。想想 homework 之类的单词，这个词是由两个单词组成的。再如，cat 和 cats 实际上并不是两个不同的单词，而是同一个词典条目的词法变体。

其他语言甚至对单词的概念提出了更多挑战。中文书写句子时不会在单词之间放置空格，因此单词的定义需要显式地进行语言分析。口语中也不会在单词之间停顿，这似乎令人惊讶，但是当你在听一种不理解的外语时，这会非常明显。世界上大多数语言的形态都比英语丰富，例如德语、芬兰语和土耳其语等，某些语言以构词繁杂而闻名，把我们以英语为中心的单词理解方式扩展到了极致。

本章将讨论针对大规模词汇表这一实际挑战的解决方案，即如何将句子分解为单词序列，将单词分解为字符。

12.1 词嵌入

为了在神经机器翻译模型中处理单词，第 7 章介绍了词嵌入的概念。由于神经网络以多维实数向量表示为操作对象，因此字符串表示的词汇等离散对象就面临挑战。我们前面介绍了作为查找表的词嵌入，该查找表将每个离散的单词都映射成一个向量表示。在神经翻译模型中，源语言的词嵌入在编码器中被进一步处理，以得到与周围单词相关联的语境化表示，并在解码器中作为输入来预测下一个解码器状态。当采用这种方式处理时，词嵌入能够通过训练得到有用的属性，如语义相关（cat 和 dog）和形态语法相关（cat 和 cats）的单词共享相似的向量表示。

词嵌入对于自然语言处理的关键步骤（标注、句法分析等）、更高级的分析（命名实体识别、情感分析等）以及最终的应用任务（自动摘要、信息检索等）都非常有用。实践证明，为这些任务准备好现成的词嵌入十分有用。这样的预训练词嵌入可以在海量文本上学习，然后反复使用。本节将回顾一些通用词嵌入的训练方法。

12.1.1　潜在语义分析

语义相关的词汇具有相似的实数向量表示，这一思想在当今深度学习浪潮之前早已出现，并且长期以来一直是自然语言处理的支柱。该思想的核心是相似的单词出现在相似的上下文中，例如，*you pet a dog/cat, you feed a dog/cat, you are a dog/cat person, you post a picture of your cat/dog*。

通过收集单词所在上下文中词汇的统计信息，尤其是在该单词前后出现的一些词汇，就能给出该单词良好的高维表示（见图 12.1）。这些统计数据以矩阵（$\boldsymbol{X}$）的形式组织，每一行对应一个单词，列对应上下文词汇。

单词	上下文			
	cute	fluffy	dangerous	of
dog	231	76	15	5767
cat	191	21	3	2463
lion	5	1	79	796

⇒

单词	上下文			
	cute	fluffy	dangerous	of
dog	9.4	6.3	0.2	1.1
cat	8.3	3.1	0.1	1.0
lion	0.1	0.0	12.1	1.0

图 12.1　共现统计数据，左表表示 cute 在 dog 的上下文中出现过 231 次，右表表示共现次数被转换为点式互信息。具有相似 PMI 向量（右表中的行）的词具有相似的句法和语义属性

但是，这样的表示（矩阵）非常稀疏（很多词汇很少甚至从来没有出现在上下文中），并且规模庞大。为了获得更紧凑的表示形式，**潜在语义分析**（Latent Semantic Analysis，LSA）分两步转换这些原始共现的统计信息。首先，每个共现次数被替换为**点式互信息**（Pointwise Mutual Information，PMI）分值。

$$\mathrm{PMI}(x;y)=\log\frac{p(x,y)}{p(x)p(y)} \tag{12.1}$$

PMI 是一种用来衡量词汇共现频率比偶然出现频率高多少的指标。在图 12.1 的例子中，尽管 cat 和 of 的共现频率比 cat 和 cute 高很多（2463 对 191），但是 cat 和 cute 一起出现的概率是它们偶然出现的 8.3 倍，而 cat 和 of 几乎是彼此独立地出现（PMI 1.0）。

接下来，我们使用**奇异值分解**（Singular Value Decomposition，SVD）将 PMI 矩阵 $\boldsymbol{P}$ 分解为两个正交矩阵 $\boldsymbol{U}$ 和 $\boldsymbol{V}$（即 $\boldsymbol{U}\boldsymbol{U}^{\mathrm{T}}$ 和 $\boldsymbol{V}\boldsymbol{V}^{\mathrm{T}}$ 为单位矩阵）以及一个对角矩阵 $\boldsymbol{\Sigma}$（即仅在对角线上有非零值）：

$$\boldsymbol{P}=\boldsymbol{U}\boldsymbol{\Sigma}\boldsymbol{V}^{\mathrm{T}} \tag{12.2}$$

忽略具体细节，奇异值分解实际上将矩阵 $\boldsymbol{P}$ 重构为旋转 $\boldsymbol{U}$、拉伸 $\boldsymbol{\Sigma}$ 和另一个旋转 $\boldsymbol{V}^{\mathrm{T}}$。$\boldsymbol{\Sigma}$ 对角线上的值称为**奇异值**，通过仅保留其中较大的值（将较小的那些值设置为零），所得到的简化版本 $\boldsymbol{P}'=\boldsymbol{U}\boldsymbol{\Sigma}'\boldsymbol{V}^{\mathrm{T}}$ 仍然是 $\boldsymbol{P}$ 的一个很好的近似结果，但是具有了较低的秩。拉伸操作 $\boldsymbol{\Sigma}$ 会压缩某些维度，而将它们完全展平也不会带来太大的区别，这样能够保持几何解释不变（见图 12.2）。

为了泛化上下文，像 cute 和 fluffy 这样的上下文词汇非常相似，可以将它们的维度组合成一个：0.4 × cute + 0.7 × fluffy。需要注意的是，在实际情况下，每个结果维度都是所有上下文词汇的线性组合。

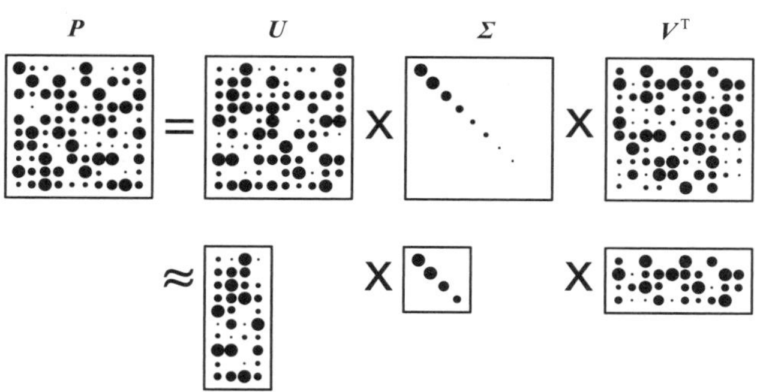

图 12.2 潜在语义分析中奇异值分解的直观图示。通过将单个矩阵 $\boldsymbol{P}$ 重构为旋转 $\boldsymbol{U}$、对角矩阵 $\boldsymbol{\Sigma}$ 和另一个旋转 $\boldsymbol{V}$，我们可以删除对角矩阵中那些较小的奇异值（以及 $\boldsymbol{U}$ 和 $\boldsymbol{V}$ 中的对应列和行）。当应用于共现矩阵时，矩阵 $\boldsymbol{U}$ 可以看作词嵌入矩阵，其中每一行对应一个词的向量表示

12.1.2 连续词袋模型

连续词袋模型（Continuous Bag Of Words，CBOW）类似于第 7 章介绍词嵌入时讨论的 n 元神经语言模型。该方法的任务是在给定左右上下文词汇 w_{t+j} 时预测单词 w_t，其中 $j \in \{-n, \cdots, -1, 1, \cdots, n\}$，即上下文窗口为 $2n$。但是，连续词袋模型被简化到满足最基本要求的情况。

首先，每个上下文单词（表示为独热向量）通过词嵌入矩阵 $\boldsymbol{C}$ 映射为词嵌入 $\boldsymbol{Cw}_{t+j}$。所使用的词嵌入矩阵 $\boldsymbol{C}$ 与上下文单词位置 j 无关，即无论单词在句子中处于哪个位置，均使用相同的词嵌入。然后，对这些上下文的词嵌入进行平均（与它们的位置无关，因此使用术语**词袋**），得到隐藏层表示 $\boldsymbol{h}_t$。

$$\boldsymbol{h}_t = \frac{1}{2n} \sum_{j \in \{-n, \cdots, -1, 1, \cdots, n\}} \boldsymbol{Cw}_{t+j} \tag{12.3}$$

然后使用权重矩阵 $\boldsymbol{U}$（图 12.3 中的仿射变换）将隐藏层表示 $\boldsymbol{h}_t$ 映射至目标单词 w_t 的预测结果 $\boldsymbol{y}_t$：

$$\boldsymbol{y}_t = \mathrm{softmax}(\boldsymbol{U}\boldsymbol{h}_t) \tag{12.4}$$

连续词袋模型看起来与 n 元语言模型很相似，不同之处在于上下文单词不仅包括 n 个上文单词，而且还包括目标单词 w_t 之后的 n 个下文单词。

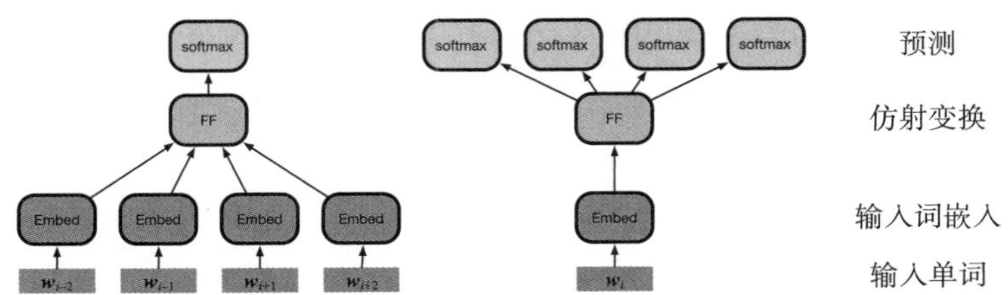

图 12.3 连续词袋模型（左）和 Skip Gram 模型（右）根据上下文单词训练词嵌入

12.1.3 Skip Gram

Skip Gram 模型采用与 CBOW 相反的思路。我们不再根据单词的上下文来预测某个单词，而是根据单词来预测上下文。

给定单词 w_t 及其词嵌入 $\boldsymbol{Cw}_t$，我们可以使用权重矩阵 $\boldsymbol{U}$ 预测 $2n$ 个上下文单词。由于我们再次忽略了这些上下文单词的位置信息，因此对周围所有单词的预测都是相同的：

$$\boldsymbol{y}_t = \text{softmax}(\boldsymbol{UCw}_t) \tag{12.5}$$

在训练阶段，预测结果将与真实上下文单词 w_{t+j} 进行比较。

这里有几点需要注意。公式（12.5）包含相邻的权重矩阵 $\boldsymbol{C}$ 和 $\boldsymbol{U}$，那么将这两个矩阵相乘而中间没有任何非线性激活函数，将会带来什么好处呢？答案是降维。通过将表示从独热向量空间（例如 50 000 个维度）减少至嵌入空间（例如 500 个维度），我们迫使模型寻找一种更紧凑的表示形式，以发现单词之间的共性。

模型的参数是权重矩阵 $\boldsymbol{C}$ 和 $\boldsymbol{U}$，它们可以分别理解为输入词嵌入矩阵和输出词嵌入矩阵。对于输入单词 w_t，从矩阵 $\boldsymbol{C}$ 中抽出一列，即查找 w_t 对应的词嵌入 $\boldsymbol{v}_t$。为了预测上下文输出单词 w_{t+j}，将矩阵 $\boldsymbol{U}$ 中的列向量 $\tilde{\boldsymbol{v}}_{t+j}^{\mathrm{T}}$ 与向量 $\boldsymbol{v}_t$ 相乘以获得该上下文单词的预测分值。因此，向量乘积 $\tilde{\boldsymbol{v}}_{t+j}^{\mathrm{T}}\boldsymbol{v}_t$ 是计算输入单词 w_t 与上下文输出单词 w_{t+j} 之间关系的核心。

12.1.4 GloVe

与迭代所有训练语句和其中的每个单词不同，该替代方法首先将关于共现的统计信息汇总到矩阵 $\boldsymbol{X}$ 中（如 12.1.1 节潜在语义分析那样），然后以这些值为预测目标训练模型。

这就是 GloVe 模型背后的思想。GloVe 是全局向量的缩写（Pennington et al.，2014）。之所以这样命名是因为它是基于单词分布的语料库范围的全局统计。其核心是根据目标词嵌入 $\boldsymbol{v}_i$ 和上下文词嵌入 $\tilde{\boldsymbol{v}}_j$ 预测共现值 X_{ij}。预测分数由向量乘积 $\tilde{\boldsymbol{v}}_j^{\mathrm{T}}\boldsymbol{v}_i$ 计算得到。训练目标由损失函数定义（经简化的形式）：

$$\text{cost} = \sum_i \sum_j \left| \tilde{\boldsymbol{v}}_j^{\mathrm{T}} \boldsymbol{v}_i - \log X_{ij} \right| \tag{12.6}$$

因此，为了进行训练，需要遍历所有的单词，然后遍历所有的上下文单词。

上述思想可以通过一些方法进一步完善。首先，为每个目标单词和上下文单词引入偏置项 $\boldsymbol{b}$ 和 $\widetilde{\boldsymbol{b}}$：

$$\text{cost} = \sum_i \sum_j \left| \boldsymbol{b}_i + \tilde{\boldsymbol{b}}_j + \tilde{\boldsymbol{v}}_j^{\mathrm{T}} \boldsymbol{b}_i - \log X_{ij} \right| \tag{12.7}$$

然后，我们会发现大多数单词对（i, j）彼此无关，尤其在 i 和 j 对应的单词都很罕见的情况下。因此，我们希望在训练过程中降低这些训练样本的权重。另一方面，X_{ij} 的取值可能非常大，将会严重影响总体的损失计算，尤其是当所涉及的一个或两个单词都是诸如 the 或 of 之类的虚词时。我们同样想在训练期间限制这种情况。

对此的解决方案是为每个单词对的损失计算设置比例放缩因子，定义如下：

$$f(x) = \min(1,(x/x_{\max})^{\alpha}) \tag{12.8}$$

特定超参数的选择（例如，α = 3/4 和 $x_{\max}$ = 200）根据经验确定，可以针对不同的数据条件选择不同的设置。

将它们全部放在一起，并用误差平方来计算，我们得到：

$$\text{cost} = \sum_i \sum_j f(X_{ij})(\boldsymbol{b}_i + \tilde{\boldsymbol{b}}_j + \tilde{\boldsymbol{v}}_j^{\mathrm{T}} \boldsymbol{v}_i - \log X_{ij})^2 \tag{12.9}$$

最后一点，我们可以采用不同方法来计算共现值 X_{ij}。Pennington 等人在每个单词周围使用一个较大的窗口（10 个单词），但是也根据上下文单词位置与目标单词的距离来缩放计数（Pennington et al.，2014）。

实验表明，GloVe 词嵌入优于以前的方法。GloVe 在大型语料库上预先计算的大型词嵌入数据可以公开获得[㊀]，并已被应用于很多任务。

12.1.5 ELMo

在执行任意一种自然语言处理任务时，现成的词嵌入都是十分有用的资源。但是，词嵌入存在一些缺点，它们为每个单词提供的是固定的静态表示，无法随测试时的上下文进行动态适应。对于那些蕴含多种语义的歧义词，这个问题尤其严重。

因此，神经机器翻译模型并不是将词嵌入用作最终的输入表示，而是通过编码器中的其他处理步骤（例如循环神经语言模型）对词嵌入进一步处理，从而优化词嵌入获得单词的语境化表示。

上述思想也被应用于其他自然语言处理任务。文献（Peters et al.，2018）是一篇有影响力的论文，在很多自然语言处理任务（语义角色标签、命名实体识别、情感分类等）上对比了普通词嵌入和经过多层循环神经语言模型动态学习后隐藏状态表示的词嵌入。作者称这

㊀ https://nlp.stanford.edu/projects/glove。

些语境化的词嵌入为 ELMo（Embeddings from Language Model）。实验发现，ELMo 在所有对比的自然语言处理任务上都显示出了实质性的改进。

ELMo 中一个有趣的改进是对循环神经语言模型不同层的表示进行加权平均并作为最终的单词表示，并根据具体任务调整不同层的权重。作者观察发现，句法信息在浅层中得到了更好的表示，而语义信息在深层中得到了更好的表示。

12.1.6 BERT

学习语境化词嵌入的最新方法同样得益于机器翻译的进步（Devlin et al.，2019）。BERT（Bidirectional Encoder Representations from Transformer）实际上就是 11.5 节介绍的 Transformer 模型中的双向编码器表示。BERT 在海量单语数据上进行预训练，然后预训练模型针对下游实际任务进行微调。

预训练任务本质上也是一种语言建模任务。但是，单词不会像基于循环神经网络的 ELMo 那样按从左到右的顺序进行预测，BERT 采用的自注意力机制（见 11.2.4 节）在预测句中任意单词时充分利用左右的上下文单词。BERT 通过两个优化任务学习模型参数，第一个称为**掩码语言模型**任务。第二个预训练任务是预测下一句，即给定两个句子 A 和 B，判定句子 B 是否为 A 后面的句子。

在大规模单语数据上预训练后，结果模型将针对特定任务的训练数据进行微调。Devlin 等人在很多任务上给出了比 ELMo 更好的结果（Devlin et al.，2019），例如阅读理解（在文本段落包含答案的场景下回答问题）和文本蕴含（检测前面的句子是否语义上蕴含后续句子）等。

预训练方法是当前的热点研究领域。例如，Yang 等人基于 BERT 提出了一种优化模型（Yang et al.，2019），该模型对输入单词进行重排序，并顺序地逐个预测掩码单词（可参见 14.3.3 节中的多任务训练）。

12.2 多语言词嵌入

词嵌入通常被视为单词的语义表示。因此，我们倾向于将这些嵌入空间视为语言无关的语义表示，指向同一概念的单词，例如 cat（英语）、gato（西班牙语）和 Katze（德语）都将映射到嵌入空间中的相同向量。与通过机器翻译来克服语言障碍相比，将语言映射到共同语义空间并设计出适用于任何语言的通用自然语言应用系统，可能更有前途。

多语言词嵌入或者说不同语言的词嵌入空间之间的映射，可能更值得期待。考虑到单语语料库总是比平行语料库更加丰富，可能有很多单词仅出现在单语语料库中，因此我们没有任何直接证据可以表明这些单词在另一种语言中会被翻译成什么。但是，我们可以通过单语语料学习单词的词嵌入，然后将其映射到目标语言的词嵌入空间，最终找到与之最匹配的词嵌入。

关于多语言词嵌入方面的研究非常多，Ruder 等人对该主题的研究进行了全面的综述（Ruder et al.，2017）。本节将介绍一些基本思想，如果读者需要获得更详细的介绍，请参考他们的论文。

12.2.1　特定语言词嵌入之间的映射

该领域的大多数研究都假设两种语言都有足够的单语数据，并且存在一个双语词典，在两种语言之间至少映射了部分单词。

这样，我们就可以训练两种语言的词嵌入，例如英语词嵌入 $\boldsymbol{C}_E$ 和西班牙语词嵌入 $\boldsymbol{C}_S$。一个有趣的发现是，英语单词之间的几何关系与这些单词在西班牙语中译文的几何关系非常相似，参见图 12.4，该图取自文献（Mikolov et al.，2013b）。

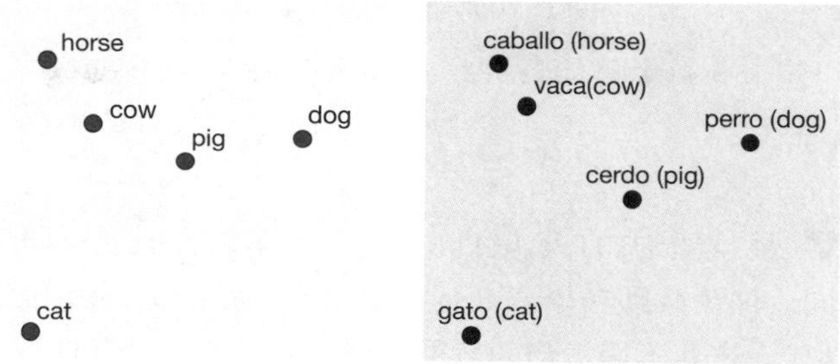

图 12.4　具有相同含义（英语和西班牙语）单词的词嵌入空间，改编自文献（Mikolov et al.，2013b）

受此启发，我们只需要学习英语嵌入空间 $\boldsymbol{C}_E$ 和西班牙语嵌入空间 $\boldsymbol{C}_S$ 之间的变换矩阵 $\boldsymbol{W}_{S\to E}$。该变换矩阵的学习可以形式化为一个优化问题，其目标是最小化英语单词 w_i^E 的词嵌入 $\boldsymbol{c}_i^E$ 和其西班牙语翻译词 w_i^S 的词嵌入 $\boldsymbol{c}_i^S$ 之间的距离，该距离可以通过欧氏距离来定义：

$$\text{cost} = \sum_i \left\| \boldsymbol{W}_{S\to E}\boldsymbol{c}_i^S - \boldsymbol{c}_i^E \right\| \tag{12.10}$$

将双语词典作为训练数据，对其进行遍历，梯度下降方法可以学习、优化上述损失函数。

不少研究人员针对上述想法提出了改进方案。有些认为，变换矩阵 $\boldsymbol{W}_{S\to E}$ 应该是正交的，即只旋转嵌入空间，而不拉伸任何维度。有些则探索了已知单词翻译对（也称为**种子词典**）的不同选择策略。例如，我们可能只想使用高度可靠的双语词典条目，避免使用拥有多种翻译的歧义单词，如果缺乏足够的平行数据，则仅使用同源词（例如，英语词 electricity 和西班牙语词 electricidad）或拼写相同的词（例如 internet 和 Washington）。

另一个需要解决的问题是**枢纽度**（hubness），即某些单词成为多个其他单词最近邻点的趋势。这在高维空间中更可能发生，不过我们可以考虑二维空间正方形的四个端点和中心

(用加号“+”表示)，中心点将成为所有四个端点的最近邻点。当基于映射的嵌入向量识别对应的单词时，我们并不总是希望得到相同的单词。

12.2.2　语言无关的词嵌入

除了让每种语言对应一个词嵌入空间并通过变换矩阵将它们联系起来之外，另一种策略是为两种语言（甚至是两种以上的语言）训练一个共享的词嵌入空间。

训练这个共享的嵌入空间有几方面的要求。对于每种语言，单词之间必须具有适当的语义关系，这可以通过每种语言的单语文本进行训练。而在语言之间，我们希望最小化种子词典中每个单词与其翻译词的距离。

因此，目标函数应体现所有这些目标，即包含每种语言的单语损失（cost_E 和 cost_F）与匹配损失 $\text{cost}_{E,F}$。

$$\text{cost} = \text{cost}_E + \text{cost}_F + \text{cost}_{E,F} \tag{12.11}$$

其中，匹配损失可以定义为每个单词表示 $\boldsymbol{c}_i^F$ 与其英语翻译词的表示 $\boldsymbol{c}_i^E$ 之间的欧氏距离：

$$\text{cost}_{E,F} = \sum_i \left\| \boldsymbol{c}_i^F - \boldsymbol{c}_i^E \right\| \tag{12.12}$$

从广义上讲，学习语言无关的嵌入空间与先学习单语言嵌入空间然后再学习映射函数的方法没有什么不同。训练必须在语言 E 的单语语料、语言 F 的单语语料以及双语种子词典（E, F）上进行迭代。这些不同类型的数据在训练时可能会相互促进，因此在这些数据上频繁地迭代也许会有些益处。

训练语言无关的嵌入空间的另一个有趣的替代方法是从语言 E 的单语语料中抽取一个句子，随机地选定一些单词并用语言 F 的翻译词替换这些单词，反之亦然。这种方法将种子词典中的双语单词视为完全可互换的，从而可以锚定联合嵌入空间的训练。

12.2.3　仅使用单语数据

使用变换矩阵 $\boldsymbol{W}_{S \to E}$ 来完成嵌入空间之间的映射是一种常见的做法，该变换矩阵通常归一化为正交矩阵，即它只对嵌入空间进行旋转。变换矩阵假设单词之间的几何特性在不同语言之间是相同的。这对于许多单词来说很直观，例如，无论我们使用英语单词，还是其西班牙语或德语的翻译词，dog（狗）、cat（猫）和 lion（狮子）之间的关系都应该是相同的。

显然，总是有一些单词是某种语言特有的（例如 Schadenfreude 通常被认为是德语特有的单词），而且某些单词在不同语言中的含义可能会略有不同（颜色的名称就是一个有趣的例子）。

但是，如果假设单词与它们在其他语言中的翻译词具有相同的几何关系，那么无论它们以哪种语言表达，匹配语言之间嵌入空间的任务就是旋转这些嵌入空间，以便它们以最适合的方式进行对齐。

想一下 lion 和 dog、cat 这两个词形成的三角形（lion 与其他两个单词相距较远，但是相比于 dog 更靠近 cat）。这个三角形既存在于英语词嵌入空间中，也存在于德语词嵌入空间中（对应的单词为 Löwe、Katze 和 Hund）。有一种方法可以旋转德语词嵌入空间，以使这些三角形尽可能以最接近的方式匹配，即最大限度地减小三角形对应顶点间的距离。德语三角形以这种方式旋转后，对应顶点揭示了两种语言之间的单词映射（见图 12.5）。

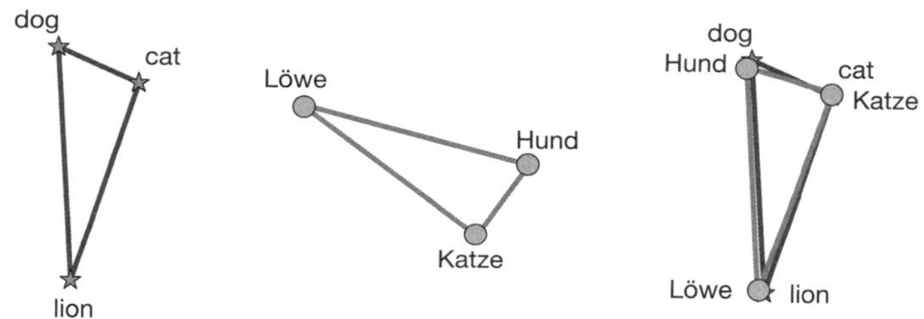

图 12.5　匹配嵌入空间的几何形状。空间之间映射的无监督学习揭示了翻译对：dog/Hund、cat/Katze、lion/Löwe

在给定词嵌入空间 $\boldsymbol{C}_{\text{German}}$ 和 $\boldsymbol{C}_{\text{English}}$ 的情况下，一种自动学习变换矩阵 $\boldsymbol{W}_{\text{German}\rightarrow\text{English}}$ 的思路是使用一个损失度量，以测量这些空间中点的匹配情况。

与上述思路不同，Lample 等人提出了一种基于对抗学习的解决方案（Lample et al.，2018a）。如果德语和英语空间中的点不匹配，那么可以训练一个分类器来准确地预测某个点是对应于德语单词还是英语单词。因此，处于对抗环境中的对手（所谓的判别器）旨在做出这种预测。它的学习目标是分类器 P，给定一个变换矩阵 $\boldsymbol{W}$，该分类器将映射后的德语单词向量 $\boldsymbol{g}_i$ 准确地预测为德语，将英语单词向量 $\boldsymbol{e}_j$ 准确地预测为英语：

$$\text{cost}_D(P\,|\,\boldsymbol{W}) = -\frac{1}{n}\sum_{i=1}^{n}\log P(\text{German}\,|\,\boldsymbol{W}\boldsymbol{g}_i) - \frac{1}{m}\sum_{j=1}^{m}\log P(\text{English}\,|\,\boldsymbol{e}_i) \tag{12.13}$$

相比之下，无监督学习器的训练目标是优化变换矩阵（翻译矩阵）$\boldsymbol{W}$，以最大限度地削弱判别器做出准确预测的能力：

$$\text{cost}_L(\boldsymbol{W}\,|\,P) = -\frac{1}{n}\sum_{i=1}^{n}\log P(\text{English}\,|\,\boldsymbol{W}\boldsymbol{g}_i) - \frac{1}{m}\sum_{j=1}^{n}\log P(\text{German}\,|\,\boldsymbol{e}_i) \tag{12.14}$$

Lample 等人的研究显示与使用种子词典的监督词嵌入匹配方法相比，该方法的结果与之相当，在西班牙语和法语词嵌入空间中对 1500 个最常用的英语单词翻译的任务上，其准确率高达 80%。尽管这些数字令人印象深刻，但是尚不清楚这些方法对于机器翻译这样的应用是否有实际帮助（Lample et al.，2018a）。例如，这些方法可能不适用于低频的长尾单词。以往的经验表明，即使少量的平行数据也会产生更大的影响。

12.3 大词汇表

齐普夫定律告诉我们，语言中的单词分布是非常不均匀的，总是有很多长尾的低频词。语言中会不断出现新的单词（例如，retweeting、website、woke、lit），而且我们还需要处理大量的实体名称，包括公司名称（例如，eBay、Yahoo、Microsoft）等。

神经网络方法不能很好地处理大规模的词汇量。连续空间向量是神经网络的理想表示方式。这就是我们首先将单词这样的离散对象转换为连续空间向量（即词嵌入）的原因。

无论如何，单词的离散性问题最终还是会出现。在输入端，我们需要训练一个嵌入矩阵，将每个单词映射到对应的嵌入表示。在输出端，我们需要预测所有输出单词的概率分布。由于输出端所涉及的计算量与词汇量呈线性关系，可能会导致大规模的矩阵运算，因此输出端词嵌入的问题通常面临更大的挑战。输入词嵌入矩阵和输出 softmax 的预测矩阵都非常庞大，占用 GPU 中大量的显存，因而面临计算上的挑战。

12.3.1 低频词的特殊处理

神经翻译模型通常将词汇表限制在 20 000 至 80 000 个单词，而实际的词汇表，特别是形态丰富的语言，要大得多。

神经机器翻译早期仅使用频率最高的一些单词，而所有其他单词均替换为未知词汇（UNK）表示。但是，只要输入句子中出现低频（或实际上未知）的单词，我们仍然需要为其找到翻译。

假设在训练期间，神经机器翻译模型学到了如何将未知输入词汇 UNK 映射为未知输出词汇 UNK，这样我们就可以在后处理过程中解决未知词汇的翻译问题。标准的解决方案是利用传统统计机器翻译方法或其他方法获得备用词典。这显然并不是一个令人满意的解决方案，12.3.2 节将讨论的子词方法已经完全替代了这种方法。

值得注意的是，如果训练数据足够大，大多数低频词和未知单词都是名称和数字。对于大多数语言对来说，这些翻译非常直接。名字通常保持不变（Obama 仍然是西班牙语和德语中的 Obama），数字也一样。可能存在一些小的差异，不过可以通过简单的规则轻松地解决（例如，小数 1.2，在德语中写作 1,2）。有的问题可能更加复杂一些，例如基于 10 000 的数字系统（54 000 在中文里写为 5.4 万）以及需要在不同的书写系统之间变换的名称音译问题。但是，同样基于规则的方法或专门的组件可以更好地解决这些问题。

因此，即使在今天，名字（例如，Obama）、数字（例如，5.2 million）、日期（例如，August 3，2019）或度量单位（例如，25cm）等特殊单词在很多实际部署的系统中也被替换为统一的特殊单词。这些统一的特殊单词将被复制到输出端，并在后处理中进行相应的替换（例如，用 10 英寸替换 25 厘米）。

12.3.2　字节对编码算法

如今，常见的低频词处理方法是将其分解为**子词单元**。这看起来似乎有些粗糙，但是实际上与统计机器翻译中用于处理复合词（例如 website → web + site）和复杂形态词汇（unfollow → un + follow, convolutions → convolution + s）的标准处理方法非常类似。它甚至是解决名称音译（MOCKBa → Moscow）问题的一种出色方法，传统上，名称音译由单独的字母翻译组件完成。

一种构建子词单元和合法单词词典的流行方法是**字节对编码**算法。该方法在平行语料库上训练。首先，将语料库中的单词拆分为字符，其中原始空格被替换为特殊的空格字符（例如␣）。然后，合并出现频率最高的字符对，并按照设定的次数不断重复该步骤。在初始包含所有字符的词汇表的基础上，每一个步骤都将增加一个新的词汇。

我们来看下面这个简单的语料：

t h i s ␣ f a t ␣ c a t ␣ w i t h ␣ t h e ␣ h a t ␣ i s ␣ i n ␣ t h e ␣ c a v e ␣ o f ␣
t h e ␣ t h i n ␣ b a t

这里出现频率最高的字符对是 t h，共出现了 6 次。因此，我们将这两个字母合并在一起。

th i s ␣ f a t ␣ c a t ␣ w i th ␣ th e ␣ h a t ␣ i s ␣ i n ␣ th e ␣ c a v e ␣ o f ␣
th e ␣ th i n ␣ b a t

执行此操作后，出现频率最高的字符对是 a t，出现了 4 次，因此将它们合并。

th i s ␣ f at ␣ c at ␣ w i th ␣ th e ␣ h at ␣ i s ␣ i n ␣ th e ␣ c a v e ␣ o f ␣
th e ␣ th i n ␣ b at

现在，最频繁出现的是 th e，出现了 3 次。合并它们将创建一个完整的单词。

th i s ␣ f at ␣ c at ␣ w i th ␣ the ␣ h at ␣ i s ␣ i n ␣ the ␣ c a v e ␣ o f ␣ the ␣
th i n ␣ b at

这个例子很好地反映了算法在真实数据上的表现。该算法首先将高频的字符对（t+h、a+t、c+h）组合在一起，形成高频单词（the、in、of）。在此过程结束时，最常用的单词将作为独立词汇出现，而稀有词仍由其子词组成。

参见图 12.6 中的真实例子，其中子词单元用两个 @ 符号（@@）表示。经过 49 500 次字节对编码操作之后，大部分实际使用的单词将是完整的，而低频词则被分解了（例如，critic@@ izes 和 destabil@@ izing）。有时，这种切分似乎由词法驱动（例如，im@@ pending），但是大多数情况下并不是这样的（例如，stra@@ ined）。另外需要注意的是，相对稀有的名称的分解问题（例如，Net@@ any@@ ahu）。

Obama receives Net@@ any@@ ahu
the relationship between Obama and Net@@ any@@ ahu is not exactly friendly . the two wanted to talk about the implementation of the international agreement and about Teheran 's destabil@@ izing activities in the Middle East . the meeting was also planned to cover the conflict with the Palestinians and the disputed two state solution . relations between Obama and Net@@ any@@ ahu have been stra@@ ined for years . Washington critic@@ izes the continuous building of settlements in Israel and acc@@ uses Net@@ any@@ ahu of a lack of initiative in the peace process . the relationship between the two has further deteriorated because of the deal that Obama negotiated on Iran 's atomic program . in March , at the invitation of the Republic@@ ans , Net@@ any@@ ahu made a controversial speech to the US Congress , which was partly seen as an aff@@ ront to Obama . the speech had not been agreed with Obama , who had rejected a meeting with reference to the election that was at that time im@@ pending in Israel .

图 12.6 应用于英语的字节对编码（该模型使用 49 500 个字节对编码操作）。单词切分用 @@ 表示。需要注意的是，预处理步骤对数据进行了切分（例如，Iran's 分解为 Iran 和 's）和大写化（例如，obama 改写为 Obama）处理

字节对编码操作的次数取决于训练数据的大小。为了拥有尽可能多的未切分单词，需要学习大量的字节对操作，从而产生 GPU 卡内存允许的最大词汇表，典型的词汇表大小通常为 50 000 ~ 80 000。在资源不足的环境下，尽可能使用更小的词汇表（例如仅包含 5 000 个子词），以避免很多词汇在训练数据中仅出现一次而导致的数据稀疏问题。此外，通常的做法是将源语言和目标语言的语料合并在一起进行字节编码，这样助于名称的音译。

12.3.3 句子片段化算法

字节对编码算法的一种变体是**句子片段化**算法。该算法的原理与字节对编码算法相同，即收集频率最高的子词构建词汇表。它的目标是最大化一元语言模型的概率，但在本质上与合并字符序列遵循相同的原则。

一个微小的差别体现在表示方法上。虽然字节对编码算法会将诸如 dogs 这样的单词切分为 dog@@ 和 s，但是句子片段化算法使用了一种显式的空格符号（由下划线 _ 表示），即空格符号也参与合并操作。因此，dogs 将被切分为 _dog 和 s。这种表示法可能会带来微妙的好处。当 dog 分别作为单词和前缀出现时，字节对编码算法将分别产生 dog 和 dog@@ 两个不同的单词，而句子片段化算法将产生相同的词汇 _dog。对于使用后缀体现形态变化的语言，可以共享通用词干的训练数据。

由于句子片段化算法显式地使用了空格符号，因此该算法可以直接应用于原始文本而无须事先进行分词处理。例如，如果单词 dog 后接句号，那么原始文本可能表示为

“dog.”，而该算法可能学会将其切分为 _dog 和句号（.）。对于由拉丁文字书写的语言来说，简单的词汇化工具就可以处理，这并没有太大的区别，但是这意味着句子片段化算法也可以直接应用于单词之间没有空格标记的汉语、日语和泰语等语言。对于这些语言，分词是一个更为复杂的问题，需要词表和其他的语言统计信息。目前，对于以拉丁文字书写的语言，流行的做法是放弃分词和其他预处理，而是完全依靠句子片段化算法。

12.3.4 期望最大化训练

12.3.2 节描述的贪婪算法在中间阶段产生的高频子词后来可能又被进一步合并，因此最终可能会变成低频词。我们来看一个不常见的拼写单词 serendipity，其中的字符序列可能会慢慢合并为子词 seren、dipi 和 ty，然后是 serendipi 和 ty，最后是完整的单词 serendipity。在此之后，作为中间结果的子词将很少出现，因此没有必要将它们保留在子词词汇表中，从而避免它们占据嵌入矩阵中的宝贵空间。

给定一组候选子词，无论是由贪婪算法生成，还是高频字母序列，我们可以在训练数据中重新计算它们的频率，并丢弃低频子词。该过程包括两个步骤：1）使用给定的子词词汇表对语料进行切分，目标是使用高频的最长子词；2）对切分数据中的结果子词进行统计以获得频率计数。这种两步优化问题的默认算法称为**期望最大化**。该算法在两个步骤之间交替进行，第一步称为期望步骤，第二步称为最大化步骤。

步骤 1）有两个相互矛盾的目标：一方面，我们想使用高频子词，但另一方面，我们也想使用最长子词。这里，我们可以将训练目标形式化为一个一元语言模型。例如，虽然字母 t、h 和 e 经常出现，但是在一元语言模型独立性假设下，联合概率 $p(\text{t,h,e})$ 小于单词 the 的概率 $p(\text{the})$，即 $p(\text{t}) \times p(\text{h}) \times p(\text{e}) < p(\text{the})$。期望步骤得到的是语料库中所有可能的单词切分结果，每种切分结果都将得到一个概率 $p(\text{split}|\text{word})$。最大化步骤将采用这个概率对每个子词的计数进行加权。例如，如果切分 t+h+e 和完整单词 the 的概率分别是 0.2 和 0.8，那么 t+h+e 三个字母和完整单词 the 每次出现时我们分别计数为 0.2 和 0.8，然后都乘以单词 the 的计数。有了这样的计数，我们就可以重新估计一元语言模型的概率。

将训练目标定义为最大化语料库上的一元语言模型概率，将会偏好更长的子词，但是这也使我们可以计算从词汇表中删除一个子词将会产生多大的损失。因此，我们多次迭代步骤 1）和 2），然后删除损失最小的子词并重复该过程，直至达到指定的词汇表大小。

12.3.5 子词正则化

我们来看另一个子词生成的改进方案，它既适用于字节对编码算法，也适用于句子片段化算法。如果形态变体 recognize 和 recognizing 都存在于语料库中，但是只有 recognize 的出现频率高到足够成为一个独立子词，而 recognizing 将被切分为 recogniz 和 ing。

这意味着 recognize 和 recognize 是不共享任何信息的两个独立词汇。因此，即使 recognize 在许多上下文中频繁地出现，也无助于更好地学习如何翻译 recognizing。

研究人员提出了一种称为**子词正则化**的方法，该方法并不是确定性地将单词切分为可能的最长子词，而是在训练期间对不同的子词切分方式进行采样。这意味着 recognize 有时会切分为独立的子词 recognize，有时则会切分为 recogniz 和 e，或者任何其他切分形式。只要 recognize 以这种方式切分，我们就可以了解更多有关子词 recogniz 的句法和语义上下文的信息，这将有助于翻译低频单词 recognizing。基于子词频率的采样仍首选最长子词，但也经常会使用相同的训练数据来学习有关较短子词的更多一般信息。

12.4 基于字符的模型

在深度学习对自然语言处理的冲击之下，“单词”的语言学概念得以幸存，即使诸如形态和语法之类的概念已经被隐藏为语言的潜在属性，也可以从神经网络模型的中间表示中自动发现它们。即便如此，单词的概念仍然可能会被舍弃。也许语言的原子单位应该只是辅音和元音，或者只是书写系统中的字符——拉丁字母中的字母、汉语中的汉字甚至是笔画。

我们有充分的理由对单词进一步拆分。最明显的是词法在语言中所起的作用。像 cat 和 cats 这样的单词是同一个词干的单数和复数形式。我们可以从字符串中发现单词复数构成所遵循的清晰的词法规律。在英语中，添加 s 是最基本的规则（尽管该规则在 baby/babies 或 dish/dishes 中有所变化，并且也有其他例外，例如 child/children）。如果我们将所有这些单复数词汇视为彼此独立的原子单元，那么模型将无法学习词法模式，例如通过添加 s 形成复数，从而泛化并推导出先前未见过的形态变体的含义。

12.4.1 字符序列模型

从单词转换为字符的一种直接方法是使用与以前完全相同的模型，仅仅将作为输入的单词序列换为字符序列（包括特殊的空格符号）。但是，在字符序列模型框架下，模型架构设计决策背后的一些假设将不再成立。其中，注意力模型最为明显，关注作为语义单元的单词是很有意义的，但是关注字符串的子序列就没那么有意义了。

这样的字符序列到字符序列的模型在实践中表现不佳（Ataman et al.，2018），不过有人曾尝试仅在输出层使用基于字符的表示。这样使得注意力机制和以前一样，但是允许更灵活地生成输出，包括生成新的单词，尤其是形态变体（Chung et al.，2016）。

12.4.2 基于字符的单词表示模型

与完全放弃单词的概念相比，一个不那么激进的想法是研究基于字符串的词表示。这可以在机器翻译模型之外完成，以学习词嵌入为目标，并且这些词嵌入由其字符序列决定。

在这个问题的框架中，我们首先采用传统方式学习高频词的词嵌入。然后，从基于字符的模型中获得这些单词的表示，并将它们映射到同一个空间中。基于字符的模型通过训练来预测从单词的分布特性中学到的传统词嵌入。然后，基于字符的模型也可以应用于先前没见过的单词，并有希望产生适当的词嵌入。

构建基于字符的单词表示模型主要有两种方法：基于循环神经网络的方法和基于卷积神经网络的方法。

1. 循环神经网络

使用循环神经网络在字符序列上获得单词表示的方法类似于神经机器翻译模型中的编码器。

图 12.7 给出了一个基于字符序列的双向循环神经网络模型。前向循环神经网络从第一个字符开始遍历整个序列，一次处理一个字符，在最后一个字母获得最终状态。相反，后向循环神经网络从最后一个字母开始，在第一个字母获得另一个最终状态。将这两个最终状态拼接起来，用于预测词嵌入。

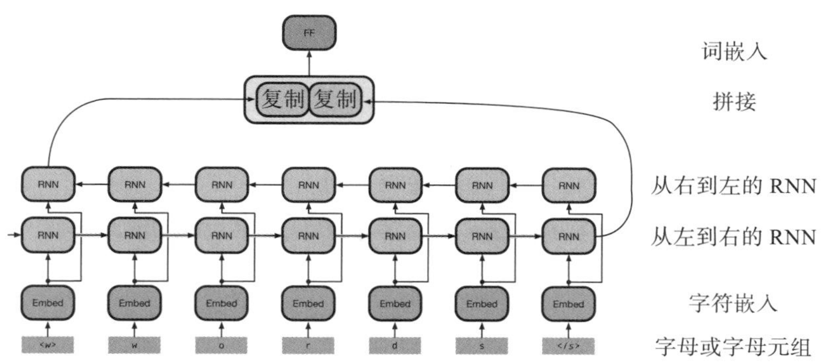

图 12.7 使用双向循环神经网络从字母序列组合产生的词表示。除了使用单个字母，我们还可以使用重叠的字母 n 元组（例如三元组）

我们不一定非要将这个模型建立在单个字母的基础上。模型也可以基于字母 n 元组（通常是三元组）。在每一步使用重叠的字母三元组作为输入将提供更丰富的输入信息，并且通常可以获得更好的结果。

2. 卷积神经网络

卷积神经网络是基于字符的单词表示模型的另一种流行的设计选择。其原理是单词可以由词干和任意数量的词缀组成，并且组成完整的单词需要平等地考虑这些部分，就像查看图像时会考虑不同的区域一样。

在字符序列上构建卷积神经网络的方法有多种。图 12.8 给出的是用于机器翻译模型的架构（Costa-jussà & Fonollosa，2016）。该模型依赖卷积层将给定长度的序列（例如三个字符）映射到单个向量。由于一个单词中可能有多个字符三元组，因此我们通常会获得多个这样的向量。这些向量通过最大池化层进行组合，其中最大池化层从所有向量中逐维度挑选出最大值，这样就得到了一个与单词长度无关的固定大小的向量。

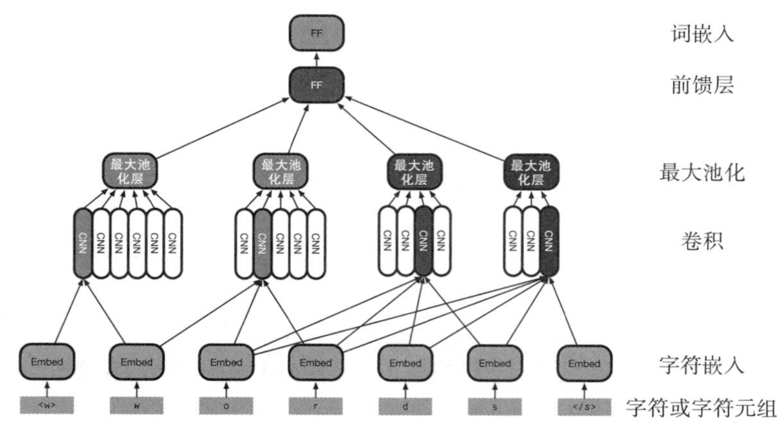

图 12.8　使用卷积神经网络从字母序列组合产生的词表示。图中显示了 2、3、4 和 5 个字母的 *n* 元组卷积

上述卷积操作不仅针对输入字母 *n* 元组（例如前面建议的三个字符）的单个长度选择进行计算，还可以针对一系列长度（例如 1 到 7）进行计算。因此，我们获得了 7 个固定大小的向量。在预测词嵌入之前，将这 7 个向量拼接起来并可能采用额外的前馈层进行处理。这些向量的大小可以变化。Kim 等人建议将向量维度设置为 min(200，50*n*)，即 1 元组的向量用 50 维表示，2 元组的向量用 100 维表示，4 元组或更长的 *n* 元组向量用 200 或 50*n* 维表示（Kim et al.，2016）。

12.4.3　集成基于字符的模型

当应用于神经机器翻译模型时，与传统词嵌入方法一样，基于字符的单词表示将与模型的所有其他参数一起训练。

首先让我们仔细看一下神经机器翻译模型的输入端如何使用基于字符的单词表示模型。先前，输入端是一个词嵌入序列，现在我们使用基于字符的单词表示模型（基于循环或卷积神经网络）。对于每个单词，我们从字符序列开始并将其映射为词嵌入。我们可能决定同时使用传统的词嵌入和基于字符的词嵌入，并将它们的表示进行拼接，或者通过门控单元对两种词嵌入进行加权。

在输出端，我们需要逆转上述过程。给定一个解码器状态，先前我们在预测层上采用 softmax 函数预测所有输出单词的概率分布。由于必须搜索产生合法单词的所有可能的字符序列，因此，对于基于字符的模型，解码过程更加复杂。为了让此方法易于计算，可以将词汇表限制为一组已知词汇。然后，只需要计算词汇表中的每个单词的分数，而且该计算过程可以高效地并行化。当与传统的输出单词预测方法相结合时，基于字符的模型甚至可以只计算得分较高的单词集合。

最后，我们来对比基于字节对编码或其他方式的子词思想和基于字符的单词表示思想。两者都解决了自然语言中词汇表过于庞大的问题，而且还能够根据单词拼写发现不同单词间的一般属性。基于字符的模型在学习此类泛化性上具有更强的能力，但是这也带来了显著的额外计算成本。实际上，这两个方法不必相互对立，我们可以先将单词切分为子词，然后再使用基于字符的模型来对这些子词建模。

12.5 扩展阅读

1. 低频词的特殊处理

神经机器翻译模型的一个显著限制是在处理大规模词汇表时的计算负担。为了避免这种情况，我们可能需要将词汇表缩简为 20 000 个高频词的候选列表，其余单词都替换为未知词汇表示 UNK。为了翻译这样的未知词，文献（Luong et al.，2015d）和（Jean et al.，2015）使用了额外的词典。Arthur 等人认为神经翻译模型处理低频词的能力不足，然后通过对神经机器翻译模型的预测结果和传统的概率双语词典进行插值来提升低频词的翻译性能（Arthur et al.，2016a）。他们采用注意力机制将每个目标单词与源语言输入单词的分布联系起来，并相应地对输入单词的词典翻译结果进行加权。

名称和数字等源语言单词也可以直接复制到目标语言译文。Gulcehre 等人使用所谓的开关网络来预测当前译文由传统的翻译方法产生还是从源语言句子中的某个位置直接复制，其中位置通过源语言句子上的 softmax 函数计算获得（Gulcehre et al.，2016）。他们对训练数据进行预处理，将某些通过复制产生的目标单词修改为对应源语言单词的位置。类似地，Gu 等人增强了神经翻译模型的单词预测步骤，该步骤可以翻译单词，也可以从源语言输入句子中复制单词（Gu et al.，2016）。他们观察到，注意力机制在翻译单词时主要由语义和语言模型驱动，在复制单词时则由位置驱动。

2. 子词

Sennrich 等人使用字符 n 元组模型和基于字节对编码的压缩算法将所有单词切分为子词单元（Sennrich et al.，2016d）。文献（Schuster & Nakajima，2012）最初针对语音识别开发了一种类似的方法，称为词片段化或句子片段化算法。同样，该算法首先将所有单词拆分为字符串，然后不断地将它们合并，以使一元语言模型在训练数据上获得较低的困惑度。Kudo 和 Richardson 开发了一个句子片段化算法的工具包，并对其进行了详细的描述（Kudo

& Richardson，2018）。Kudo 提出了子词正则化方法，该方法在训练期间对不同的子词切分方式进行采样，从而允许更丰富的数据学习更小的子词单元（Kudo，2018）。Morishita 等人在模型中使用不同粒度的子词切分方法（例如分别采用 16 000、1 000 和 300 次的子词合并操作），并且在解码中通过对不同粒度的表示进行求和获得输入单词和输出单词的表示（大词汇表的一个子词可能被分解成较小词汇表中的多个子词）（Morishita et al.，2018）。

Ataman 等人提出了一种语言学驱动的词汇表缩减方法，该方法使用隐马尔可夫模型将单词建模为词干和词素的序列，并且可以针对固定的目标词汇量进行优化（Ataman et al.，2017）。文献（Ataman & Federico，2018b）的研究表明，对于几种形态丰富的语言对，该方法的性能优于字节对编码算法。文献（Banerjee & Bhattacharyya,2018）的作者还注意到，正如工具 Morfessor 所展示的结果（Virpioja et al.，2013），词法启发的切分方法有时会获得比字节对编码更好的结果，并且两种方法结合使用可能优于其中任意一种。

文献（Nikolov et al.，2018）和（Zhang & Komachi，2018）将单词切分的想法扩展到汉语等语言，并且允许基于罗马化版本或者笔画对字符进行切分。

3. 基于字符的模型

从字符序列生成单词表示的方法最初是为机器翻译提出来的（Costa-jussà et al.，2016）。作者团队使用卷积神经网络对输入单词进行编码，还发现基于字符的语言模型在机器翻译重排序方面也是成功的（Costa-jussà & Fonollosa，2016）。Chung 等人提出了使用循环神经网络对目标单词进行编码的方法，并提出了一种双尺度解码器，其中快速层每次输出一个字符，而慢速层每次输出一个单词（Chung et al.，2016）。文献（Ataman et al.，2018）和（Ataman & Federico，2018a）在输入单词（而非输出单词）的字符三元组上使用循环神经网络取得了良好的结果。

4. 词嵌入

词嵌入已成为当前自然语言处理研究中的一个共同特征。Mikolov 等人提出了一种 Skip Gram 方法来获得词嵌入表示（Mikolov et al.，2013c）。他们为 Skip Gram 和连续袋词模型引入了高效的训练方法，这些方法被应用于非常流行的 word2vec 工具的实现和很多种语言的公开词嵌入集中（Mikolov et al.，2013a）。

Pennington 等人基于整个语料库中单词的共现统计信息来训练词嵌入模型（Pennington et al.，2014）。

5. 语境化词嵌入

文献（Peters et al.，2018）证明，可以像机器翻译的编码器一样通过双向神经语言模型层获得语境化的词嵌入（称为 ELMo），从而改善各种自然语言处理任务。文献（Devlin et al.，2019）提出了 BERT 方法，使用 Transformer 架构在掩码语言模型和下一个句子预测任务上预训练词嵌入，取得了卓越的性能提升。Yang 等人基于 BERT 提出了一种优化模型，该模型对输入单词进行重排序，并按顺序逐个预测被遮盖的单词（Yang et al.，2019）。他们称该变体为 XLNet。

6. 使用预训练词嵌入

Xing 等人指出词嵌入的表示学习和词嵌入之间翻译转换的目标函数不一致，然后他们通过归一化解决了该问题（Xing et al.，2015）。Hirasawa 等人消除了词嵌入的偏置，并显示预训练词嵌入在资源稀缺的场景中能够带来增益（Hirasawa et al.，2019）。

7. 短语嵌入

Zhang 等人使用递归神经网络和自编码器学习短语嵌入，并通过学习源语言输入短语和目标语言输出短语之间的映射来计算双语短语的互译得分，从而作为短语翻译对的额外分数对短语翻译表进行过滤（Zhang et al.，2014）。Hu 等人使用卷积神经网络对输入和输出短语进行编码，并对两个短语进行匹配以计算它们的语义相似度（Hu et al.，2015a）。他们将完整的输入句子作为上下文，并使用一种称为课程学习的学习策略，该策略首先从简单的训练样本中学习，然后再从较难的样本中学习。

8. 多语言词嵌入

文献（Ruder et al.，2017）全面总结了跨语言词嵌入的相关工作。尽管人们早就知道从单词的分布特性（即它们在文本中的使用方式）获得的单词表示在各种语言中都是相似的，但是 Mikolov 等人却是最早观察到神经模型生成的词嵌入也具有类似性质的，并且他们建议用从一种语言词嵌入到另一种语言词嵌入的简单线性变换来对单词进行翻译（Mikolov et al.，2013b）。

9. 对齐嵌入空间

给定一个种子词典，文献（Mikolov et al.，2013b）中的模型通过最小化经过投影的源语言单词向量和目标语言单词向量之间的距离，学习两种语言嵌入空间的线性映射。Xing 等人通过约束映射矩阵为正交矩阵来改进此方法（Xing et al.，2015）。Artetxe 等人通过均值中心化进一步完善了该方法（Artetxe et al.，2016）。Faruqui 和 Dyer 则采用典型相关分析最大化单词翻译对中两个向量的相关性，从而将单语生成的词嵌入映射为共享的双语嵌入状态（Faruqui & Dyer，2014）。Braune 等人指出，对于低频词，获得的双语词典的准确性要低得多，这一问题可以通过附加特征来解决，例如基于字母 n 元组的表示以及在映射单词时将正交距离纳入考虑（Braune et al.，2018）。Heyman 等人基于自动生成的种子词典学习嵌入空间之间的线性变换，然后逐步添加语言并将新添加的语言空间与所有先前的语言空间匹配（多语言枢纽），从而实现性能改进（Heyman et al.，2019）。Alqaisi 和 O'Keefe 考虑了阿拉伯语这样的形态丰富语言的问题，并展示了形态分析和单词切分的重要性（Alqaisi

& O'Keefe，2019）。

10. 种子词典

有监督和半监督的嵌入空间映射方法需要单词翻译对的种子词典。这些种子词典通常通过传统统计方法从平行语料库中学习获得（Faruqui & Dyer，2014）。Yehezkel Lubin 等人希望解决自动生成词典含有噪声词对的问题，他们发现噪声词对造成了明显的危害，因而开发了一种可以学习噪声水平并找到噪声词对的方法（Yehezkel Lubin et al.，2019）。Søgaard 等人使用两种语言中拼写相同的单词作为种子（Søgaard et al.，2018）。Shi 等人使用现成的双语词典并详细说明了以人类读者为目标的词典定义应该如何进行预处理（Shi et al.，2019）。Artetxe 等人减少了对大型种子词典的需求，只需要从 25 个单词翻译对开始，然后根据学习获得的映射迭代地增加词典（Artetxe et al.，2017）。Gouws 等人提出了一种弱监督方法，通过从源句子中的单词预测目标句子中的单词，直接从双语句对中学习词典（Gouws et al.，2015）。文献（Coulmance et al.，2015）探讨了这种想法的一个变体。文献（Vulić & Moens，2015）使用平行的维基百科文档对，旨在预测混合语言文档中的单词。文献（Zhou et al.，2019）使用拼写相同的单词作为种子。文献（Vulić & Korhonen，2016）对比了不同类型和大小的种子词典。

11. 无监督方法

Miceli Barone 建议不使用任何平行数据和其他双语信号，而使用自编码器和对抗训练来学习单语空间之间的对齐映射，但是没有给出任何实验结果（Miceli Barone，2016）。Zhang 等人通过探索单向和双向映射证明了这种想法的有效性（Zhang et al.，2017b）。Conneau 等人在基于高可信度词对的合成词典的基础上增加了微调步骤，从而获得了更好的结果（Conneau et al.，2018）。Mohiuddin 和 Joty 将这种方法扩展到学习双向映射的对称设置中，为每种语言设计一个判别器（称为 CycleGAN），并且将重构损失作为训练目标的一部分（Mohiuddin & Joty，2019）。Xu 等人基于 Sinkhorn 距离提出了一种类似方法（Xu et al.，2018）。Chen 和 Cardie 将对抗训练方法扩展到了两种以上的语言（Chen & Cardie，2018）。

不同于对抗训练的方法，Zhang 等人采用 EMD（Earth Mover's Distance）度量两个嵌入空间之间的差异，该距离定义为每个单词向量移动至另一种语言嵌入空间中最近向量的距离的总和（Zhang et al.，2017c）。Hoshen 和 Wolf 遵循相同的直觉，但是首先利用主成分分析（Principle Component Analysis，PCA）降低单词向量的复杂度，并且沿着结果轴进行空间对齐（Hoshen & Wolf，2018）。他们的迭代算法将单词向量的投影移动到投影空间中最接近的目标端向量。Alvarez-Melis 和 Jaakkola 将这种方法和最佳运输方法进行了对比（Alvarez-Melis & Jaakkola，2018）。在方法对比中，他们最小化投影向量与所有目标端向量之间的距离（由 L2 范数度量）。Alaux 等人将所有语言映射到一个公共空间并每次匹配任意两种语言的词嵌入分布，从而将上述方法扩展到两种以上的语言（Alaux et al.，2019）。Mukherjee 等人使用平方损失互信息（Squared-loss Mutual Information，SMI）作为优化策略来匹配单语分布（Mukherjee et al.，2018）。Zhou 等人首先使用高斯混合模型学习每个单语词嵌入空间的密度分布，然后映射这些空间以使一种语言中的单词向量映射到具有相似密度的语言空间中的向量，其中密度分布之间的相似性通过 KL 散度测量（Zhou et al.，2019）。

Marie 和 Fujita 没有学习嵌入空间之间的映射，而是在混合语言文本上训练 Skip Gram 模型来学习多种语言的联合嵌入空间，并且利用无监督统计机器翻译进行引导和加强（Marie & Fujita，2019）。Wada 等人训练了一种多语言双向语言模型，该模型采用特定于语言的嵌入但是共享状态进程参数（Wada et al.，2019）。由此产生的词嵌入在一个公共空间中，单词与它们的翻译词很接近。

12. 映射的属性

在固定的单语言嵌入空间上操作的方法通常会学习它们之间的线性映射，因此假设嵌入空间是正交的。文献（Nakashole & Flauger，2018）的研究表明，当涉及距离较远（不相似）的语言时，这个假设就没那么准确了。当两种语言的语言结构不同时，Søgaard 等人利用基于特征向量的度量方法得出了相同的结论（Søgaard et al.，2018）。他们还注意到，当两种语言的单语数据不属于同一领域，或者使用的单语词嵌入训练方法不一样时，嵌入空间映射的效果会变差。Nakashole 提出使用单词邻域的局部线性映射（Nakashole，2018）。Xing 等人认为映射矩阵应该是正交的，并在施加这种约束后取得了更好的结果（Xing et al.，2015）。Patra 等人放宽正交性约束，在训练目标中采用软约束（Patra et al.，2019）。

13. 枢纽度问题

在另一种语言中寻找最相似的单词时，枢纽度问题是一个公认的难题。一些单词与其他很多单词都很接近，因此经常被识别为其他单词的翻译词。Conneau 等人考虑了单词到其他语言中相邻单词的平均距离，并根据需要调整距离计算（Conneau et al.，2018）。Joulin 等人将此调整策略应用于训练阶段（Joulin et al.，2018）。Smith 等人提出了将输入单词和输出单词之间的距离矩阵归一化（Smith et al.，2017）。给定源语言单词到每个目标语言单词的距离，softmax 函数将距离归一化，使得源语言单词到所有目标语言单词的距离总和为 1，反之亦然。Huang 等人将这一想法背后的潜在直觉形式化为一个优化问题，以联合执行两个语言的距离规一化，并提出了一种梯度下降方法来解决这个问题（Huang et al.，2019）。

14. 多语言句子嵌入

Schwenk 和 Douze 提出了从基于 LSTM 的神经机器翻译模型中获取句子嵌入的方法，该方法采用最终的编码器状态或者在所有编码器状态上进行最大池化（Schwenk & Douze，2017）。Schwenk 通过为多种语言训练一个联合编码器而获得了更好的结果，并将其应用于过滤平行语料库中的噪声语料（Schwenk，2018）。同样，España-Bonet 等人通过计算编码器状态的总和来获得句子嵌入（España-Bonet et al.，2017）。Artetxe 和 Schwenk 提出了一种专门用于生成句子嵌入的编码器–解码器模型，该模型在双语平行句对上进行训练，但是使用单一的句子嵌入向量作为编码器和解码器之间的接口（Artetxe & Schwenk，2019）。他们还将这种方法实现为一个免费的工具包，称为 LASER（Artetxe & Schwenk，2018）。Schwenk 等人使用该工具包从维基百科中提取了大量的平行语料库（Schwenk et al.，2019）。Ruiter 等人将神经机器翻译模型中的词嵌入或编码器状态的总和作为句子嵌入（Ruiter et al.，2019）。他们使用这些句子嵌入从可比较语料中寻找平行句对，重复此过程来改进翻译模型，并找到更多更好的平行句对。

15. 多语言文档嵌入

为了解决双语文档的对齐任务，Guo 等人提出了一种基于词嵌入和句子嵌入的文档嵌入模型（Guo et al.，2019）。

第 13 章

Neural Machine Translation

领域自适应

在机器翻译中，大家普遍认为需要建立一个能够适应不同任务的系统来获得最佳性能。在训练数据中，有些数据相比于其他数据可能与任务更相关，因此我们需要设计自适应方法来重点处理这些与任务更相关的数据。这种自适应方法在机器翻译中通常被称为**领域自适应**，其最终目标是为特定领域（例如信息技术领域）构建一个系统。有时候我们也可能针对特定的应用场景或翻译项目对系统进行自适应调整，或者针对特定的专业译后编辑人员进行个性化定制，或者只针对某一个特定的文档，甚至只针对特定的句子。

13.1 领域

在介绍领域自适应之前，我们不妨先仔细思考一下领域的含义。广义上来说，我们可以把领域定义为具有相似主题、风格或形式化程度等属性的一组文本集合。然而，在实际应用中，它通常是指特定来源的语料库。

假设你想建立一个针对意大利语 – 英语的机器翻译系统。你可能首先打开自己最喜欢的公开平行语料库网站 OPUS[⊖]。图 13.1 显示了能够获取的数据集（当你阅读到该章节时，可能会有更多的数据源）。很多数据来源于电影和电视节目的字幕以及欧盟不同机构的官方文件，也有来自维基百科和开源软件文档以及本地化的数据。

corpus	doc's	sent's	it tokens	en tokens	XCES/XML	raw	TMX	Moses
OpenSubtitles2018	48 746	37.8M	304.8M	284.5M	[xces en it]	[en it]	[tmx]	[moses]
EUbookshop	9 028	6.6M	268.7M	258.8M	[xces en it]	[en it]	[tmx]	[moses]
OpenSubtitles2016	35 299	28.7M	230.3M	214.9M	[xces en it]	[en it]	[tmx]	[moses]
DGT	26 880	3.2M	72.9M	64.0M	[xces en it]	[en it]	[tmx]	[moses]
Europarl	9 461	2.0M	59.9M	58.9M	[xces en it]	[en it]	[tmx]	[moses]
JRC-Acquis	12 042	0.8M	34.1M	34.5M	[xces en it]	[en it]	[tmx]	[moses]
Wikipedia	3	1.0M	26.5M	22.2M	[xces en it]	[en it]	[tmx]	[moses]
EMEA	1 920	1.1M	12.0M	13.9M	[xces en it]	[en it]	[tmx]	[moses]
ECB	1	0.2M	5.5M	5.8M	[xces en it]	[en it]	[tmx]	[moses]
GNOME	1 905	0.7M	3.8M	3.4M	[xces en it]	[en it]	[tmx]	[moses]
TED2013	1	0.2M	3.2M	2.7M	[xces en it]	[en it]	[tmx]	[moses]
Tanzil	15	0.1M	2.8M	2.4M	[xces en it]	[en it]	[tmx]	[moses]
Tatoeba	1	0.1M	3.6M	1.3M	[xces en it]	[en it]	[tmx]	[moses]
KDE4	1 957	0.3M	2.2M	2.3M	[xces en it]	[en it]	[tmx]	[moses]
GlobalVoices	3 220	81.3k	2.1M	2.0M	[xces en it]	[en it]	[tmx]	[moses]
News-Commentary11	1 423	45.9k	1.3M	1.0M	[xces en it]	[en it]	[tmx]	[moses]
Books	8	33.1k	0.9M	0.8M	[xces en it]	[en it]	[tmx]	[moses]
Ubuntu	452	0.1M	0.8M	0.6M	[xces en it]	[en it]	[tmx]	[moses]
News-Commentary	1	18.6k	0.5M	0.5M	[xces en it]	[en it]	[tmx]	[moses]
PHP	3 270	36.8k	0.5M	0.2M	[xces en it]	[en it]	[tmx]	[moses]
EUconst	47	10.2k	0.2M	0.2M	[xces en it]	[en it]	[tmx]	[moses]
OpenSubtitles	22	19.1k	0.2M	0.1M	[xces en it]	[en it]	[tmx]	[moses]
total	**156 332**	**83.1M**	**1.0G**	**975.1M**	**83.1M**		**63.4M**	**77.4M**

图 13.1 OPUS 网站上可获取的平行语料库（意大利语 – 英语）

⊖ http://opus.nlpl.eu。

显然，其中一些数据对你来说会更加有用。如何决定使用哪些训练数据呢？如何利用那些不太相关的数据呢？

13.1.1　语料库之间的差异

文本的差异性体现在各个方面。图 13.2 给出了几个公开平行语料库的简短片段，这些语料来源广泛，例如从非常官方的欧盟共同法（Acquis Communitaire，欧盟法律）到 Twitter 上发布的消息。

EMEA *Abilify is a medicine containing the active substance aripiprazole. It is available as 5 mg, 10 mg, 15 mg and 30 mg tablets, as 10 mg, 15 mg and 30 mg orodispersible tablets (tablets that dissolve in the mouth), as an oral solution (1 mg/ml) and as a solution for injection (7.5 mg/ml).*

Software Localization *Default GNOME Theme*
OK
People

Literature *There was a slight noise behind her and she turned just in time to seize a small boy by the slack of his roundabout and arrest his flight.*

Law *Corrigendum to the Interim Agreement with a view to an Economic Partnership Agreement between the European Community and its Member States, of the one part, and the Central Africa Party, of the other part.*

Religion *This is The Book free of doubt and involution, a guidance for those who preserve themselves from evil and follow the straight path.*

News *The Facebook page of a leading Iranian leading cartoonist, Mana Nayestani, was hacked on Tuesday, 11 September 2012, by pro-regime hackers who call themselves "Soldiers of Islam".*

Movie subtitles *We're taking you to Washington, D.C.*
Do you know where the prisoner was transported to?
Uh, Washington.
Okay.

Twitter *Thank u @Starbucks & @Spotify for celebrating artists who #Give-Good with a donation to @BTWFoundation, and to great organizations by @Metallica and @ChanceTheRapper! Limited edition cards available now at Starbucks!*

图 13.2　语料库差异示例，图中文本为可公开获取的平行语料库的片段

一般从以下几方面区分语料库：

- **主题**：文本的主题，如政治或体育。
- **模态**：文本最初是如何创作的？是书面文本还是转录语音？如果是语音，是正式的演讲，还是语句不完整的、不符合语法规则的非正式对话？
- **语气**：文雅程度。在某些语言中，这是非常明确的，比如英语中的人称代词“you”在德语中非正式场合用“Du”而正式场合用“Sie”。
- **意图**：文本是事实陈述，是试图说服，还是多方沟通？
- **风格**：文本是简洁的非正式文本，还是充满感情色彩与华丽辞藻的文本？

现实中，我们往往没有关于这些方面的明确信息。从维基百科中提取的平行语料库虽

然在模态与风格上比较一致，但是涵盖了一系列的主题。通常我们可以从网络上爬取语料库，但是却很难预料这些语料库包含什么样的内容。

实际上，这意味着我们可能想强制机器翻译系统去学习，比如，学习文本的文雅程度，但是很难获得带有文雅程度注释的数据。我们不得不猜测，欧盟的正式公告要比电影字幕更加文雅。

领域差异的一个明显影响是单词有不同的含义，因此它们在不同的领域有着不同的翻译。“bat”就是一个典型的例子，显然它在棒球比赛报道和野生动物故事中有着不同的含义。不过，风格等方面的差异可能更相关，但是也更难衡量。如果用“What' up, dude?”而不是“Good morning, sir!”(即使不在早上）来与公司的 CEO 打招呼的话，这将是一个比较严重的错误。

鉴于领域的不确定性，自适应是一个很难确定的问题：数据的差异可能很细微（例如，联合国的官方出版物与欧盟的官方公告），也可能很显著（例如，聊天室对话与已颁布的法律）。相关数据与不相关数据的规模也有差异。数据可能按照领域进行了明确划分，也可能散乱地堆放在一起。某些数据的翻译质量高，有些数据的翻译质量差，它们可能受错译、乱序、甚至机器翻译的结果等噪声的影响。

13.1.2 多领域场景

有时我们有多个数据集，这些数据集按照领域进行了清晰的划分——典型的领域类别有体育、信息技术、金融和法律等。我们可以针对每个领域建立专门的翻译模型。对于一个给定的测试语句，我们可以选择合适的模型。如果测试语句所属的领域未知，我们需要事先构建一个分类器，让它自动判断该语句所属的领域类别。根据分类器的决策结果，我们再选择最合适的模型。图 13.3 展示了这一过程。

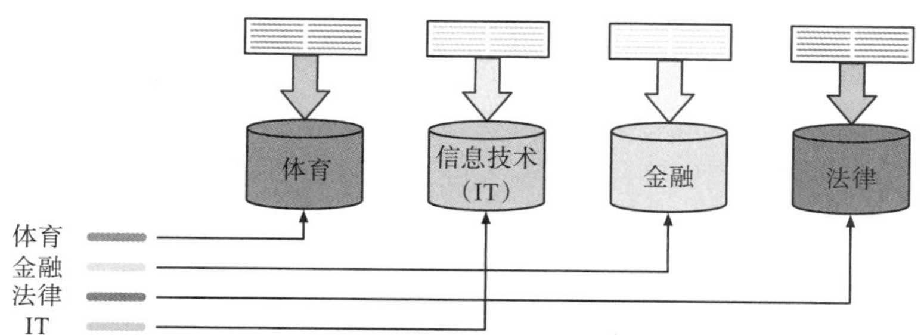

图 13.3 不同领域的机器翻译系统。每个系统都在对应领域的数据上进行训练，测试时输入句子被匹配到对应的系统

但是，我们不必局限于某个单一领域。分类器可能会提供不同领域的相关性分布（例如，有 50% 的概率与领域 A 相关，30% 与领域 B 相关，20% 与领域 C 相关），然后该分

布将作为领域特定模型之间集成的权重。我们可以基于整个文档而非单独的句子进行领域分类，这样就有更多的上下文信息帮助做出更加鲁棒的决策（关于该方法的更多内容将在 13.2 节详细介绍）。

13.1.3 领域内与领域外

另一种优化特定领域机器翻译的思路是将数据划分为领域内数据和领域外数据。通常情况下，与领域内数据相比，领域外数据要多得多。我们可以找到一个特定语言对的很多平行语料，但是其中只有很少能够匹配当前的翻译任务，例如翻译微软的用户手册。这样一来，我们面临的挑战将是如何适当地平衡两种数据源，并优先考虑领域内数据。

那么，为什么还要使用领域外数据呢？显然，领域内数据更有价值，因为它们提供了正确的候选译文和翻译风格等。但是，领域内的数据量通常很少，所以与理想结果存在差距。在系统部署过程中，我们需要翻译的一些输入单词可能在领域内训练数据中从来没有出现过，另外，有些输入单词虽然在领域内训练数据中出现过，但是没有给出正确的翻译。领域外数据可以弥补这些差距，但是必须注意不要让领域外数据淹没领域内数据。

13.1.4 自适应效应

机器翻译中的自动评价指标（例如 BLEU）对自适应效应相当敏感。这些评价指标通常按字面表示匹配，因而对于拼写不同的单词，即便它是正确单词的同义词，也会算作翻译错误。所以，当模型适应了领域内的风格并且使用该领域内常见的单词时，往往能够获得更高的 BLEU 值。实际上，不仅仅是词汇，反映在正式程度、语气和简洁程度等方面的语言特性都有可能与参考译文匹配或者不匹配。

BLEU 是一个非常粗粒度的评价指标。为了更详细地了解领域自适应效应，Irvine 等人提出了 **S^4 评价指标**，它区分了四种不同类型的翻译错误（Irvine et al.，2013）：

- **出现**（Seen）：是否因为输入单词未在平行训练数据中出现过，从而导致翻译错误？
- **语义**（Sense）：是否因为输入单词在训练数据中出现过，但是没有给出输入句子中的语义，导致无法产生符合当前输入句子语义的正确翻译结果？
- **打分**（Score）：是否因为输入单词在平行训练数据中出现过，而且存在正确译文，但是翻译模型对该译文的打分比其他候选译文低？
- **搜索**（Search）：是否因为模型偏好输入单词的正确翻译，但是柱搜索解码算法无法找到它，进而生成了一个得分较低的错误译文？

该评价指标很有用，可以检查领域外数据是否提高了覆盖度（出现和语义错误减少了），但是可能导致模型过于偏向错误的翻译选项（产生更多的打分错误）。由于该指标重点是检查单个单词的翻译，甚至主要是名词等实义词的翻译，因此不能很好地捕捉译文的风格。

图 13.4 展示了通用领域模型和领域内模型在一个化学专利示例上的区别。像德语中

Verfahren 这样的单词，恰当的翻译有几种，比如 procedures 和 method，但是只有后者才是专利领域中的正确术语。像存在歧义的德语单词 Katalysator，一般更多地用于汽车中的一个部件（英语 catalytic converter），在化学领域则更可能被翻译为 catalyst。通用领域模型也很难处理非常特定的技术短语，例如 exothermen Gasphasenreaktion（exothermic gas phase reaction）。

German source *Verfahren und Anlage zur Durchführung einer exothermen Gasphasenreaktion an einem heterogenen partikelförmigen Katalysator*
Human reference translation *Method and system for carrying out an exothermic gas phase reaction on a heterogeneous particulate catalyst*
General model translation *Procedures and equipment for the implementation of an exothermen gas response response to a heterogeneous particle catalytic converter*
In-Domain model translation *Method and system for carrying out an exothermic gas phase reaction on a heterogeneous particulate catalyst*

图 13.4　通用领域模型与领域内模型（化学专利）之间的差异。有些改进是风格上的（例如使用术语 method 和 system 而不是 procedures 和 equipment），有些地方解决了实际的语义问题（例如 catalyst 而不是 catalytic converter），有些地方则对目标语言有更好的覆盖（例如正确地翻译为 exothermic gas phase reaction 而不是错误地翻译为 exothermen gas response response）

13.1.5　合理的警告

一定程度上，领域自适应问题没有确切的定义，因为自适应场景在很多方面都有不同。与领域外数据相比，领域内数据有多少？是否有领域内数据？我们关心的是一个目标领域还是多个目标领域？领域的定义有多清晰？领域内数据和领域外数据的区别有多大？每种类型数据的异质性如何？我们是否希望按需自适应，因此需要快速的方法？

领域自适应方法很多，但是对于给定的数据条件，我们往往不清楚哪种是最合适的方法。此外，这些方法可以任意组合。在实践中，这意味着我们需要进行大量实验才能获得最佳结果。

13.2　混合模型

我们首先来看第一类方法，这类方法将训练数据按照领域进行划分，然后优化特定领域模型或数据对应的权重。

13.2.1　数据插值

机器翻译系统的默认训练模式是不管是否相关，直接将所有的训练数据混合在一起。

考虑到领域内数据通常少于领域外数据，所以领域内数据代表性不足。一个直接的补救方法就是在整合训练数据时，复制多遍领域内数据（也叫**过采样**）。这样一来，相比于特定领域外的任何句对，训练算法将更加频繁地遇到特定领域内的句对（见图 13.5）。

由于这种方法非常直接，所以它通常是开发人员的首选方法。不幸的是，我们很难优化领域内数据的复制次数这个因子。一个粗略的经验法则是，领域内数据应该占训练数据的一半，但是最好尝试不同的因子，找到效果最好的那一个。然而，由于每个因子都需要进行一次完整的训练，因此计算成本非常高昂。

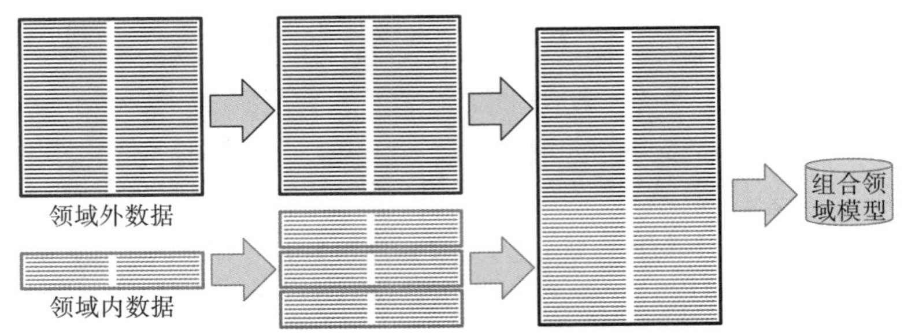

图 13.5 数据插值。为了平衡领域内数据和领域外数据，训练数据集中的领域内数据以某个选定的因子（这里取 3）复制多次

13.2.2 模型插值

如果将训练数据分为领域内和领域外数据，那么我们也可以分别训练两个完全独立的模型。我们不混合数据，而是混合模型以进行预测。这些模型预测结果将根据赋予领域内和领域外模型的适当权重进行融合（见图 13.6）。

9.2 节讨论了集成多个神经网络模型的思路。在那一节我们探讨的是同一数据上独立训练的模型，现在我们讨论的是在不同数据集上训练的模型。除此之外，没有任何区别。在解码过程中，每个模型都会预测下一个单词的概率分布。然后，我们可以对这些概率分布进行平均，并从平均后的分布中挑选出最好的下一个单词作为预测结果。除了简单的平均，我们还可以通过一组预先定义的权重对模型进行加权平均。我们不必手动选择模型的权重值，而是可以通过自动的方法确定这些权重（见 9.3.4 节）。

到目前为止，我们在领域内和领域外的场景下讨论了混合模型，但是这些方法也适用于多领域场景。如果我们针对信息技术、体育和法律领域分别训练了模型，那么对于任意输入的句子，最佳的翻译系统可能是由这些模型形成的组合模型。如果测试句子按领域进行了标注，那么我们可以按照前面介绍的方法确定每个领域的最佳权重。如果测试句子来自未知领域，那么我们首先需要建立一个领域分类器，然后使用每个领域的预测置信度作为其权重。

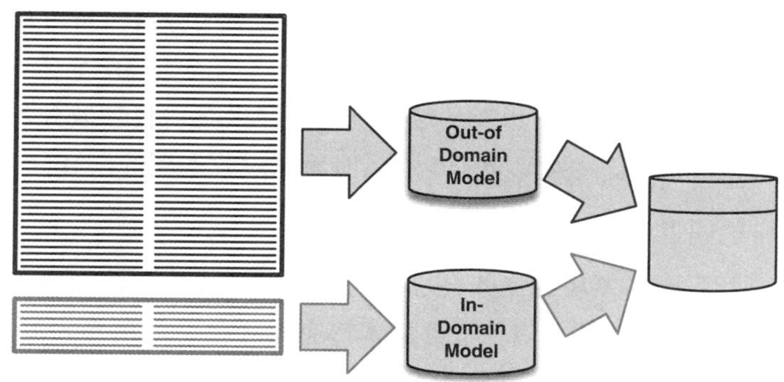

图 13.6　模型插值。在领域内和领域外数据上分别训练不同的模型。为了给领域内模型赋予更多的权重，通常采用集成解码的方式将这些模型组合在一起，即将不同模型的单词预测结果通过加权求和的方式进行组合

13.2.3　领域感知训练

我们刚刚讨论了外部领域分类器和单独训练多个神经机器翻译模型的想法，但是为什么不把这些方法结合应用到单一的神经架构中呢？

1. 领域词汇

在神经机器翻译模型中添加领域信息的一种简单而有效的方法是，在不改变模型架构的情况下，将领域词汇作为第一个单词添加在输入句子的开头（Sennrich et al., 2016a；Kobus et al., 2017）。领域词汇是一个人工设计词汇，例如 <SPORTS>。这样，我们就能够利用注意力机制根据领域词汇来预测模型的输出。领域词汇还可以帮助编码器丰富输入词汇的表示。神经模型会自动学习到这种领域词汇不是需要翻译的单词，而是为翻译决策提供信息的上下文特征。

领域词汇也可以放在输出句子的开头。如果领域是已知的，我们可以在解码算法开始预测之前插入领域词汇。如果领域是未知的，我们就不放置领域词汇，而是让解码器根据输入句子选择一个领域词汇。如果部分训练数据没有标记领域信息，那么我们也允许输出句子开头没有领域词汇。

2. 领域向量

如果输入句子的领域是未知的呢？那么我们确实需要一个领域分类器（可能是神经架构的一部分）。它可以预测领域词汇，也可以预测一个领域分类向量，其中的每个元素对应一个领域，每个值对应该领域的相关性。这个向量可以作为输入的一部分添加到神经机器翻译模型的解码器或者编码器中。一种方法是将其作为条件上下文添加到隐藏状态中。

既然有了这个分类器，我们也可以用它来标记训练数据。如果一些训练数据没有领域

信息，那么分类器可以提供帮助。但是，即使有明确定义的领域，也可能存在一些跨越不同领域的句对：想象一篇讨论球队（或球员）违反规则后的法律程序的体育文章。这篇文章有很多的法律元素，因而可以采用法律领域的模型。如果我们将领域分类器的预测结果添加到每个训练句对中，那么这些训练句子也会具有测试过程遇到的领域分类向量。

3. 单词预测中的偏置项

如果我们有很多不同的领域，比如在极端的情况下，机器翻译引擎需要为成千上万的译员（计算机辅助翻译场景）或作者（每篇文本都有作者信息的语料库）进行个性化服务，上述想法可能不太适用，因为针对每个人的训练数据非常少。在这种情况下，我们可能希望将重点放在输出单词的预测上，在那里我们只需要进行单个单词的选择。

其中一个想法就是在输出端的 softmax 函数中添加一个针对个人的偏置项。回想一下，我们根据前一时刻的隐藏状态（$\boldsymbol{s}_{i-1}$）、前一时刻输出的词嵌入（$\boldsymbol{E}\boldsymbol{y}_{i-1}$）和输入端上下文（$\boldsymbol{c}_i$）的组合，先后采用前馈层和 softmax 函数计算输出单词的分布 $\boldsymbol{t}_i$：

$$\boldsymbol{t}_i = \text{softmax}(\boldsymbol{W}(\boldsymbol{U}\boldsymbol{s}_{i-1} + \boldsymbol{V}\boldsymbol{E}\boldsymbol{y}_{i-1} + \boldsymbol{C}\boldsymbol{c}_i) + \boldsymbol{b}) \tag{13.1}$$

具体的模型架构可能不同，但是几乎所有神经机器翻译系统的共同点是都有前馈层加 softmax 函数，给定条件向量 $\boldsymbol{z}_i$ 作为输入，参数包括权重矩阵 $\boldsymbol{W}$ 和偏置项 $\boldsymbol{b}$：

$$\boldsymbol{t}_i = \text{softmax}(\boldsymbol{W}\boldsymbol{z}_i + \boldsymbol{b}) \tag{13.2}$$

现在，我们增加一个额外的针对个人 p 的偏置项 $\boldsymbol{\beta}_p$：

$$\boldsymbol{t}_i = \text{softmax}(\boldsymbol{W}\boldsymbol{z}_i + \boldsymbol{b} + \boldsymbol{\beta}_p) \tag{13.3}$$

偏置项在技术上与词嵌入类似，其参数是一个大矩阵，其中每一列对应一个译员（Michel & Neubig，2018）。

13.2.4 主题模型

我们在讨论领域的属性时已经提到了主题这个词，但技术上的**主题模型**是将大量的语料自动聚类成不同集合的模型，每个集合可以理解为有一个特定的主题。因此，主题模型以一种无监督的方式为异质语料库引入了领域差异。有了这种按领域划分的方法，我们就可以使用前文阐述的领域自适应技术（见图 13.7）。

获得这种数据聚类的方法有多种，其中一种传统方法是潜在狄利克雷分布（Latent Dirichlet Allocation，LDA）（Blei et al.，2003），最近的一些研究中使用句子嵌入（Tars & Fishel，2018）。需要注意的是，我们必须只对输入的句子进行聚类，因为我们在模型部署（测试）时只能看到输入句子。

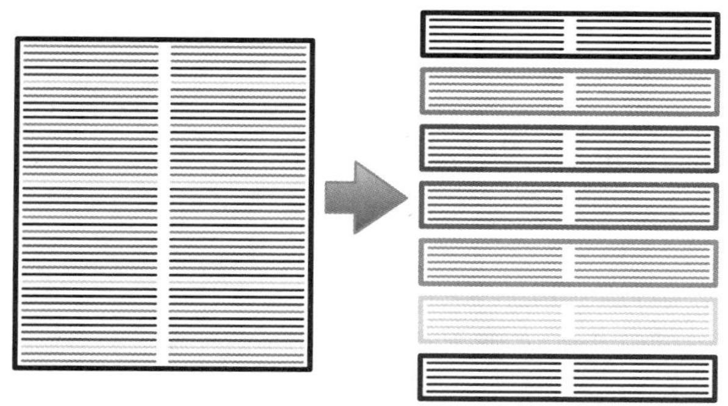

图 13.7 主题模型根据输入句子对平行句对进行自动聚类。在每个聚类上可以训练不同主题的机器翻译模型

1. 潜在狄利克雷分布

潜在狄利克雷分布被形式化为一个图模型，它假设句子都属于一组固定的主题。该模型首先预测主题的分布，然后根据每个主题再预测单词。训练这个生成过程将单词与对应一些概念的特定主题联系了起来。例如，一个主题的关键词可能是“European”“political”“policy”和“interest”，而另一个主题的关键词可能是“crisis”“rate”“financial”和“monetary”（Hasler et al.，2014）。

2. 句子嵌入

既然词嵌入很成功，那么我们为什么只限于在词的层次上呢？为什么不把句子、段落或者整个文档也进行嵌入表示呢？回顾一下，词嵌入的训练过程通常是通过周围的 n 个单词预测中间的单词。我们可以采用类似的方法训练句子嵌入，但是更简单的方法是对句子中所有词的词嵌入进行平均。尽管这种方法明显存在问题（Joe kills the bear 和 the bear kills Joe 的意思相差甚远），但是对于句子的领域分类任务来说足够了（两个句子都是关于杀戮和野生动物的）。更加精细的技术是使用 n 元组的嵌入表示或者在取平均时对各个词嵌入进行加权平均。

完成句子嵌入仅仅是第一步，我们还需要把语料聚类成不同的集合。句子嵌入将语料库表示为一个高维空间，每个句子都是空间中的一个点。我们可以使用 k 均值等标准的聚类技术。在这一步中，我们首先随机生成一些点 $\boldsymbol{c}_i$（**中心点**）。然后，将空间中每个数据点（这里是每个句子嵌入）分配给它最邻近的中心点。之后，利用分配的所有数据点的平均值更新中心点，并根据新的中心点重新分配数据点，以此类推，迭代上述过程。

一旦上述过程收敛，我们就可以将空间依据与中心点的接近程度划分为多个子空间。在句子嵌入场景下，这意味着每个句子都被分配到一个领域中，这个领域是由该句子与典型句子（子空间的中心点）的相似度来确定的。

13.3 欠采样

一个常见的问题是，可用的领域内数据非常少，所以仅仅在这些数据上进行训练将面临过拟合的风险，即模型在出现过的数据上表现非常好，但在其他任何数据上都表现欠佳。大规模随机平行文本集合通常包含与领域内数据密切相关的数据。因此，我们希望从领域外数据占主体的大规模集合中抽取那些领域内数据，然后添加到训练语料库中（Eetemadi et al.，2015；见图 13.8）。

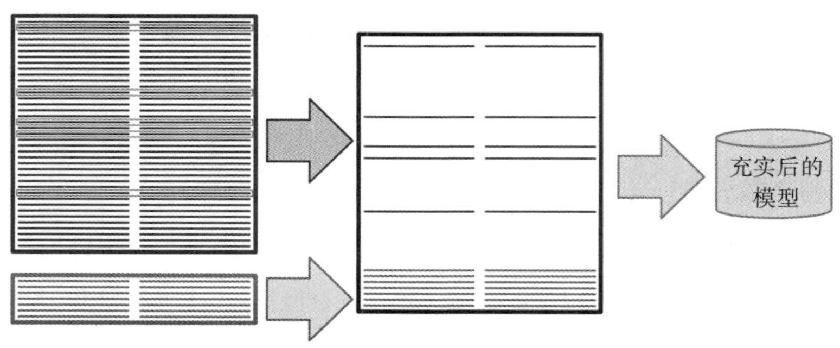

图 13.8　从领域外数据占主体的大规模数据集中欠采样领域相关的数据

13.3.1 Moore-Lewis：语言模型交叉熵

各种方法背后的总体思路都是构建两个检测器：一个是在领域内数据上训练的领域内检测器，另一个是在领域外数据上训练的领域外检测器。然后，用两个检测器对领域外数据中的每个句对进行打分，最后选择领域内检测器更偏好（或判断为更加相关）的句对。

经典的检测器在领域内和领域外数据的源端和目标端分别训练语言模型（Axelrod et al.，2011），共产生四个语言模型：源端的领域内模型 $\mathrm{LM}_f^{\mathrm{in}}$、目标端的领域内模型 $\mathrm{LM}_e^{\mathrm{in}}$、源端的领域外模型 $\mathrm{LM}_f^{\mathrm{out}}$ 和目标端的领域外模型 $\mathrm{LM}_e^{\mathrm{out}}$。这些语言模型将对领域外数据中的每个句对进行打分。

这样，我们就可以计算每个句子 $\boldsymbol{s}$ 在语言模型中的熵 H：

$$H(\boldsymbol{s}) = -\mathrm{LM}(\boldsymbol{s})\log\mathrm{LM}(\boldsymbol{s}) \tag{13.4}$$

对于每一个语言模型得分 $\mathrm{LM}_e^{\mathrm{in}}$、$\mathrm{LM}_e^{\mathrm{out}}$、$\mathrm{LM}_f^{\mathrm{in}}$ 和 $\mathrm{LM}_f^{\mathrm{out}}$，我们都会得到对应的熵 H_e^{in}、H_e^{out}、H_f^{in} 和 H_f^{out}，然后将它们合并成一个相关性分数：

$$\mathrm{relevance}_{e,f} = (H_e^{\mathrm{in}}(e) - H_e^{\mathrm{out}}(e)) + (H_f^{\mathrm{in}}(f) - H_f^{\mathrm{out}}(f)) \tag{13.5}$$

我们可以采用传统的 n 元语言模型或者循环神经语言模型。有些研究认为，更加重要的应该是句子的风格而不是它们的实际内容，因此建议用词性标签或词的聚类代替开放类型的单词（名词、动词、形容词、副词）。我们甚至可以使用领域内和领域外的神经翻译模型对句对进行评分，而不是孤立地对源端和目标端句子进行评分。

13.3.2　基于覆盖范围的方法

基于句子与现有句子的相似度进行欠采样的一个顾虑是，模型可能无法学到很多新东西，但是添加额外数据的动机是增加模型的覆盖范围。所以，在添加领域外语料库的句子时，我们希望跟踪单词在现有数据池中被覆盖的频率。只有当新句对包含从未见过或很少见过的源端或目标端单词时，我们才会将它添加进来。

我们对每个尚未添加到数据中的候选句子 $\boldsymbol{s}_i$ 计算一个基于词的得分：

$$\frac{1}{|\boldsymbol{s}_i|}\sum_{w\in s}\text{score}(\boldsymbol{w},\boldsymbol{s}_{1,\cdots,i-1}) \tag{13.6}$$

其中，一个简单的打分函数是检查单词 w 是否在之前添加的句子 $\boldsymbol{s}_1, \cdots, \boldsymbol{s}_{i-1}$ 中出现过：

$$\text{score}(\boldsymbol{w},\boldsymbol{s}_{1,\cdots,i-1})=\begin{cases}0 & \boldsymbol{w}\in\boldsymbol{s}_1,\cdots,\boldsymbol{s}_{i-1}\\ 1 & \text{其他}\end{cases} \tag{13.7}$$

得分最高的句子（未见词的比例最高）将被添加进来。

这种方法可以从几个方面进行扩展（Eck et al.，2005）：

- 不要仅测量单词的覆盖度，我们也可以考虑一定长度的 n 元词组。因此，我们计算得分时，不只是以单词为单位，还以 n 元词组为单位：

$$\frac{1}{|\boldsymbol{s}_i|\times N}\sum_{n=0}^{N-1}\sum_{\boldsymbol{w}_{j,\cdots,j+n}\in s}\text{score}(\boldsymbol{w}_{j,\cdots,j+n},\boldsymbol{s}_{1,\cdots,i-1}) \tag{13.8}$$

- 一旦一个单词（或 n 元词组）在所选句子中出现过，对应的新句对将可能不再被添加进来。为了训练一个好的模型，我们必须让模型在不同的语境下频繁地看到同一个单词。所以，我们希望针对单词的打分随着该词在语料中出现的频率不断衰减。指数衰减函数是常用的衰减函数（Bicici & Yuret，2011）：

$$\text{score}(\boldsymbol{w},\boldsymbol{s}_{1,\cdots,i-1})=\text{frequency}(\boldsymbol{w},\boldsymbol{s}_{1,\cdots,i-1})\mathrm{e}^{-\lambda\text{frequency}(\boldsymbol{w},\boldsymbol{s}_{1,\cdots,i-1})} \tag{13.9}$$

- 上述方法将晦涩难懂的单词和低频单词与常用词同等对待。我们希望看到频繁出现的单词得到适当的表示。这就需要通过度量整个语料库中的单词（或 n 元词组）分布与所选句子中的分布之间的关系来增强打分函数。我们不清楚这对于领域欠采样是否有帮助，但是这更加适合缩减语料库规模的总体目标。

此外，$O(n^2)$ 的算法复杂度是上述方法面临的一个计算问题。考虑到目前语料库通常有几千万到几亿个句子，这将是一个严重的计算负担。Lewis 和 Eetemadi 提出了一种复杂度呈线性变化的方法（Lewis & Eetemadi，2013）。该方法定义了一个目标计数 N，即我们希望在语料库中看到每个单词的频率。我们只需要遍历一次语料库，统计句子（或句对）中的每个单词已经出现的频率，只有当任何一个单词的出现次数少于目标数 N 时，对应句子才会被添加。

值得注意的是，句子的顺序很重要。我们可以用上一节介绍的 Moore-Lewis 欠采样方法对句子进行顺序。所以，添加句子时我们优先考虑它们与领域的相关性，如果它们没有带来足够多的新信息，我们将不会添加。

13.3.3 样本加权

我们前面讨论的方法主要对领域外数据中的句对进行相关性评分。但是如果用这个分数来决定包含哪些数据、丢弃哪些数据可能过于苛刻。也许任何句对都有帮助，只是有些句子对训练的影响大，有些则影响小。

这就是样本加权背后的理念。我们希望既能多关注相关的训练数据，也能从其他数据中获得一些收益。为此，我们首先需要计算相关性得分，这个得分通常在 0（最不相关）到 1（最相关）的范围内。然后，我们在训练过程中利用相关性得分对学习率进行缩放（Chen et al.，2017）。

传统上，因权重更新而计算的梯度是基于固定或衰减的学习率进行缩放的，其中学习率的值取决于更复杂的优化方案，如 Adagrad 或 Adam。现在，我们将根据相关性得分进一步调整学习率，对于最相关的数据（相关性得分为 1），训练方式不变，但是句对的相关度越低，模型参数的更新就越小。

样本加权中使用的相关性得分可以是刚才描述的方法所估计的句子级得分。但是也可以采用其他方法，比如针对不同领域的语料在语料库层级的得分（数据插值的另一种方法），或者将句对质量考虑在内的语料得分。

13.4 微调

对于神经机器翻译，最近流行起来一种非常简单的自适应方法，这种方法称为**微调**或**连续训练**。该方法将训练过程分为两个阶段：首先，我们在所有数据上训练模型，直到模型收敛；然后，只在领域内数据上进行几轮训练，当模型在领域内数据验证集上的表现达到最优时停止训练（见图 13.9）。这种方法使最终的模型能够应对所有训练数据，但同时仍然能够适应领域内的数据。

实际经验表明，微调方法在领域内训练过程（第二个阶段）可能会很快收敛。领域内数据通常比较少，只需要少量的训练时间。不过，我们在超参数的选择上会遇到一些棘手的问题，如学习率大小和优化器的选择（参见 Adagrad 和 Adam，见 10.3.2 节）等。这些选择必须通过不断的实验来解决。

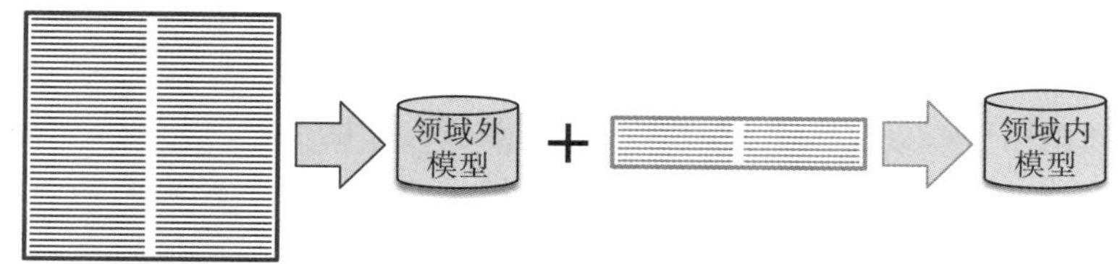

图 13.9 神经机器翻译模型的在线训练提供了一种直接的领域自适应方法。给定在通用数据上训练的通用领域翻译系统，在领域内数据上进行少量的额外训练就可以实现一个领域自适应系统

13.4.1 约束更新

微调方法的主要问题是，只在少量领域内语料上进行训练会导致模型过拟合以及对通用领域知识的**灾难性遗忘**（即无法再翻译通用领域中的句子）。

虽然自适应的目标是让模型在领域内数据上表现良好，但是也应该考虑领域外数据的翻译性能，因为这是模型鲁棒性的一个衡量标准。因此，在测量和优化模型在领域内验证集上的性能的同时，也需要跟踪模型在领域外验证集上的性能。少量 BLEU 值损失是可以接受的，但是应该避免模型在领域外测试集上完全崩溃。

为了解决这种灾难性的遗忘问题，我们希望通过某种方式来约束微调阶段的训练。下面介绍一些针对性的策略。

1. 更新部分模型参数

我们希望只更新部分模型参数。由于我们希望领域自适应产生的影响更靠近输出端，因此我们更加关注解码器参数，例如影响隐藏状态计算的权重、针对输出单词预测的 softmax 函数，以及输出端的词嵌入。

将更新限制在少量参数可以约束训练过程使模型不会过于偏离原始模型。但是，哪些参数更新，哪些参数不更新，则需要通过大量的实验来选择。

2. 添加自适应参数

我们可以不更新现有的模型权重，而是添加特殊的自适应参数，并且只在微调阶段更新这些参数。其中一个方法被称为**学习隐藏单元贡献**（Learning Hidden Unit Contribution，LHUC），它是一层的网络，在后处理阶段使用一个因子对隐藏状态 $\boldsymbol{h}$ 中所有节点的值进行放缩。在微调期间，只有这些放缩因子 $\boldsymbol{\rho}$ 是训练参数（Vilar，2018）。

由于我们采用这些因子来强调隐藏状态中的一些值并忽略其他值，因此我们希望将它们的值限制在一个更窄的范围内，例如 0 和 2 之间。这可以通过 softmax 函数的变体来实现：

$$a(\boldsymbol{\rho}) = \frac{2}{1+\mathrm{e}^{\rho}} \qquad (13.10)$$

然后，我们使用这些自适应值 $a(\boldsymbol{\rho})$ 来缩放隐藏状态 $\boldsymbol{h}$ 的值：

$$\boldsymbol{h}_{\mathrm{LHUC}} = a(\boldsymbol{\rho}) \circ \boldsymbol{h} \qquad (13.11)$$

这种方法的优点是，模型可以随时学习领域特定的自适应向量 $\boldsymbol{\rho}$，并在需要的时候将它们交换进去，而不是回退到之前的通用领域系统。这使得系统很容易执行增量自适应，同时模型在没有新增训练数据的领域内的表现不会发生变化。

3. 正则化训练目标

约束更新的既定目标是不能偏离在领域外数据上表现良好的原始模型太远。因此，我们为何不显式地修改训练目标呢？修改后的训练目标应该让模型在微调阶段使用的领域内训练数据上表现更好，而且模型的预测结果与原先训练的领域外模型不能有太大的差别。

经典的训练目标是减少单词预测的误差，损失函数由时刻 i 正确输出单词 $\boldsymbol{y}_i$ 的预测概率 $\boldsymbol{t}_i[\boldsymbol{y}_i]$ 表示（参考公式（8.5））：

$$\mathrm{cost} = -\log \boldsymbol{t}_i[\boldsymbol{y}_i] \qquad (13.12)$$

为了衡量当前输出单词的概率分布 $\boldsymbol{t}_i$ 与基线模型输出单词的概率分布 t_i^{BASE} 之间的差异，我们可以用两个分布之间的交叉熵来衡量：

$$\mathrm{cost}_{\mathrm{REG}} = -\sum_{y \in V} \boldsymbol{t}_i^{\mathrm{BASE}}[\boldsymbol{y}] \log \boldsymbol{t}_i[\boldsymbol{y}] \qquad (13.13)$$

在损失函数中增加这种附加项的操作称为正则化（参见 10.4.1 节）。超参数 α 决定了正则化项 $\mathrm{cost}_{\mathrm{REG}}$ 的强度：

$$(1-\alpha)\mathrm{cost} + \alpha \mathrm{cost}_{\mathrm{REG}} \qquad (13.14)$$

公式中的因子 α 允许我们指导微调偏向于优化领域内的数据（α 取较小值）还是保持原始模型的预测（α 取较大值）。Khayrallah 等人建议 α 的取值范围为 0.001 ~ 0.1，主要目的是让模型更加适应领域内的训练数据（Khayrallah et al.，2018b）。但是 α 也可以高达 0.9，这样可以尽可能少地让模型偏离原始模型（Dakwale & Monz，2017）。

13.4.2　文档级自适应

计算机辅助翻译是自适应的一种应用场景。在这类场景中，专业译员通过后编辑机器翻译系统的候选译文或者使用更复杂的方法（比如交互式翻译预测）与机器翻译进行交互。其中交互式翻译预测更像是移动文本输入系统的自动完成功能，每次预测一个单词。

当译员翻译一篇文档时，我们希望机器翻译系统能够适应译员的选择。一个明显的改进是让机器翻译系统学习新的词汇。机器翻译系统遇到新的单词时，它不太可能给出好的翻译结果。但是，译员会修正机器翻译的输出，并且提供一个好的翻译结果。当该单词下一次出现在文档中时，机器翻译系统应该能够输出专业译员之前所提供的译文（见图 13.10）。

机器翻译系统不仅要适应新的词汇，而且应该适应翻译选择（即当译员为输入单词选择另一种翻译而非系统最初建议的翻译的时候）和译员当时的翻译风格。

我们可以将上述问题形式化为一个微调任务，即给定一批新的句对（由专业译员确认后的句子翻译），我们只需要在这些句对上训练模型进行微调。我们可以使用前面提到的任何微调策略，例如，由于微调阶段的数据集的规模非常小，因此采用较大的学习率。添加新单词的翻译时，我们还需要进行特殊处理。Kothur 等人发现，除了将包含新的单词翻译的双语句子作为训练数据以外，将新的单词及其翻译作为单独的训练样本也能够取得更好的效果（Kothur et al.，2018）。

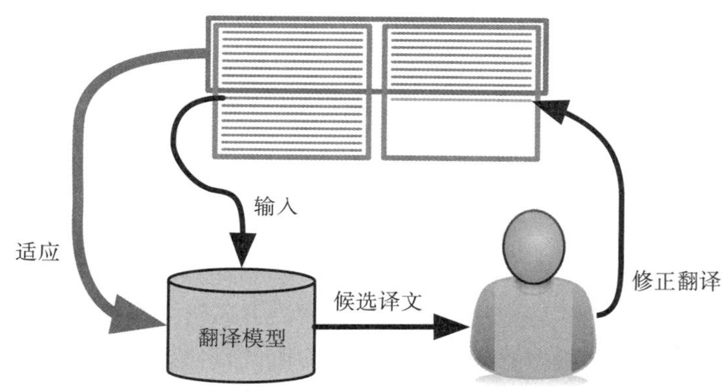

图 13.10 计算机辅助翻译场景下的自适应。机器翻译系统为文档中的句子提供候选译文，然后由专业译员对候选译文进行修正，由此产生的句对将用来微调机器翻译系统

13.4.3 句子级自适应

微调的最极端情况是对单个句子进行自适应。本质上，这更类似于为专业译员建立的工具：翻译记忆。该工具能够在现有的平行语料中找到最相似的输入句子，并返回该输入句子与它的目标译文。在很多翻译场景中，译员的任务是翻译一些非常相似的材料（甚至可能只是更新已被翻译过的文档），那么翻译记忆是一种非常有效的方法。

如果句子之前已经翻译过，为什么我们不直接使用之前的翻译呢？即使相比于之前翻译的句子，当前句子改变了一两个单词（比如，产品名称），那么修正之前的译文也会非常容易。这种根据输入句子检索相似句对的方法叫作**模糊匹配**，检索到的句对称为模糊匹配句对。通常，我们可以采用字符串编辑距离的一些改良方法来进行模糊匹配。

句子级自适应背后的思想是，通过在模糊匹配句对上的微调实现对特定句子的翻译。

模糊匹配句对可能不止一个，但是即使只有一个句对似乎也能给出很好的结果。由于只对少数句对进行自适应，所以我们需要设置相对较高的学习率，并且只遍历一轮训练数据（Farajian et al.，2017b）。

13.4.4　课程训练

我们回顾 10.4.2 节描述的课程学习的思想：如果先从简单的样本开始，再面对更加复杂的实际样本，学习过程可能会更容易。我们也可以将该思想应用到自适应问题上。

假设我们有一个规模很大的训练语料库，但是应用于一个受限的领域。我们可以采用 13.3 节描述的欠采样方法，根据领域相关性给训练语料库中的每个句对打分。给定每个句对的领域相关性得分，我们可以依据相关性阈值将训练数据划分为大小不同的子集。

我们首先在整个语料库上进行训练，然后再在训练语料库的越来越小的子集（领域相关性越来越高）上进行微调。每个训练阶段并不直接训练到收敛，而是执行事先定义的课程方案，例如在所有数据上训练五轮，在子集 A 上训练两轮，在子集 B 上也训练两轮，以此类推（Van der Wees et al.，2017）。

13.5　扩展阅读

领域自适应在传统的统计机器翻译中得到了广泛的研究。这些技术经过改进后已经应用于神经机器翻译模型中，使其适应不同的领域和语言风格。在模型部署过程中，大部分（甚至全部）训练数据和测试数据之间存在领域不匹配的现象。除了神经机器翻译中的自适应研究之外，传统的统计机器翻译中也有大量关于该主题的相关文献，这些文献至今仍有借鉴意义。

1. 微调

神经模型中的一种常见的方法是先在所有训练数据上进行训练，然后在领域内数据上只进行几轮迭代（Luong & Manning，2015），该方法最先被应用于神经语言模型的自适应（Ter-Sarkisov et al.，2015）。Servan 等人使用由少至 500 个句对组成的小型领域内数据集证明了这种自适应方法的有效性（Servan et al.，2016）。Etchegoyhen 等人使用主观评价和译后编辑效率来评估这种领域自适应系统的质量（Etchegoyhen et al.，2018）。

Chu 等人认为少量的领域内数据会导致过拟合，并建议在自适应过程中混合领域内和领域外数据（Chu et al.，2017）。Freitag 和 Al-Onaizan 也发现了同样的问题，并建议通过集成基线模型和自适应模型来避免过拟合（Freitag & Al-Onaizan，2016）。Peris 等人在自适应阶段采用替代训练方法，但是相比于传统的梯度下降训练并未取得稳定的性能提升（Peris et al.，2017a）。

Vilar 在微调过程中保持通用模型的参数不变，仅更新循环状态中的自适应网络层（Vilar，2018）。Michel 和 Neubig 仅在输出层的 softmax 函数中更新额外的偏置项（Michel & Neubig，2018）。Thompson 等人探索了哪些参数（词嵌入、循环状态等）可以保持不变，同时仍然能够获得良好的自适应效果（Thompson et al.，2018）。

文献（Dakwale & Monz，2017）及（Khayrallah et al.，2018a）对训练目标进行正则化，添加一个正则项以惩罚自适应模型偏离基线模型的单词预测分布太远的情况。Miceli Barone 等人除了使用 drop-out 技术之外，还使用了基线模型的参数值和自适应模型的参数值之间的 L2 范数作为目标函数中的正则化项（Miceli Barone et al.，2017a）。Thompson 等人使用一种称为弹性权重固化的技术取得了显著的效果，这种技术也倾向于保留通用模型中对翻译质量比较重要的模型参数（Thompson et al.，2019）。

2. 课程训练

Van der Wees 等人采用课程训练的方法解决自适应问题（Van der Wees et al.，2017）。他们从由所有数据组成的语料库开始训练，然后在越来越小但领域相关性越来越高的子集上进行训练，其中领域相关性通过语言模型判断。Kocmi 和 Bojar 也采用课程训练的方法，先在比较简单的句对上进行训练，其中难度由句子的长度、并列连词的数量和单词频率来衡量（Kocmi & Bojar，2017）。文献（Platanios et al.，2019）的研究表明，根据训练进度选择难度不断增加的数据，可以加快收敛速度并提升 Transformer 模型的性能。Zhang 等人探讨了多种基于不同难度的课程安排，包括首先在难度较大的样本上进行训练（Zhang et al.，2019c）。Kumar 等人将模型在验证集上的收益作为奖励，通过强化学习让模型学习不同程度噪声强度下数据的课程安排（Kumar et al.，2019）。Wang 等人认为已经正确预测的双语句对对于模型的进一步改进没有帮助，所以在迭代过程中不断地删除对训练目标没有改善的句对（Wang et al.，2018a）。

3. 基于模糊匹配的句子级自适应

文献（Farajian et al.，2017b）和（Li et al.，2018）提出在翻译句子之前从平行语料库中获取一些相似的句子及其翻译，并让神经翻译模型适应这个欠采样的训练集的方法。类似地，文献（Chinea-Rios et al.，2017）仅从源语言单语数据中欠采样与待翻译文档中的句子相似的句子，然后进行自训练学习。自训练首先翻译欠采样的源语言单语句子，然后让模型适应合成的平行语料。

Gu 等人修改了模型架构，让模型能够利用检索到的句对（Gu et al.，2018c）。这些句对存储在神经键值存储器中，句对中的单词可以直接复制并输出，或者与基线神经翻译模型的预测结果进行融合。Zhang 等人从检索到的句对中抽取短语对，并且在搜索过程中对包含这些短语对的翻译假设进行奖赏（Zhang et al.，2018a）。Bapna 和 Firat 在解码推断过程中，将从领域特定语料库中检索的相似句对作为额外的上下文信息（Bapna & Firat，2019）。同样，Bulte 和 Tezcan 将相似句对的目标语言部分作为额外信息添加在源语言句中（Bulte & Tezcan，2019）。

4. 句子级样本更新

Kothur 等人的研究表明，机器翻译系统可以逐句地适应译员在文档中的译后编辑工作（Kothur et al.，2018b）。他们在译员编辑后的句对上进行微调或者通过微调添加新的词汇翻译，这两种方法都取得了性能提升。Wuebker 等人在相似的应用场景中构建了个性化翻译模型（Wuebker et al.，2018）。他们修改输出层的预测方法，使用群套索（group lasso）正则化方法来限制通用模型与个性化模型之间的差异。Simianer 等人比较了不同的句子级自适应训练方法，对比了方法对于自适应句对中出现过一次的单词以及在自适应句对未出现过的新单词的翻译表现（Simianer et al.，2019）。他们发现套索自适应（lasso-adaptation）方法能够提升出现一次的单词的翻译质量，同时不会降低未见单词的翻译效果。

5. 欠采样与样本加权

受统计机器翻译中基于欠采样的领域自适应的启发，Wang 等人采用区分领域内和领域外的句子嵌入状态增强神经翻译模型（Wang et al.，2017a)。该句子嵌入通过计算所有输入单词的词嵌入总和获得，然后用作解码器的初始状态。这个句子嵌入可以区分领域内和领域外的句子，其中领域内和领域外的句子由对应领域中所有句子嵌入的中心点表示。与领域内中心点更接近的领域外句子将被添加到训练数据中。Chen 等人将欠采样与句子加权两种思想相结合，他们针对训练数据中的句对建立一个领域内和领域外的分类器，然后利用分类器预测得分来降低领域外句对的学习率（Chen et al.，2017）。Wang 等人也探索了句子级学习率放缩方法，并将其与领域内数据的过采样方法进行对比，得出了相似的结果（Wang et al.，2017）。

Farajian 等人的研究表明，当利用数据集合训练通用机器翻译系统，然后在细分领域上进行测试时，传统的统计机器翻译优于神经机器翻译（Farajian et al.，2017a)。自适应技术能够使神经机器翻译在上述应用场景中追赶上统计机器翻译的性能。

6. 领域词汇

我们可以训练一个多领域模型，并在运行时告知模型输入句子所属的领域。Kobus 等人将最初由文献（Sennrich et al.，2016a）提出的一个想法（用表示礼貌的语气特征词汇来增强输入句子）应用于领域自适应问题（Kobus et al.，2017）。他们在每个训练句子和测试句子中添加了一个领域词汇。Tars 和 Fishel 给出的结果表明，领域词汇的表现优于微调方法，他们还探索了词级别的领域因素（Tars & Fishel，2018）。

7. 主题模型

如果数据中包含来自多个领域的句子，但是句子构成方式未知，那么也可以选择用

LDA 等方法自动检测不同的领域（通常称为主题）。Zhang 等人采用这种聚类为每个单词计算一个主题分布向量（Zhang et al.，2016）。除了词嵌入外，单词的主题分布向量也可用作神经翻译模型中编码器和解码器的输入。Chen 等人不使用单词级主题向量，而是将每个句子的领域分布作为附加信息输入向量编码到单词预测层的条件上下文中（Chen et al.，2016b）。Tars 和 Fishel 使用句子嵌入和 k 均值聚类来获得主题簇（Tars & Fishel，2018）。

8. 噪声数据

机器翻译模型要翻译的文本可能含有噪声，这可能是由于拼写错误或社交媒体文本中常用的新创语言而导致的。机器翻译模型可以适应这样的噪声，从而变得更加鲁棒。Vaibhav 等人添加了模拟噪声类型的合成训练数据，这些噪声类型类似于测试集（网络论坛帖子）中所出现的噪声（Vaibhav et al.，2019）。Anastasopoulos 等人采用来自语法纠错任务的语料（非母语使用者产生的错误句子以及他们的纠正句子）创建反映相同类型错误的合成输入（Anastasopoulos et al.，2019）。他们比较了干净输入和噪声输入在不同场景下的翻译质量，并通过在训练中添加类似的合成噪声数据来缩小两者之间的差距。

第 14 章
Neural Machine Translation

超越平行语料库

像所有的监督机器学习任务一样，神经机器翻译也是在有标签的训练数据上进行训练的。其中源语言句子的标签即其在目标语言中的翻译，但是这种平行语料并不是训练机器翻译模型的唯一数据。

在机器学习领域，描述如何利用数据训练模型的术语有很多。训练样本与测试样本类型相同的训练范式被称为**监督学习**。举例来说，如果要求模型给图像打上类似于“猫”和“狗”这样的标签，就需要提供带有这些标签的训练数据来训练模型。如果提供给模型的只有无标签的训练样本，那就被称为**无监督学习**。对于机器翻译来说，无监督学习意味着源语言句子（或者目标语言句子）没有其对应的翻译。**半监督学习**介于两者之间：有一部分带标签的样本（例如一个小的平行语料库），但是通常还有更多无标签的样本。**自训练**是一种半监督训练方法，它首先在有标签的数据（平行语料库）上训练一个模型，然后将这个模型应用于无标签的数据（源语言的单语语料库）来生成额外的训练样本。以这种方式产生的合成数据被作为训练数据对模型进行重新训练。

如果只有无标签数据，我们能做什么呢？我们可以从中学习语言分布的模式和规律。词嵌入学习就是一个很好的例子。没有哪一种语料库能为每个单词提供标注好的语义表示，但是通过挖掘单词在文本中的分布，就可以学到能够区分其不同语义的表示。

如果我们有很多相关的数据，就可以采用**迁移学习**方法。例如，我们有大量的法语–英语平行语料，但是我们真正希望实现的是西班牙语到英语的翻译。那么通过在法语数据上对模型进行预训练，然后在西班牙语数据上对其进行优化，就能够在已经学过的相关语言的基础上构建翻译模型。**零样本学习**在此基础上更进了一步，使得模型在只有相关语言数据的情况下进行学习。沿用前面的例子，这意味着我们有法语–英语、法语–德语和西班牙语–德语的平行语料，但是唯独没有想要构建翻译系统的西班牙语–英语的语料。

最后是多任务学习，利用这种范式我们可以训练一个模型，使其执行许多相关的任务，其中每个任务都有自己的训练数据。我们希望这些任务之间有足够的共性，使模型能够获得适用于不同任务的泛化能力。

本章将探讨如何将所有这些数据的条件和学习方法应用于机器翻译。

14.1 使用单语数据

在超大规模单语语料上训练的语言模型是统计机器翻译系统的一个关键特征。语言模型越大，翻译质量越高。语言模型可以利用从通用领域网页中抓取的、数据量高达万亿单词的单语语料。令人惊讶的是，神经机器翻译模型不使用任何额外的单语数据。神经翻译模型中的语言模型（基于解码器前一时刻的隐藏状态和前一时刻的输出）是与翻译模型（基于源语言上下文）联合训练的，但是模型只利用平行语料库中的目标语言部分。

利用单语语料改善神经机器翻译模型的思路主要有两种：一种是将语言模型作为组件集成到神经网络架构中，另一种是通过合成缺失的一半数据将单语语料翻译、转换为平行语料。

14.1.1 增加语言模型

语言模型能够改善输出的流畅度。使用目标语言中大量的单语数据可以为机器提供更多的证例来判断什么是正常的词汇序列，什么不是。

在标准的神经翻译模型训练中，我们不能简单地使用目标语言单语数据，因为它缺少源语言数据。所以我们可以训练一个语言模型作为神经翻译模型的独立组成模块。首先，在所有可用的目标语言数据（包括平行语料的目标端数据）上基于循环神经网络训练一个大规模语言模型，然后将该语言模型与神经翻译模型相结合。由于语言模型和翻译模型都预测输出单词，因此可以在网络的输出预测节点处通过拼接条件上下文将它们自然地结合起来。

回想一下解码器的状态计算方法（公式（8.3））：

$$\boldsymbol{s}_i = f(\boldsymbol{s}_{i-1}, \boldsymbol{E}\boldsymbol{y}_{i-1}, \boldsymbol{c}_i) \tag{14.1}$$

解码器的下一时刻状态 $\boldsymbol{s}_i$ 由上一时刻的解码器状态 $\boldsymbol{s}_{i-1}$、上一时刻输出单词的词嵌入 $\boldsymbol{E}\boldsymbol{y}_{i-1}$ 和源端上下文 $\boldsymbol{c}_i$ 决定。我们引入神经语言模型的隐藏状态 $\boldsymbol{s}_i^{\mathrm{LM}}$ 作为额外的上下文信息：

$$\boldsymbol{s}_i = f(\boldsymbol{s}_{i-1}, \boldsymbol{E}\boldsymbol{y}_{i-1}, \boldsymbol{c}_i, \boldsymbol{s}_i^{\mathrm{LM}}) \tag{14.2}$$

在对这一组合模型进行训练时，我们保持神经语言模型的参数不变，只更新翻译模型和组合层的参数。这样设计的目的是防止平行语料的目标端信息覆盖模型在大规模单语语料上获得的记忆。换言之，就是为了防止语言模型对平行语料过拟合从而降低其泛化能力。

最后一个问题是：在组合模型中，翻译模型应该有多大的权重，而语言模型又应该有多大的权重呢？在所有情形下，公式（14.2）都赋予它们相同的权重。但是输出单词可能与翻译模型更相关（例如，意义明确的实词的翻译），也可能与语言模型更相关（例如，为了使句子更加流畅而引入虚词）。

翻译模型和语言模型之间的平衡可以通过门机制来实现。门的值可以仅通过语言模型

状态 $\boldsymbol{s}_i^{\mathrm{LM}}$ 来预测，然后与该语言模型的状态相乘，最后将其用于公式（14.2）的预测。

我们首先计算门 $\mathrm{gate}_i^{\mathrm{LM}}$，它是一个介于 0 和 1 之间的标量值：

$$\mathrm{gate}_i^{\mathrm{LM}} = f(\boldsymbol{s}_i^{\mathrm{LM}}) \tag{14.3}$$

门的值将被用来放缩语言模型的状态值：

$$\overline{\boldsymbol{s}}_i^{\mathrm{LM}} = \mathrm{gate}_i^{\mathrm{LM}} \times \boldsymbol{s}_i^{\mathrm{LM}} \tag{14.4}$$

最后，我们将放缩后的语言模型状态值引入翻译模型的解码过程：

$$\boldsymbol{s}_i = f(\boldsymbol{s}_{i-1}, \boldsymbol{E}\boldsymbol{y}_{i-1}, \boldsymbol{c}_i, \overline{\boldsymbol{s}}_i^{\mathrm{LM}}) \tag{14.5}$$

14.1.2　回译

现在，我们将单语数据当作缺失了另一半的平行语料，目的是通过**回译**来合成这些数据。图 14.1 展示了回译涉及的三个步骤：

1）训练一个从目标语言到源语言的反向翻译系统。通常，我们使用与最终系统相同的神经机器翻译模型，只是将源语言和目标语言互换。但是，事实上我们可以使用任何系统，甚至是传统的基于短语的翻译系统。

2）利用反向系统翻译目标语言的单语数据，生成**合成平行语料**。

3）将合成平行语料与真实的平行语料相结合，构建最终系统。

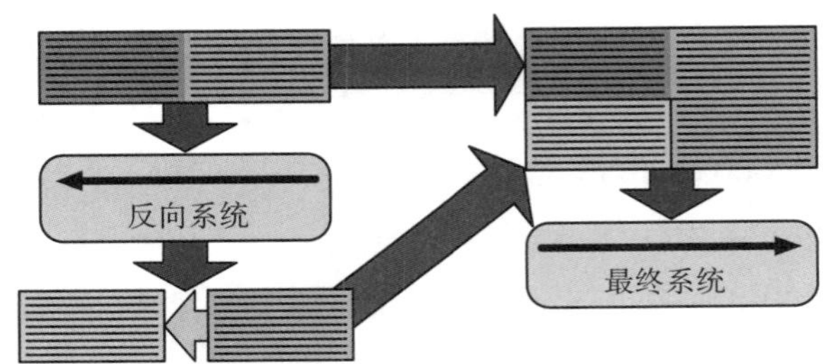

图 14.1　从目标端单语数据创建合成平行数据的过程：1）反向训练一个系统；2）用它将目标端单语数据翻译为源语言；3）在最终的系统中将合成的平行语料与真实数据相结合

与现有真实平行语料的规模相比应该使用多少合成平行语料，依然是一个悬而未决的问题。通常情况下，可用的单语数据比真实的平行数据多出几个数量级，但是我们不想淹没真实的数据。使用与真实数据等量的合成数据是一个可行方案。当然，我们也可以生成更多的合成平行语料，但是在训练过程中，需要对真实平行语料进行过采样，从而确保两种类型的语料数量相等。

在目标领域只有单语数据而没有平行数据的情况下，回译也是机器翻译系统领域自适应的一种有效方法（见第 13 章）。回译能够合成一组领域内的平行数据，可以用来生成与目标领域匹配的输出。在传统的统计机器翻译中，只需要对语言模型进行插值就可以获得很好的自适应效果，而在神经机器翻译中需要利用神经翻译模型才能取得等价的效果。

14.1.3　迭代回译

回译允许我们使用目标语言的单语数据，但是能否利用源语言的单语数据呢？源语言中的单语数据告诉了我们源语言中单词是如何相互联系的。

我们已经利用回译在一个翻译方向（目标语言到源语言）上合成了平行语料，那么我们为什么不在另一个翻译方向（源语言到目标语言）上重复这种方法（见图 14.2）呢？这里我们将首先构建一个与最终系统的翻译方向（源语言到目标语言）相同的翻译系统。我们利用该系统翻译源语言中的单语数据，从而为回译系统生成额外的训练数据。

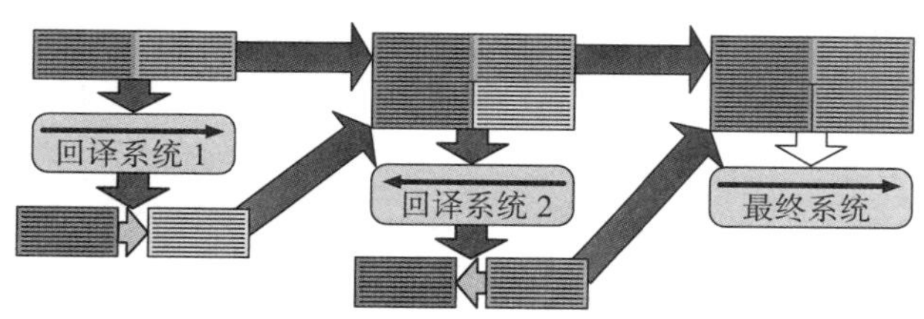

图 14.2　迭代回译，将回译的想法向前推进一步。利用回译数据训练一个系统（回译系统 2）之后，然后用新的系统来为最终系统创建合成平行语料库

我们不必在一轮回译之后就停止训练，而是可以多次迭代训练两个方向的回译系统。不过，回译的大部分优化效果是从第一次迭代中获得的。这些优化效果可归因于用于建立回译系统的机器翻译系统（图 14.2 中的回译系统 2）的良好效果，因此回译的数据质量也更好。

14.1.4　往返训练

与通过回译合成平行数据，然后训练神经机器翻译模型的方法不同，有一种利用单语数据的偏理论的方法，称为**对偶学习**（dual learning）。对偶学习将回译的思想用于训练两个翻译系统，即从语言 E 到语言 F，以及反向从语言 F 到语言 E 的系统。该模型在训练时先将语言 F 的句子翻译成语言 E，然后再翻译回语言 F。

从严格的机器学习角度来看，我们可以发现两个学习目标。一个目标是将语言 F 中的一个句子 f 翻译成另一种语言 E 中的句子 e'，再将其回翻为语言 F 中的句子 f'，要求 f' 相比于 f 不会有任何损失或失真。这个目标可以通过计算由 e' 重建原始句子 f 的损失来衡量。然而，有一种“技巧”可以“欺骗”这一训练过程：如果我们只是假装翻译句子 f，但是实际上不做任何改变（即 $e'=f$），那么回翻并使“译文”与原始句子匹配，就变得十分简单了。

另一个学习目标是在第一次从语言 F 到 E 的翻译中确保句子 e' 是语言 E 中的一个合法

句子。回想一下，我们没有参考译文帮忙检查翻译结果是否正确。但是我们至少可以通过语言 E 上的语言模型来判断 e' 是否是该语言中的一个正确的句子（见图 14.3）。

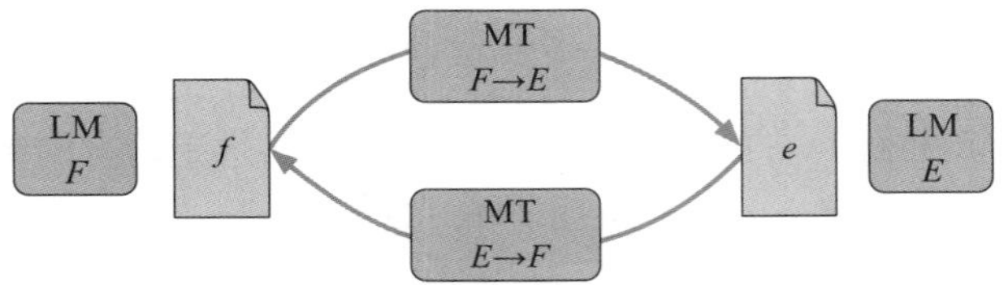

图 14.3　往返训练：除了像在传统的平行数据上一样训练两个模型 $E \rightarrow F$ 和 $F \rightarrow E$，我们还需要优化这两个模型，使语言 F 中的单语句子 f 翻译成 e' 后还能回翻恢复成 f。我们也可以从 E 语言中的单语句子 e 开始进行类似的往返训练过程。语言 E 和 F 中的语言模型可用于检查在往返过程中的翻译结果是否是合法的句子

对偶学习包含两个机器翻译模型。一个是以 $F \rightarrow E$ 的语言方向翻译句子，另一个是以 $E \rightarrow F$ 方向翻译句子。这两个模型可以基于传统方法使用平行语料进行初始训练。

在这个场景中，模型训练有两个目标：

- 单语句子 f 的翻译 e' 应为语言 E 中的合法句子，合法程度用语言模型 $\mathrm{LM}_E(e')$ 来衡量；
- e' 回翻到语言 F 的重构损失应该越小越好，像通常的机器翻译模型训练一样，重构损失用翻译模型 $\mathrm{MT}_{E\rightarrow F}(f \mid e')$ 来衡量。

这两个目标可以用来更新翻译模型 $\mathrm{MT}_{F\rightarrow E}$ 和 $\mathrm{MT}_{E\rightarrow F}$ 中的参数，而语言模型的参数始终保持固定。

通常，模型更新的目标是确保正确地预测每个单词。在往返训练中，首先要计算翻译 e'，然后我们才能用给定的句对（e'，f）对 $\mathrm{MT}_{E\rightarrow F}$ 模型进行常规训练。为了更好地利用训练数据，我们可以生成 n 个最佳译文 $e'_1, \cdots, e'_n$ 的列表，并针对其中的每一个进行模型更新。

我们还可以用语言 F 中的单语数据更新模型 $\mathrm{MT}_{F\rightarrow E}$，其基本方法是针对列表中的每个翻译 e'_i 利用语言模型损失 $\mathrm{LM}_E(e'_i)$ 和前向翻译损失 $\mathrm{MT}_{F\rightarrow E}(e'_i \mid f)$ 对模型进行放缩更新。

为了使用语言 E 中的单语数据，在相反的方向上训练即可。

14.2　多种语言对

世界上的语言不止两种。我们可能有很多语言对的训练数据，其中有的训练数据高度重叠（例如包含 24 种语言的欧洲议会语料），而有的训练数据则是独一无二的（例如，只包含法语和英语的加拿大议会数据）。有些语言对（例如法语 – 英语）有大量的训练数据，但是，对于大多数语言对（包括一些商业界感兴趣的语言对，如汉语 – 德语和日语 – 西班牙语

等）来说，训练数据很少。

超越特定的语言，以一种独立于语言的方式（有时被称为中间语言）编码语义信息的方法由来已久。在机器翻译中，其思想是先将输入语言映射为中间语言，然后再将中间语言映射为输出语言。在这样的系统中，我们只需要针对每种语言构建一个从该语言到中间语言的映射和一个从中间语言到该语言的映射，然后就可以在该语言和其他所有语言之间进行翻译。

深度学习领域的一些研究人员坚定地认为神经翻译模型的中间状态编码了语义信息。那么，我们能否训练这样一个神经机器翻译系统，让它学习独立于语言的中间语言表示，接受任何语言的文本输入，并将其翻译成任何其他语言呢？

让我们从多种输入语言的场景开始，看看如何逐步实现这个目标。

14.2.1 多种输入语言

假设我们有两个平行语料库，一个是德语 – 英语，另一个是法语 – 英语。通过简单的拼接，我们可以同时在两个语料库上训练一个神经机器翻译模型。输入词汇同时包含德语和法语单词。通过句子的上下文以及一些类似于 du（德语中的 you，法语中的 of）的消歧词，每个输入句子都能很快地被识别为德语或法语。

在两个数据集上训练的组合模型优于两个单独的模型——它能够同时访问两个平行语料库的目标端英语数据，因此可以学习更好的语言模型。此外，数据的多样性也可能带来更广泛的好处，从而产生更加鲁棒的模型。

相关研究已经证明了这种设置的可行性，特别是在低资源数据条件下。如果一个特定的语言对没有很多训练数据，那么与相关语言对同时训练可以提升翻译质量。不过，输入语言之间的相关程度似乎并不重要。

14.2.2 多种输出语言

我们可以对输出语言做同样的处理，比如拼接法语 – 英语和法语 – 西班牙语两个语料库。但是，如果在预测过程中给定一个法语输入语句，系统如何知道应该生成哪种输出语言呢？向模型发出这种信号的一种简单而有效的方法是在输入语句的开头添加一个类似于 [SPANISH] 的标记。

[ENGLISH] *N'y a-t-il pas ici deux poids, deux mesures?*

$\Rightarrow$ *Is this not a case of double standards?*

[SPANISH] *N'y a-t-il pas ici deux poids, deux mesures?*

$\Rightarrow$ *¿No puede verse con toda claridad que estamos utilizando un doble rasero?*

现在让我们更进一步考虑。如果我们在提到的三个语料库（德语 – 英语、法语 – 英语和

法语 – 西班牙语）上训练系统，也可以利用它将德语句子翻译成西班牙语，而不必将这种语言组合的句对作为训练数据呈现给系统（见图 14.4）。

[SPANISH] *Messen wir hier nicht mit zweierlei Maß?*

⇒ *¿No puede verse con toda claridad que estamos utilizando un doble rasero?*

将神经机器翻译模型依次在不同语言对的平行语料上进行训练，就能够为训练过程中出现过的任何输入语言和输出语言之间构建一个翻译系统。模型层次越深，作为多语言翻译器的效果可能越好（见 8.4 节），因为深层网络能够计算更加抽象的语言表示。

要做到这一点，就必须对输入语句进行与输入语言或输出语言无关的语义表示。令人惊讶的是，实验表明上述方法在一定程度上确实能够达到这个目标。然而，为了获得更好的翻译质量，还是需要在期望的语言对中使用一些平行语料，但是要比独立模型少得多（Johnson et al., 2017）。

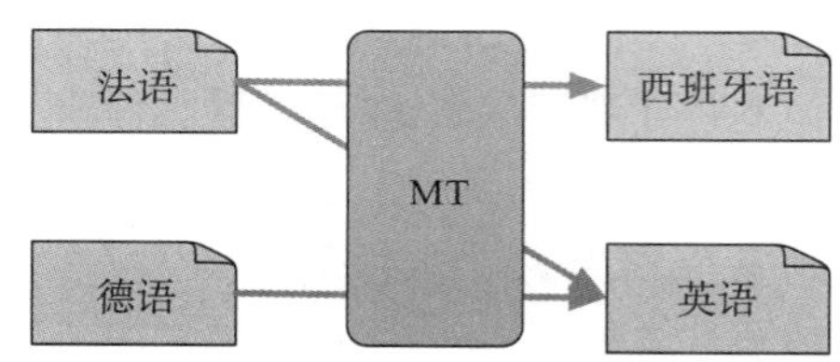

图 14.4　多语言机器翻译系统一次训练一个语言对，并在多个语言对中循环训练。经过法语 – 英语、法语 – 西班牙语和德语 – 英语的训练，系统就可以将德语翻译成西班牙语

使用类似 [SPANISH] 的标志来标识输出语言的方法在单个语言对的系统中得到了更广泛的研究。这个标志指导预期的输出类型，可以代表输入句子的领域（Kobus et al., 2017）或输出句子所需要的礼貌程度（Sennrich et al., 2016a）。

14.2.3　共享模块

我们可能需要更加仔细地考虑哪些模块可以在不同特定语言对的模型之间共享，而非简单地往一个通用的神经机器翻译模型中投入训练数据。有一种想法是为每个语言对训练一个模型，但是这些模型中的一些模块在不同的语言对之间是共享的。

- 编码器可以在具有相同输入语言的模型中共享；
- 解码器可以在具有相同输出语言的模型中共享；
- 注意力机制可以在所有语言对的所有模型中共享。

共享模块意味着这些单独的模型共享一部分相同的参数值（权重矩阵等）。在一个语言对中更新共享参数将同时影响其他语言对的共享模块。由于每个模型都是针对特定的输出语言进行训练的，因此不需要使用特殊标志来标记输出语言。

14.3　训练相关任务

神经网络是一种可以适应多种任务的灵活框架，因为它们很少针对潜在问题进行假设，所以许多不同任务的架构看起来非常相似。例如，最初用于机器翻译的基于注意力机制的序列到序列模型已经被成功地应用于其他任务，如情感分析、语法纠错、语义推断、文本摘要、自动问答和语音识别等。

神经机器翻译模型的核心模块是非常通用的，例如将输入单词编码为词嵌入，编码器对词嵌入的表示进行细化以考虑句子级别的上下文，以及解码器作为外部语言模型的作用。自然语言处理的其他任务中也会使用同样的模块。

这就引出了一个问题，相关任务的训练对神经机器翻译有多大的帮助呢？总的想法不是针对不同的任务训练不同的模型，而是训练一个能够执行与语言相关的许多任务的通用自然语言处理模型。我们希望这样的系统能够学到蕴含在不同任务中的关于语言的一般性事实，进而能够适用于许多不同的任务。

14.3.1　预训练词嵌入

神经机器翻译模型使用词嵌入作为编码器的第一步来编码输入单词，并使用词嵌入编码输出单词，用于后续输出单词预测的条件上下文。

词嵌入的学习不依赖于平行语料，而是可以通过大量的单语数据直接进行训练。特别是在低资源场景下，当只有很少的平行语料可用时，首先在单语数据上训练词嵌入是一个显而易见的解决方案。

7.1.1 节详细描述了训练词嵌入的标准方法。一般而言，词嵌入的训练目标要么是从上下文中预测目标单词，要么是根据目标单词预测其上下文。出现在相似上下文中的单词被认为具有相似的语义，因此在嵌入空间中也有相似的向量表示。词嵌入的这一特性在机器翻译中也同样适用，因为某些场景中我们需要根据上下文选择某个单词而不是另一个。充分概括上下文信息，而非仅仅依赖于在训练过程中见到的特定的相邻单词，将有助于消除歧义。

然而，在单语数据上学习词嵌入的训练目标和机器翻译中词嵌入的训练目标是不同的。因此，仅仅将在单语数据上训练的词嵌入直接用于机器翻译模型通常是不够的。在训练翻译模型时，词嵌入通常用于初始化模型，但是在训练中需要修正词嵌入，以适应机器翻译任务。

14.3.2　预训练编码器和解码器

预训练也可以应用于神经机器翻译模型的其他模块，前面我们已经提到了解码器可以看作语言模型的扩展。它像语言模型一样根据先前输出的单词预测后续单词，只是预测时也会从源语言输入句子中获得额外的指导信息。

就像我们在单语数据上预训练词嵌入一样，我们也可以在单语数据上对解码器进行预训练，目的是获得高质量的语言模型。为此，我们忽略源语言端的输入信息（通常只需将其置为零），训练目标不变：通过目标单词的预测概率分布来衡量单词预测的质量。通过这种方式训练得到的参数将用来初始化神经翻译系统的解码器，然后再使用平行语料训练翻译系统。

此外，编码器也类似于语言模型。因此，我们可以预训练编码层，目标是在输入语言中更好地预测句中的下一个单词。需要注意的是，这个训练目标与机器翻译编码器的目标不一样。例如，对于机器翻译来说，重要的是消除每个输入单词的歧义，尤其是当不同的意义会导致预测不同的输出单词时。

14.3.3　多任务训练

多任务训练的目标是在多个任务上同时训练一个组合模型，而不是预训练神经机器翻译模型的部分模块。组合模型通常具有跨任务的共享模块，但是也可能只是一个模型——根据输入形式调整配置从而处理不同的任务。

同时在多个语言对上训练单个模型可以看作多任务训练的一个具体案例。我们现在探讨的是将完全不同的自然语言处理任务与神经机器翻译任务一同训练。在这个训练范式中，已经研究过的任务包括词性标注、命名实体识别、句法分析和语义分析。

所有这些任务都可以被形式化为序列到序列的问题。在句法分析或语义分析中，我们需要将输出表示为线性化的单词和特殊标记的序列（详见 15.3.2 节）。

正如我们在 14.2 节讨论过的多语言机器翻译模型训练一样，针对多个任务的模型可以共享部分或全部模块及其参数。训练通过在不同任务中的一批批样本迭代完成，以目标任务来结束训练通常可以获得更好的效果。

14.4　扩展阅读

1. 集成语言模型

传统的统计机器翻译模型能够通过简单的机制来集成额外的知识源，比如引入一个大型的领域外语言模型，这对于端到端的神经机器翻译来说则比较困难。Gülçehre 等人在神经机器翻译模型中添加了一个基于额外单语数据训练的语言模型，该语言模型基于循环神经网络，并与神经翻译模型并行计算（Gülçehre et al.，2015）。他们对比了语言模型用于重排序和语言模型深度融入神经翻译模型两种情况，后者在预测单词时通过门控单元调节语言模型和翻译模型的相对贡献。

2. 回译

Sennrich 等人将目标语言单语数据回译到源语言，并将获得的合成平行语料作为额外的训练数据（Sennrich et al.，2016c）。Hoang 等人发现回译系统的质量很重要，建议通过迭代回译的方式来提高（Hoang et al.，2018b）。Burlot 和 Yvon 的研究也表明回译质量很重要，他们进行了额外的分析（Burlot & Yvon，2018）。Edunov 等人使用蒙特卡罗搜索生成回译数据（即根据预测的概率分布随机选择单词译文），获得了更好的结果（Edunov et al.，2018a）。文献（Imamura et al.，2018）和（Imamura & Sumita，2018）也证实了基于抽样的回译方法可以获得更好的翻译质量，并且提供了一些改进策略。Caswell 等人认为，这类随机搜索引入的噪声会向模型表明它由回译数据组成，而这种效果也可以通过显式的特殊标记来实现（Caswell et al.，2019）。

Currey 等人发现在低资源情况下，将目标端数据简单复制到源端也会产生有用的训练数据（Currey et al.，2017）。Fadaee 和 Monz 通过前向翻译（也称为自训练）合成的双语数据也能取得一定的效果（Fadaee & Monz，2018）。他们还发现对回译数据进行欠抽样，以增强罕见单词或难以翻译的单词（在训练过程中损失较大的单词），也能够取得较好的效果。

3. 对偶学习

He 等人在对偶学习框架中使用了单语数据（He et al.，2016a）。机器翻译系统在两个方向上进行训练，除了在平行语料上进行常规的模型训练以外，单语数据还经历了一个往返翻译的过程（从 e 到 f，再到 e），并用语言 F 的语言模型和重构回 E 的匹配度作为损失函数来驱动模型的梯度下降更新。Tu 等人在翻译模型上增加了一步重构操作（Tu et al.，2017）。他们将生成的输出翻译回输入语言，并扩展了训练目标，使之不仅包括目标译文的似然度，还包括重构输入句子的似然度。Nie 等人在两个翻译方向上同时训练一个模型（用语种记号区分源语言和目标语言）（Nie et al.，2018）。他们将这项工作扩展到单语数据的往返翻译训练中，允许前向翻译和重构步骤在同一模型上运行（Nie et al.，2019）。他们使用 Gumbel softmax 使得往返翻译过程可微。

4. 无监督机器翻译

回译思想对于实现无监督机器翻译（即仅使用单语数据训练机器翻译系统）的宏伟目标至关重要。这些方法通常始于多语言词嵌入，其中多语言词嵌入可以从单语数据中学习获得。基于这样的单词翻译模型，Lample 等人提出了两种语言共享编码器和解码器，通过简单的逐词翻译模型将一种语言的句子翻译到另一种语言上的思路（Lample et al.，2018a）。他们定义了三种不同的目标：在即使有噪声（随机删除单词）的条件下从中间表示重构源语言句子的能力，从目标语言的译文重构源语言句子的能力，以及从句子的中间表示判断其语种的对抗模块。Artetxe 等人使用了类似的设置，其模型共享编码器和特定语言的解码器，基于去噪自编码器的思想（就像前面给出的第一个目标函数）获得从目标语言译文重构源语言句子的能力（Artetxe et al.，2018b）。Sun 等人发现，在神经机器翻译模型的训练过程中双语词嵌入的质量降低了，于是他们在神经机器翻译训练的目标函数中加入了双语词嵌入的学习目标（Sun et al.，2019）。Yang 等人基于类似的设置，但是使用共享部分权重的特定语言的编码器（Yang et al.，2018c）。Artetxe 等人从短语嵌入中学习短语翻译，将其用于基于短语的统计机器翻译模型（其中包括显式的语言模型），并且用迭代回译生成的合成数据完善翻译模型，他们发现这种方法能够取得更好的效果（Artetxe et al.，2018a）。Lample 等人将无监督统计机器翻译模型和神经机器翻译模型结合在一起（Lample et al.，2018b）。他们利用由多语种词嵌入得到的单词翻译初始化基于短语的翻译模型，然后通过逐步迭代的方式进行优化。Ren 等人利用统计机器翻译模型作为神经模型训练的正则化算子，从而将无监督的统计翻译和神经翻译系统的训练更加紧密地联系在一起（Ren et al.，2019）。Artetxe 等人通过增加一个偏好拼写相似译文的特征，改进了他们的无监督统计机器翻译模型，并且引入了一种无监督的方法来调整统计模型中不同模块的权重（Artetxe et al.，2019a）。再回到关于双语翻译词典的学习上，他们利用无监督机器翻译模型翻译单语数据，从而合成平行语料，然后经过词对齐方法处理后使用最大似然估计方法抽取双语词典（Artetxe et al.，2019b）。

5. 多语言训练

Zoph 等人首先在资源丰富的语言对上训练模型，然后将获得的模型针对低资源语言进行自适应调整，发现比仅在低资源语言上进行训练的方法取得了更优的结果（Zoph et al.，2016）。Nguyen 和 Chiang 通过合并不同输入语言的词汇表获得了进一步的提升（Nguyen & Chiang，2017）。Ha 等人在每个输入单词前面加上语言标识符（例如 @en@dog 和 @de@Hund），并且添加源语言和目标语言的单语数据（Ha et al.，2016）。他们还发现，在有多个目标语言的多语言翻译系统中译文可能会被错误地切换为其他语言（Ha et al.，2017）。为此，他们将单词的预测范围限制在当前所处理的目标语言中，并在源端为单词添加语言识别项。Lakew 等人发现 Transformer 模型在多语言训练方面比基于循环神经网络的模型表现得更好（Lakew et al.，2018a）。他们还针对不同语言的分支变体（如一些密切相关的方言）构建了一到多的翻译模型，这些语言包括但不限于巴西语和葡萄牙语，或克罗地亚语和塞尔维亚语（Lakew et al.，2018b）。当然，这需要通过语种识别来分离训练数据。他们首先在一个资源丰富的语言对上训练模型，然后逐步添加低资源语言对（包括新的词汇）（Lakew et al.，2018c）。与联合训练方法相比，他们发现这种训练方法收敛速度更快，翻译质量也有略微的提升。Neubig 和 Hu 首先为 58 个语言对训练一个多到一的模型，然后在每个语言对上对模型进行了微调（Neubig & Hu，2018）。Aharoni 等人将多语种训练规模扩大到 103 种语言，该模型在所有包含英语的语言对上进行训练，并以从其他语言翻译到英语和从英语翻译到其他语言的平均翻译质量作为最终的衡量标准（Aharoni et al.，2019）。结果表明，

“多到多”（多种语言到多种语言）的系统在从其他语言翻译到英语时优于“多到一”（多种输入语言到一种输出语言）的系统，但是在从英语翻译到其他语言时则不如“一到多”（一种输入语言到多种输出语言）的系统。他们还发现，联合 5 种以上的语言时模型的效果会下降。Murthy 等人发现，当多语言设置中某个语言对的资源稀缺而且语序与其他语言对不同时会出现问题，因此，他们提出了对输入句子进行预调序以匹配优势语言的语序的方法（Murthy et al.，2019）。

6. 零样本学习

Johnson 等人通过同时在多个语言对的平行语料上进行训练，探索了单个神经翻译模型在“多到多”的翻译任务上的表现（Johnson et al.，2017）。这种方法在“多到一”的场景中取得了一些效果，而在多种输出语言的场景中（具体输出语言由附加的输入语言标记决定）则表现得有好有坏。其中最有趣的结果是，这样一个模型能够在没有平行语料的语言方向上进行翻译（即零样本学习），这表明模型学习到了一些中间语言的语义表示，尽管效果可能不如传统的基于枢轴语言的方法好。Mattoni 等人基于稀疏的训练数据探索了印度语之间的零样本训练方法，但效果有限（Mattoni et al.，2017）。Al-Shedivat 和 Parikh 扩展了以英语为中心的平行语料场景中零样本训练的学习目标，以便在给定英语 – 法语平行句对时，法语到俄语和英语到俄语的翻译结果能够保持一致（Al-Shedivat & Parikh，2019）。

7. 基于语言特定模块的多语言训练

有一些研究建议改变多语言机器翻译的训练模式。Dong 等人针对每一种目标语言设计了不同的解码器（Dong et al.，2015）。Firat 等人通过训练语言特定的编码器和解码器以及共享的注意力机制来支持多到多的翻译（Firat et al.，2016a）。他们还进一步评估了该模型在零样本条件下的翻译效果（Firat et al.，2016b）。Lu 等人在专用编码器和解码器之间额外添加了所有语言对共享的中间语言层（Lu et al.，2018）。相反，Blackwood 等人提出的模型共享编码器和解码器，但是采用针对特定语言对的注意力模块（Blackwood et al.，2018）。Sachan 和 Neubig 研究了在一到多的翻译场景中应该共享 Transformer 模型中的哪些参数，他们发现共享部分参数的效果优于完全不共享或完全共享的情况，而共享的最佳配置取决于所翻译的语言（Sachan & Neubig，2018）。Wang 等人添加了语言相关的位置编码，并将解码器状态划分为通用部分和语言特定部分（Wang et al.，2018b）。Platanios 等人使用参数生成器为编码器和解码器生成特定语言对的参数，该参数生成器以输入和输出语言标识符的嵌入作为输入（Platanios et al.，2018）。

Gu 等人将多语言翻译任务形式化为一个元学习问题，将其定义为：要么学习模型参数的更新策略，要么学习具有快速适应能力的良好的参数初始化方法（Gu et al.，2018b）。具体地讲，他们的方法属于第二类：类似于通过微调进行自适应的多语言翻译模型训练，只不过第一阶段的优化目标是使参数具备快速的适应性。

他们聚焦多语言翻译中的单词表示问题，在单语数据的帮助下将每种语言的单词映射到一个通用的嵌入空间中（Gu et al., 2018a）。Wang 等人遵循相同的目标，将语言特定和语言无关的基于字符的单词表示映射到共享的嵌入空间中（Wang et al., 2019b）。他们对 58 种语言到英语的翻译模型中的输入词汇进行了上述操作。Tan 等人修改了多语言训练的训练目标，除了匹配语言对的训练数据以外，另一个训练目标是匹配"教师"模型的预测结果，其中"教师"模型是根据相应的单一语言对数据进行训练（Tan et al., 2019）。Malaviya 等人在大规模多语言翻译模型中采用与语言指示符标记相关的嵌入来预测语言的拓扑属性（Malaviya et al., 2017）。Ren 等人针对神经翻译方法中枢轴翻译（即利用第三种语言 *Y* 及其 *X-Y* 和 *X-Z* 上的大规模双语语料训练 *X-Z* 模型）的挑战，建立了不同的训练目标，以匹配通过枢轴语得到的翻译、直接翻译，以及在这三种语言上通过不同途径得到的翻译（Ren et al., 2018）。

8. 多种输入

Zoph 和 Knight 将不同语言中两个语义相同的句子同时作为输入来增强翻译模型（Zoph & Knight, 2016）。Zhou 等人将这一思想应用到了机器翻译系统的融合任务中，即从多个机器翻译输出中获得一个一致的翻译结果（Zhou et al., 2017）。Garmash 和 Monz 训练多个单语言系统，并向每个系统输入语义相同的句子，然后在解码过程中以集成学习的方法将这些模型预测组合在一起（Garmash & Monz, 2016）。Nishimura 等人探索了当某些语言的输入缺失时，多源模型是如何工作的（Nishimura et al., 2018b）。他们的实验发现，多编码器方法的效果优于集成学习。Nishimura 等人采用多源回译的方法填充了训练数据中缺失的句子（Nishimura et al., 2018a）。Dabre 等人将不同语言语义相同的输入句子拼接在一起，并在训练数据中采用相同的格式（这种方法需要从不同语言对的平行语料中提取语义重叠的数据）(Dabre et al., 2017）。

9. 预训练词嵌入

Gangi 和 Federico 观察到在门控网络中使用单语词嵌入并不能提升翻译的性能，其中门控网络完全在平行语料上训练额外的词嵌入（Gangi & Federico, 2017）。Abdou 等人发现在 WMT 新闻翻译任务上使用预训练词嵌入后反而会降低性能（Abdou et al., 2017）。他们认为，正如 Hill 等人所观察到的（Hill et al., 2014, 2017），神经机器翻译需要的是基于语义相似性（如"教师"和"教授"）而不是其他类型的关联性（如"教师"和"学生"）所建立的词嵌入，并且在翻译系统中训练得到的词嵌入在标准的语义相似性任务上能够取得更高的得分。Artetxe 等人在神经机器翻译系统中使用单语训练的词嵌入，而不依赖任何平行语料库（Artetxe et al., 2018b）。Qi 等人发现在低资源条件下使用预训练词嵌入能够带来增益，但是也发现随着数据规模变大，这种增益逐渐减弱（Qi et al., 2018）。

10. 多任务训练

Niehues 和 Cho 利用序列到序列模型的共享模块处理多个任务（翻译、词性标注和命名实体识别），他们的研究表明，多任务训练可以提高每个任务的性能（Niehues & Cho，2017）。Zaremoodi 和 Haffari 通过对抗训练来改进这种方法，强制模型在中间层学习任务独立的表示，并将该方法应用于句法和语义分析的联合训练中（Zaremoodi & Haffari，2018）。Li 等人以基于层次布朗聚类的词类预测任务作为辅助任务，在 Transformer 模型解码器的第一层预测最粗粒度的词类，在后面的层中预测更细粒度的词类（Li et al.，2019）。作者认为这种方法能够提高中间表示的泛化能力，并且观察到翻译质量也相应地得到了改善。

第 15 章
Neural Machine Translation

语言学结构

机器翻译研究中一直有一个争论：技术发展的关键是开发更好的、相对通用的机器学习方法，使之全面学习语言的重要特征，还是利用语言学知识来增强数据和模型。

统计机器翻译的近期研究展示了语言学驱动模型的好处。在主要的评测活动中，针对诸如汉语–英语和德语–英语等语言对的最佳统计机器翻译系统都是基于语法的。在翻译句子时，这些模型还会建立输出句子的句法结构。在机器翻译中，人们一直在认真努力地向更深层次的语义发展。

研究方法开始向神经机器翻译转变时走过一段艰难的历程，因为它朝着研发更好的机器学习方法方向发展，而忽略了语言学方面的知识。神经机器翻译将翻译过程视为通用的序列到序列的变换任务，它恰好适合不同语言的单词序列变换。字节对编码或基于字符的翻译模型等方法曾让人对单词作为基本单位这一概念产生过怀疑。

因此，神经机器翻译模型必须从数据中自动学习我们已经掌握的所有语言学知识。其基本理念包括：大多数输出单词与输入单词具有一一对应的关系；我们必须一次性地翻译完所有的输入；名词、动词等不同类型的词汇使用方式不同，在不同的语言中具有不同的连接方式。

语言学研究的目的是找到许多（甚至所有）语言之间共同的核心规律，这一观点驱使计算语言学领域研发了很多工具，如对句子进行句法和语义表示分析。即使句子和它的外文翻译在表面上有很大的不同（如词序不同、虚词不同等），它们在深层次的表示中却是相似的。机器翻译研究的一个长期愿景是研发一种深层次的语言表示作为翻译处理的中间阶段。

随着时间的推移，统计机器翻译研究一直在向着语言学驱动的模型方向发展，这些模型使用词法、句法甚至语义的显式表示。在撰写本书时，神经机器翻译模型也开启了这一过程，但是并不依赖任何真正的语言学标注。

15.1 有指导的对齐训练

神经机器翻译模型中的注意力机制实际上是由语言学驱动的，即每个输出单词往往是由输入中的一个单词或几个相关的单词完全解释的。图 15.1 展示了在翻译一个句子的过程中每个德语输出单词与英语输入句子中不同单词之间的注意力权重。大多数输出单词与输入单词有一一对应的关系。

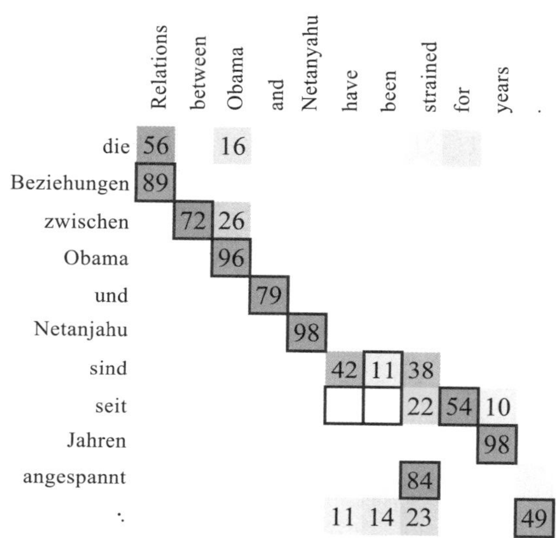

图 15.1　对齐和注意力的对比。在本例中，传统的词对齐方法的对齐点被显示为正方形，而注意力状态则根据对齐值（百分比形式）被显示为阴影框。它们总体上吻合得很好，但是需要注意，预测目标端助动词 sind 的时候关注了输入的整个动词组 have bee strained

在统计机器翻译中，输入单词和输出单词之间的多对多的映射关系是在模型训练过程中建立起来的。这一思想起源于统计机器翻译最早提出的模型，即 IBM 模型。神经机器翻译模型中的注意力权重通常与传统统计机器翻译中使用的词对齐概率非常吻合，词对齐概率可以通过 GIZA++ 或 fast-align 等在 IBM 模型基础上实现的工具获得。

除了用于提高翻译质量以外，词对齐工具还有很多用处。例如在下一节中，我们将看到如何使用注意力机制来显式地跟踪输入句子的覆盖范围。我们可能还希望用预先指定的某些术语或表达式的翻译来替换神经机器翻译模型的输出偏好，例如数字、日期和度量，这些术语或表达式可以由基于规则的模块来更好地处理。这就需要知道神经模型什么时候翻译这些特定的源语言单词。此外，终端用户也可能对对齐信息感兴趣——例如，在计算机辅助翻译工具中使用机器翻译系统的译员可能希望检查输出单词对应的源单词。

因此，与其相信注意力机制会隐性地获得词对齐工具的功能，不如我们强制认为它具有这一功能。这一想法促使我们不仅可以提供平行语料作为训练数据，而且能够提供使用传统方法预计算得到的词对齐关系。这种额外信息有利于加快模型训练的收敛速度，或者克服低资源条件下的数据稀疏问题。

在训练过程中增加词对齐信息的直接方法是修改训练目标，而不是修改模型。通常情况下，神经机器翻译模型的训练目标是生成正确的输出单词。我们可以在这个目标的基础上增加一个匹配预先计算好的词对齐关系的约束条件。

假设给定一个对齐矩阵 $\boldsymbol{A}$，对齐点 A_{ij} 表示输入单词 j 和输出单词 i 的对齐值，满足 $\sum_j A_{ij} = 1$，即每个输出单词的对齐值加起来为 1。神经翻译模型为每个输出单词估计的注意力分数 α_{ij} 加起来也等于 1，即 $\sum_j \alpha_{ij} = 1$（见公式（8.7））。给定的对齐值 A_{ij} 和计算出的注意力分数 α_{ij} 之间的不匹配度可以通过多种方式来衡量，比如交叉熵：

$$\text{cost}_{\text{CE}} = -\frac{1}{I}\sum_{i=1}^{I}\sum_{j=1}^{J} A_{ij} \log \alpha_{ij} \tag{15.1}$$

或者均方误差：

$$\text{cost}_{\text{MSE}} = -\frac{1}{I}\sum_{i=1}^{I}\sum_{j=1}^{J} (A_{ij} - \alpha_{ij})^2 \tag{15.2}$$

这个损失可以直接被添加到训练目标中，也可以与翻译损失进行加权求和。

15.2 建模覆盖度

神经机器翻译模型令人印象深刻的一个方面是，即使在涉及大量词序调整的情况下它也能很好地翻译整个输入句子。当然它并不完美，模型偶尔会重复对某些输入单词进行翻译，有时会遗漏对某些输入单词的翻译。

图 15.2 展示了一个真实神经机器翻译系统的翻译结果。该翻译有两个与注意力分配不当有关的缺陷。短语 "Social Housing" alliance 的开头部分得到了太多的关注，导致翻译错误，产生了不该出现的单词：das Unternehmen der Gesellschaft für soziale Bildung 或 the company of the society for social education。在输入句子的末尾，a fresh start 这个短语没有得到任何关注，因此在输出中没有被翻译出来。

因此，一个显而易见的思路是采用更加严格的方法对**覆盖度**进行建模。给定注意力模型，一个合理的定义覆盖度的方法是将注意力状态累加起来。在完整的句子翻译中，我们大致期望每个输入单词都能够得到相同程度的关注。如果有些输入单词从来没有得到关注，或者得到的关注太多，那都说明翻译有问题。

15.2.1 在推断过程中约束覆盖度

我们可以在解码过程中实施适当的覆盖度约束。当在柱搜索中考虑多个译文假设时，我们应该避免那些对某些输入单词过于关注的假设。一旦译文假设是完整句子的译文，我们可以惩罚那些对某些输入单词很少关注的译文假设。度量多翻和漏翻的打分函数有很多：

$$
\begin{aligned}
\text{coverage}(j) &= \sum_i \alpha_{i,j} \\
\text{overgeneration} &= \max(0, \sum_j \text{coverage}(j) - 1) \\
\text{undergeneration} &= \min(1, \sum_j \text{coverage}(j))
\end{aligned} \tag{15.3}
$$

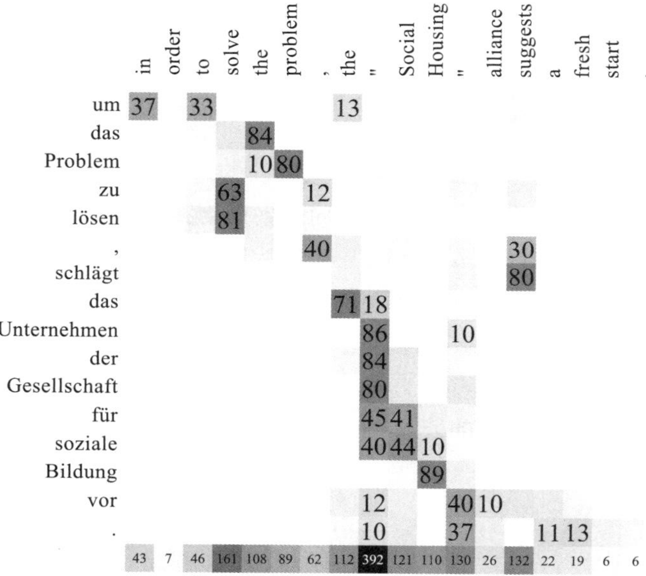

图 15.2 多翻和漏翻的例子。"Social Housing" 周围的输入单词被过多地关注，导致输出了不该出现的单词（das Unternehmen，英文：the company），而句末的 a fresh start 没有被关注，因而没有被翻译

在解码器中使用多个打分函数是传统统计机器翻译中的普遍做法。目前，在神经机器翻译中还没有采用这样的做法。其中的挑战是如何给不同的打分函数赋予适当的权重。如果只有两三个权重，可以采用网格搜索的方法在可能的值中进行优化。如果有更多权重，则可以借鉴统计机器翻译中的方法，比如 MERT 或 MIRA。

15.2.2 覆盖度模型

与优化解码过程不同的是，我们可以扩展底层模型。输入单词的覆盖度通过向量累积起来，可以动态直接地指导注意力模型。此前，在每个时刻 i 赋予特定输入单词 j 的注意力值 a 是以解码器前一个时刻的状态 $\boldsymbol{s}_{i-1}$ 和输入单词的表示 $\boldsymbol{h}_j$ 为条件的。现在，我们再加入对该单词的累积注意力作为条件上下文（与公式（8.6）对比），而这个累积注意力是由权重矩阵 $\boldsymbol{V}_a$ 进行参数化的。

$$a(\boldsymbol{s}_{i-1}, \boldsymbol{h}_j) = \boldsymbol{W}^a\boldsymbol{s}_{i-1} + \boldsymbol{U}^a\boldsymbol{h}_j + \boldsymbol{V}^a\text{coverage}(j) + \boldsymbol{b}^a \tag{15.4}$$

覆盖度跟踪信息也可以集成到训练目标中。借鉴有指导的对齐训练方法（见 15.1 节），我们可以利用 λ 加权的覆盖度惩罚项来增强训练目标函数。

$$\log\sum_i P(y_i|x) + \lambda\sum_j(1-\text{coverage}(j))^2 \tag{15.5}$$

值得注意的是，一般情况下，在学习目标中增加这样的附加功能是有问题的，因为它偏离了产生好的翻译这一主要目标。

15.2.3　繁衍率

到目前为止，我们将覆盖度描述为衡量大致均匀地覆盖所有的输入单词的量。然而，即使是最早的统计机器翻译模型也会考虑单词的繁衍率，即每个输入单词产生输出单词的个数。考虑英语 do not 结构：大多数其他语言在否定动词时不需要 do 这样的等价词，所以 do 在其他语言中不会生成任何输出单词。同时，一些其他单词可能会被翻译成多个输出单词。例如，德语词 natürlich 可能被翻译成两个英语输出单词 of course。

我们可以通过添加一个繁衍率计算模块来增强覆盖度模型，该模块可以预测每个输入单词对应的输出单词数量。下面的公式用于预测每个输入单词的繁衍率 Φ_j，并用于归一化覆盖度的统计值。

$$\begin{aligned}\Phi_j &= N\sigma(\boldsymbol{W}_j\boldsymbol{h}_j)\\ \text{coverage}(j) &= \frac{1}{\Phi_j}\sum_i\alpha_{i,j}\end{aligned} \tag{15.6}$$

繁衍率 Φ_j 由一个神经网络层预测，该神经网络层以输入单词的表示 $\boldsymbol{h}_j$ 为条件，并使用 sigmoid 激活函数（因此取值范围为 0 到 1），最后被放缩到预定义的最大繁衍率 N。

15.2.4　特征工程与机器学习

神经机器翻译模型中覆盖度建模是一个能够很好地对比特征工程方法和机器学习方法的例子。从工程的角度来看，改进系统的一个好方法是分析它的性能，找到弱点，并修改模型来克服这些弱点。在神经机器翻译中，我们注意到有针对输入的多翻和漏翻问题，因此在模型中添加相应模块来解决这些问题。另外，保持适当的覆盖度是良好翻译的属性之一，机器学习方法应该能够从训练数据中获得这个属性。如果无法做到这一点，可能需要更深的模型、更鲁棒的评价技术、对抗过拟合或欠拟合的方法，或者通过其他能够解决问题的方法进行适当的调整。

考虑到机器翻译这种任务的复杂性，很难利用通用机器学习的方法进行调整分析。不过，深度学习方法的显著优点是它不需要任何特征工程（如添加覆盖度模型）。神经机器翻译在未来几年如何发展，是更多地偏向特征工程，还是更多地走向机器学习方向，还有待进一步观察。

15.3 添加语言学标注

最近也有不少研究尝试将语言学标注融入神经翻译模型中，向着更加由语言学驱动的方向迈进。接下来，我们将介绍一些成功的尝试：1）将语言学标注融入输入句子中；2）将语言学标注融入输出句子中；3）建立语言学结构的模型。

15.3.1 输入句子的语言学标注

神经网络的一大优势是其处理丰富上下文的能力。在我们介绍的神经机器翻译模型中，每个输出单词的预测结果依赖于整个输入句子和所有之前生成的输出单词。即使像通常的情况一样，在训练过程中从未观察到某个特定的输入序列和部分生成的输出序列，神经网络模型也能够对训练数据进行泛化，并从相关的知识中提取预测所需的信息。在传统的统计翻译模型中，这需要仔细选择独立性假设和回退方案。

因此，在神经翻译模型中增加更多的上下文条件信息非常简单。首先，我们需要添加什么信息？典型的语言学宝库中包含了词性标签、词干、单词的形态属性、句法短语结构、句法依存关系，甚至可能还有一些语义标注。

所有这些都可以形式化为各个输入单词的标注。有时，这需要做很多的工作，例如分解跨越多个单词的句法和语义标注（见图 15.3）。我们来观察句子“The girl watched attentively the beautiful fireflies.”中 girl 一词的所有语言学标注。

- ❑ 词性是 NN，名词。
- ❑ 词干是 girl，与表面形式一样，不同于 watched，watched 的词干是 watch。
- ❑ 形态是单数。
- ❑ 该词是以 the 开头的名词短语的延续（CONT）。
- ❑ 该词不是动词短语（OTHER）的一部分。
- ❑ 它的句法中心词是 watched。
- ❑ 与中心词的依存关系是主语（SUBJ）关系。
- ❑ 它的语义角色是 ACTOR。
- ❑ 语义类型有很多方案，例如，girl 可以被归类为 HUMAN。

请注意短语标注的处理方式。第一个名词短语是 the girl。通常使用的标注方案是将短语标注中的单个词语标记为 BEGIN 和 CONTINUATION（或 INTERMEDIATE），而将短语之外的单词标记为 OTHER。

单词	the	girl	watched	attentively	the	beautiful	fireflies
词性	DET	NN	VFIN	ADV	DET	JJ	NNS
词干	the	girl	watch	attentive	the	beautiful	firefly
形态	—	SING.	PAST	—	—	—	PLURAL
名词短语	BEGIN	CONT	OTHER	OTHER	BEGIN	CONT	CONT
动词短语	OTHER	OTHER	BEGIN	CONT	CONT	CONT	CONT
句法依存关系	girl	watched	—	watched	fireflies	Fireflies	watched
依存关系	DET	SUBJ	—	ADV	DET	ADJ	OBJ
语义角色	—	ACTOR	—	MANNER	—	MOD	PATIENT
语义类型	—	HUMAN	VIEW	—	—	—	ANIMATE

图 15.3 一个句子的语言学标注，格式为单词级因子化表示

那么，如何编码这样的单词级别的因子化表示呢？回想一下，单词曾被表示为独热向量。同样，我们可以将因子化表示中的每个因子都编码为一个独热向量。然后，将这些向量拼接以后用作词嵌入的输入。需要注意的是，从数学上讲，这意味着表示中的每个因子都将映射成一个嵌入向量，而最终的词嵌入是所有因子嵌入的总和。

由于神经机器翻译系统的输入仍然是词嵌入序列，因此我们无须对神经机器翻译模型的架构进行任何修改。我们只需要提供更加丰富的输入表示，并让模型学习如何利用它。

让我们回到关于语言学与机器学习方法的争论上。这里提到的所有语言学标注都可以作为词嵌入（或编码器隐藏状态中的上下文词嵌入）的一部分自动学习。这在实践中可能成功，也可能不成功。但是，它确实提供了额外的标注工具产生的知识，如果没有足够的训练数据，这些知识就显得尤为重要。另外，为什么要让机器学习算法的工作比实际需要的更加困难呢？换句话说，为什么要迫使机器学习算法去发现那些可以轻易获得的特征呢？最终，需要通过对比特定数据条件下不同方法的有效性来解决这类问题。

15.3.2 输出句子的语言学标注

我们对输入单词所做的工作同样也适用于输出单词。与其讨论需要做哪些调整工作（例如，为每个输出因子设计单独的 softmax 函数），不如来看一种已经成功应用于神经机器翻译的对输出进行标注的具体案例。

最成功的基于句法的统计机器翻译模型更加关注输出端。传统的 n 元语言模型善于提升相邻单词之间的流畅性，但是它们不够强大，不足以保证输出句子的整体语法性。通过设计模型为每个输出句子产生句法分析结构，并进行评估，基于句法的模型就能够生成语法正确的输出。

图 15.3 中给出的短语结构句法的单词级别标注非常粗略。语言本质上是递归的，嵌套短语无法通过 BEGIN/CONT/OTHER 这样的标注方法解决。相反，通常使用句法结构树来表示。

图 15.4 给出了例句 “The girl watched attentively the beautiful fireflies” 对应的短语结构句法分析树。相比于生成序列的过程，生成树结构的过程非常不一样。它通常采用线图分析等算法自下而上递归地构建。

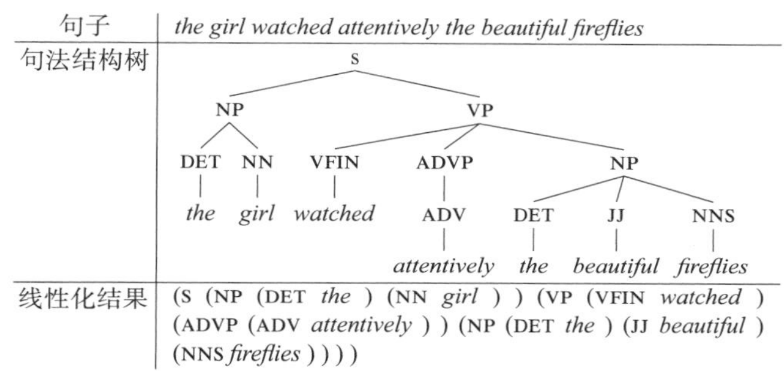

图 15.4 将短语结构树线性化为单词和标签的序列

不过，我们可以将分析树**线性化**为单词和结构标记的序列，其中结构标记包括表示句法短语的开始（如“(NP”）和结尾（“)”）。因此，可以采用额外的输出词汇来编码树结构，将句法分析树的标注融入序列到序列的神经机器翻译模型中。确切地说，其思路是让神经翻译系统输出单词和结构标记的混合序列，而不仅是单纯的词序列。

这种方法的出发点是希望神经机器翻译模型产生的句法结构（即使以线性形式表示）能够鼓励产生句法正确的输出。尽管该方法很简单，但是已经有一些研究证明了它的有效性。

15.3.3 语言学结构化的模型

句法分析领域并没有被最近的神经网络浪潮忽视。上一节指出，句法分析过程可以简单地形式化为序列到序列的生成问题，其中输出是单词和结构标记的序列。

但是，性能最好的句法分析器使用的模型结构考虑到了语言的递归特性。它们要么受到卷积网络的启发，自下而上构建分析树，要么建立从左到右下推自动机方法的神经网络版本，该方法维护一个开放短语的栈，任何新的单词都可以扩展或结束一个短语，或者被下推到栈中开始一个新的短语。

一些早期研究将句法分析和机器翻译在一个统一的框架中联合建模，但是在最佳结合方法方面还未达成共识。在撰写本书时，这仍然是未来研究中的一个挑战。

15.4 扩展阅读

1. 有指导的对齐训练

有些文献（Chen et al.，2016b；Liu et al.，2016）将监督词对齐信息（利用传统的统计词对齐方法获得）添加到了训练过程。它们增强了目标函数，进行优化，使得注意力机制匹配给定的词对齐结果。

2. 覆盖度

为了更好地建模覆盖度，Tu 等人通过以下两种方式为每个输入单词添加覆盖度状态：1）将注意力值相加，并根据上下文中输入单词预测的繁衍率进行缩放；2）基于前馈神经网络层学习覆盖度更新函数（Tu et al.，2016b）。该覆盖度状态作为注意力状态预测的额外条件上下文。Feng 等人将之前的上下文状态也作为注意力状态预测的条件，并且引入一个覆盖度状态（初始化为源语言输入单词的嵌入之和），目的是在每一步中去除已经覆盖的输入单词（Feng et al.，2016）。类似地，Meng 等人将隐藏状态分为跟踪源语言输入单词覆盖度的隐藏状态和跟踪已生成输出的隐藏状态（Meng et al.，2016）。Cohn 等人受传统统计机器翻译模型的启发，在神经翻译模型中增加了一些偏置项来对覆盖度、繁衍率和词对齐情况建模（Cohn et al.，2016）。模型预测注意力状态时依赖绝对的单词位置、有限窗口中前面已经输出的单词的注意力状态，以及有限窗口中的覆盖度（注意力状态值的累加和）。他们还增加了繁衍率模型并且将覆盖度作为训练目标之一。

Alkhouli 等人将类似于基于词的统计机器翻译的对齐模型集成到基本的序列到序列翻译模型中（Alkhouli et al.，2016）。这个模型利用传统的词对齐方法在外部训练，在解码中提示下一个需要翻译的输入单词，并根据该词的词汇翻译做出预测。Alkhouli 和 Ney 将这种对齐模型与传统的注意力模型相结合，获得了性能提升（Alkhouli & Ney，2017）。

3. 语言学标注

Wu 等人在循环神经网络语言模型的输入中使用单词的因子化表示（词干、词根和词性），其中每个因子编码为一个独热向量（Wu et al.，2012）。Sennrich 和 Haddow 在神经机器翻译模型的输入和输出中使用这种表示方法，翻译质量更高（Sennrich & Haddow，2016）。Aharoni 和 Goldberg 在线性化序列中利用特殊的短语开始和结束标记对语法信息进行编码，并在序列到序列模型的输入和输出中使用这些标记（Aharoni & Goldberg，2017）。Hirschmann 等人通过将德语复合词拆分成其组成单词来解决这些复合词的翻译问题（Hirschmann et al.，2016）。Huck 等人基于句法原理对单词进行切分：分离前缀和后缀，并拆分复合词，与数据驱动的字节对编码相比，获得了更好的性能（Huck et al.，2017）。Burlot 等人将词素从词干中分离出来，但是用指示其形态特征的标签来进行替换（Burlot et al.，2017）。Tamchynaet 等人对捷克语使用相同的方法，但是采用确定性标签来避免消歧的后编辑步骤（Tamchynaet et al.，2017）。Nadejde 等人将 CCG 句法标签添加到每个输出单词中，从而鼓励模型在输出流畅的单词序列的同时也生成合适的句法结构（Nadejde et al.，2017）。Pu 等人首先根据 WordNet 词义和词义的描述训练一个词义消歧模型，然后利用词义标签扩充输入句子（Pu et al.，2017）。Rios 等人也进行词义消歧，并利用词义嵌入和之前输入文本中语义相关的单词来丰富输入信息（Rios et al.，2017）。Ma 等人计算句法树中源语言单词之间的距离，并在解码过程关注源端单词时使用这一信息（Ma et al.，2019a）。翻译的同时也预测句法距离，并在训练中作为辅助训练的目标。

当前挑战

近年来，神经机器翻译已成为最有前景的机器翻译方法，在公共基准测试中表现出了优异的性能（Bojar et al.，2016），并且在 Google（Wu et al.，2016）、Systran（Crego et al.，2016）和 WIPO（Junczys-Dowmunt et al.，2016）等公司或机构的实际部署中迅速得到了应用。但是，也有一些关于神经机器翻译系统性能表现较差的报道，例如在低资源条件下构建的系统。

本章将回顾神经机器翻译面临的一些挑战，并给出与传统的统计机器翻译相比，该技术当前性能表现的一些实验结果。尽管神经机器翻译在近期取得了成功，但是它仍然需要克服各种挑战，其中最显著的挑战是领域适应问题、低资源问题和训练数据的噪声问题，这些我们都将予以介绍。

这些挑战的共同点是，当面对与训练条件显著不同的数据时，无论是由于有限的训练数据、领域外测试句子的异常输入，还是柱搜索中不太可能的初始单词选择，神经翻译模型都表现得不太鲁棒。解决这些问题的方案可能是采用更通用的训练方法，这种方法在给定完全匹配的先验序列的情况下，不需要优化单个单词的预测。

另一个我们没有通过实验验证的挑战是神经机器翻译系统缺乏可解释性。为什么训练数据会导致系统在解码过程中选择特定的单词呢？这个问题的答案隐藏在巨大的实数值矩阵中。正如下一章即将讨论的，非常有必要为神经机器翻译开发更好的分析方法。

16.1 领域不匹配

在机器翻译中，一个众所周知的挑战是在不同的领域中单词有不同的翻译和不同的意义表达风格。因此，领域自适应是针对特定用途开发机器翻译系统的关键步骤（参见第 13 章）。

通常情况下，只能从领域外获得大量的训练数据，但是我们仍然需要其在领域内具备鲁棒的性能表现。为了测试神经机器翻译系统和统计机器翻译系统的翻译效果，我们基于从 OPUS（Tiedemann，2012）上获得的不同训练数据训练了 5 个不同的系统。另外，我们也用全部的数据训练了另一个翻译系统。请注意，这些训练数据所属的领域差异非常大（见图 16.1）。

系统 ↓	法律	医学	IT	《古兰经》	字幕
所有数据	30.5 32.8	45.1 42.2	35.3 44.7	17.9 17.9	26.4 20.8
法律	31.1 34.4	12.1 18.2	3.5 6.9	1.3 2.2	2.8 6.0
医学	3.9 10.2	39.4 43.5	2.0 8.5	0.6 2.0	1.4 5.8
IT	1.9 3.7	6.5 5.3	42.1 39.8	1.8 1.6	3.9 4.7
《古兰经》	0.4 1.8	0.0 2.1	0.0 2.3	15.9 18.8	1.0 5.5
字幕	7.0 9.9	9.3 17.8	9.2 13.6	9.0 8.4	25.9 22.1

图 16.1 在一个领域（行）上训练并在另一个领域（列）上测试的系统性能（BLEU）。相比之下，神经机器翻译系统（左栏）在领域外数据上的测试性能呈现更大幅度的下降

虽然神经机器翻译系统和统计机器翻译系统在领域内的表现相似（神经机器翻译在信息技术（IT）和字幕领域表现更好，统计机器翻译在法律、医学和《古兰经》这三个领域表现更好），但是在领域外的测试中，神经机器翻译系统的性能几乎在所有情况下都表现得更差，有时甚至特别差。例如，在法律领域的测试集上，基于医疗领域训练数据得到的神经机器翻译系统的 BLEU 为 3.9，而统计机器翻译系统的 BLEU 为 10.2。

当系统翻译字幕语料库中的一句话“Schaue um dich herum”（参考译文：Look around you）时，我们看到基于其他领域数据训练的神经机器翻译系统输出了没有实质含义并且完全无关的译文（见图 16.2）。例如，基于信息技术领域数据训练出的系统给出的翻译结果是“Switches to paused”。

源句子	*Schaue um dich herum.*
参考译文	*Look around you.*
所有数据	NMT: *Look around you.* SMT: *Look around you.*
法律	NMT: *Sughum gravecorn.* SMT: *In order to implement dich Schaue .*
医学	NMT: *EMEA / MB / 049 / 01-EN-Final Work progamme for 2002* SMT: *Schaue by dich around .*
IT	NMT: *Switches to paused.* SMT: *To Schaue by itself . \t \t*
《古兰经》	NMT: *Take heed of your own souls.* SMT: *And you see.*
字幕	NMT: *Look around you.* SMT: *Look around you .*

图 16.2 本例是使用不同语料训练的翻译系统翻译字幕语料库中的句子得到的结果。对于神经机器翻译来说，领域外的测试性能明显更差

值得注意的是，神经机器翻译（NMT）系统的输出通常非常流畅（例如 Take heed of your own souls.），但是该译文与源语言输入的句子没有关系，而统计机器翻译（SMT）系统的输出规避了在处理领域外输入时的困难，即不翻译那些未见过的单词（例如 Schaue by dich around.）。当机器翻译系统用于获取信息主旨意义时，这个问题尤其值得关注，因为用户很可能会被神经机器翻译产生的意义完全不相关的输出内容误导。

16.2　训练数据规模

众所周知，统计机器翻译系统的一个特性是增加训练数据就会获得更好的翻译质量。在统计机翻译系统中，无论是双语数据还是单语数据，只要训练数据增加一倍，BLEU 值通常都会得到稳定的提升。

那么，统计机器翻译和神经机器翻译模型对数据的需求有什么不同？神经机器翻译理论上既可以拥有更好的泛化能力（利用词嵌入挖掘单词的相似性），又可以应对更大范围的上下文（整个输入语句和所有之前的输出单词）。

我们利用大约 4 亿个词规模的英语 – 西班牙语平行数据构建了英语到西班牙语的翻译系统。为了得到学习曲线，我们分别使用数据总量的 $\frac{1}{1024}$、$\frac{1}{512}$……$\frac{1}{2}$，以及全部的数据来训练系统。对于统计机器翻译系统，语言模型分别针对每个子集的西班牙语部分进行训练。除了在每个子集上训练神经机器翻译系统和统计机器翻译系统以外，我们还在统计机器翻译的对比系统中利用所有额外的单语数据训练大型语言模型（见图 16.3）。

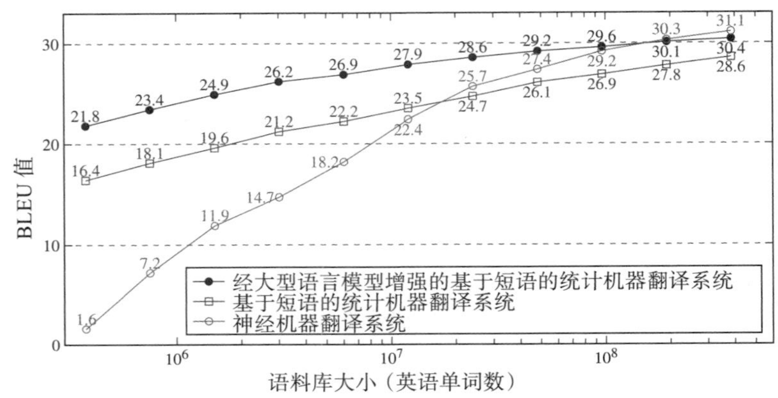

图 16.3　分别在 40 万至 3.857 亿单词规模的平行数据上训练的英语 – 西班牙语系统取得的 BLEU 值。神经机器翻译系统的质量开始低很多，在大约 1500 万单词规模的情况下超越了统计机器翻译系统，在资源丰富的条件下甚至优于大型语言模型（基于 20 亿单词训练的）增强的统计机器翻译系统

神经机器翻译模型展现出了更加陡峭的学习曲线，当训练数据为总量的 $\frac{1}{1024}$ 时，其译文质量非常糟糕（BLEU 为 1.6，而统计机器翻译为 16.4）；当训练数据达到总量的 $\frac{1}{16}$（2410 万词汇）时，神经机器翻译系统以 25.7 的 BLEU 值超越了统计机器翻译系统（24.7）；当使用全部训练数据时，神经机器翻译系统的性能表现甚至优于经大型语言模型增强的统计机器翻译系统（神经机器翻译系统的 BLEU 值为 31.1，而统计机器翻译系统的 BLEU 值为 28.6，经大型语言模型增强的统计机器翻译系统则为 30.4）。

对比神经机器翻译和统计机器翻译的学习曲线，我们感到非常惊讶。虽然神经机器翻译模型能够更加有效地利用越来越多的训练数据，但是它无法在几百万词或更少的训练语料情况下取得较好的性能。

图 16.4 展示了可视化的结果。利用 $\frac{1}{1024}$ 的数据进行训练时，系统输出的译文与原文几乎完全无关；在训练数据规模增加到数据总量的 $\frac{1}{512}$ 和 $\frac{1}{256}$ 时，一些关键词汇被正确地翻译了出来（如 estrategia 与 strategy，elección 与 election 或者 elecciones 与 election）；当训练数据达到总量的 $\frac{1}{16}$ 时，翻译结果开始变得相对可用。

比例	单词	源语句：*A Republican strategy to counter the reelection of Obama*
		参考译文：*Una estrategia republicana para obstaculizar la reelección de Obama*
$\frac{1}{1024}$	40 万	*Un órgano de coordinación para el anuncio de libre determinación*
$\frac{1}{512}$	80 万	*Lista de una estrategia para luchar contra la elección de hojas de Ohio*
$\frac{1}{256}$	150 万	*Explosión realiza una estrategia divisiva de luchar contra las elecciones de autor*
$\frac{1}{128}$	300 万	*Una estrategia republicana para la eliminación de la reelección de Obama*
$\frac{1}{64}$	600 万	*Estrategia siria para contrarrestar la reelección del Obama .*
$\frac{1}{32}$+	1200 万	*Una estrategia republicana para contrarrestar la reelección de Obama*

图 16.4　在不同数量的训练数据上训练出来的神经机器翻译系统在测试集第一句话上的翻译结果。在低资源条件下，神经机器翻译系统会产生与输入无关的流畅输出

16.3　稀有词

有研究发现，神经机器翻译模型在稀有词上的表现特别差（Luong et al.，2015c；Sennrich et al.，2016e；Arthur et al.，2016b）。我们利用在德语到英语方向上翻译质量相近的 NMT（神经机器翻译）和 SMT（统计机器翻译）系统，对比它们在稀有词上的翻译性能

来验证上述观点，结果发现 NMT 系统在翻译极其稀有词汇时显著优于 SMT 系统。不过，这两种系统在翻译稀有词时，尤其翻译那些形态变化复杂的单词时，仍然都存在困难。

上述两个模型在 2016 年 WMT 新闻测试集上考虑大小写敏感时的 BLEU 值均为 34.5。我们采用以下方法来检验源语言单词的频次对翻译准确性的影响。

- 首先对源语言句子和机器翻译输出译文进行自动词对齐。
- 每个源端单词要么没有对齐（“被丢弃的”），要么与一个或多个目标语言单词对齐。
- 对于与源端单词对齐的每个目标端单词，检查该目标单词是否出现在参考译文中。
  - 如果目标单词在翻译系统输出译文中出现的次数与在参考译文中出现的次数相同，我们就奖励该对齐 1 分。
  - 如果目标单词在翻译系统输出译文中出现的次数多于在参考译文中出现的次数，就奖励该对齐一个小于 1 的分值。
  - 如果目标单词没有出现在参考译文中，则赋予该对齐 0 分。
- 然后对于与给定源端单词对齐的所有目标端单词对齐得分求平均值，从而计算该源端单词的翻译精度。之后根据频次对源端单词进行分类并归入不同的堆栈，最后计算每一类的平均翻译精度。

NMT 和 SMT 系统的平均翻译精度非常接近，其中 SMT 系统为 70.1%，而 NMT 系统为 70.3%。这反映出翻译系统的总体性能大致相当。图 16.5 展示了详细的划分和对比。

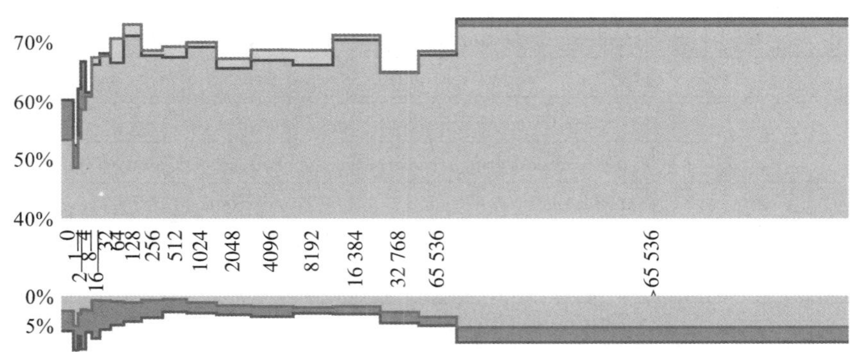

图 16.5 不同源端单词类型对应的翻译精度和丢弃率。SMT 和 NMT 分别由浅色和深色表示。横轴表示源端单词类型在整个语料库的频次，横轴上的标签表示对应类别的最高词频。类别所在堆栈的宽度与该频次范围内的单词数量成正比。图的上部显示了堆栈中所有单词的平均精度，下部显示了堆栈中被丢弃的源端单词的比例

整体上看，神经机器翻译系统源端单词被丢弃的比例更高。一个有趣的发现是，机器翻译系统能够正确翻译一些未登录词（训练语料库中从未见过的单词）。从结果来看，SMT 系统能够正确翻译 53.2% 的未登录词，而 NMT 系统正确翻译的比例是 60.1%。

无论是 SMT 系统还是 NMT 系统，翻译那些在训练语料中仅出现一次的单词时性能

表现都很差，正确率分别降至 48.6% 和 52.2%，甚至比未登录词的翻译效果还要差。大部分未登录词是命名实体和名词。命名实体经常可以直接复制而无须翻译（例如，姓氏 Elabdellaoui 可以按照字节对编码切分为 E@@ lab@@ d@@ ell@@ a@@ oui，然后保持不变，直接被 NMT 和 SMT 复制到另一个语言中）。自然也有许多数字从未在训练数据中出现过，但是它们通常都能被正确翻译（偶尔会有逗号和句号等格式错误，这些问题可以通过后处理解决）。

尽管仍有改进的空间，NMT 系统（至少是那些使用字节对编码的系统）在低频词的翻译上比 SMT 系统表现更好。通常，字节对编码（类似于词干化或复合词拆分）足以保证稀有词被成功翻译，尽管这种方法并不一定按照词法边界进行单词切分。与领域不匹配问题中译文流畅但语义不当的情况一样，当 NMT 系统遇到未登录词（即使是领域内的）时也会出现类似的错误翻译。

16.4　噪声数据

含有噪声的平行语料是神经机器翻译面临的另一个挑战。以表 16.1 中的数据为例。这里，我们向高质量的训练数据中添加了等量的含有噪声的从网络爬取的数据，这使统计机器翻译系统的 BLEU 值增加了 1.2，但是却使神经机器翻译系统的 BLEU 值降低了 9.9。

表 16.1　加入从网络爬取的含有噪声的训练数据（原始数据来自 paracrawl.eu）之后，WMT 2017 德语 – 英语的统计机器翻译模型性能获得了小幅度的提升（BLEU 增加了 1.2），而神经机器翻译模型的性能大幅下降（BLEU 值减少了 9.9）

	NMT	SMT
WMT 2017	27.2	24.0
WMT 2017 + 噪声数据	17.3（–9.9）	25.2（+1.2）

对于统计机器翻译来说，“数据越多效果越好”的这条普适性规律，放到神经机器翻译上似乎需要格外注意：增加的数据中不能含有太多噪声。但是，什么样的噪声会损害神经机器翻译模型的性能呢？

在本章中，我们将通过将合成噪声添加到现有平行语料库的办法来评估几种类型的噪声对系统性能的影响。我们发现，几乎所有类型的噪声对神经机器翻译系统性能的影响都要超过对统计机器翻译系统的影响。其中，“复制源语言句子作为目标译文”这种类型的噪声对神经机器翻译的质量有灾难性的影响，这会导致模型学习“复制行为”并将其过度应用。

16.4.1　真实世界中的噪声

爬取的网络数据中普遍存在哪些类型的噪声呢？我们手动检查了 Paracrawl 语料库中的

200 个句对，并将它们划分为几种错误类型。显然，此类研究的结果很大程度上取决于爬取策略和句对抽取方式，但是分析结果（见表 16.2）仍然能够提供一些线索，告知我们可能的噪声有哪些。

表 16.2　原始 Paracrawl 语料中的噪声

噪声类型	百分比 /%
正确	23
不对齐的句对	41
其中一个句子或者两个句子属于第三种语言	3
两个句子都是英语	10
两个句子都是德语	10
未翻译的句子	4
句子过短（≤ 2 个单词）	1
句子过短（3 ～ 5 个单词）	5
非语言字符	2

我们将德语和英语句对中彼此不为互译的归类为不对齐的句子。这类句子可能是文档级或句子级对齐产生的错误，也可能是由于强制对齐实际上不平行的内容而导致的。这种不对齐的句子是最大的噪声来源（41%）。

还有三种类型的噪声与错误的语言内容有关（总计 23%）：句对中的句子可能并不是德语或英语语句，而是属于另外一种语言（3%）；句对中的两个句子可能都是德语语句（10%）；或者可能都是英语语句（10%）。

在这些句对中，有 4% 是未翻译的，即源端和目标端的句子是相同的。另外有 2% 由 HTML 标记或 JavaScript 标记这样的随机字节序列组成。许多句对中的德语或英语句子非常短，包含最多 2 个单词（占 1%）或最多 5 个单词（占 5%）。

由于对文本流畅度的判断非常主观，因此我们没有将这些问题归为噪声类别。考虑以下几个句对，尽管它们包含大部分未翻译的名称和数字，但我们认为是正常的。

German: *Anonym* 2 24.03.2010 *um* 20:55 314 *Kommentare*

English: *Anonymous* 2 2010-03-24 *at* 20:55 314 *Comments*

German: < < *erste* < *zurück Seite* 3 *mehr* > *letzte* > >

English: < <*first* < *prev. page* 3 *next* > *last* > >

初看起来，某些类型的噪声似乎比其他类型的噪声更易于自动识别。但是，我们可以考虑一下错误语言的句对这类噪声。虽然已经有多种语言识别的方法（通常基于字符级的 n 元词组），但是这些方法在句子级尤其是短句上不怎么有效。我们也可以想一下未翻译句子这类噪声。如果句对中的两个句子完全相同，那么这类问题很容易发现。但是，仍然有很多内容近似相同的句对不易被发现。

16.4.2　合成噪声

由于按照噪声类型对大规模语料进行标注成本过于高昂，因此我们改为模拟这些噪声类型。通过构造人工噪声数据，我们可以研究将其添加到训练数据后的影响。

1. 不对齐的句子

如前所述，平行语料中常见的噪声是文档或句子的对齐错误。这导致句子与其译文并不匹配。这种噪声在 Europarl 这类包含有关辩论主题和说话人轮次等显著线索的语料库中很少见，因为这类语料往往将对齐任务限制在了两个段落内，但是在结构化程度较低的网站上这种对齐错误会比较常见。我们可以通过打乱原始平行训练语料库中源端或目标端的句子来人为地构建不对齐的句对。

2. 词序错误

导致语句不够流畅的原因有多种，可能是机器翻译的输出、较差的人工翻译结果，或者高度专业化的语言用法，例如产品说明中的要点（参见前面的示例）。我们来考虑不流畅问题的一种极端情况：对原始语料库中句子内的单词随机地重新排序。这类操作可以在源端进行，也可以在目标端进行。

3. 语言错误

平行语料库可能会被第三种语言的文本污染，例如德语 – 英语语料库中包含了法语数据。这可能发生在平行语料的源端或目标端。为了模拟这一点，我们将法语 – 英语（错误的源端）或德语 – 法语（错误的目标端）的数据添加到德语 – 英语的语料库中。

4. 未翻译的句子

在从网络爬取的平行语料中，经常会有一些句子未被翻译（目标端与源端的句子相同），例如页脚中的导航信息或版权声明。号称多语言的网站上可能仅有部分文本被翻译，而另一些多语言句对只是某种语言文本的复制结果。当然，这类问题可能出现在源端也可能出现在目标端。为了模拟这类噪声，我们可以将原始平行语料的源端或目标端句子简单地复制到另一端。

5. 短句子

有时，一些额外的数据会以双语词典的形式存在。我们是否可以简单地将这些由单个词汇或者简单短语组成的片段作为额外的平行句对呢？为了模拟这类噪声，我们可以对平行语料进行下采样，挑选那些最多包含 2 个或 5 个单词的句子。

16.4.3　噪声对翻译质量的影响

针对这项研究我们使用了最好的统计机器翻译和神经机器翻译系统，在德语到英语的翻译任务上进行测试。对于句子不对齐和词序错误这两类噪声，我们通过如下方法实现：对干净的语料进行扰动，并将扰动后的数据应用于训练过程。

我们分别以干净数据总量的 5%、10%、20%、50% 和 100% 的比例加入噪声数据。这种添加噪声数据的方法反映了现实情况，即在干净语料的基础上希望添加额外数据，而这些额外数据可能含有噪声。对于每个实验，我们使用平行语料的目标端句子（包括噪声数据）训练 SMT 的语言模型。

表 16.3 给出了将每种类型的噪声数据添加到干净语料中的实验效果。对于某些类型的噪声，如句子不对齐、词序错误（源端）和语言错误（目标端），NMT 性能下降的幅度要大于 SMT。而另一些噪声类型，如短句子、未翻译的源语句（由目标语言句子直接复制而来）以及错误的源端句子，对 SMT 和 NMT 两种翻译系统几乎都没有影响。当添加 100% 噪声数据时，目标端的词序错误会导致 SMT 和 NMT 的 BLEU 值降低 1 以上。

两类翻译系统之间最大的不同在于未翻译的目标句子（由源语言句子直接复制而来）这类噪声带来的性能影响。当添加的噪声数据为原始数据总量的 5% 时，它导致 NMT 系统的 BLEU 值从 27.2 降低到 17.6（下降了 9.6）。将噪声数据添加到原始数据总量的 100% 时会使 NMT 系统的 BLEU 从 27.2 降低到 3.2（下降了 24.0）。相比之下，SMT 系统的 BLEU 从 24.0 降低到 21.1，仅下降了 2.9。

当目标端句子是由源端句子复制而来时，翻译模型受到的影响最大，因此我们更加详细地分析了系统的输出结果。我们分析了未翻译的目标句子这类合成噪声和爬取的原始真实噪声数据分别导致验证集中未翻译句子的百分比，如图 16.6（实心柱）所示。SMT 系统没有输出或只输出 1 个与源语言句子完全一样的译文。但是，当仅加入 20% 未翻译的目标句子噪声时，NMT 系统输出的句子中有 60% 与源端句子相同。

这表明 NMT 系统具备学习复制的能力，这可能有助于命名实体的翻译。但是，即使这类噪声数据占比很小，对于 NMT 系统来说其危害也远大于收益。

图 16.6 中的阴影柱表示与源端句子相比，系统输出结果中与参考译文比较得到的翻译错误率（TER）更差的句子所占的百分比。这意味着将句子修改为源语言句子所需的编辑次数要少于将其修改为参考译文所需的编辑次数。如果仅添加 10% 的未翻译的目标句子作为噪声数据，那么 57% 的翻译结果与源语言句子（而非参考译文）更加相似，这预示着译文部分复制了源端句子。

上述实验结果表明，NMT 系统会过度拟合训练数据中存在复制噪声的那一批数据。

表 16.3 在德语到英语的翻译中添加不同类型不同数量的噪声（占原始干净语料的比例）带来的结果。总体来看，神经机器翻译（左侧柱）比统计机器翻译（右侧柱）受到的影响更大。噪声之中影响最大的是将源语言句子直接复制到目标端这种情况，即产生未翻译的目标句子

	5%	10%	20%	50%	100%
不对齐句子	26.5 24.0 -0.7 -0.0	26.5 24.0 -0.7 -0.0	26.3 23.9 -0.9 -0.1	26.1 23.9 -1.1 -0.1	25.3 23.4 -1.9 -0.6
词序错误（源端）	26.9 24.0 -0.3 -0.0	26.6 23.6 -0.6 -0.4	26.4 23.9 -0.8 -0.1	26.6 23.6 -0.6 -0.4	25.5 23.7 -1.7 -0.3
词序错误（目标端）	27.0 24.0 -0.2 -0.0	26.8 24.0 -0.4 -0.0	26.4 23.4 -0.8 -0.6	26.7 23.2 -0.5 -0.8	26.1 22.9 -1.1 -1.1
语言错误（源端为法语句子）	26.9 24.0 -0.3 -0.0	26.8 23.9 -0.4 -0.1	26.8 23.9 -0.4 -0.1	26.8 23.9 -0.4 -0.1	26.8 23.8 -0.4 -0.2
语言错误（目标端为法语句子）	26.7 24.0 -0.5 -0.0	26.6 23.9 -0.6 -0.1	26.7 23.8 -0.5 -0.2	26.2 23.5 -1.0 -0.5	25.0 23.4 -2.2 -0.6
未翻译的句子（源端为目标端英语句子副本）	27.2 23.9 -0.0 -0.1	27.0 23.9 -0.2 -0.1	26.7 23.6 -0.5 -0.4	26.8 23.7 -0.4 -0.3	26.9 23.5 -0.3 -0.5
未翻译的句子（目标端为源端德语句子副本）	17.6 23.8 -9.8 -0.2	11.2 23.9 -16.0 -0.1	5.6 23.8 -21.6 -0.2	3.2 23.4 -24.0 -0.6	3.2 21.1 -24.0 -2.9
短句子（最多 2 个词）	27.1 24.1 -0.1 +0.1	26.5 23.9 -0.7 -0.1	26.7 23.8 -0.5 -0.2		
短句子（最多 5 个词）	27.8 24.2 +0.6 +0.2	27.6 24.5 +0.4 +0.5	28.0 24.5 +0.8 +0.5	26.6 24.2 -0.6 +0.2	
原始爬取数据	27.4 24.2 +0.2 +0.2	26.6 24.2 -0.6 +0.2	24.7 24.4 -2.5 +0.4	20.9 24.8 -6.3 +0.8	17.3 25.2 -9.9 +1.2

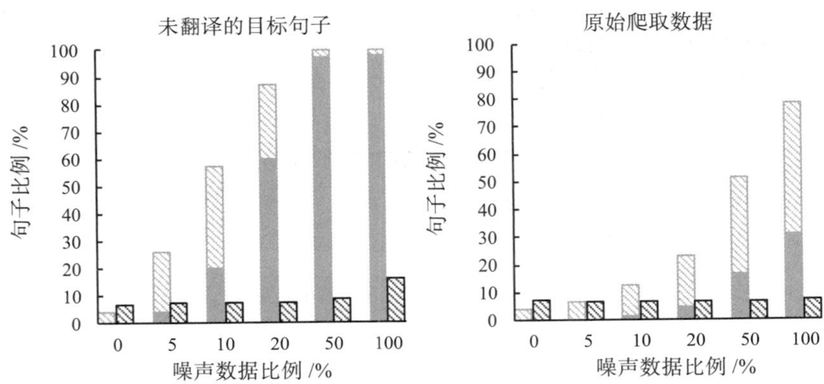

图 16.6 未翻译的目标句子（左）和原始爬取的数据（右）分别作为噪声数据应用于训练的实验中句子复制的比例。NMT 对应同排左柱，SMT 对应同排右柱。与源语言句子完全匹配的译文句子由实心柱表示，与目标语言参考译文相比，与源语言句子更相似的译文句子由阴影柱表示

16.5 柱搜索

解码任务的目标是找到概率最高的全句译文。启发式搜索技术搜索可能的翻译空间中最有希望的子集。这种搜索技术的共同特征是柱空间大小这个参数，该参数限制针对每个输入单词需要维持的部分译文的数量。

在统计机器翻译中，柱空间的大小与所得译文的模型得分和译文质量得分（例如 BLEU）之间通常存在直接关系。尽管随着柱空间大小的增加，收益会呈递减的趋势，但是通常来讲，较大的柱空间能够提升得分。

在神经机器翻译模型的解码阶段预测每个输出单词时，我们会在部分翻译的列表中维持评分最高的单词，记录每一部分翻译的单词翻译概率（通过 softmax 获得），通过后续的单词预测结果继续扩展每个部分翻译，并累积翻译得分。由于部分翻译的数量会随着每个新输出的单词呈爆炸式指数增长，因此我们需要进行剪枝，仅仅保留得分最高的前几个（柱搜索空间大小）部分译文。

与传统的统计机器翻译解码过程一样，增加柱空间的大小能够让我们在更大范围内搜索潜在的翻译空间，从而找到具有更高模型得分的翻译结果。

但是，如图 16.7 所示，增加柱空间大小并不能持续提高翻译质量。实际上，在几乎所有的情况下，超出最佳柱空间大小之后都只能得到更差的翻译结果（这部分实验使用的是爱丁堡大学在 WMT 2016 评测活动中提交的翻译系统）。最佳柱空间大小与所翻译的语言密切相关，例如，从捷克语 – 英语中的 4 到英语 – 罗马尼亚语中的 30。

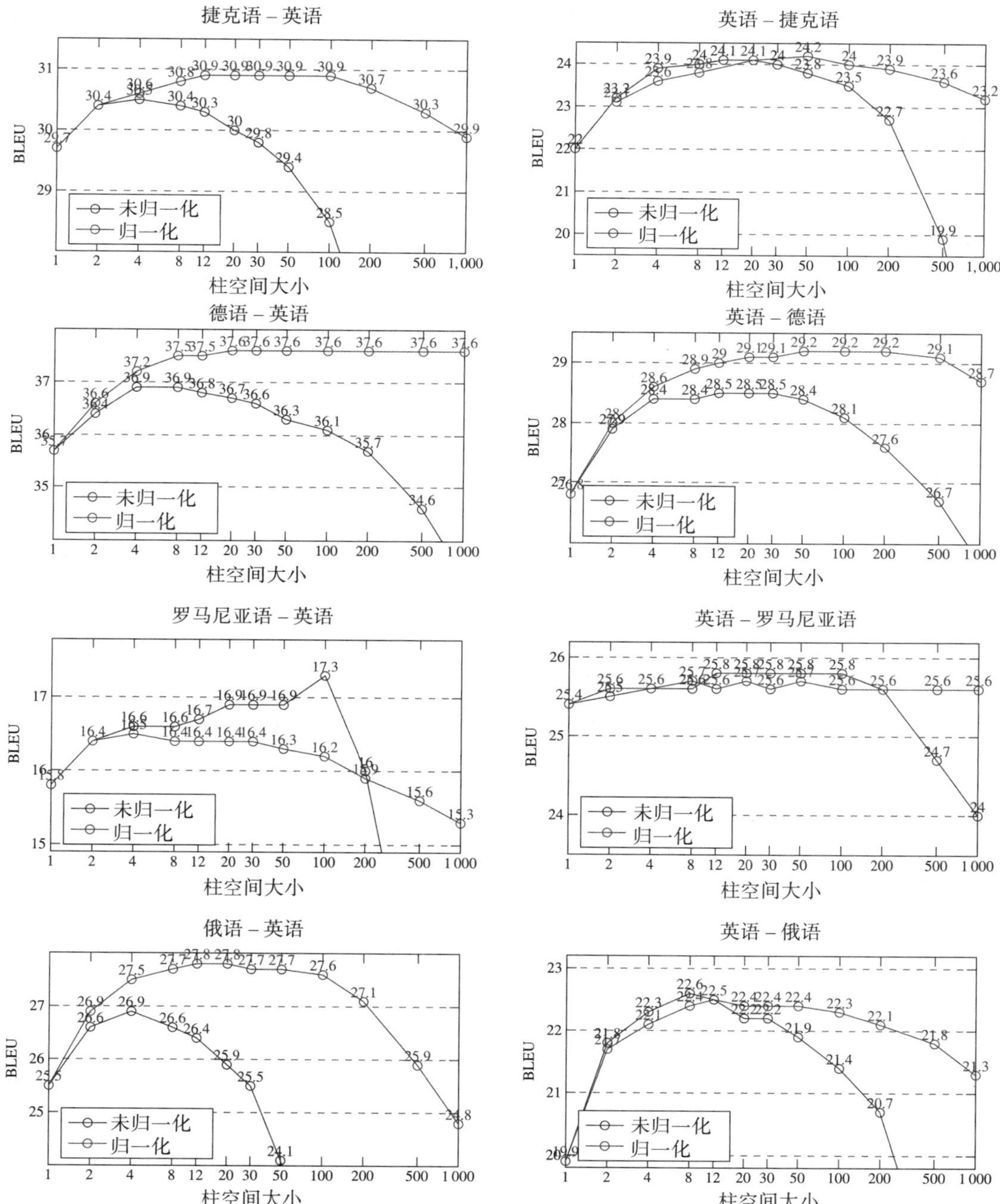

图 16.7　不同的柱空间大小带来的不同翻译质量的变化情况。对于较大的柱空间，尤其是未按照句子长度对得分进行归一化时，翻译质量会下降

利用输出译文的长度对句子级别的模型得分进行归一化可以在一定程度上缓解上述问题，并在大多数情况（调查的 8 个语言对中的 5 个）下能够取得更好的性能。在几乎所有情况下，最佳的柱空间大小都在 30 ~ 50 的范围内，但是继续增大柱空间大小时翻译质量会下降。质量下降的主要原因是在较大的柱空间上输出的译文通常更短。搜索过程通常在遇到使解码器感到困惑的不恰当的词汇后提前终止。

16.6　词对齐

注意力机制（Bahdanau et al.，2015）在神经机器翻译中的关键作用是建立输出单词与输入单词之间的对齐关系。这种方法利用输入句子中单词的概率分布，对以词袋形式表示的每个输入单词进行加权。

可以说，注意力模型在功能上并没有起到使目标端句子与源端句子之间的单词进行对齐的作用，至少与统计机器翻译中的对齐方式不同。虽然在这两种情况下，对齐都是用于获取针对单词或短语的概率分布的潜在变量，但是可以说注意力模型才具有更加广泛的作用。例如，在翻译动词时，注意力机制也可能会关注主语和宾语，因为这些信息可以帮助消歧。实际的情况更加复杂，单词表示可能是双向门控循环神经网络的产物，往往与整个句子的上下文信息有关。

但是，源端单词和目标端单词之间的对齐机制有很多用处。例如，前面使用注意力模型提供的对齐结果，将传统概率词典融入单词翻译决策之中（Arthur et al.，2016a），或者引入覆盖度和繁衍率模型（Tu et al.，2016b）等。

那么，这种注意力模型实际上是一种正确的方法吗？为了验证这一点，我们将软对齐矩阵（注意力向量序列）与通过传统的词对齐方法获得的词对齐结果进行了比较。我们使用增量的快速对齐工具 fast-align（Dyer et al.，2013）来获得神经机器翻译系统的输入和输出之间的对齐结果。

在图 16.8a 中，我们将单词注意力状态（框）与通过 fast-align 工具得到的词对齐结果（轮廓）进行比较。对于大多数单词来说，它们匹配得很好。注意力状态和 fast-align 的对齐点在 have-been /sind 等虚词周围都有些模糊。

但是，注意力模型产生的对齐结果可能不符合我们的直觉，或者与通过 fast-align 获得的对齐点不匹配。图 16.8b 显示了相反语言方向（德语到英语）上翻译的结果。几乎所有的对齐点都偏离了一个位置。对于这种偏离我们没有任何直观的解释，因为英语到德语和德语到英语两个方向的翻译质量都很高。

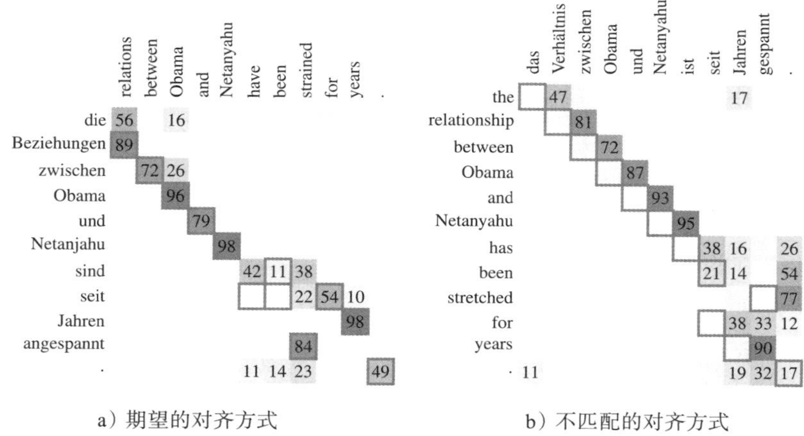

a）期望的对齐方式　　b）不匹配的对齐方式

图 16.8　英语到德语翻译的词对齐可视化结果，其中框表示注意力模型状态（仅显示了对齐概率超过 10% 的部分），轮廓表示通过 fast-align 工具获得的对齐结果

16.7　扩展阅读

其他研究着眼于神经机器翻译系统和统计机器翻译系统的性能对比。Bentivogli 等人在英语到德语翻译中对比了两种模型在不同语言学类别上的翻译情况（Bentivogli et al.，2016）。Toral 和 Sánchez-Cartagena 在 9 个语言方向上对翻译的流畅度和重排序等不同方面进行了比较（Toral & Sánchez-Cartagena，2017）。

1. 噪声数据

在过滤平行数据中的噪声方面，已经有不少相对完善的研究。例如，Taghipour 等人使用离群值检测算法过滤平行语料（Taghipour et al.，2011）；Xu 和 Koehn 合成了噪声数据（不充分和不流畅的译文），并使用这些数据训练分类器以从噪声语料库中识别良好的句对（Xu & Koehn，2017）；而 Cui 等人使用基于图的随机游走算法获得短语对得分，并对短语翻译概率进行加权，使之偏向更值得信赖的短语翻译对（Cui et al.，2013）。

上述研究大部分是在统计机器翻译的背景下完成的，而最近的研究（Carpuat et al.，2017）则以神经机器翻译模型为研究对象。该研究着重使用跨语言文本蕴涵和其他基于长度的特征来识别双语句对之间的语义差异，他们的研究表明，删除这类存在语义差异的句子可以提高神经机器翻译的性能。

正如文献（Rarrick et al.，2011）所指出的，从网络中爬取平行语料的一个问题是这些平行句对本身可能就是由机器翻译产生的。Venugopal 等人提出了一种给机器翻译系统的输出添加水印的方法，帮助区分是人工翻译的结果还是机器翻译的结果（Venugopal et al.，2011）。Antonova 和 Misyurev 发现，基于规则的翻译系统的输出结果存在一些特定的词汇选择现象，而统计机器翻译系统的输出结果存在词序问题，因此都比较容易被检测（Antonova & Misyurev，2011）。

2016 年，Barbu 等人组织了一个关于句对过滤的评测任务，该任务的目标是清理比网络数据更干净的翻译记忆库（Barbu et al.，2016）。2018 年，Koehn 等人发起了一项关于神经机器翻译中平行句对过滤技术的评测任务（Koehn et al.，2018）。

Belinkov 和 Bisk 研究了神经机器翻译中的噪声问题，他们专注于构建鲁棒的系统以翻译人类可以理解的拼写错误等（Belinkov & Bisk，2017）。不同的是，我们处理噪声训练数据，并重点探讨网络爬取的语料库中的噪声类型。

有大量关于数据选择的文献，数据选择旨在从平行语料库中采样与特定机器翻译任务相关的数据（Axelrod et al.，2011）。Van der Wees 等人发现，现有的为统计机器翻译开发的数据选择方法在神经机器翻译中的应用效果较差（Van der Wees et al.，2017）。这与我们处理噪声的目标不同，因为这些方法倾向于丢弃与目标领域（例如软件手册）无关的正确句对（例如烹饪食谱领域的数据），而我们的工作重点关注的是对所有领域都有害的噪声数据。

由于我们向一个干净的平行语料库中添加了可能含有噪声的数据，因此这项工作可以看作一种数据扩充。Sennrich 等人使用反向训练的 NMT 系统翻译目标语言的单语语料，并将得到的合成数据应用到 NMT 中（Sennrich et al.，2016c)。尽管这样的合成语料有可能存在噪声，但是该方法非常有效。Currey 等人通过将目标语言中的单语数据直接复制到源端来合成平行语料，他们发现这种简单方法在某些语言对上能够在回翻方法的基础上进一步提升翻译质量（Currey et al.，2017）。Fadaee 等人利用稀有词替换现有句子中的单词，从而为稀有词创建丰富的上下文，他们发现这种合成训练数据的方法能够提高低资源场景下的 NMT 性能（Fadaee et al.，2017）。

2. 复制噪声

也有不少其他研究考虑如何利用复制噪声改善 NMT 的性能。Currey 等人将复制数据和回翻数据添加到干净的平行语料中（Currey et al.，2017）。他们发现，在添加与干净的平行数据一样多的回翻和复制数据（比例为 1：1：1）时，EN↔RO 方向上的翻译质量有所提升。对于 EN↔TR 和 EN↔DE 的语言方向，他们添加原平行数据两倍的复制数据和回翻数据（比例为 1：2：2），发现 EN↔TR 方向上有所改进，但是在 EN↔DE 方向上未发现性能提升。但是，他们在复制数据上训练的 EN↔DE 翻译系统并没有比基线系统更差。Ott 等人发现，当用于训练的复制文本不足其训练总量的 2.0%（WMT 14 EN↔DE 和 EN↔FR）时，柱搜索方法将过多地产生复制文本的输出（Ott et al.，2018b)。他们使用来自 WMT 17 的训练数据的子集，将子集中的真实译文替换为原文的副本，并且分析了不同数量的复制噪声和各种柱空间大小带来的影响。他们发现较大的柱空间更容易受到这类噪声的影响，对于所有的柱空间大小，当加入 50% 的复制噪声后，翻译系统的性能会急剧下降。

第 17 章

Neural Machine Translation

分析与可视化

深度神经网络是一种很高效的机器学习方法，在机器翻译等诸多任务上都有良好的表现。深度神经网络的多层结构使其具备自动发现相关特征的能力，从而最终做出正确的预测。然而，虽然神经网络可以发现某些特征，但是人们一直不清楚这些特征具体是什么。这些特征被模型隐藏在海量的参数之中，对人们来说并没有明确的意义。

从某种程度上说，当模型可以正常运转并且翻译质量很高时，不了解模型学习的特征也并无大碍，但是当模型预测结果不够好时，由于缺乏对模型学习到的特征的认知，研发者很难有针对性地进行改进。

此外，如果只构建一个可以很好地完成机器翻译的模型，而无法洞察翻译相关的一些问题，也是不理想的。例如，人们还希望探索“什么样的语言学特性与翻译过程是相关的”“当语义在不同语言之间进行表达时，人和机器分别是如何工作的”等。

所以，分析神经网络模型的行为，可视化模型的内部结构并对其进行观察是一个关键挑战，也是当前非常活跃的研究领域。目前，越来越多的新方法被提出，以分析模型输出及其内部机理，这些研究为我们了解神经机器翻译的工作原理提供了更多的思路。

17.1 错误分析

首先，让我们从仔细观察神经机器翻译模型的译文输出入手。作为一种工程策略，行业内通常采用自动评价指标（例如 BLEU 值）评估机器翻译系统的译文质量。BLEU 值的提高可以直观地反映译文质量的提升。

但是，仅用一个值来衡量译文质量太过笼统。模型会犯什么样的翻译错误呢？什么样的翻译错误是模型难以克服的？仔细观察译文输出会有所帮助。

17.1.1 神经机器翻译的典型错误

让我们先观察一个德语到英语的翻译例子，看看不同的神经机器翻译模型翻译同一个句子时的表现。该源语言端的句子摘自 WMT 2016 新闻测试集：

Bei der Begegnung soll es aber auch um den Konflikt mit den Palästinensern und die diskutierte Zwei-Staaten-Lösung gehen.

对应的人工参考译文是：

The meeting was also planned to cover the conflict with the Palestinians and the disputed two-state solution.

在训练初期，神经机器翻译模型学到了语言相关的一些基本事实，其核心特性包括：相对于源语言句子输入译文的长度，最常出现的译文单词等。模型最初的输出可能是一连串的高频单词 the。

以下是模型训练 10 000 步之后的译文：

However, the government has been able to have been able to have been able to have been able to have been able to be the same.

这段译文完全没有表达出源语言句子的含义，只是在句子长度上比较接近。在内容上，它更像是在重复目标语言端的高频词组" have been able to"。当神经机器翻译模型在低资源场景下训练或在领域外数据上测试时，这种译文输出的情况时常发生，神经机器翻译模型会忽视源语言句子的含义，转而不断输出其在训练过程中观测到的目标端的高频词组。这种"幻象输出"是神经机器翻译的一个严重问题。当我们需要利用机器翻译模型来了解一篇外文文档的大致含义时，如果得到的是流畅但含义错误的译文，这会给后续的信息检索或者文档分类等任务带来很大的障碍。

如果模型的训练条件足够理想（即有海量的领域内训练数据），翻译的质量会有很大的提升。以下是模型训练 20 000 步以后的译文：

But the meeting is also to go to the conflict with the Palestinians and to go two states solution.

上述译文包含了部分正确内容，例如" the meeting"" the Palestinians"和" two states solution"，但是这些内容并没有组成一个正确或者连贯的句子。

这里我们给出 WMT 2016 最佳翻译系统（来自爱丁堡大学）的输出：

At the meeting, however, it is also a question of the conflict with the Palestinians and the two-state solution that is being discussed.

该译文中也存在错误的措辞" it is also a question"，这种表达在英语中显得很笨拙，并且是错误的。不过，神经机器翻译模型在这个问题上犯错误是可以理解的。德语输入中有一个不连续的语法搭配是" soll es ... um ... gehen"，字面上的含义大致是" it should go about"，译员一般翻译为" was ... planned to cover"。这种情况对于机器翻译模型来说是个艰难的挑战：具有多种含义的常见单词（例如，德语动词" gehen"对应英语中的" go"）分散在整个句子中组合形成一个语义单元。

但是，这显然不是一个无法解决的问题。下面是用相同训练数据训练的最新翻译系统的译文：

However, the meeting should also focus on the conflict with the Palestinians and the discussed two-state solution.

这句话虽然和标准的人工参考译文还有差距，但也是一个不错的译文。

17.1.2 语言学错误类型

分析神经机器翻译模型的输出是十分必要的，我们可以将其与输入文本以及人工参考译文进行对比，从而进一步观察：译文中存在哪些种类的错误？哪些语言学挑战难以处理？句子语义经常被编码在短语结构中，翻译至目标语言时句子可能会出现较大幅度的结构变化，模型如何完成这样的工作？歧义词如何处理？对于一些隐含在源语言中但需要在目标语言中显式表达出来的信息，模型该如何处理？

虽然对机器翻译的译文进行非结构化的检查是有帮助的，但是很难总结出可泛化的发现和结论。此外，我们还需注意，不能简单地根据看到的部分译文就得出某些结论，因为某一种在前 100 个句子中频繁出现的翻译错误之后可能就很少再出现了。

所以，我们需要系统性地分析错误，以便优化模型架构和训练过程。最典型的方法就是定义一系列语言学错误类型，并且统计每一类错误的发生频次。我们可以大致区分单词选择错误、词序错误和语法不一致等语句不流畅的问题。更进一步，我们还可以区分虚词出现的错误和实词（如名词、动词和形容词）出现的错误。

一个好的策略是首先将机器翻译系统的输出编辑成可接受的译文。请看下面的错误译文，其中 dog 才更有可能是攻击者：

The man bit the dog.

评估人员首先会将它修改为预期正确的语义：

The dog bit the man.

紧接着，评估人员会将这句话标注为“词序错误”——原译文和修改后的译文单词相同，只是两个名词交换了位置。

但是该译文也存在其他的修改方式，例如，将动词的主动语态修改为被动语态：

The man was bitten by the dog.

如果采用这种修改方式，那么原译文的错误便是“动词形态错误”（应该翻译为“bitten”而不是“bit”），此外还需要考虑插入虚词“was”和“by”导致的错误。

所以，不同的标注者可能会采用不同的修改方式，并标记出不同的错误类型。即使标注过程被严格地规范化，要求标注者尽可能少地对译文进行修改，标注结果也很难保持一致。

下面我们给出一个实际例子，考虑 17.1.1 节的译文：

At the meeting, however, it is also a question of the conflict with the Palestinians and the two-state solution that is being discussed.

我们将其修改为：

~~**At**~~ *the meeting*, *however*, **should** *also* **address the** *question of the conflict with the Palestinians and the two-state solution that is being discussed.*

尽管坚持使用最少的编辑操作，仍然需要进行几处修改：

- ❑ 移除句首的单词“at”，将介词短语转换成名词主语；
- ❑ 改变动词结构“it is”，将其修改为“should address”；
- ❑ 将不定冠词“a”改为定冠词“the”。

以上所有更改都是相互关联的，由于改变了动词结构，所以需要改变“at”引导的介词短语的句法角色。由于动词（address）的选择及其论元结构的变化，我们将“a question”改成了“the question”。译后编辑人员可能会继续删除“a question”，因为这里不需要传达源语言句子的全部含义。

17.1.3　真实世界中的研究案例

尽管人工标注译文错误时会有不一致的问题，但是这种方法可以帮助我们了解机器翻译系统中最主要的译文错误。

Bentivogli 等人分析了英语到法语和英语到德语的多个神经机器翻译系统（Bentivogli et al.，2018）。他们的评估策略类似于我们之前提到的人工纠错法。他们聘用了专业译员对模型译文进行纠正。这项工作的最初目标是通过统计被纠正的单词数目（人工译文编辑率）评价不同系统的译文质量。这是国际口语翻译系统评测（IWSLT）中针对 TED 演讲的机器翻译质量评价的一部分。

已知机器翻译的输出和人工修正的结果，每一次人工修正操作都会借助词性标注器和词法分析器进行自动分类，大致分为以下三种错误类型：

- ❑ 词汇错误：直接修改、增加或删除词语；
- ❑ 词语形态错误：修改词语的形态；
- ❑ 词序错误：调换相邻词语的顺序。

对于每一类错误，我们根据单词的词性展开进一步分析，表 17.1 给出了不同错误类型的统计结果。最主要的错误是词汇错误，对于英法翻译，每 100 个单词中平均出现 13.8 次词汇错误，而英德翻译是 17.1 次。词序错误很少发生，与英法翻译相比，英德翻译的词序差异更大，所以词序错误在英德翻译中更普遍（每 100 个词中出现 2 次），而在英法翻译中每 100 个词中仅出现一次。虽然英语和法语的词语形态都较为丰富，但是词语形态错误却很少发生。

按照词性进行更细粒度的划分后，我们发现动词的词汇错误频率很高（在英法翻译中为每 100 词 2.9 次，在英德翻译中为每 100 词 3.5 次），这比名词的词汇错误频率更高（在英法翻译中为每 100 词 2.1 次，在英德翻译中为每 100 词 3.1 次）。此外，介词和代词的使用错误也占了很大的比重。这些结果表明，由单词歧义和复杂语义关系引起的词汇翻译错误仍然是当前机器翻译中最主要的错误。

表 17.1　神经机器翻译的译文错误统计（每 100 个单词的错误数），译文选自 IWSLT 评测中神经机器翻译系统对 TED 演讲稿的翻译结果。统计结果引自文献（Bentivogli et al.，2018）

错误类型		英法翻译	英德翻译
词汇	形容词	0.8	0.8
	副词	0.8	1.5
	冠词	1.0	1.5
	命名实体	0.2	0.3
	名词	2.1	3.1
	介词	2.2	1.6
	代词	2.3	1.8
	动词	2.9	3.5
	其他	1.5	3.0
	小计	13.8	17.1
形态		2.3	2.4
词序		1.0	2.2
形态 + 词序		0.3	0.6

17.1.4　目标测试集

除了对机器翻译译文中语言学错误类型进行检查以外，研究人员还可以直接评估机器翻译系统处理预设语言学难题的能力。例如，如果我们认为译文中长距离的词语形态一致性是一个重要问题，那么为什么不构造一批测试句子专门检测针对该问题的翻译效果呢？

1. 挑战集

Isabelle 等人构建了一个机器翻译的挑战集，该集合中包含了某些特定的语言学上具有挑战性的问题（Isabelle et al., 2017）。于是，我们可以根据机器翻译系统在挑战集上的表现评价其解决这些挑战性问题的能力。

以图 17.1 为例，法语中主语 – 动词必须保证单复数一致，即主语分别是单数和复数形式时对应不同的动词形态。这一点和英语类似，单数形式主语“ he”对应于“ eats”，而复数形式主语“ they”对应于动词“ eat”。当主语和动词距离较近时，语言生成系统可以处理得很好，但是当距离较远时（中间有其他单词语），系统很难解决主谓一致的问题。

源语言句子	*The repeated calls from his mother* ***should*** *have alerted us.*
参考译文	*Les appels répétés de sa mère* ***auraient*** *dû nous alerter.*
系统译文	*Les appels répétés de sa mère* ***devraient*** *nous avoir alertés.*
	Is the subject–verb agreement correct (y/n)? **Yes**

图 17.1　挑战集。翻译这个源语言句子需要机器翻译系统很好地解决长距离主谓一致性问题（主语“calls”和助动词“should”），最后需要人工标注者判断该问题在译文中是否被有效解决了

如图 17.1 所示，主语“calls”和助动词“should”之间出现了介词短语“from his mother”。我们来看看为什么这是一个挑战性问题。在英语中，“should”不会随主语单复数的变化而改变形态，但是其在法语中因单复数而存在差异。在翻译为法语时，我们无法根据英语单词“should”的形态判断主语单复数，所以容易被前序名词误导。在本例中，与“should”紧邻的是单数名词“mother”，导致系统忽略了实际主语是复数形式的“calls”。

当然，例子中的法语译文是正确的，“should”被翻译成复数形式“devraient”，对应的单数形式的动词译文应该是“devrait”。所以，人工标注者判定该句翻译是正确的。

Isabelle 等人分析了一系列翻译问题，例如，极性一致（积极或消极）和被动语态的翻译等（Isabelle et al.，2017）。研究发现，神经机器翻译系统能够解决测试集中 53% 的问题。

2. 对比翻译对

挑战集的构建和测试对人工依赖性很强，不仅需要具备丰富语言学知识的标注者来设计错误类型并挑选测试样本，而且在每一次测评机器翻译系统时，都需要人工检测机器翻译结果是否正确。

Sennrich 提出了一种替代方法以自动完成这些工作（Sennrich，2017）。这种方法借助神经机器翻译系统对输出序列进行打分。当分别给出一句正确的译文和包含某个类型的错误译文时，翻译模型如果对正确译文的评分更高，那么说明其成功解决了该翻译难点。

这项研究验证了文献（Isabelle et al.，2017）提出的多个翻译难点，并且只需要对参考译文中个别单词进行简单的修改。这里以图 17.1 中主谓一致的翻译难点为例，我们只需要将参考译文中正确的单词“auraient”替换为“aurait”。

- 候选译文 1：*Les appels répétés de sa mère* ***auraient*** *dû nous alerter.*
- 候选译文 2：*Les appels répétés de sa mère* ***aurait*** *dû nous alerter.*

神经机器翻译系统应该给正确的译文（候选译文 1）赋予更高的评分。

我们可以自动构建这类测试集：对于包含输入句子和对应参考译文的标准测试集，自动地将参考译文中所有单数形式的动词替换为复数形式，即可得到对比数据集。对于其他语言学难题，这种修改可能还需要词法分析器、句法分析器或者对参考译文进行更加复杂的处理以构建错误译文。但是一旦构建完成，后续的测试流程不再需要任何人工参与，任何神经机器翻译系统都可以对参考译文和修改后的译文进行打分。

以下是几个关于文献（Sennrich，2017）提出的翻译难点的对比翻译对：

- 名词短语一致：“...these interesting proposals...”与“...this interesting proposals...”；
- 从句中主谓一致：“ ... the idea whose time has come ...”与“ ... the idea whose time have come ...”；
- 被分隔的动词词组：“... switch the light on ...”与“... switch the light by ...”；
- 极性一致：“... have no idea ...”与“... have an idea ...”。

这项研究在英德翻译中进行了实验，因为英德中嵌套结构较多且动词的放置位置有很多情况，所以长距离一致性问题是最主要的难点。但是，神经机器翻译系统能够在 93% ~ 98% 的情况下正确地赋予参考译文更高的分数，其在极性一致性的错误类型上表现最差。

17.1.5　合成语言

我们也可以更加正式地探究神经机器翻译模型的能力。例如，长距离一致性和嵌套的关系从句等语言学结构要求解码器状态拥有一定的记忆能力。那么，解码器状态的记忆上限是多少呢？

其中一种方法是用合成语言训练模型来测试神经机器翻译模型。合成语言让我们能够专注于语言的某些方面，而不用顾及自然语言中的歧义和其他复杂语义之间的相互依赖关系。这种方法更多地运用于语言模型中，也可以用来检测机器翻译中某些特定的语法结构。

我们假设存在一种由各种括号组成的语言，其中的左右括号必须配对，该语言中的一些合法句子如下：

- ({ })；
- ({ } { ( ) })；
- { ({ } ({ })) ({ }) }。

我们可以随机地构造符合规范的句子，再交由模型训练，然后检查模型在测试中每一步是否可以输出正确的结果：输出正确的右括号或者开启新的左括号。如此，我们可以在不同的序列长度、不同的嵌套深度和不同规模的训练数据上检测模型的性能。

17.2　可视化

通过错误分析，我们了解了机器翻译系统可能会犯哪些错误，但是却无法说明模型为什么会犯错。所以，我们需要观察模型的内部。

在统计机器翻译中，这是一项复杂但可行的任务。任何一个译文单词输出都可以追溯至模型的各个组件（语言模型的概率和翻译表），甚至可以溯源到训练数据（例如，源端单词被多次译为某个目标端单词）。

在神经机器翻译中，模型参数通过百万次的训练更新和迭代优化，溯源将是一项非常困难的任务。但是，我们仍然希望从已经脱离训练数据的海量参数中探寻线索。越来越多的研究人员从不同的角度开展了这项研究。我们首先从推断阶段的模型参数和节点值的可视化开始。

17.2.1 词嵌入

图 17.2 展示了前文介绍过的词嵌入的可视化结果。词嵌入是单词在高维连续空间中的向量表示，不过我们在图 17.2 中利用 **t 分布随机邻域嵌入**（t-distributed Stochastic Neighbor Embedding，t-SNE）方法将高维度（如 500 维）降至二维，并将其展现在平面空间中。

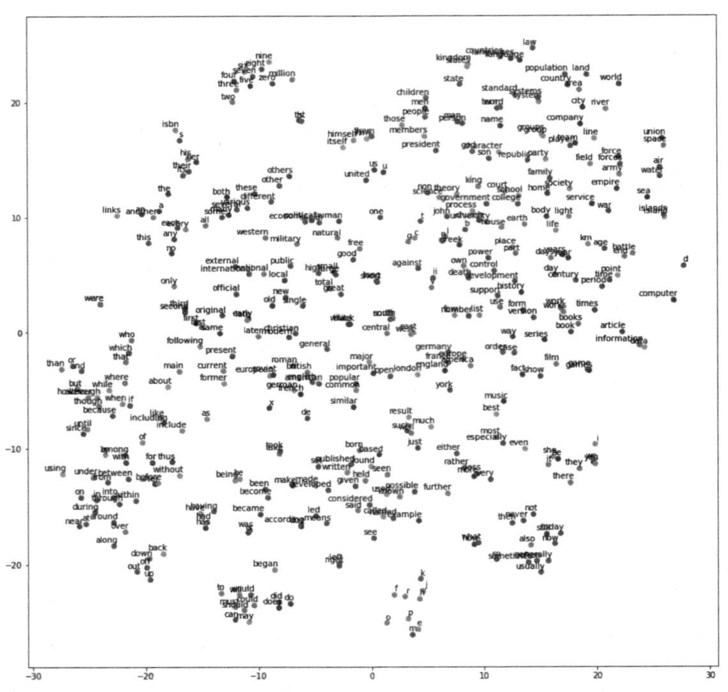

图 17.2 通过 t-SNE 方法将词嵌入映射至二维空间的示意图。词义接近的单词在空间中也相互靠近（该图由 James Le 绘制）

通过观察词嵌入的分布，我们可以检测具有相似语义的单词是否有相似的词嵌入，这也是一种最直接的检测方法。例如，“growing”紧挨着“developing”，但是某些具有相反语义的单词（例如“left”和“right”，“winning”和“losing”，“reading”和“writing”），位置也很接近。对于这些词对，我们需要进行更仔细的分析。

已证明，词嵌入可以显示单词之间的形态和句法关联，比如单词的单数和复数形式之间的距离都是类似的。这些结论对于训练数据中的低频词是否依旧成立呢？如果知道了这个问题的答案，我们就可以推断出词频达到多少时才可以保证模型学到鲁棒的词嵌入表示，从而能够被正确翻译。

17.2.2 编码器状态：词义

编码器的主要任务是根据句子中的上下文信息，对每个单词固定的词嵌入进行优化，得到语境化的词嵌入。翻译的一个核心问题是一词多义现象，例如“ right”可以表示与法律相关、与政治相关或与方向相关的含义。不同的词义对应于不同的译文。当“ right”表示“正确”时，其对应的德语译文是“richtig”，但当其表示“右边”时，德语译文是“rechts”。

正如人们可以通过上下文理解词义一样，我们期望神经翻译模型通过编码器获取上下文信息，从而为单词的不同词义（尤其当不同的词义对应不同的译文时）赋予不同的向量表示。

词嵌入作为模型参数在模型训练完毕后不再改变，但是由神经网络节点的值表示的编码器状态会随着输入句子的不同而不同。对于每个输入的单词，编码器均计算对应的向量表示，深层的编码器则包含多个处理层，我们可以从其中的任意一层进行分析。

图 17.3 给出了英法翻译中不同句子中源语言单词“ right”对应的不同编码器状态分布图。使用主成分分析方法（Principle Component Analysis，PCA）将编码器状态的原始 500 维向量投影至二维空间中。

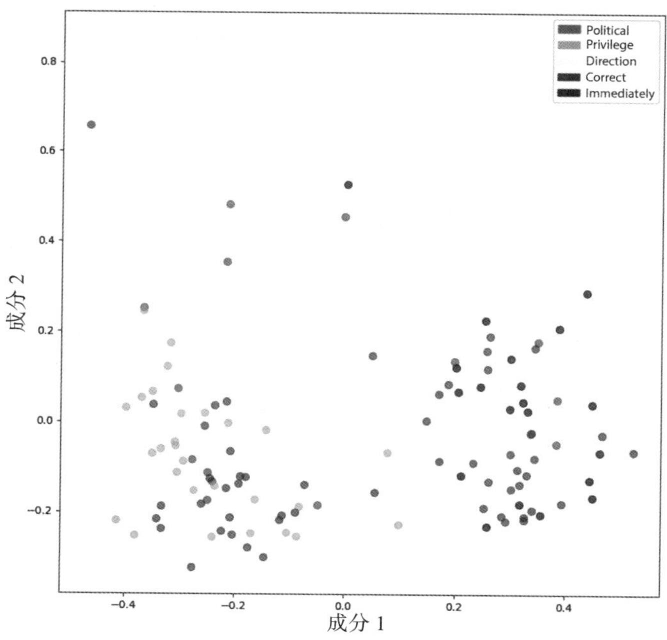

图 17.3 编码器中的词义消歧。单词“ right”出现在不同的上下文时被编码为不同的向量表示。编码器状态表示通过主成分分析方法被映射到二维空间中，揭示了词义聚类的效果

单词“right”的某些词义对应的向量似乎形成了聚类，例如在句子“he joined right before me”中表示“immediately”（紧接着）的含义，而在表示“political”（政治的）等其他词义时的分布则比较分散。这可能与单词所扮演的句法角色有关。当表示“immediately”时，“right”通常是副词，而当表示“political”的含义时，“right”一般充当形容词或者名词。值得注意的是，这些句法角色的差异同样会在词嵌入的可视化图中显示出来，以“ing”结尾的动词形式彼此更近，这意味着句法角色的聚类效应会强于词义的聚类效应。

由于语义的定义尚不清楚，我们很难从可视化的结果中得到某些结论。但是，正如词嵌入一样，这也是我们了解编码器状态的一种方式。编码器状态也可以用来帮助我们进行错误分析。如果单词被翻译成错误的词义，那么其对应的编码器状态更接近于正确词义的状态还是错误词义的状态呢？如果与错误词义的编码器状态更接近，那么如何优化编码器使其可以更好地区分词义呢？

17.2.3　注意力机制

编码完成之后，神经机器翻译模型的下一步操作是使用注意力机制。注意力机制具有直观的可解释性，即注意力权重可以表示模型预测某个单词时每个输入单词对应的编码器状态的重要程度。所以，注意力机制和统计机器翻译中的词对齐操作作用类似。

让我们再回顾一下前文中介绍过的注意力权重可视化效果图（见图 17.4）。图中的可视化结果给我们最直接的印象是，注意力权重展示了输入单词和输出单词之间的词对齐关系，这对于有明确对应译文的单词尤其明显。例如，生成德语单词“Obama”时，英语输入单词“Obama”获得了 96% 的注意力权重。同时，这种现象在近似于逐词翻译的译文中也十分明显，例如，生成德语“Beziehungen”时，英语对应单词“relations”获得了 89% 的注意力权重。

但是，注意力机制不仅仅在含义相同的单词之间建立联系。最典型的是图 17.4 中德语单词“seit”的生成，这个德语介词和英语“for”的关联最紧密，但是注意力权重却只有 54%。与大多数的介词类似，英语“for”有很多可能的译文，在这句话中它表示与“时间”有关，而不是常见的含义。该句子中“for”的具体含义取决于其后的续词“years”（年），在一定程度上也受到先导词“strained”（紧张的）的影响。这两个单词都对“for”的翻译有很大的影响（注意力权重分别为 10% 和 22%），从而帮助明确了介词“for”的具体含义。

我们曾提到过，注意力权重可以用来探测漏翻（任何解码器状态都没有注意到该输入单词，所以最后没有被翻译成对应译文）和多翻（由于注意力机制重复关注某些输入单词而导致多翻）的现象。15.2 节介绍了改进解码算法和整个模型的方法，在输出序列生成过程中追踪注意力权重的变化，从而缓解了这一问题。

作为一个诊断工具，注意力机制也发挥着重要的作用。如果想要解释某个译文单词是如何生成的，那么第一步就是分析此刻的注意力权重分布及其注意力权重所关注的输入单词。

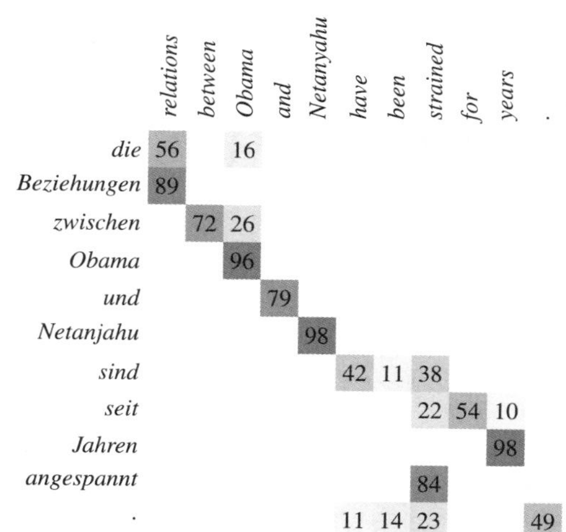

图 17.4 注意力权重的可视化结果。模型生成目标端单词时，其字面意思相同的源端单词的影响更大（例如，“Obama”对应于“Obama”或者“Beziehungen”对应于“relations”），然而其他单词有时也会有助于翻译过程中消除歧义。例如，英文介词“for”本身有很多种含义，但是由于其先导词是“strained”（紧张的），后续词是“years”（年），所以它最终的译文是“seit”，而不是出现更频繁的“für”

17.2.4 多头注意力机制

近年来模型方面的一大改进是 11.2.2 节中提到的多头注意力机制。在该机制下，对于每一个输入的单词，我们得到的不再是单个注意力权重值，而是一个注意力权重向量。

针对多头注意力机制，Vaswani 等人探索了每一个注意力头的不同作用（Vaswani et al., 2017）。他们聚焦编码器中的自注意力，发现每个注意力头总是关注特定的部分，如图 17.5 所示。在这个例子中，动词“making”向量表示优化过程更多地关注其所在动词短语的剩余部分“more difficult”，有 75% 的注意力头都关注了该部分。

某些注意力头似乎扮演着特殊的角色。例如，研究人员发现，当优化代词的表示时，其中两个注意力头会关注与代词相关的先导词。

很多注意力头扮演的角色与短语句法结构和单词依存等语言学特征有关。图 17.6 展示了一个注意力头的例子。其中，注意力头通过关注所在词组内的中心词来修正单词的向量表示，例如，名词短语“the law”中的“the”或者动词–形容词结构（“be perfect”或者“be just”）的“be”。

已有的研究发现，解码器中的多头注意力机制与词对齐概念并不一致，例如，多头注意力的平均结果并不一定指向与目标端单词含义相同的源端单词。根据这一发现，很多研究对注意力机制进行了相应的优化（Alkhouli et al., 2018；Zenkel et al., 2019）。

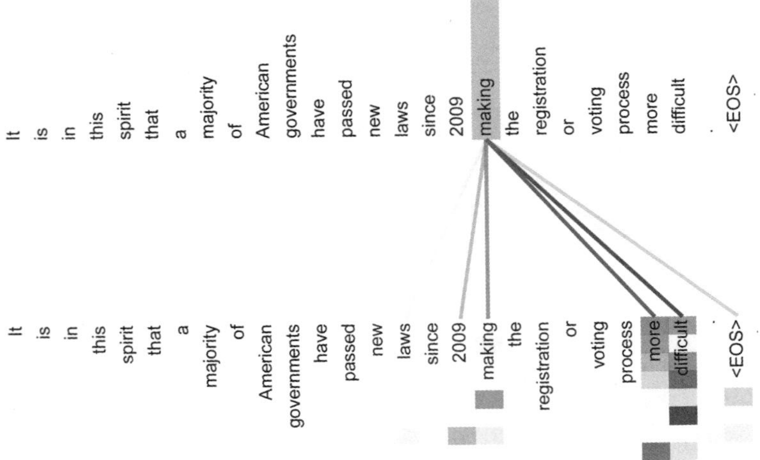

图 17.5　多头注意力机制的可视化图 1。在这个编码器的自注意力例子（Vaswani et al., 2017）中，动词“making”的表示通过关注词组“more difficult”得到修正，其中 8 个注意力头中有 6 个关注了该位置

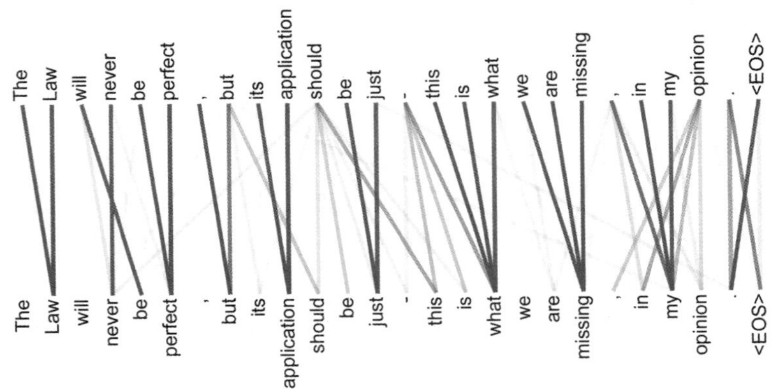

图 17.6　多头注意力机制的可视化图 2。在一个注意力头的可视化图（Vaswani et al., 2017）中，作者发现大量注意力头的表现与句子结构密切相关

17.2.5　语言模型预测中的记忆

我们来进一步观察神经机器翻译的解码器。首先需要强调的是，解码器工作时结合了两方面的信息：最近生成的输出单词和经过注意力机制提炼的源端信息。其中，前者扮演的角色类似于传统统计机器翻译中的语言模型，它确保生成的输出序列是流畅的。

语言模型主要根据有限的上下文进行决策，最近生成的单词对模型预测下一个输出单词的帮助最大。实际上，统计机器翻译中的语言模型就是利用最近的历史信息。例如，5 元语言模型只利用最近的 4 个输出单词作为上下文。然而，为了使输出句子更加流畅，很多语言学问题的解决需要依靠更广泛的上下文信息。典型的问题包括：长距离一致性（主谓的词形变化一致性）、动词句法类别的跟踪定位、非连续的动词搭配（例如“switch... on...”），以及长距离依赖的关系从句等嵌套结构。

循环神经网络的一大特点就是可以利用已输出的全部单词而不是固定窗口下的某几个历史输出。那么，循环神经网络是否可以很好地解决刚刚提到的长距离依赖问题呢？我们希望相关的历史信息被储存下来并在解码器状态之间进行传递，但是目前并不清楚如何识别相关的历史信息。

Tran 等人提出了一种基于循环记忆网络的语言模型（Tran et al.，2016）。类似于传统的 LSTM 语言模型，该模型配备了额外的注意力机制，有选择地从解码器的历史状态中提取信息。所以，除了 LSTM 解码器状态中隐藏的信息以外，这种显式的记忆机制可以直接识别与预测下一个输出单词相关的已生成单词。图 17.7 展示了该模型中注意力权重的可视化效果。

图 17.7 中的三个例子都是下一时刻的单词预测依赖于距离较远的历史信息的情况。第一个例子是德语中非连续的动词搭配（“hängt ... ab”，对应英语单词“depends”），当预测当前单词“ab”时，模型一方面关注动词“hängt”，另一方面会注意到前序动词对应的宾语（“Annahmen”，对应英语单词“assumptions”）。在第二个德语例子中，当预测句末的动词（“spielen”，对应英语单词“play”）时，模型主要关注它的宾语（“Schlüsselrolle”，对应英语单词“key role”）。在第三个意大利语的例子中，宾语（“titolo”，对应英语单词“title”）主要依赖于动词（“insignito”，对应英语单词“awarded”）。

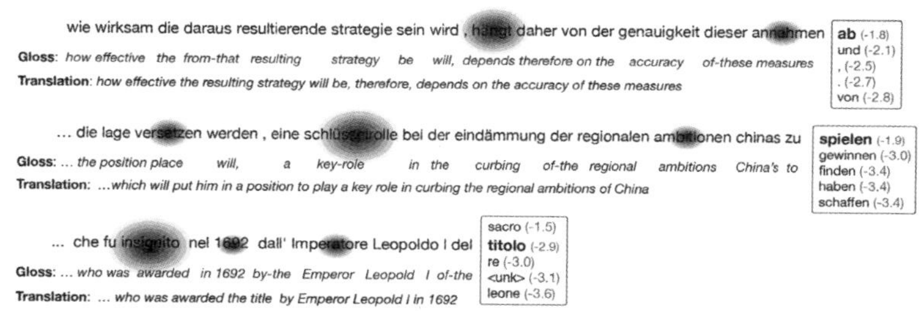

图 17.7 循环记忆网络：基于注意力机制的循环神经网络语言模型（Tran et al.，2016）。该模型可以动态地识别和预测与下一个输出单词最为相关的历史上下文信息。1）在非连续的动词搭配“hängt...ab...”中后续单词依赖于前序动词；2）动词依赖于宾语：“schlüsselrolle ... spielen”；3）宾语依赖于动词：“insignito ... titolo”

值得注意的是，这种针对已生成单词的注意力机制实际上就是 11.2.4 节中讨论的自注意力机制，所以类似的分析也可以应用于使用自注意力机制的神经机器翻译模型。

17.2.6　解码器状态

正如之前提及的，解码器状态中汇集了多种信息，所以我们很难根据解码器状态的可视化结果进行分析。Strobelt 等人提出了一种可行的分析方式（Strobelt et al.，2019）。他们提取了模型翻译测试集句子时的解码器状态，并将其与训练过程的解码器状态进行对比，最后筛选出最相似的状态，用其所在的训练句对以及对应的输出单词的位置作为分析的依据。

在训练过程中，模型先通过前向计算进行解码，再通过反向传播更新参数，所以解码器的前向计算方式在训练和测试过程中是一致的。因此，当模型遇到与训练语料类似的语境时，解码器状态也是类似的（见图 17.8）。

图 17.8　相似解码器状态。文献（Strobelt et al.，2019）提出了一种分析方法：搜索与当前解码器状态最相似的训练过程中的解码器状态。左侧是解码器状态的二维展示图，右侧显示的是相似解码器状态对应的训练样本，其中高亮的部分是相似解码器状态对应的预测单词（该图得到了 Hendrik Strobelt 授予的使用权）

当翻译下面的句子时：

die längsten Reisen fangen an，wenn es auf den Straßen dunkel wird，

解码已生成单词序列：

the longest journey begins，when it gets …

预测下一个单词“to”，实际上“dark”才是更好的选择（生成“dark”可以完成“… dark on the streets”的翻译）。

图 17.8 展示了在训练过程中遇到的最相似的解码器状态。大多数情况下，下一个生成的单词是“dark”，虽然有时前一个生成词是“gets”或者是“get”的其他的形态。这说明有充足的训练样本支持在当前时刻做出正确的预测，并判断当前时刻的解码器状态是否合理。

17.2.7　柱搜索

最后，我们可以分析一下柱搜索的具体过程。对于给定的部分译文结果和下一时刻可选的译文单词，我们通过分析两者之间的联系进行下一步的扩展。

图 17.9 展示了一个句子的搜索图，它采用树的形式表示，当翻译假设扩展时该树状路径就会分叉，当翻译假设落到柱空间之外时路径结束。对于每一个可能的译文，即使是当前得分不是最高的片段，我们也希望去探索后续的译文内容。Lee 等人提出了一种解决这类问题的分析工具（Lee et al.，2017），如图 17.9 所示。使用者可以决定每一步如何扩展，进而生成一个高质量的译文，甚至可以观察到当某些值（例如注意力权重）改变时解码过程如何变化。

这些分析方法和可视化工具可以让我们更加了解神经机器翻译模型，希望能够借此消除误解并激发改进模型的思路。但是，人工分析只能关注到小部分的数据，得到的结果可能不具有代表性。同时，片面的分析也会加剧我们对模型的误解。所以，现有的分析工具只是起点，我们还需要继续探索更多严谨的分析方法。

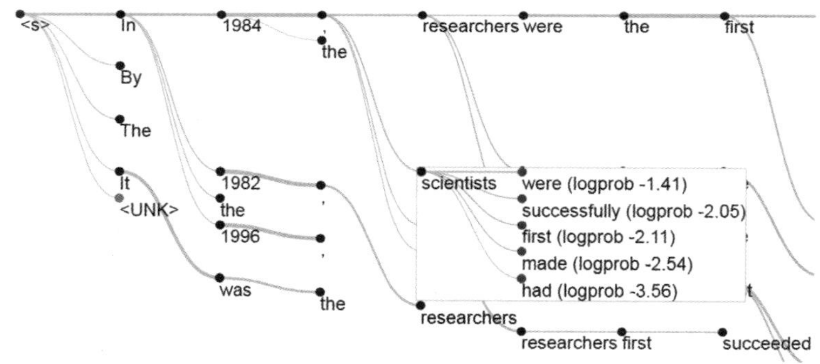

图 17.9 柱搜索分析工具（Lee et al.，2017）展示了一些具有潜力的替代路径，并说明了为什么这些路径最后被抛弃了

17.3 探测向量表示

当语言学家分析句子时，他们发现对词进行分类、组合，然后寻找不同部分之间的关系，是一种十分有效的方法。例如，按照动词、形容词等词性分类，组合多个单词构成名词短语等，然后分析动词 – 主语之间的依赖关系等。

那么，机器是如何完成自然语言处理任务的呢？编码层和解码层的操作是否类似于语言学家的分析过程呢？词性或者句法依赖关系等类别特征可以帮助我们理解语言，那么它们是否也是模型中的有效特征呢？

17.3.1 分类器方法

为了回答上述问题，我们可以深入地分析中间向量表示（例如编码器状态和解码器状态)，检测其中是否包含某些语言学属性（词法、句法和语义信息）。一种分析方法是将问题转化为分类任务，输入是中间向量表示，输出是各种相关的语言学属性。

这里我们以词性为例，某些单词有多种可能的词性，例如，“fly”可能用作名词或动词，“like”可能是介词、动词、感叹词或名词。区分这些单词的词性对翻译任务很有帮助，“like”作为介词和动词时对应的译文是完全不同的。

如果将词嵌入作为分类任务的输入，同时单词在不同句子中的不同位置都对应着相同的词嵌入，那么最终预测的结果都是相同的，显然这种做法并不理想。与统一的词嵌入相比，编码层通过引入句子上下文信息优化每个单词的向量表示，从而使模型可以依据不同的上下文区分每个单词，这对于获得正确的翻译结果十分重要。所以，我们可以将这些包含上下文信息的编码层向量表示作为分类任务的输入，对每个出现的单词进行预测。

为了训练分类器，我们需要准备标注数据。对于分类器的输入端，我们需要翻译一些句子，将编码器得到的每个单词的中间向量表示作为分类器的输入。对于分类器的输出端，需要有每个单词对应的正确标签。为了得到正确的标签，我们需要人工标注数据，或者使用在大量语料上训练得到的高性能语言学工具（词性标注器、词法分析器、句法分析器或语义分析器）。

给定构造的标注数据（单词对应的中间向量表示和词性），我们就可以使用标注数据训练分类器，既可以选择简单的线性分类器，也可以选择其他标准的机器学习方法，例如支持向量机或者多层前馈神经网络等。

当测试分类器性能时，我们选择训练中未曾出现过的句子作为测试集。最终的分类准确率将显示编码器的中间向量表示是否包含某些语言学信息，同时也能反映神经网络模型是否学到了这类语言学信息（如词性）。

17.3.2 实验发现

Belinkov 等人使用分类器方法预测词性和其他形态属性（如时态、数和性）(Belinkov et al.，2017a)。他们发现，与词嵌入相比，编码器的浅层表示包含了更多词性和形态特征信息。此外，他们发现基于字符的编码层向量表示的预测准确率更高，尤其是对于未登录词。

他们也在深层编码器上验证了上述关于词性的结论（Belinkov et al.，2017b)。他们还分析了其他语义标注任务，例如区分代词的不同作用（例如“Sarah herself bought a book”中“herself”表示加强语气，“Sarah bought herself a book”中“herself”是反身代词)。他们发现相对于词性标注任务，编码器的深层表示更擅长完成语义标注任务，尤其是与篇章关系相关的语义标签。

Shi 等人发现编码层学习到了很多句法信息（Shi et al.，2016b)，例如语态（主动语态或被动语态)。翻译模型同时还学习到了句子结构信息，常见的句法分析任务以一句话作为输入，输出对应的括号句法结构，例如，输入“I like it”，输出“(S (NP PRP)$_{NP}$ (VP VBP(NP

$PRP)_{NP})_{VP}).)_{S}$”。对于这类句法分析任务，基于编码层中间表示的分类器的性能甚至与一个额外训练的句法分析器性能不相上下。

17.2.2 节中讨论的词义消歧问题也可以设计成标注任务，然后通过类似的方法进行评估。

17.4 分析神经元

到目前为止，我们提到了很多对某一层的神经元值进行聚类或者探测的不同方法，那么每个独立神经元是否也蕴含着待发掘的信息呢？

17.4.1 认知理论

当设计神经网络时，我们经常会从生物学的角度思考一个关键问题：大脑是如何编码信息的？当想到宠物狗时，大脑中是否有一个独立神经元被激活了？大脑中有数以千亿的神经元，可以存储数以千亿的知识，作为计算机科学家，我们知道 1000 亿比特的存储单元可以保存 $2^{10^{11}}$ 个不同的数字，那么关于宠物狗的信息是通过其中的一个数字存储的吗？

神经科学家提出了三种储存信息的方式：

- **特异性编码**：对每个人的记忆都储存在不同的独立神经元中，所以有一个神经元的激活代表 Bill，也有另一个神经元的激活代表 Mary。
- **群体性编码**：记忆是以某种模式存储在所有神经元中，这是另一种极端的情况，编号 2、5、9、……神经元的激活代表 Bill，编号 2、4、7、……神经元的激活代表 Mary。
- **稀疏性编码**：记忆是以某种模式存储在部分神经元中。例如，所有关于人的记忆都储存在相同的神经元子集中，当遇到不同的人时激活的方式不同，即使在这种模式下绝大部分神经元都没有被激活。

目前的技术还不能实现对大脑所有的独立神经元进行探测。一些检测方法（例如核磁共振成像，Magnetic Resonance Imaging，MRI）基于神经元活动导致的血液流动变化，而且这些技术仅仅可以解析数以千计的神经元构成的组合。通过这类研究方法，我们发现大脑的不同区域负责不同的功能，例如语言区、视觉区等。任何特定的活动或者思考过程（比如看到图片上的一棵树）都与一个或多个区域的激活方式相关。

17.4.2 个体神经元

人工神经网络有一个很大的优势，即我们可以深入探测每一个个体神经元，用任何方法检测甚至修改这些神经元也不会出现道德问题。

为了回答“神经网络如何生成正确长度的译文”这个问题，Shi 等人探测了基于编码器－解码器的循环神经网络（不含注意力机制）中的神经元（Shi et al.,2016a）。如图 17.10 所示，他们发现有两个神经元与输入、输出长度密切相关。随着输入单词的增多，这两个神经元的绝对值逐步增大，最后随着输出单词的增多而逐步减小。一旦生成了足够的单词，句子结束符的预测概率就会陡然上升。

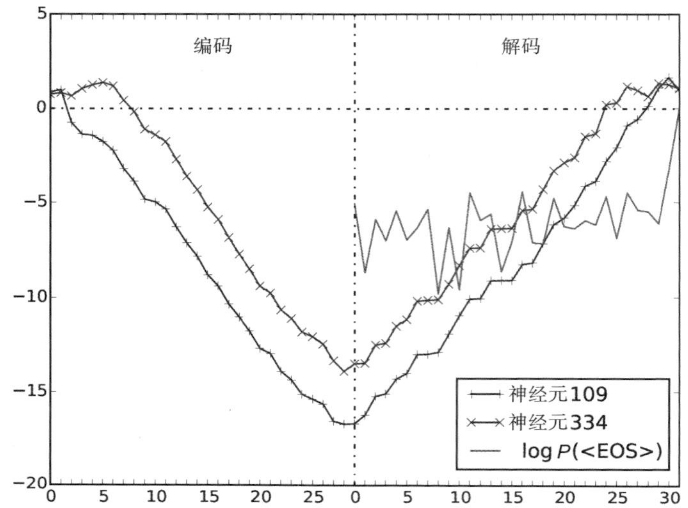

图 17.10 与长度相关的个体神经元（Shi et al.，2016a）。它们的数值随着输入单词的增多而减小（曲线的左半部分），随着输出单词的增多而增大（曲线的右半部分）。一旦神经元的数值变成正的，生成句子结束符 <EOS> 的概率将接近于 1

Karpathy 等人探究了一个基于字符的神经语言模型的神经元活动（Karpathy et al.，2016）。图 17.11 展示了他们发现的两个独立神经元的激活情况。其中，第一个神经元记录行的位置信息，帮助生成换行符。第二个神经元的激活与引号有关，跟踪当前位置的字符是否位于引号内。

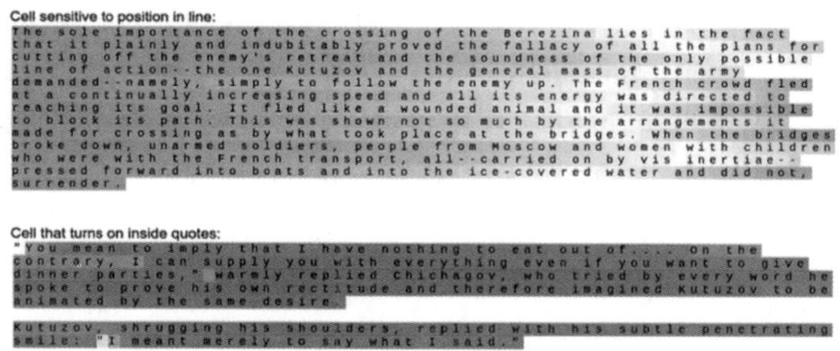

图 17.11 基于字符的 LSTM 神经语言模型中两个神经元的数值变化情况（Karpathy et al.，2016）。第一个追踪行的位置信息，它与生成换行符的概率有关。第二个神经元与引号密切相关，它显示当前字符是否位于引号内。此外，还存在与括号相关的其他神经元

他们也分析了用计算机源代码训练的语言模型，最终发现了跟踪括号结构的神经元。该神经元在左括号“{”出现时被开启，在右括号“}”出现时被关闭。

然而，以这种方式绘制绝大多数神经元的激活行为并不能揭示任何显著的模式。

17.4.3 揭示神经元

17.4.2 节中的例子表明，正如特异性编码理论预测的那样，至少部分相关信息储存在单个神经元中。

我们可以通过相关性研究找到这样的神经元。除了前文提到的功能，我们可能还关注其他特性，例如单词在句中的位置，单词是名词还是动词，是否在从句中，是否是直接宾语名词短语的一部分。于是，我们观察翻译模型处理一大批句对（对于语言模型是一批单语语句）时每个神经元的数值变化。对于每个神经元，我们可以计算其数值与相关特性的相关性，这些特性可以由整数、布尔值或实数表示。

Shi 等人提出使用最小二乘法将数据点（当前单词的位置和神经元数值）拟合到一条曲线上，从而最小化数据点与这条曲线的距离（Shi et al.，2016a）。如图 17.10 所示，他们发现了大量相关度很高的神经元。同时，他们指出使用一小组神经元可以取得更高的相关度。

17.5 追溯模型决策过程

分析和可视化方法的目标通常是为了回答“模型为什么会输出错误的译文”。我们希望追溯决策产生的过程和原因。哪些输入值对模型输出的影响最大？可能是某个输入单词，可能某个历史输出单词，也可能是某个中间状态。

接下来，我们介绍近期提出的两种分析方法：层级间相关性传递（Layer-wise Relevance Propagation，LRP）方法和显著性（saliency）方法。两种方法都是从视觉研究领域借鉴而来的。在视觉研究中，对应的问题是“模型从输入图像的哪个部分识别出了‘狗’？”这个问题的答案应该是一个基于相关像素点的热图。在机器翻译中，我们需要处理的输入不是图像的像素点，而是影响模型输出的信息源，主要是输入单词和历史译文。

17.5.1 层级间相关性传递

我们首先介绍**层级间相关性传递方法**（LRP）。在机器翻译的解码过程中，之所以生成某个单词是因为其对应的 softmax 层的数值最大。相关性传递的思想就是：通过反向计算，推导哪些部分对 softmax 层中的最大值有贡献。

神经网络层中的每个输出值往往是输入值进行加权求和后经过激活函数处理而得到的。为了研究相关性传递，我们忽略激活函数，只针对输入值和权重进行计算。

现在，我们希望识别前一网络层中对当前层输出贡献最大的神经元。换句话说，我们想计算这些神经元的相关度 R。神经元对某个输出值产生影响的元素包括神经元本身的数值和该神经元与输出之间的权重。

每个输出节点的值 y_k 都是通过前序隐藏层中的神经元 h_j 和权重 u_{kj} 加权求和得到的：

$$y_k = \sum_j h_j u_{kj} \tag{17.1}$$

我们要回溯整个计算过程以探究哪些值对 y_k 的影响最大。直观地看，影响最大的应该是 h_j 值高且权重 u_{kj} 大的神经元 j。因此，我们将 h_j 和 u_{kj} 的乘积作为该神经元的相关度。

对于第 k 个目标输出节点，假设初始相关度 $R_{yk} = 1$，那么，隐藏层节点 j 的相关度 R_{h_j} 为：

$$R_{h_j} = \sum_j R_{yk} u_{kj} \tag{17.2}$$

得到隐藏层每个节点的相关度 R_{h_j} 之后，我们重复这个过程直至回溯到输入层。换言之，通过这种层级间的计算，我们可以发现网络层中哪些部分导致了后续层中较高的相关度值。值得注意的是，我们在计算过程中没有对相关度进行归一化操作。

图 17.12 展示了一个简单的前馈神经网络。通过相关性传递方法，我们发现第三个输入节点对当前输出节点中的最大值影响最大。

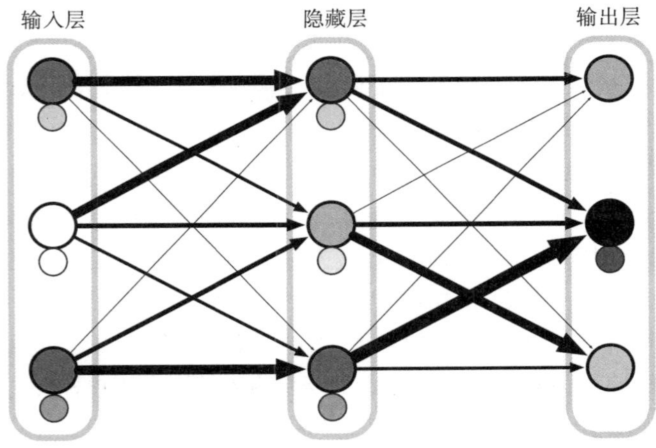

图 17.12　计算输入节点对于输出节点的相关度。节点颜色深浅表示节点数值的大小，连线的粗细表示在前向计算过程中的权重大小，结果发现中间的输出节点的值最大。层级间相关性传递由输出层向输入层逐层计算每个神经元的相关度（相关度由神经元节点下方的小圆圈表示）。在隐藏层中，底端的节点相关度最大，因为其对应的数值和相关权重都是最大的。另外两个神经元的相关权重一致，但是上面节点的数值更大，所以其相关度也更大

17.5.2　相关性传递在机器翻译中的应用

图 17.13 展示了汉英翻译中部分输入单词、历史输出单词与神经机器翻译模型状态之间的相关性。这里的翻译模型是一个基于注意力机制的序列到序列的模型，但是只包含一个编码层和一个解码层。我们从单词预测追溯至输入和输出的词嵌入，从而为神经网络中每一个状态计算相关度。

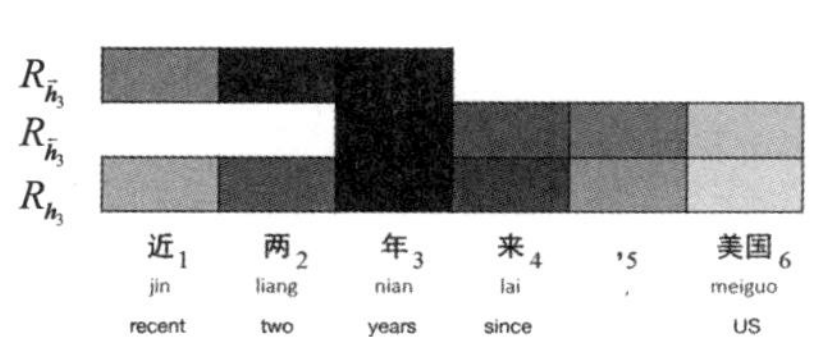

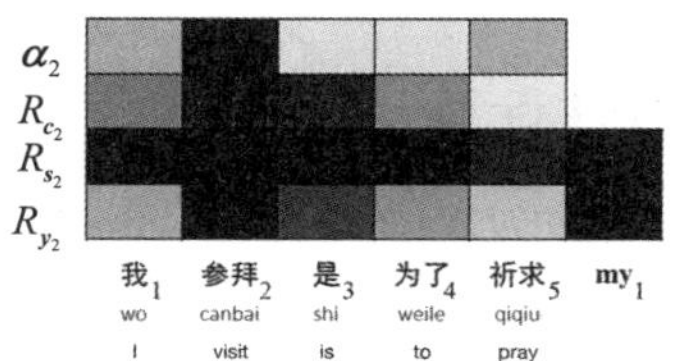

图 17.13　相关性传播确定哪些输入单词和历史输出单词对计算神经网络状态（包括中间状态和最终输出状态）的影响最大（Ding et al.，2017）。左图体现了编码器中第三个词“年”对应的状态和所有输入单词之间的相关性，右图展现了解码第二个单词“visit”时的状态和输入单词以及历史生成单词“my”之间的相关性。例如，根据右图中 R_{y_2} 所在行的结果，我们发现输出单词 $\boldsymbol{y}_2$（visit）受到前一时刻的输出单词“my”和第二个输入单词“参拜”的影响最大

图 17.13 中展示了两个例子。左侧的例子仅可视化了各个编码器状态和输入的词嵌入之间的相关度，它显示了哪个输入单词最大限度地决定了第三个输入单词（年）所对应的前向循环状态（$\overrightarrow{\boldsymbol{h}_3}$）、后向循环状态（$\overleftarrow{\boldsymbol{h}_3}$）以及二者拼接后的状态（$\boldsymbol{h}_3$）。因此，我们可以得到每个时刻对各编码器状态贡献最大的输入词嵌入。

- 前向循环状态（$\overrightarrow{\boldsymbol{h}_3}$）的信息主要来自第三个单词“年”和其直接前序单词“两”；
- 后向循环状态（$\overleftarrow{\boldsymbol{h}_3}$）的信息同样主要来自第三个单词“年”以及其后续单词（距离越远相关性越小）；
- 每个输入单词与拼接后的状态（$\boldsymbol{h}_3$）的相关性同时反映了以上两个状态的相关性。

图 17.13 中右侧的例子展示了预测第二个词“visit”时输入单词和历史输出单词与解码器状态之间的相关性分布。根据可视化结果，我们可以推断出对当前时刻解码器状态影响最大的输入单词和历史输出单词。

- 图 17.13 中右侧也展示了当前时刻的注意力权重分布 $\boldsymbol{\alpha}_2$，该权重分布关注输入单词“参拜”；
- 源端的上下文向量 $\boldsymbol{c}_2$ 同样也和输入单词“参拜”的相关性最大，但是值得注意的是，$\boldsymbol{c}_2$ 和 $\boldsymbol{\alpha}_2$ 的相关性分布有一定的差异，前者的分布比较平缓，这说明每一个输入单词的编码器表示（上下文表示）不仅仅包含对应位置的单词信息，还囊括了周围上下文的信息；
- 解码器状态 $\boldsymbol{s}_2$ 同时受到了输入单词和历史输出单词的影响，几乎与所有的单词都相

关，只是和最远的输入单词“祈求”相关性小；

- 总的来说，第二个生成单词 $\boldsymbol{y}_2$ 与历史输出单词“ my”及第二个输入单词“参拜”最相关。

Ding 等人的研究发现，输入单词与输出单词之间的相关性在不同隐藏状态中的分布差异较大，并且也不同于注意力权重分布（Ding et al.，2017）。他们使用相关性传递的方法进行了错误分析，最终发现目标端上下文对译文错误有更大的影响。

17.5.3　显著性计算

另一种追踪模型预测结果的方法是显著性计算（saliency）。这种方法同样是从计算机视觉领域借鉴而来的。显著性计算使用类似于训练过程误差反向传播的方法，分析哪些输入对当前模型预测更加重要。

显著性计算的出发点是：如果某个输入值的改变导致模型最终结果发生显著性变化，那么这个输入与模型结果更相关。同理，如果输入值的改变对模型的最终结果没有影响，那么该输入与模型结果不太相关。

我们考虑输入值 x_0 和输出值 y_0 之间的关系。当给定输入值 x_0 时，模型输出 y_0 的概率是 $p(y_0 \mid x_0)$。我们假设输入和输出之间是线性关系（实际上二者在局部确实近似于线性关系），那么曲线的斜率可以通过求导计算得到。所以，我们将梯度定义为显著性分值：

$$\text{saliency}(x, y) = \frac{\partial p(y \mid x)}{\partial x} \tag{17.3}$$

我们可以通过反向传播计算每个点的实际梯度值。

如果我们想知道哪个输入单词对输出的影响最大，那么我们可能更关心整个词嵌入的影响，而不是词嵌入中每一个个体神经元的作用。所以，我们可以求出词嵌入中所有神经元的显著性分数的平均值。Ding 等人指出，通过词嵌入的梯度计算显著性分数的同时，还需要考虑词嵌入本身的数值（Ding et al.，2019a）。

Ding 等人的研究也表明，显著性计算是一个构建输入与输出之间词对齐关系的好方法（Ding et al.，2019a）。图 17.14 显示，在一个标准词对齐的数据集上，显著性计算得到的词对齐结果优于注意力机制得到的结果。这说明显著性计算确实为每一个模型输出找到了最相关的输入单词。

总体而言，评估显著性计算或者层级间相关性传递这类方法是否揭示了模型决策背后的原因还很难说。以词对齐为例，对于某个译文单词，人为选定的最相关的输入单词未必是模型认为最相关的部分。英文单词“ bank”对翻译德语单词“ Bank”的作用最大，但是英语句子里的其他词，例如“ credit”（信贷）或者“ count”（账户）对词义消歧来说都很关键。其他单词可以辅助模型判断原文中的“bank”是名词而不是动词。

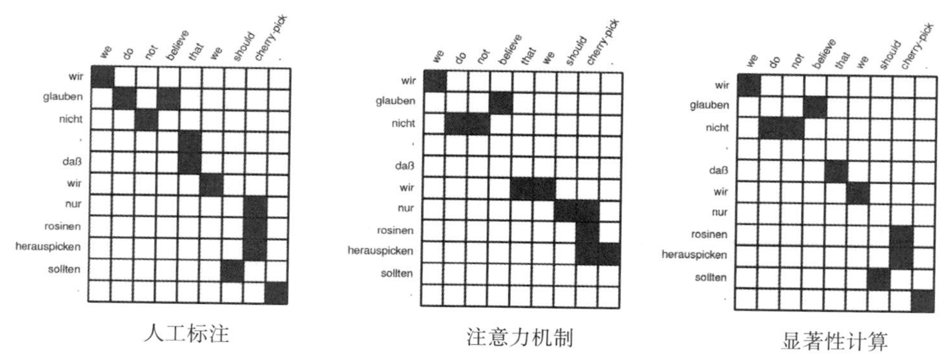

图 17.14 词对齐结果对比。左图是人工标注的词对齐结果，中间的图是循环神经网络中注意力机制关注的结果，右图是显著性计算得到的结果。（摘自文献（Ding et al., 2019a））

17.6 扩展阅读

1. 详细的质量评估

随着神经机器翻译技术的出现及其译文质量在自动评价指标（比如 BLEU）和人工质量排序中都取得更好的成绩（Bojar et al., 2016），机器翻译的研究人员和使用者们开始致力于更加细致地评估统计翻译和神经翻译的差异。Bentivogli 等人提出了自动评估多种语言学特征翻译效果的方法，从而全面比较了神经机器翻译系统和统计机器翻译系统在英德翻译上的性能（Bentivogli et al., 2016, 2018）。Klubicka 等人使用多维度质量评价指标（Multidimensional Quality Metric, MQM）进行了人工错误分析，比较了两个统计翻译系统和一个神经翻译系统在英语－克罗地亚语翻译任务上的表现（Klubicka et al., 2017）。Burchardt 等人设计了难度更大且涵盖特定语言学问题的数据集，用以对比多个统计翻译系统、神经翻译系统和基于规则的翻译系统在德英和英德翻译上的效果，实验发现基于规则的系统在动词的时态和配价问题上表现更好，但是神经翻译系统在很多其他方面（如处理句子成分、虚词、多词表达和主从结构等）的表现更佳（Burchardt et al., 2017）。Harris 等人将这种分析方法拓展至英语－拉脱维亚语和英语－捷克语翻译任务中（Harris et al., 2017）。Popović 使用相似的人工标注的语法错误类别，比较了神经模型和统计模型在不同语言对上的性能（Popović, 2017）。Parida 和 Bojar 对比了基于短语的统计翻译模型、循环神经翻译模型以及 Transformer 模型在英语－印地语较短片段上的翻译效果，发现其中 Transformer 模型的性能最好（Parida & Bojar, 2018）。Toral 和 Sánchez-Cartagena 在 9 个语言翻译方向上针对流畅度和词序等更广泛的问题进行了详细对比（Toral & Sánchez-Cartagena, 2017）。Castilho 等人针对不同领域的机器翻译任务（例如电子商务、专利、教育等），使用不同的自动评价指标对比神经翻译模型和统计翻译模型，发现除了专利摘要和电子商务领域以外，神经机器翻译系统在其他领域都有更好的表现（Castilho et al.，2017a）。在此基础上，他们进一步在教育领域的翻译任务上使用了更为细致的语言学人工评估方法（Castilho et al.，2017b）。他们发现，在 4 种语言对上神经翻译模型在解决单词形态、词序、漏翻、多翻和错翻等问题上都能取得更好的性能。Cohn-Gordon 和 Goodman 着重分析了当句子描述不充分而导致歧义时模型的翻译效果（Cohn-Gordon & Goodman，2019）。

针对机器翻译的使用，Martindale 和 Carpuat 强调目前流畅的神经机器翻译译文很可能会给人们带来超出预期的高度信任感（Martindale & Carpuat，2018）。他们指出，与忠实度较低的流畅译文相比，忠实度高但不流畅的译文更能降低使用者对翻译模型的信任。Castilho 和 Guerberof 设计了一个基于任务的译文评估对比实验，并对统计机器翻译模型和神经机器翻译模型在三种语言对上进行了分析（Castilho & Guerberof，2018）。他们让人工评估者阅读译文并回答有关译文内容的问题，在译文分析时同时考虑人工评估者的阅读速度、回答准确性以及反馈说明。

Hassan 等人声称在汉英新闻翻译任务上的性能可以媲美人类，引起了广泛的争议（Hassan et al.，2018）。Toral 等人对此进行了质疑，他们认为上述研究中使用的反向构建的测试集（从目标语言翻译到源语言）对结果有很大的影响，并对人工评估的可靠性存疑（Toral et al.，2018）。Läubli 等人也进行了类似的实验，他们发现与人工译文相比，标注者会给机器译文更高的忠实度得分，不过这只在句子级成立，在文档级则不然，而且标注者认为人工译文在流畅度方面更优（Läubli et al.，2018）。

2. 目标测试集

Isabelle 等人构建了一个人工设计的法语挑战语料集，包括了多种较难翻译的语言学问题，例如长距离一致性和极性一致性等问题（Isabelle et al.，2017）。Sennrich 提出了一种自动检测特定句法错误的方法（Sennrich，2017）。首先，对现有的标准测试集进行修改，使其目标语言译文出现特定错误，例如限定词的性错误、动词的助词错误和音译错误等。然后，模型在修改前后的测试集上进行测试，检测模型是否会给正确译文打更高的分数。此外，该研究还对比了字节对编码方法和基于字符的方法在低频词和未登录词上的翻译效果。Rios 等人借鉴这种方法构建了对比翻译对来处理歧义名词的翻译问题（Rios et al.，2017）。Burlot 和 Yvon 参考该方法设计了一个针对词形丰富语种（拉脱维亚语）的测试集，用来检测模型是否可以生成正确形态的词语（Burlot & Yvon，2017）。Müller 等人创建了专门评估代词翻译质量的测试集（Müller et al.，2018），不过，Guillou 和 Hardmeier 指出，针对代词翻译效果的自动评价可信度不高，与人工评估结果的差距较大（Guillou & Hardmeier，2018）。Shao 等人提出了基于黑名单的习语翻译评估方法：如果习语被按照字面意思进行翻译，那么说明该译文是错误的（Shao et al.，2018）。

3. 可视化

词嵌入可视化（van der Maaten & Hinton，2008）和注意力权重可视化（Koehn & Knowles，2017；Vaswani et al.，2017）被广泛应用于观察参数和模型状态。Marvin 和 Koehn 对单词的不同词义对应的嵌入状态进行了可视化（Marvin & Koehn，2018）。Ghade 和 Monz 对注意力机制和传统词对齐结果进行了比较（Ghade & Monz，2017）。Tran 等人将注意力机制引入语言模型，根据注意力权重分布分析对下一时刻输出单词影响最大的历史译文单词（Tran et al.，2016）。Stahlberg 等人在平行句对的目标端加入特殊标记，随之观察翻译模型输出的变化（Stahlberg et al.，2018）。

Lee 等人提出了一种交互式工具，允许使用者探索柱搜索的解码行为（Lee et al.，2017）。Strobelt 等人提出了一种更全面的可视化工具 Seq2seq-Vis，能够为测试中的编码器和解码器状态搜索训练过程中见过的相似的状态，并进行展示和对比（Strobelt et al.，2019）。Neubig 等人提出了一种细粒度的译文错误分析工具 compare-MT，该工具使用自动评价指标对比两个系统的译文输出，并根据源端单词的词频、词性，以及是否有歧义进行分类，逐个评估翻译质量（Neubig et al.，2019）。Schwarzenberg 等人训练了一个基于卷积神经网络的分类器以区分机器译文和人工译文，然后利用词的特征分析两种译文的主要差别（Schwarzenberg et al.，2019）。

4. 从中间表示预测语言学特性

为了探究编码器和解码器的中间表示所蕴含的信息，一种策略是将这些中间表示输入分类器，训练分类器预测特定的语言学特性。Belinkov 等人运用此方法预测词性和词语形态特征，实验证明基于字符的模型的准确率更高（Belinkov et al.，2017a）。同时，他们发现与浅层的中间表示相比，深层的中间表示的预测准确率没有太大的差别。他们还进一步探索了语义属性的预测效果（Belinkov et al.，2017b）。Shi 等人发现翻译模型能够学习很多基础的句法信息（Shi et al.，2016b）。Poliak 等人探究了句子嵌入（循环神经网络编码器的第一个和最后一个状态）是否包含足够的语义信息以完成语义蕴含任务（Poliak et al.，2018）。

Raganato 和 Tiedemann 对 Transformer 模型的编码器状态进行了评估（Raganato & Tiedemann，2018）。他们设计了 4 种句法任务（词性标注、组块分析、命名实体识别和语义依存关系分析），实验表明模型的浅层包含更多的句法信息（如词性），而深层包含更多的语义信息（如语义依存关系）。Tang 等人分析了当模型翻译有歧义的名词时注意力的权重分布情况，他们发现此时解码器出人意料地更关注对应的源端歧义名词，而不是上下文信息，但是当翻译其他一般名词时，反而更多地关注上下文信息（Tang et al.，2018）。这个结论在基于循环神经网络和 Transformer 的翻译模型中均成立。他们据此推测，编码器已经完成了词义消歧的任务。

大量关于中间表示的研究主要关注语言模型任务。Linzen 等人提出了一种通过考察主谓一致性以验证序列模型是否可以保持信息的一致性的方法，尤其是在主语和谓语被其他名词隔开时是否可以保证一致（Linzen et al.，2016）。Gulordava 等人将该想法扩展到了更加复杂的嵌套结构的语言问题（Gulordava et al.，2018）。Giulianelli 等人将基于 LSTM 的语言模型的不同层内部状态作为输入，构建分类器来预测动词的一致性信息，根据分析结果进一步对解码器状态进行修正以提升模型性能（Giulianelli et al.，2018）。Tran 等人比较了完全基于注意力机制的模型（Transformer）是否比循环神经网络模型更能学习到句子的结构信息（Tran et al.，2018）。他们的实验表明，循环神经网络在被递归短语隔开的主谓一致性问题上表现更佳。Zhang 和 Bowman 认为，与神经机器翻译模型的编码器状态相比，双向语言模型的状态在词性标注和词汇范畴标注任务上的表现更好（Zhang & Bowman，2018）。Dhar 和 Bisazza 研究了多语言训练是否有助于模型学习更加泛化的句法信息，但是他们发现只有当不同语言分别使用不同的词汇表时，在一致性任务中才有微小的性能提升（Dhar & Bisazza，2018）。

5. 个体神经元的作用

Karpathy 等人研究了基于字符的语言模型中个体神经元的作用，最终发现了对一行中的字符位置（分行符号的输出）和括号的开关进行跟踪的个体神经元（Karpathy et al.，2016）。Shi 等人发现，在一个简单的基于 LSTM 的编码器 – 解码器翻译模型的状态中，某个神经元的激活值与译文输出长度有关，该神经元能够确保模型输出合理长度的译文（Shi et al.，2016a）。

6. 解析先前状态对当前决策的影响

Ding 等人提出了一种方法，利用层级间的相关性反馈度量输入状态或中间状态对当前模型预测的影响（Ding et al.，2017）。为了解决此问题，他们提出了显著性计算方法，该方法根据输入值的微小变化（通过梯度表示）对最终输出的影响来度量输入的实际影响（Ding et al.，2019b）。Ma 等人分析了源语言上下文和历史解码器状态对预测目标单词时的相对影响程度（Ma et al.，2018）。Knowles 和 Koehn 分析了翻译模型为什么会复制人名等源端单词，他们发现上下文和当前词的属性（如大小写）是两个主要影响因素（Knowles & Koehn，2018）。Wallace 等人修改了神经翻译模型中的解码方式，与直接使用 softmax 预测层的方法不同，他们将解码器最终状态和训练期间其他的解码器状态进行对比，找出相似的历史状态以解释当前的解码决策（Wallace et al.，2018）。

参考文献

Mostafa Abdou, Vladan Gloncak, and Ondřej Bojar. 2017. Variable mini-batch sizing and pre-trained embeddings. In *Proceedings of the Second Conference on Machine Translation.* Volume 2: *Shared Task Papers*. Association for Computational Linguistics, Copenhagen, pages 680–686. www.aclweb.org/anthology/W17-4780.

Roee Aharoni and Yoav Goldberg. 2017. Towards string-to-tree neural machine translation. In *Proceedings of the 55th Annual Meeting of the Association for Computational Linguistics.* Volume 2: *Short Papers*. Association for Computational Linguistics, Vancouver, BC, pages 132–140. http://aclweb.org/anthology/P17-2021.

Roee Aharoni, Melvin Johnson, and Orhan Firat. 2019. Massively multilingual neural machine translation. In *Proceedings of the 2019 Conference of the North American Chapter of the Association for Computational Linguistics: Human Language Technologies.* Volume 1: *Long and Short Papers*. Association for Computational Linguistics, Minneapolis, MN, pages 3874–3884. www.aclweb.org/anthology/N19-1388.

Maruan Al-Shedivat and Ankur Parikh. 2019. Consistency by agreement in zero-shot neural machine translation. In *Proceedings of the 2019 Conference of the North American Chapter of the Association for Computational Linguistics: Human Language Technologies.* Volume 1: *Long and Short Papers*. Association for Computational Linguistics, Minneapolis, MN, pages 1184–1197. www.aclweb.org/anthology/N19-1121.

Jean Alaux, Edouard Grave, Marco Cuturi, and Armand Joulin. 2019. Unsupervised hyper-alignment for multilingual word embeddings. In *International Conference on Learning Representations (ICLR)*. New Orleans, LA. http://arxiv.org/pdf/1811.01124.pdf.

Ashkan Alinejad, Maryam Siahbani, and Anoop Sarkar. 2018. Prediction improves simultaneous neural machine translation. In *Proceedings of the 2018 Conference on Empirical Methods in Natural Language Processing*. Association for Computational Linguistics, Brussels, pages 3022–3027. www.aclweb.org/anthology/D18-1337.

Tamer Alkhouli, Gabriel Bretschner, and Hermann Ney. 2018. On the alignment problem in multi-head attention-based neural machine translation. In *Proceedings of the Third Conference on Machine Translation.* Volume 1: *Research Papers*. Association for Computational Linguistics, Brussels, pages 177–185. www.aclweb.org/anthology/W18-6318.

Tamer Alkhouli, Gabriel Bretschner, Jan-Thorsten Peter, Mohammed Hethnawi, Andreas Guta, and Hermann Ney. 2016. Alignment-based neural machine translation. In *Proceedings of the First Conference on Machine Translation*. Association for Computational Linguistics, Berlin, pages 54–65. www.aclweb.org/anthology/W/W16/W16-2206.

Tamer Alkhouli and Hermann Ney. 2017. Biasing attention-based recurrent neural networks using external alignment information. In *Proceedings of the Second Conference on Machine Translation.* Volume 1: *Research Papers*. Association for Computational Linguistics, Copenhagen, pages 108–117. www.aclweb.org/anthology/W17-4711.

Robert B. Allen. 1987. Several studies on natural language and back-propagation. *Proceedings of the IEEE First International Conference on Neural Networks* 2(5):335–341. http://boballen.info/RBA/PAPERS/NL-BP/nl-bp.pdf.

Taghreed Alqaisi and Simon O'Keefe. 2019. En-ar bilingual word embeddings without word alignment: Factors effects. In *Proceedings of the Fourth Arabic Natural Language Processing Workshop*. Association for Computational Linguistics, Florence, pages 97–107. www.aclweb.org/anthology/W19-4611.

David Alvarez-Melis and Tommi Jaakkola. 2018. Gromov-Wasserstein alignment of word embedding spaces. In *Proceedings of the 2018 Conference on Empirical Methods in Natural Language Processing*. Association for Computational Linguistics, Brussels, pages 1881–1890. https://doi.org/10.18653/v1/D18-1214.

Antonios Anastasopoulos, Alison Lui, Toan Q. Nguyen, and David Chiang. 2019. Neural machine translation of text from non-native speakers. In *Proceedings of the 2019 Conference of the North American Chapter of the Association for Computational Linguistics: Human Language Technologies*. Volume 1: *Long and Short Papers*. Association for Computational Linguistics, Minneapolis, MN, pages 3070–3080. www.aclweb.org/anthology/N19-1311.

Peter Anderson, Basura Fernando, Mark Johnson, and Stephen Gould. 2017. Guided open vocabulary image captioning with constrained beam search. In *Proceedings of the 2017 Conference on Empirical Methods in Natural Language Processing*. Association for Computational Linguistics, Copenhagen, pages 936–945. www.aclweb.org/anthology/D17-1098.

Alexandra Antonova and Alexey Misyurev. 2011. Building a web-based parallel corpus and filtering out machine-translated text. In *Proceedings of the 4th Workshop on Building and Using Comparable Corpora: Comparable Corpora and the Web*. Association for Computational Linguistics, Portland, OR, pages 136–144. www.aclweb.org/anthology/W11-1218.

Arturo Argueta and David Chiang. 2019. Accelerating sparse matrix operations in neural networks on graphics processing units. In *Proceedings of the 57th Conference of the Association for Computational Linguistics*. Association for Computational Linguistics, Florence, pages 6215–6224. www.aclweb.org/anthology/P19-1626.

Naveen Arivazhagan, Colin Cherry, Wolfgang Macherey, Chung-Cheng Chiu, Semih Yavuz, Ruoming Pang, Wei Li, and Colin Raffel. 2019. Monotonic infinite lookback attention for simultaneous machine translation. In *Proceedings of the 57th Conference of the Association for Computational Linguistics*. Association for Computational Linguistics, Florence, pages 1313–1323. www.aclweb.org/anthology/P19-1126.

Mikel Artetxe, Gorka Labaka, and Eneko Agirre. 2016. Learning principled bilingual mappings of word embeddings while preserving monolingual invariance. In *Proceedings of the 2016 Conference on Empirical Methods in Natural Language Processing*. Association for Computational Linguistics, Austin, TX, pages 2289–2294. https://aclweb.org/anthology/D16-1250.

Mikel Artetxe, Gorka Labaka, and Eneko Agirre. 2017. Learning bilingual word embeddings with (almost) no bilingual data. In *Proceedings of the 55th Annual Meeting of the Association for Computational Linguistics*. Volume 1: *Long Papers*. Association for Computational Linguistics, Vancouver, BC, pages 451– 462. https://doi.org/10.18653/v1/P17-1042.

Mikel Artetxe, Gorka Labaka, and Eneko Agirre. 2018a. Unsupervised statistical machine translation. In *Proceedings of the 2018 Conference on Empirical Methods in Natural Language Processing*. Association for Computational Linguistics, Brussels, pages 3632–3642. www.aclweb.org/anthology/D18-1399.

Mikel Artetxe, Gorka Labaka, and Eneko Agirre. 2019a. Bilingual lexicon induction through unsupervised machine translation. In *Proceedings of the 57th Conference of the Association for Computational Linguistics*. Association for Computational Linguistics, Florence, pages 5002–5007. www.aclweb.org/anthology/P19-1494.

Mikel Artetxe, Gorka Labaka, and Eneko Agirre. 2019b. An effective approach to unsupervised machine translation. In *Proceedings of the 57th Conference of the Association for Computational Linguistics*. Association for Computational Linguistics, Florence, pages 194–203. www.aclweb.org/anthology/P19-1019.

Mikel Artetxe, Gorka Labaka, Eneko Agirre, and Kyunghyun Cho. 2018b. Unsupervised neural machine translation. In *International Conference on Learning Representations*. Vancouver, BC. https://openreview.net/forum?id=Sy2ogebAW.

Mikel Artetxe and Holger Schwenk. 2018. Massively multilingual sentence embeddings for zero-shot cross-lingual transfer and beyond. Ithaca, NY: Cornell University abs/1812.10464. http://arxiv.org/abs/1812.10464.

Mikel Artetxe and Holger Schwenk. 2019. Margin-based parallel corpus mining with multilingual sentence embeddings. In *Proceedings of the 57th Conference of the Association for Computational Linguistics*. Association for Computational Linguistics, Florence, pages 3197–3203. www.aclweb.org/anthology/P19-1309.

Philip Arthur, Graham Neubig, and Satoshi Nakamura. 2016a. Incorporating discrete translation lexicons into neural machine translation. In *Proceedings of the 2016 Conference on Empirical Methods in Natural Language Processing*. Association for Computational Linguistics, Austin, TX, pages 1557–1567. https://aclweb.org/anthology/D16-1162.

Philip Arthur, Graham Neubig, and Satoshi Nakamura. 2016b. Incorporating discrete translation lexicons into neural machine translation. In *Proceedings of the 2016 Conference on Empirical Methods in Natural Language Processing*. Association for Computational Linguistics, Austin, TX, pages 1557–1567. https://aclweb.org/anthology/D16-1162.

Duygu Ataman and Marcello Federico. 2018a. Compositional representation of morphologically-rich input for neural machine translation. In *Proceedings of the 56th Annual Meeting of the Association for Computational Linguistics*. Volume 2: *Short Papers*. Association for Computational Linguistics, Melbourne, pages 305–311. http://aclweb.org/anthology/P18-2049.

Duygu Ataman and Marcello Federico. 2018b. An evaluation of two vocabulary reduction methods for neural machine translation. In *Annual Meeting of the Association for Machine Translation in the Americas (AMTA)*. Boston, MA. www.aclweb.org/anthology/W18-1810.

Duygu Ataman, Mattia Antonino Di Gangi, and Marcello Federico. 2018. Compositional source word representations for neural machine translation. In *Proceedings of the 21st Annual Conference of the European Association for Machine Translation*. Melbourne. https://arxiv.org/pdf/1805.02036.pdf.

Duygu Ataman, Matteo Negri, Marco Turchi, and Marcello Federico. 2017. Linguistically motivated vocabulary reduction for neural machine translation from Turkish to English. *The Prague Bulletin of Mathematical Linguistics* 108:331–342. https://ufal.mff.cuni.cz/pbml/108/art-ataman-negri-turchi-federico.pdf.

Amittai Axelrod, Xiaodong He, and Jianfeng Gao. 2011. Domain adaptation via pseudo in-domain data selection. In *Proceedings of the 2011 Conference on Empirical Methods in Natural Language Processing*. Association for Computational Linguistics, Edinburgh, pages 355–362. www.aclweb.org/anthology/D11-1033.

Dzmitry Bahdanau, Kyunghyun Cho, and Yoshua Bengio. 2015. Neural machine translation by jointly learning to align and translate. In *ICLR*. San Diego, CA. http://arxiv.org/pdf/1409.0473v6.pdf.

Paul Baltescu and Phil Blunsom. 2015. Pragmatic neural language modelling in machine translation. In *Proceedings of the 2015 Conference of the North American Chapter of the Association for Computational Linguistics: Human Language Technologies*. Association for Computational Linguistics, Denver, CO, pages 820–829. www.aclweb.org/anthology/N15-1083.

Paul Baltescu, Phil Blunsom, and Hieu Hoang. 2014. Oxlm: A neural language modelling framework for machine translation. *The Prague Bulletin of Mathematical Linguistics* 102:81–92. http://ufal.mff.cuni.cz/pbml/102/art-baltescu-blunsom-hoang.pdf.

Tamali Banerjee and Pushpak Bhattacharyya. 2018. Meaningless yet meaningful: Morphology grounded subword-level nmt. In *Proceedings of the Second Workshop on Subword/Character LEvel Models*. Association for Computational Linguistics, New Orleans, LA, pages 55–60. https://doi.org/10.18653/v1/W18-1207.

Ankur Bapna, Mia Chen, Orhan Firat, Yuan Cao, and Yonghui Wu. 2018. Training deeper neural machine translation models with transparent attention. In *Proceedings of the 2018 Conference on Empirical Methods in Natural Language Processing*. Association for Computational Linguistics, Brussels, pages 3028–3033. www.aclweb.org/anthology/D18-1338.

Ankur Bapna and Orhan Firat. 2019. Non-parametric adaptation for neural machine translation. In *Proceedings of the 2019 Conference of the North American Chapter of the Association for Computational Linguistics: Human Language Technologies*. Volume 1: *Long and Short Papers*. Association for Computational Linguistics, Minneapolis, MN, pages 1921–1931. www.aclweb.org/anthology/N19-1191.

Eduard Barbu, Carla Parra Escartín, Luisa Bentivogli, Matteo Negri, Marco Turchi, Constantin Orasan, and Marcello Federico. 2016. The first automatic translation memory cleaning shared task. *Machine Translation* 30(3):145–166. https://doi.org/10.1007/s10590-016-9183-x.

Yonatan Belinkov and Yonatan Bisk. 2017. Synthetic and natural noise both break neural machine translation. Ithaca, NY: Cornell University, abs/1711.02173. http://arxiv.org/abs/1711.02173.

Yonatan Belinkov, Nadir Durrani, Fahim Dalvi, Hassan Sajjad, and James Glass. 2017a. What do neural machine translation models learn about morphology?

In *Proceedings of the 55th Annual Meeting of the Association for Computational Linguistics*. Volume 1: *Long Papers*. Association for Computational Linguistics, Vancouver, BC, pages 861–872. http://aclweb.org/anthology/P17-1080.

Yonatan Belinkov, Lluís Màrquez, Hassan Sajjad, Nadir Durrani, Fahim Dalvi, and James Glass. 2017b. Evaluating layers of representation in neural machine translation on part-of-speech and semantic tagging tasks. In *Proceedings of the Eighth International Joint Conference on Natural Language Processing*. Volume 1: *Long Papers*. Asian Federation of Natural Language Processing, Taipei, pages 1–10. www.aclweb.org/anthology/I17-1001.

Yoshua Bengio, Réjean Ducharme, Pascal Vincent, and Christian Jauvin. 2003. A neural probabilistic language model. *Journal of Machine Learning Research* 3:1137–1155.

Luisa Bentivogli, Arianna Bisazza, Mauro Cettolo, and Marcello Federico. 2016. Neural versus phrase-based machine translation quality: A case study. In *Proceedings of the 2016 Conference on Empirical Methods in Natural Language Processing*. Association for Computational Linguistics, Austin, TX, pages 257–267. https://aclweb.org/anthology/D16-1025.

Luisa Bentivogli, Arianna Bisazza, Mauro Cettolo, and Marcello Federico. 2018. Neural versus phrase-based MT quality: An in-depth analysis on English–German and English–French. *Computer Speech and Language* 49:52–70. https://doi.org/10.1016/j.csl.2017.11.004.

Ergun Bicici and Deniz Yuret. 2011. Instance selection for machine translation using feature decay algorithms. In *Proceedings of the Sixth Workshop on Statistical Machine Translation*. Association for Computational Linguistics, Edinburgh, pages 272–283. www.aclweb.org/anthology/W11-2131.

Graeme Blackwood, Miguel Ballesteros, and Todd Ward. 2018. Multilingual neural machine translation with task-specific attention. In *Proceedings of the 27th International Conference on Computational Linguistics*. Association for Computational Linguistics, Santa Fe, NM, pages 3112–3122. www.aclweb.org/anthology/C18-1263.

Frédéric Blain, Lucia Specia, and Pranava Madhyastha. 2017. Exploring hypotheses spaces in neural machine translation. In *Machine Translation Summit XVI*. Nagoya, Japan. www.doc.ic.ac.uk/pshantha/papers/mtsummit17.pdf.

David M Blei, Andrew Y Ng, and Michael I Jordan. 2003. Latent Dirichlet allocation. *Journal of Machine Learning Research* 3:993–1022.

Ondřej Bojar, Rajen Chatterjee, Christian Federmann, Yvette Graham, Barry Haddow, Matthias Huck, Antonio Jimeno Yepes, Philipp Koehn, Varvara Logacheva, Christof Monz, Matteo Negri, Aurelie Neveol, Mariana Neves, Martin Popel, Matt Post, Raphael Rubino, Carolina Scarton, Lucia Specia, Marco Turchi, Karin Verspoor, and Marcos Zampieri. 2016. Findings of the 2016 conference on machine translation. In *Proceedings of the First Conference on Machine Translation*. Association for Computational Linguistics, Berlin, pages 131–198. www.aclweb.org/anthology/W/W16/W16-2301.

Fabienne Braune, Viktor Hangya, Tobias Eder, and Alexander Fraser. 2018. Evaluating bilingual word embeddings on the long tail. In *Proceedings of the 2018 Conference of the North American Chapter of the Association for Computational Linguistics: Human Language Technologies*. Volume 2: *Short Papers*. Association for Computational Linguistics, New Orleans, LA, pages 188–193. http://aclweb.org/anthology/N18-2030.

Bram Bulte and Arda Tezcan. 2019. Neural fuzzy repair: Integrating fuzzy matches into neural machine translation. In *Proceedings of the 57th Conference of the Association for Computational Linguistics*. Association for Computational Linguistics, Florence, pages 1800–1809. www.aclweb.org/anthology/P19-1175.

Aljoscha Burchardt, Vivien Macketanz, Jon Dehdari, Georg Heigold, Jan-Thorsten Peter, and Philip Williams. 2017. A linguistic evaluation of rule-based, phrase-based, and neural MT engines. *The Prague Bulletin of Mathematical Linguistics* 108:159–170. https://doi.org/10.1515/pralin-2017-0017.

Franck Burlot, Mercedes García-Martínez, Loïc Barrault, Fethi Bougares, and François Yvon. 2017. Word representations in factored neural machine translation. In *Proceedings of the Second Conference on Machine Translation*. Volume 1: *Research Papers*. Association for Computational Linguistics, Copenhagen, pages 20–31. www.aclweb.org/anthology/W17-4703.

Franck Burlot and François Yvon. 2017. Evaluating the morphological competence of machine translation systems. In *Proceedings of the Second Conference on Machine Translation*. Volume 1: *Research Paper*.

Association for Computational Linguistics, Copenhagen, pages 43–55. www.aclweb.org/anthology/W17-4705.

Franck Burlot and François Yvon. 2018. Using monolingual data in neural machine translation: a systematic study. In *Proceedings of the Third Conference on Machine Translation: Research Papers*. Association for Computational Linguistics, Belgium, pages 144–155. www.aclweb.org/anthology/W18-6315.

Chris Callison-Burch, Philipp Koehn, Christof Monz, Kay Peterson, Mark Przybocki, and Omar Zaidan. 2010. Findings of the 2010 joint workshop on statistical machine translation and metrics for machine translation. In *Proceedings of the Joint Fifth Workshop on Statistical Machine Translation and MetricsMATR*. Association for Computational Linguistics, Uppsala, pages 17–53. www.aclweb.org/anthology/W10-1703.

Marine Carpuat, Yogarshi Vyas, and Xing Niu. 2017. Detecting cross-lingual semantic divergence for neural machine translation. In *Proceedings of the First Workshop on Neural Machine Translation*. Association for Computational Linguistics, Vancouver, BC, pages 69–79. www.aclweb.org/anthology/W17-3209.

M. Asunción Castaño, Francisco Casacuberta, and Enrique Vidal. 1997. Machine translation using neural networks and finite-state models. In *Theoretical and Methodological Issues in Machine Translation,* Santa Fe, NM, pages 160–167. www.mt-archive.info/TMI-1997-Castano.pdf.

Sheila Castilho and Ana Guerberof. 2018. Reading comprehension of machine translation output: What makes for a better read? In *Proceedings of the 21st Annual Conference of the European Association for Machine Translation*. Melbourne. https://rua.ua.es/dspace/bitstream/10045/76032/1/EAMT2018-Proceedings_10.pdf.

Sheila Castilho, Joss Moorkens, Federico Gaspari, Iacer Calixto, John Tinsley, and Andy Way. 2017a. Is neural machine translation the new state of the art? *The Prague Bulletin of Mathematical Linguistics* 108:109–120. https://doi.org/10.1515/pralin-2017-0013.

Sheila Castilho, Joss Moorkens, Federico Gaspari, Rico Sennrich, Vilelmini Sosoni, Panayota Georgakopoulou, Pintu Lohar, Andy Way, Antonio Valerio Miceli Barone, and Maria Gialama. 2017b. A comparative quality evaluation of PBSMT and NMT using professional translators. In *Machine Translation Summit XVI*. Nagoya, Japan.

Isaac Caswell, Ciprian Chelba, and David Grangier. 2019. Tagged back-translation. In *Proceedings of the Fourth Conference on Machine Translation*. Association for Computational Linguistics, Florence, pages 53–63. www.aclweb.org/anthology/W19-5206.

Mauro Cettolo, Marcello Federico, Luisa Bentivogli, Jan Niehues, Sebastian Stüker, Katsuitho Sudoh, Koichiro Yoshino, and Christian Federmann. 2017. Overview of the IWSLT 2017 evaluation campaign. In *International Workshop on Spoken Language Translation*. Tokyo, pages 2–14.

Rajen Chatterjee, Matteo Negri, Marco Turchi, Marcello Federico, Lucia Specia, and Frédéric Blain. 2017. Guiding neural machine translation decoding with external knowledge. In *Proceedings of the Second Conference on Machine Translation,* Volume 1: *Research Paper*. Association for Computational Linguistics, Copenhagen, pages 157–168. www.aclweb.org/anthology/W17-4716.

Boxing Chen, Colin Cherry, George Foster, and Samuel Larkin. 2017. Cost weighting for neural machine translation domain adaptation. In *Proceedings of the First Workshop on Neural Machine Translation*. Association for Computational Linguistics, Vancouver, BC pages 40–46. www.aclweb.org/anthology/W17-3205.

Jianmin Chen, Rajat Monga, Samy Bengio, and Rafal Jozefowicz. 2016a. Revisiting distributed synchronous SGD. In *International Conference on Learning Representations Workshop Track*. https://arxiv.org/abs/1604.00981.

Mia Xu Chen, Orhan Firat, Ankur Bapna, Melvin Johnson, Wolfgang Macherey, George Foster, Llion Jones, Mike Schuster, Noam Shazeer, Niki Parmar, Ashish Vaswani, Jakob Uszkoreit, Lukasz Kaiser, Zhifeng Chen, Yonghui Wu, and Macduff Hughes. 2018. The best of both worlds: Combining recent advances in neural machine translation. In *Proceedings of the 56th Annual Meeting of the Association for Computational Linguistics*. Volume 1: *Long Papers*. Association for Computational Linguistics, Melbourne, pages 76–86. http://aclweb.org/anthology/P18-1008.

Wenhu Chen, Evgeny Matusov, Shahram Khadivi, and Jan-Thorsten Peter. 2016b. Guided alignment training for topic-aware neural machine translation. Ithaca, NY: Cornell University, abs/1607.01628. https://arxiv.org/pdf/1607.01628.pdf.

Xilun Chen and Claire Cardie. 2018. Unsupervised multilingual word embeddings. In *Proceedings of the 2018 Conference on Empirical Methods in Natural*

Language Processing. Association for Computational Linguistics, Brussels, pages 261–270. www.aclweb.org/anthology/D18-1024.

Yong Cheng, Zhaopeng Tu, Fandong Meng, Junjie Zhai, and Yang Liu. 2018. Towards robust neural machine translation. In *Proceedings of the 56th Annual Meeting of the Association for Computational Linguistics*. Volume 1: *Long Papers*. Association for Computational Linguistics, Melbourne, pages 1756–1766. http://aclweb.org/anthology/P18-1163.

Mara Chinea-Rios, Álvaro Peris, and Francisco Casacuberta. 2017. Adapting neural machine translation with parallel synthetic data. In *Proceedings of the Second Conference on Machine Translation*. Volume 1: *Research Paper*. Association for Computational Linguistics, Copenhagen, pages 138–147. www.aclweb.org/anthology/W17-4714.

Kyunghyun Cho. 2016. Noisy parallel approximate decoding for conditional recurrent language model. Ithaca, NY, Cornell University, abs/1605.03835. http://arxiv.org/abs/1605.03835.

Kyunghyun Cho and Masha Esipova. 2016. Can neural machine translation do simultaneous translation? Ithaca, NY, Cornell University, abs/1606.02012. http://arxiv.org/abs/1606.02012.

Kyunghyun Cho, Bart van Merrienboer, Dzmitry Bahdanau, and Yoshua Bengio. 2014. On the properties of neural machine translation: Encoder–decoder approaches. In *Proceedings of SSST-8, Eighth Workshop on Syntax, Semantics and Structure in Statistical Translation*. Association for Computational Linguistics, Doha, Qatar, pages 103–111. www.aclweb.org/anthology/W14-4012.

Heeyoul Choi, Kyunghyun Cho, and Yoshua Bengio. 2018. Fine-grained attention mechanism for neural machine translation. *Neurocomputing* 284:171–176.

Jan Chorowski and Navdeep Jaitly. 2017. Towards better decoding and language model integration in sequence to sequence models. In *Interspeech*. Stockholm, pages 523–527.

Chenhui Chu, Raj Dabre, and Sadao Kurohashi. 2017. An empirical comparison of domain adaptation methods for neural machine translation. In *Proceedings of the 55th Annual Meeting of the Association for Computational Linguistics*. Volume 2: *Short Papers*. Association for Computational Linguistics, Vancouver, BC, pages 385–391. http://aclweb.org/anthology/P17-2061.

Junyoung Chung, Kyunghyun Cho, and Yoshua Bengio. 2016. A character-level decoder without explicit segmentation for neural machine translation. In *Proceedings of the 54th Annual Meeting of the Association for Computational Linguistics*. Volume 1: *Long Papers*. Association for Computational Linguistics, Berlin, pages 1693–1703. www.aclweb.org/anthology/P16-1160.

Kenneth W. Church and Eduard H. Hovy. 1993. Good applications for crummy machine translation. *Machine Translation* 8(4):239–258. www.isi.edu/natural-language/people/hovy/papers/93churchhovy.pdf.

Trevor Cohn, Cong Duy Vu Hoang, Ekaterina Vymolova, Kaisheng Yao, Chris Dyer, and Gholamreza Haffari. 2016. Incorporating structural alignment biases into an attentional neural translation model. In *Proceedings of the 2016 Conference of the North American Chapter of the Association for Computational Linguistics: Human Language Technologies*. Association for Computational Linguistics, San Diego, CA, pages 876–885. www.aclweb.org/anthology/N16-1102.

Reuben Cohn-Gordon and Noah Goodman. 2019. Lost in machine translation: A method to reduce meaning loss. In *Proceedings of the 2019 Conference of the North American Chapter of the Association for Computational Linguistics: Human Language Technologies*. Volume 1: *Long and Short Papers*. Association for Computational Linguistics, Minneapolis, MN, pages 437–441. www.aclweb.org/anthology/N19-1042.

Alexis Conneau, Guillaume Lample, Marc'Aurelio Ranzato, Ludovic Denoyer, and Hervé Jégou. 2018. Word translation without parallel data. In *International Conference on Learning Representations*. Vancouver, BC. https://openreview.net/pdf?id=H196sainb.

Marta R. Costa-jussà, Cristina España Bonet, Pranava Madhyastha, Carlos Escolano, and José A. R. Fonollosa. 2016. The TALP–UPC Spanish–English WMT biomedical task: Bilingual embeddings and char-based neural language model rescoring in a phrase-based system. In *Proceedings of the First Conference on Machine Translation*. Association for Computational Linguistics, Berlin, pages 463–468. www.aclweb.org/anthology/W/W16/W16-2336.

Marta R. Costa-jussà and José A. R. Fonollosa. 2016. Character-based neural machine translation. In *Proceedings of the 54th Annual Meeting of the Association for Computational Linguistics*. Volume 2: *Short Papers*. Association for Computational Linguistics, Berlin, pages 357–361. http://anthology.aclweb.org/P16-2058.

Jocelyn Coulmance, Jean-Marc Marty, Guillaume Wenzek, and Amine Benhalloum. 2015. Trans-gram, fast cross-lingual word-embeddings. In *Proceedings of the 2015 Conference on Empirical Methods in Natural Language Processing*. Association for Computational Linguistics, Lisbon, pages 1109–1113. http://aclweb.org/anthology/D15-1131.

Josep Maria Crego, Jungi Kim, Guillaume Klein, Anabel Rebollo, Kathy Yang, Jean Senellart, Egor Akhanov, Patrice Brunelle, Aurelien Coquard, Yongchao Deng, Satoshi Enoue, Chiyo Geiss, Joshua Johanson, Ardas Khalsa, Raoum Khiari, Byeongil Ko, Catherine Kobus, Jean Lorieux, Leidiana Martins, Dang-Chuan Nguyen, Alexandra Priori, Thomas Riccardi, Natalia Segal, Christophe Servan, Cyril Tiquet, Bo Wang, Jin Yang, Dakun Zhang, Jing Zhou, and Peter Zoldan. 2016. Systran's pure neural machine translation systems. Ithaca, NY: Cornell University, abs/1610.05540. http://arxiv.org/abs/1610.05540.

Lei Cui, Dongdong Zhang, Shujie Liu, Mu Li, and Ming Zhou. 2013. Bilingual data cleaning for SMT using graph-based random walk. In *Proceedings of the 51st Annual Meeting of the Association for Computational Linguistics.* Volume 2: *Short Papers*. Association for Computational Linguistics, Sofia, Bulgaria, pages 340–345. www.aclweb.org/anthology/P13-2061.

Anna Currey, Antonio Valerio Miceli Barone, and Kenneth Heafield. 2017. Copied monolingual data improves low-resource neural machine translation. In *Proceedings of the Second Conference on Machine Translation.* Volume 1: *Research Paper*. Association for Computational Linguistics, Copenhagen, pages 148–156. http://www.aclweb.org/anthology/W17-4715.

Raj Dabre, Fabien Cromieres, and Sadao Kurohashi. 2017. Enabling multi-source neural machine translation by concatenating source sentences in multiple languages. In *Machine Translation Summit XVI*. Nagoya, Japan https://arxiv.org/pdf/1702.06135.pdf.

Praveen Dakwale and Christof Monz. 2017. Fine-tuning for neural machine translation with limited degradation across in- and out-of-domain data. In *Machine Translation Summit XVI*.

Fahim Dalvi, Nadir Durrani, Hassan Sajjad, and Stephan Vogel. 2018. Incremental decoding and training methods for simultaneous translation in neural machine translation. In *Proceedings of the 2018 Conference of the North American Chapter of the Association for Computational Linguistics: Human Language Technologies,* Volume 2: *Short Papers*. Association for Computational Linguistics, New Orleans, LA, pages 493–499. http://aclweb.org/anthology/N18-2079.

Adrià de Gispert, Gonzalo Iglesias, and Bill Byrne. 2015. Fast and accurate preordering for SMT using neural networks. In *Proceedings of the 2015 Conference of the North American Chapter of the Association for Computational Linguistics: Human Language Technologies*. Association for Computational Linguistics, Denver, CO, pages 1012–1017. www.aclweb.org/anthology/N15-1105.

Mostafa Dehghani, Stephan Gouws, Oriol Vinyals, Jakob Uszkoreit, and Lukasz Kaiser. 2019. Universal transformers. In *International Conference on Learning Representations (ICLR)*. New Orleans, LA. https://openreview.net/pdf?id=HyzdRiR9Y7.

Florian Dessloch, Thanh-Le Ha, Markus Müller, Jan Niehues, Thai Son Nguyen, Ngoc-Quan Pham, Elizabeth Salesky, Matthias Sperber, Sebastian Stüker, Thomas Zenkel, and Alex Waibel. 2018. Kit lecture translator: Multilingual speech translation with one-shot learning. In *Proceedings of the 27th International Conference on Computational Linguistics: System Demonstrations*. Association for Computational Linguistics, Santa Fe, NM, pages 89–93. www.aclweb.org/anthology/C18-2020.

Jacob Devlin. 2017. Sharp models on dull hardware: Fast and accurate neural machine translation decoding on the CPU. In *Proceedings of the 2017 Conference on Empirical Methods in Natural Language Processing*. Association for Computational Linguistics, Copenhagen, pages 2810–2815. http://aclweb.org/anthology/D17-1300.

Jacob Devlin, Ming-Wei Chang, Kenton Lee, and Kristina Toutanova. 2019. BERT: Pre-training of deep bidirectional transformers for language understanding. In *Proceedings of the 2019 Conference of the North American Chapter of the Association for Computational Linguistics: Human Language Technologies.* Volume 1: *Long and Short Papers*. Association for Computational Linguistics, Minneapolis, MN, pages 4171–4186. www.aclweb.org/anthology/N19-1423.

Jacob Devlin, Rabih Zbib, Zhongqiang Huang, Thomas Lamar, Richard Schwartz, and John Makhoul. 2014. Fast and robust neural network joint models for statistical machine translation. In *Proceedings of the 52nd Annual Meeting of the Association for Computational Linguistics.* Volume 1: *Long Papers*.

Association for Computational Linguistics, Baltimore, MD, pages 1370–1380. www.aclweb.org/anthology/P14-1129.

Prajit Dhar and Arianna Bisazza. 2018. Does syntactic knowledge in multilingual language models transfer across languages? In *Proceedings of the 2018 EMNLP Workshop BlackboxNLP: Analyzing and Interpreting Neural Networks for NLP*. Association for Computational Linguistics, Brussels, pages 374–377. www.aclweb.org/anthology/W18-5453.

Shuoyang Ding, Hainan Xu, and Philipp Koehn. 2019a. Salience-driven word alignment interpretation for neural machine translation. In *Proceedings of the Conference on Machine Translation (WMT)*. Florence.

Shuoyang Ding, Hainan Xu, and Philipp Koehn. 2019b. Saliency-driven word alignment interpretation for neural machine translation. In *Proceedings of the Fourth Conference on Machine Translation*. Association for Computational Linguistics, Florence, pages 1–12. www.aclweb.org/anthology/W19-5201.

Yanzhuo Ding, Yang Liu, Huanbo Luan, and Maosong Sun. 2017. Visualizing and understanding neural machine translation. In *Proceedings of the 55th Annual Meeting of the Association for Computational Linguistics*. Volume 1: *Long Papers*. Association for Computational Linguistics, Vancouver, BC, pages 1150–1159. http://aclweb.org/anthology/P17-1106.

Georgiana Dinu, Prashant Mathur, Marcello Federico, and Yaser Al-Onaizan. 2019. Training neural machine translation to apply terminology constraints. In *Proceedings of the 57th Conference of the Association for Computational Linguistics*. Association for Computational Linguistics, Florence, pages 3063–3068. www.aclweb.org/anthology/P19-1294.

Daxiang Dong, Hua Wu, Wei He, Dianhai Yu, and Haifeng Wang. 2015. Multi-task learning for multiple language translation. In *Proceedings of the 53rd Annual Meeting of the Association for Computational Linguistics and the 7th International Joint Conference on Natural Language Processing*. Volume 1: *Long Papers*. Association for Computational Linguistics, Beijing, pages 1723–1732. https://doi.org/10.3115/v1/P15-1166.

John Duchi, Elad Hazan, and Yoram Singer. 2011. Adaptive subgradient methods for online learning and stochastic optimization. *Journal of Machine Learning Research* 12:2121–2159. Nagoya, Japan

Chris Dyer, Victor Chahuneau, and Noah A. Smith. 2013. A simple, fast, and effective reparameterization of IBM model 2. In *Proceedings of the 2013 Conference of the North American Chapter of the Association for Computational Linguistics: Human Language Technologies*. Association for Computational Linguistics, Atlanta, GA, pages 644–648. www.aclweb.org/anthology/N13-1073.

Matthias Eck, Stephan Vogel, and Alex Waibel. 2005. Low cost portability for statistical machine translation based on n-gram frequency and TF-IDF. In *Proceedings of the International Workshop on Spoken Language Translation*. Pittsburgh, PA. http://20.210-193-52.unknown.qala.com.sg/archive/iwslt_05/papers/slt5_061.pdf.

Sergey Edunov, Myle Ott, Michael Auli, and David Grangier. 2018a. Understanding back-translation at scale. In *Proceedings of the 2018 Conference on Empirical Methods in Natural Language Processing*. Association for Computational Linguistics, Brussels, pages 489–500. www.aclweb.org/anthology/D18-1045.

Sergey Edunov, Myle Ott, Michael Auli, David Grangier, and Marc'Aurelio Ranzato. 2018b. Classical structured prediction losses for sequence to sequence learning. In *Proceedings of the 2018 Conference of the North American Chapter of the Association for Computational Linguistics: Human Language Technologies*. Volume 1: *Long Papers*. Association for Computational Linguistics, New Orleans, LA, pages 355–364. http://aclweb.org/anthology/N18-1033.

Sauleh Eetemadi, William Lewis, Kristina Toutanova, and Hayder Radha. 2015. Survey of data-selection methods in statistical machine translation. *Machine Translation* 29(3–4):189–223.

Bradley Efron and Robert J. Tibshirani. 1993. *An Introduction to the Bootstrap*. Boca Raton, FL: Chapman & Hall.

C. España-Bonet, Á'. C. Varga, A. Barrón-Cedeño, and J. van Genabith. 2017. An empirical analysis of NMT-derived interlingual embeddings and their use in parallel sentence identification. *IEEE Journal of Selected Topics in Signal Processing* 11(8):1340–1350. https://doi.org/10.1109/JSTSP.2017.2764273.

Thierry Etchegoyhen, Anna Fernández Torné, Andoni Azpeitia, Eva Martínez Garcia, and Anna Matamala. 2018. Evaluating domain adaptation for machine translation across scenarios. In *Proceedings of the Eleventh International Conference on Language Resources and Evaluation (LREC 2018)*. European

Language Resources Association (ELRA), Miyazaki, Japan, pages 6–18.

Marzieh Fadaee, Arianna Bisazza, and Christof Monz. 2017. Data augmentation for low-resource neural machine translation. In *Proceedings of the 55th Annual Meeting of the Association for Computational Linguistics. Volume 2: Short Papers*. Association for Computational Linguistics, Vancouver, BC, pages 567–573. http://aclweb.org/anthology/P17-2090.

Marzieh Fadaee and Christof Monz. 2018. Back-translation sampling by targeting difficult words in neural machine translation. In *Proceedings of the 2018 Conference on Empirical Methods in Natural Language Processing*. Association for Computational Linguistics, Brussels, pages 436–446. www.aclweb.org/anthology/D18-1040.

M. Amin Farajian, Marco Turchi, Matteo Negri, Nicola Bertoldi, and Marcello Federico. 2017a. Neural vs. phrase-based machine translation in a multi-domain scenario. In *Proceedings of the 15th Conference of the European Chapter of the Association for Computational Linguistics. Volume 2: Short Papers*. Association for Computational Linguistics, Valencia, Spain, pages 280–284. www.aclweb.org/anthology/E17-2045.

M. Amin Farajian, Marco Turchi, Matteo Negri, and Marcello Federico. 2017b. Multi-domain neural machine translation through unsupervised adaptation. In *Proceedings of the Second Conference on Machine Translation. Volume 1: Research Paper*. Association for Computational Linguistics, Copenhagen, pages 127–137. www.aclweb.org/anthology/W17-4713.

Manaal Faruqui and Chris Dyer. 2014. Improving vector space word representations using multilingual correlation. In *Proceedings of the 14th Conference of the European Chapter of the Association for Computational Linguistics*. Association for Computational Linguistics, Gothenburg, Sweden, pages 462–471. www.aclweb.org/anthology/E14-1049.

Shi Feng, Shujie Liu, Nan Yang, Mu Li, Ming Zhou, and Kenny Q. Zhu. 2016. Improving attention modeling with implicit distortion and fertility for machine translation. In *Proceedings of COLING 2016, the 26th International Conference on Computational Linguistics: Technical Papers*. The COLING 2016 Organizing Committee, Osaka, pages 3082–3092. http://aclweb.org/anthology/C16-1290.

Andrew Finch, Paul Dixon, and Eiichiro Sumita. 2012. Rescoring a phrase-based machine transliteration system with recurrent neural network language models. In *Proceedings of the 4th Named Entity Workshop (NEWS) 2012*. Association for Computational Linguistics, Jeju, ROK, pages 47–51. www.aclweb.org/anthology/W12-4406.

Orhan Firat, Kyunghyun Cho, and Yoshua Bengio. 2016a. Multi-way, multilingual neural machine translation with a shared attention mechanism. In *Proceedings of the 2016 Conference of the North American Chapter of the Association for Computational Linguistics: Human Language Technologies*. Association for Computational Linguistics, San Diego, CA, pages 866–875. http://www.aclweb.org/anthology/N16-1101.

Orhan Firat, Baskaran Sankaran, Yaser Al-Onaizan, Fatos T. Yarman Vural, and Kyunghyun Cho. 2016b. Zero-resource translation with multi-lingual neural machine translation. In *Proceedings of the 2016 Conference on Empirical Methods in Natural Language Processing*. Association for Computational Linguistics, Austin, TX, pages 268–277. https://aclweb.org/anthology/D16-1026.

Mikel L. Forcada and Ramón P. Ñeco. 1997. Recursive hetero-associative memories for translation. In *Biological and Artificial Computation: From Neuroscience to Technology*, Lanzarote, Canary Islands, pages 453–462.

Markus Freitag and Yaser Al-Onaizan. 2016. Fast domain adaptation for neural machine translation. Ithaca, NY: Cornell University, abs/1612.06897. http://arxiv.org/abs/1612.06897.

Markus Freitag and Yaser Al-Onaizan. 2017. Beam search strategies for neural machine translation. In *Proceedings of the First Workshop on Neural Machine Translation*. Association for Computational Linguistics, Vancouver, BC. pages 56–60. www.aclweb.org/anthology/W17-3207.

Christian Fügen, Alex Waibel, and Muntsin Kolss. 2007. Simultaneous translation of lectures and speeches. *Machine Translation* 21(4):209–252.

Mattia Antonino Di Gangi and Marcello Federico. 2017. Monolingual embeddings for low resourced neural machine translation. In *Proceedings of the International Workshop on Spoken Language Translation (IWSLT)*. Stockholm. http://workshop2017.iwslt.org/downloads/P05-Paper.pdf.

Ekaterina Garmash and Christof Monz. 2016. Ensemble learning for multi-source neural machine translation. In *Proceedings of COLING 2016, the 26th International Conference on Computational Linguistics: Technical Papers*. The COLING 2016

Organizing Committee, Osaka, Japan, pages 1409–1418. http://aclweb.org/anthology/C16-1133.

Jonas Gehring, Michael Auli, David Grangier, Denis Yarats, and Yann N. Dauphin. 2017. Convolutional sequence to sequence learning. Ithaca, NY: Cornell University, abs/1705.03122. http://arxiv.org/abs/1705.03122.

Mevlana Gemici, Chia-Chun Hung, Adam Santoro, Greg Wayne, Shakir Mohamed, Danilo Jimenez Rezende, David Amos, and Timothy P. Lillicrap. 2017. Generative temporal models with memory. arXiv:1702.04649. Cornell University, Ithaca, NY. http://arxiv.org/abs/1702.04649.

Xinwei Geng, Xiaocheng Feng, Bing Qin, and Ting Liu. 2018. Adaptive multi-pass decoder for neural machine translation. In *Proceedings of the 2018 Conference on Empirical Methods in Natural Language Processing*. Association for Computational Linguistics, Brussels, pages 523–532. www.aclweb.org/anthology/D18-1048.

Hamidreza Ghader and Christof Monz. 2017. What does attention in neural machine translation pay attention to? In *Proceedings of the Eighth International Joint Conference on Natural Language Processing*. Volume 1: *Long Papers*. Asian Federation of Natural Language Processing, Taipei, pages 30–39. www.aclweb.org/anthology/I17-1004.

Mario Giulianelli, Jack Harding, Florian Mohnert, Dieuwke Hupkes, and Willem Zuidema. 2018. Under the hood: Using diagnostic classifiers to investigate and improve how language models track agreement information. In *Proceedings of the 2018 EMNLP Workshop BlackboxNLP: Analyzing and Interpreting Neural Networks for NLP*. Association for Computational Linguistics, Brussels, pages 240–248. www.aclweb.org/anthology/W18-5426.

Xavier Glorot and Yoshua Bengio. 2010. Understanding the difficulty of training deep feedforward neural networks. In *Proceedings of the 13th International Conference on Artificial Intelligence and Statistics (AISTATS)*. Sardinia.

Yoav Goldberg. 2017. *Neural Network Methods for Natural Language Processing*. Volume 37: *Synthesis Lectures on Human Language Technologies*. Morgan & Claypool, San Rafael, CA. https://doi.org/10.2200/S00762ED1V01Y201703HLT037.

Ian Goodfellow, Yoshua Bengio, and Aaron Courville. 2016. *Deep Learning*. MIT Press, Boston. www.deeplearningbook.org.

Stephan Gouws, Yoshua Bengio, and Greg Corrado. 2015. Bilbowa: Fast bilingual distributed representations without word alignments. In *Proceedings of the 32nd International Conference on International Conference on Machine Learning*, Volume 37. JMLR.org, ICML'15, Lille, France, pages 748–756. http://arxiv.org/pdf/1410.2455.pdf.

Jiatao Gu, Kyunghyun Cho, and Victor O.K. Li. 2017a. Trainable greedy decoding for neural machine translation. In *Proceedings of the 2017 Conference on Empirical Methods in Natural Language Processing*. Association for Computational Linguistics, Copenhagen, pages 1958–1968. http://aclweb.org/anthology/D17-1210.

Jiatao Gu, Hany Hassan, Jacob Devlin, and Victor O.K. Li. 2018a. Universal neural machine translation for extremely low resource languages. In *Proceedings of the 2018 Conference of the North American Chapter of the Association for Computational Linguistics: Human Language Technologies*. Volume 1: *Long Papers*. Association for Computational Linguistics, New Orleans, LA, pages 344–354. http://aclweb.org/anthology/N18-1032.

Jiatao Gu, Zhengdong Lu, Hang Li, and Victor O.K. Li. 2016. Incorporating copying mechanism in sequence-to-sequence learning. In *Proceedings of the 54th Annual Meeting of the Association for Computational Linguistics*. Volume 1: *Long Papers*. Association for Computational Linguistics, Berlin, pages 1631–1640. www.aclweb.org/anthology/P16-1154.

Jiatao Gu, Graham Neubig, Kyunghyun Cho, and Victor O.K. Li. 2017b. Learning to translate in real-time with neural machine translation. In *Proceedings of the 15th Conference of the European Chapter of the Association for Computational Linguistics*. Volume 1: *Long Papers*. Association for Computational Linguistics, Valencia, Spain, pages 1053–1062. www.aclweb.org/anthology/E17-1099.

Jiatao Gu, Yong Wang, Yun Chen, Victor O. K. Li, and Kyunghyun Cho. 2018b. Meta-learning for low-resource neural machine translation. In *Proceedings of the 2018 Conference on Empirical Methods in Natural Language Processing*. Association for Computational Linguistics, Brussels, pages 3622–3631. www.aclweb.org/anthology/D18-1398.

Jiatao Gu, Yong Wang, Kyunghyun Cho, and Victor O.K. Li. 2018c. Search engine guided non-parametric neural machine translation. In *Proceedings of the American*

Association for Artificial Intelligence. Monterey, CA. https://arxiv.org/pdf/1705.07267.

Liane Guillou and Christian Hardmeier. 2018. Automatic reference-based evaluation of pronoun translation misses the point. In *Proceedings of the 2018 Conference on Empirical Methods in Natural Language Processing*. Association for Computational Linguistics, Brussels, pages 4797–4802. www.aclweb.org/anthology/D18-1513.

Caglar Gulcehre, Sungjin Ahn, Ramesh Nallapati, Bowen Zhou, and Yoshua Bengio. 2016. Pointing the unknown words. In *Proceedings of the 54th Annual Meeting of the Association for Computational Linguistics*. Volume 1: *Long Papers*. Association for Computational Linguistics, Berlin, pages 140–149. www.aclweb.org/anthology/P16-1014.

Çaglar Gülçehre, Orhan Firat, Kelvin Xu, Kyunghyun Cho, Loïc Barrault, Huei-Chi Lin, Fethi Bougares, Holger Schwenk, and Yoshua Bengio. 2015. On using monolingual corpora in neural machine translation. Ithaca, NY: Cornell University, abs/1503.03535. http://arxiv.org/abs/1503.03535.

Kristina Gulordava, Piotr Bojanowski, Edouard Grave, Tal Linzen, and Marco Baroni. 2018. Colorless green recurrent networks dream hierarchically. In *Proceedings of the 2018 Conference of the North American Chapter of the Association for Computational Linguistics: Human Language Technologies*. Volume 1: *Long Papers*. Association for Computational Linguistics, New Orleans, LA, pages 1195–1205. https://doi.org/10.18653/v1/N18-1108.

Mandy Guo, Yinfei Yang, Keith Stevens, Daniel Cer, Heming Ge, Yun-hsuan Sung, Brian Strope, and Ray Kurzweil. 2019. Hierarchical document encoder for parallel corpus mining. In *Proceedings of the Fourth Conference on Machine Translation*. Association for Computational Linguistics, Florence, pages 64–72. www.aclweb.org/anthology/W19-5207.

Thanh-Le Ha, Jan Niehues, and Alex Waibel. 2016. Toward multilingual neural machine translation with universal encoder and decoder. In *Proceedings of the International Workshop on Spoken Language Translation (IWSLT)*. Seattle, WA. http://workshop2016.iwslt.org/downloads/IWSLT_2016_paper_5.pdf.

Thanh-Le Ha, Jan Niehues, and Alex Waibel. 2017. Effective strategies in zero-shot neural machine translation. In *Proceedings of the International Workshop on Spoken Language Translation (IWSLT)*. Tokyo. http://workshop2017.iwslt.org/downloads/P06-Paper.pdf.

Kim Harris, Lucia Specia, and Aljoscha Burchardt. 2017. Feature-rich NMT and SMT post-edited corpora for productivity and evaluation tasks with a subset of MQM-annotated data. In *Machine Translation Summit XVI*. Nagoya, Japan.

Kazuma Hashimoto and Yoshimasa Tsuruoka. 2019. Accelerated reinforcement learning for sentence generation by vocabulary prediction. In *Proceedings of the 2019 Conference of the North American Chapter of the Association for Computational Linguistics: Human Language Technologies*. Volume 1: *Long and Short Papers*. Association for Computational Linguistics, Minneapolis, MN, pages 3115–3125. www.aclweb.org/anthology/N19-1315.

Eva Hasler, Phil Blunsom, Philipp Koehn, and Barry Haddow. 2014. Dynamic topic adaptation for phrase-based MT. In *Proceedings of the 14th Conference of the European Chapter of the Association for Computational Linguistics*. Association for Computational Linguistics, Gothenburg, pages 328–337. www.aclweb.org/anthology/E14-1035.

Eva Hasler, Adrià Gispert, Gonzalo Iglesias, and Bill Byrne. 2018. Neural machine translation decoding with terminology constraints. In *Proceedings of the 2018 Conference of the North American Chapter of the Association for Computational Linguistics: Human Language Technologies*. Volume 2: *Short Papers*. Association for Computational Linguistics, New Orleans, LA, pages 506–512. http://aclweb.org/anthology/N18-2081.

Hany Hassan, Anthony Aue, Chang Chen, Vishal Chowdhary, Jonathan Clark, Christian Federmann, Xuedong Huang, Marcin Junczys-Dowmunt, William Lewis, Mu Li, Shujie Liu, Tie-Yan Liu, Renqian Luo, Arul Menezes, Tao Qin, Frank Seide, Xu Tan, Fei Tian, Lijun Wu, Shuangzhi Wu, Yingce Xia, Dongdong Zhang, Zhirui Zhang, and Ming Zhou. 2018. Achieving human parity on automatic chinese to English news translation. Ithaca, NY: Cornell University abs/1803.05567. http://arxiv.org/abs/1803.05567.

Di He, Yingce Xia, Tao Qin, Liwei Wang, Nenghai Yu, Tieyan Liu, and Wei-Ying Ma. 2016a. Dual learning for machine translation. In D. D. Lee, M. Sugiyama, U. V. Luxburg, I. Guyon, and R. Garnett, editors, *Advances in Neural Information Processing Systems 29*, Barcelona, pages 820–828.

http://papers.nips.cc/paper/6469-dual-learning-for-machine-translation.pdf.

Wei He, Zhongjun He, Hua Wu, and Haifeng Wang. 2016b. Improved neural machine translation with SMT features. In *Proceedings of the Thirtieth AAAI Conference on Artificial Intelligence*. Phoenix, AZ, pages 151–157.

Geert Heyman, Bregt Verreet, Ivan Vulić, and Marie-Francine Moens. 2019. Learning unsupervised multilingual word embeddings with incremental multilingual hubs. In *Proceedings of the 2019 Conference of the North American Chapter of the Association for Computational Linguistics: Human Language Technologies*. Volume 1: *Long and Short Papers*. Association for Computational Linguistics, Minneapolis, MN, pages 1890–1902. www.aclweb.org/anthology/N19-1188.

Felix Hill, Kyunghyun Cho, Sébastien Jean, and Yoshua Bengio. 2017. The representational geometry of word meanings acquired by neural machine translation models. *Machine Translation* 31(1-2):3–18. https://doi.org/10.1007/s10590-017-9194-2.

Felix Hill, Kyunghyun Cho, Sébastien Jean, Coline Devin, and Yoshua Bengio. 2014. Embedding word similarity with neural machine translation. Ithaca, NY: Cornell University, abs/1412.6448. http://arxiv.org/abs/1412.6448.

Tosho Hirasawa, Hayahide Yamagishi, Yukio Matsumura, and Mamoru Komachi. 2019. Multimodal machine translation with embedding prediction. In *Proceedings of the 2019 Conference of the North American Chapter of the Association for Computational Linguistics: Student Research Workshop*. Association for Computational Linguistics, Minneapolis, MN, pages 86–91. www.aclweb.org/anthology/N19-3012.

Fabian Hirschmann, Jinseok Nam, and Johannes Fürnkranz. 2016. What makes word-level neural machine translation hard: A case study on english-german translation. In *Proceedings of COLING 2016, the 26th International Conference on Computational Linguistics: Technical Papers*. The COLING 2016 Organizing Committee, Osaka, pages 3199–3208. http://aclweb.org/anthology/C16-1301.

Cong Duy Vu Hoang, Gholamreza Haffari, and Trevor Cohn. 2017. Towards decoding as continuous optimisation in neural machine translation. In *Proceedings of the 2017 Conference on Empirical Methods in Natural Language Processing*. Association for Computational Linguistics, Copenhagen, pages 146–156. http://aclweb.org/anthology/D17-1014.

Hieu Hoang, Tomasz Dwojak, Rihards Krislauks, Daniel Torregrosa, and Kenneth Heafield. 2018a. Fast neural machine translation implementation. In *Proceedings of the 2nd Workshop on Neural Machine Translation and Generation*. Association for Computational Linguistics, Melbourne, pages 116–121. http://aclweb.org/anthology/W18-2714.

Vu Cong Duy Hoang, Philipp Koehn, Gholamreza Haffari, and Trevor Cohn. 2018b. Iterative back-translation for neural machine translation. In *Proceedings of the 2nd Workshop on Neural Machine Translation and Generation*. Association for Computational Linguistics, Melbourne, pages 18–24. http://aclweb.org/anthology/W18-2703.

Chris Hokamp and Qun Liu. 2017. Lexically constrained decoding for sequence generation using grid beam search. In *Proceedings of the 55th Annual Meeting of the Association for Computational Linguistics*. Volume 1: *Long Papers*. Association for Computational Linguistics, Vancouver, BC, pages 1535–1546. http://aclweb.org/anthology/P17-1141.

Kurt Hornik, Maxwell Stinchcombe, and Halbert White. 1989. Multilayer feedforward networks are universal approximators. *Neural Networks* 2:359–366.

Yedid Hoshen and Lior Wolf. 2018. Non-adversarial unsupervised word translation. In *Proceedings of the 2018 Conference on Empirical Methods in Natural Language Processing*. Association for Computational Linguistics, Brussels, pages 469–478. www.aclweb.org/anthology/D18-1043.

Baotian Hu, Zhaopeng Tu, Zhengdong Lu, Hang Li, and Qingcai Chen. 2015a. Context-dependent translation selection using convolutional neural network. In *Proceedings of the 53rd Annual Meeting of the Association for Computational Linguistics and the 7th International Joint Conference on Natural Language Processing*. Volume 2: *Short Papers*. Association for Computational Linguistics, Beijing, pages 536–541. www.aclweb.org/anthology/P15-2088.

J. Edward Hu, Huda Khayrallah, Ryan Culkin, Patrick Xia, Tongfei Chen, Matt Post, and Benjamin Van Durme. 2019. Improved lexically constrained decoding for translation and monolingual rewriting. In *Proceedings of the 2019 Conference of the North American Chapter of the Association for Computational Linguistics: Human Language Technologies*. Volume 1: *Long and Short Papers*. Association for Computational Linguistics, Minneapolis, MN, pages 839–850. www.aclweb.org/anthology/N19-1090.

Xiaoguang Hu, Wei Li, Xiang Lan, Hua Wu, and Haifeng Wang. 2015b. Improved beam search with constrained softmax for nmt. In *Machine Translation Summit XV*. Miami, FL, pages 297–309. www.mt-archive.info/15/MTS-2015-Hu.pdf.

Jiaji Huang, Qiang Qiu, and Kenneth Church. 2019. Hubless nearest neighbor search for bilingual lexicon induction. In *Proceedings of the 57th Conference of the Association for Computational Linguistics*. Association for Computational Linguistics, Florence, pages 4072–4080. www.aclweb.org/anthology/P19-1399.

Liang Huang, Kai Zhao, and Mingbo Ma. 2017. When to finish? optimal beam search for neural text generation (modulo beam size). In *Proceedings of the 2017 Conference on Empirical Methods in Natural Language Processing*. Association for Computational Linguistics, Copenhagen, pages 2134–2139. https://doi.org/10.18653/v1/D17-1227.

Matthias Huck, Simon Riess, and Alexander Fraser. 2017. Target-side word segmentation strategies for neural machine translation. In *Proceedings of the Second Conference on Machine Translation.* Volume 1: *Research Paper*. Association for Computational Linguistics, Copenhagen, pages 56–67. www.aclweb.org/anthology/W17-4706.

Gonzalo Iglesias, William Tambellini, Adrià Gispert, Eva Hasler, and Bill Byrne. 2018. Accelerating NMT batched beam decoding with lmbr posteriors for deployment. In *Proceedings of the 2018 Conference of the North American Chapter of the Association for Computational Linguistics: Human Language Technologies.* Volume 3: *Industry Papers*. Association for Computational Linguistics, New Orleans, LA, pages 106–113. http://aclweb.org/anthology/N18-3013.

Kenji Imamura, Atsushi Fujita, and Eiichiro Sumita. 2018. Enhancement of encoder and attention using target monolingual corpora in neural machine translation. In *Proceedings of the 2nd Workshop on Neural Machine Translation and Generation*. Association for Computational Linguistics, Melbourne, pages 55–63. http://aclweb.org/anthology/W18-2707.

Kenji Imamura and Eiichiro Sumita. 2018. Nict self-training approach to neural machine translation at NMT-2018. In *Proceedings of the 2nd Workshop on Neural Machine Translation and Generation*. Association for Computational Linguistics, Melbourne, pages 110–115. http://aclweb.org/anthology/W18-2713.

Ann Irvine, John Morgan, Marine Carpuat, Hal Daume III, and Dragos Munteanu. 2013. Measuring machine translation errors in new domains. In *Transactions of the Association for Computational Linguistics (TACL)*. 1, pages 429–440. www.transacl.org/wp-content/uploads/2013/10/paperno35.pdf.

Pierre Isabelle, Colin Cherry, and George Foster. 2017. A challenge set approach to evaluating machine translation. In *Proceedings of the 2017 Conference on Empirical Methods in Natural Language Processing*. Association for Computational Linguistics, Copenhagen, pages 2476–2486. http://aclweb.org/anthology/D17-1262.

Sébastien Jean, Kyunghyun Cho, Roland Memisevic, and Yoshua Bengio. 2015. On using very large target vocabulary for neural machine translation. In *Proceedings of the 53rd Annual Meeting of the Association for Computational Linguistics and the 7th International Joint Conference on Natural Language Processing.* Volume 1: *Long Papers*. Association for Computational Linguistics, Beijing, pages 1–10. www.aclweb.org/anthology/P15-1001.

Melvin Johnson, Mike Schuster, Quoc Le, Maxim Krikun, Yonghui Wu, Zhifeng Chen, Nikhil Thorat, Fernanda Viegas, Martin Wattenberg, Greg Corrado, Macduff Hughes, and Jeffrey Dean. 2017. Google's multilingual neural machine translation system: Enabling zero-shot translation. *Transactions of the Association for Computational Linguistics* 5:339–351. https://transacl.org/ojs/index.php/tacl/article/view/1081.

Armand Joulin, Piotr Bojanowski, Tomas Mikolov, Hervé Jégou, and Edouard Grave. 2018. Loss in translation: Learning bilingual word mapping with a retrieval criterion. In *Proceedings of the 2018 Conference on Empirical Methods in Natural Language Processing*. Association for Computational Linguistics, Brussels, pages 2979–2984. www.aclweb.org/anthology/D18-1330.

Marcin Junczys-Dowmunt. 2019. Microsoft translator at wmt 2019: Towards large-scale document-level neural machine translation. In *Proceedings of the Fourth Conference on Machine Translation. Shared Task Papers*. Association for Computational Linguistics, Florence.

Marcin Junczys-Dowmunt, Tomasz Dwojak, and Hieu Hoang. 2016. Is neural machine translation ready for deployment? A case study on 30 translation directions. In *Proceedings of the International Workshop on Spoken Language Translation (IWSLT)*. Seattle, WA. http://workshop2016.iwslt.org/downloads/IWSLT_2016_paper_4.pdf.

Nal Kalchbrenner and Phil Blunsom. 2013. Recurrent continuous translation models. In *Proceedings of the 2013 Conference on Empirical Methods in Natural Language Processing*. Association for Computational Linguistics, Seattle, pages 1700–1709. www.aclweb.org/anthology/D13-1176.

Shin Kanouchi, Katsuhito Sudoh, and Mamoru Komachi. 2016. Neural reordering model considering phrase translation and word alignment for phrase-based translation. In *Proceedings of the 3rd Workshop on Asian Translation (WAT2016)*. The COLING 2016 Organizing Committee, Osaka, pages 94–103. aclweb.org/anthology/W16-4607.

Andrej Karpathy, Justin Johnson, and Fei-Fei Li. 2016. Visualizing and understanding recurrent networks. In *International Conference on Learning Representations (ICLR)*. San Juan, Puerto Rico. https://arxiv.org/pdf/1506.02078.

Huda Khayrallah, Gaurav Kumar, Kevin Duh, Matt Post, and Philipp Koehn. 2017. Neural lattice search for domain adaptation in machine translation. In *Proceedings of the Eighth International Joint Conference on Natural Language Processing*. Volume 2: *Short Papers*. Asian Federation of Natural Language Processing, Taipei, pages 20–25. www.aclweb.org/anthology/I17-2004.

Huda Khayrallah, Brian Thompson, Kevin Duh, and Philipp Koehn. 2018a. Regularized training objective for continued training for domain adaptation in neural machine translation. In *Proceedings of the 2nd Workshop on Neural Machine Translation and Generation*. Association for Computational Linguistics, Melbourne, pages 36–44. http://aclweb.org/anthology/W18-2705.

Huda Khayrallah, Brian Thompson, Kevin Duh, and Philipp Koehn. 2018b. Regularized training objective for continued training for domain adaption in neural machine translation. In *Proceedings of the Second Workshop on Neural Machine Translation and Generation*. Association for Computational Linguistics. Melbourne.

Yuta Kikuchi, Graham Neubig, Ryohei Sasano, Hiroya Takamura, and Manabu Okumura. 2016. Controlling output length in neural encoder-decoders. In *Proceedings of the 2016 Conference on Empirical Methods in Natural Language Processing*. Association for Computational Linguistics, Austin, TX, pages 1328–1338. https://aclweb.org/anthology/D16-1140.

Yoon Kim, Yacine Jernite, David Sontag, and Alexander M. Rush. 2016. Character-aware neural language models. In *Proceedings of the Thirtieth AAAI Conference on Artificial Intelligence*. AAAI Press, AAAI'16, Pheonix, AZ, pages 2741–2749. http://dl.acm.org/citation.cfm?id=3016100.3016285.

Diederik P. Kingma and Jimmy Ba. 2015. Adam: A method for stochastic optimization. Paper presented at the 3rd International Conference on Learning Representations, San Diego, CA. https://arxiv.org/pdf/1412.6980.pdf.

Filip Klubička, Antonio Toral, and Víctor M. Sánchez-Cartagena. 2017. Fine-grained human evaluation of neural versus phrase-based machine translation. *The Prague Bulletin of Mathematical Linguistics* 108:121–132. https://doi.org/10.1515/pralin-2017-0014.

Rebecca Knowles and Philipp Koehn. 2016. Neural interactive translation prediction. In *Proceedings of the Conference of the Association for Machine Translation in the Americas (AMTA)*. Austin, TX.

Rebecca Knowles and Philipp Koehn. 2018. Context and copying in neural machine translation. In *Proceedings of the 2018 Conference on Empirical Methods in Natural Language Processing*. Association for Computational Linguistics, Brussels, pages 3034–3041. www.aclweb.org/anthology/D18-1339.

Rebecca Knowles, Marina Sanchez-Torron, and Philipp Koehn. 2019. A user study of neural interactive translation prediction. *Machine Translation* 33(1):135–154. https://doi.org/10.1007/s10590-019-09235-8.

Catherine Kobus, Josep Crego, and Jean Senellart. 2017. Domain control for neural machine translation. In *Proceedings of the International Conference Recent Advances in Natural Language Processing, RANLP 2017*. INCOMA Ltd., Varna, Bulgaria, pages 372–378. https://doi.org/10.26615/978-954-452-049-6_049.

Tom Kocmi and Ondřej Bojar. 2017. Curriculum learning and minibatch bucketing in neural machine translation. In *Proceedings of the International Conference Recent Advances in Natural Language Processing, RANLP 2017*. INCOMA Ltd., Varna, Bulgaria, pages 379–386. https://doi.org/10.26615/978-954-452-049-6_050.

Philipp Koehn. 2010. *Statistical Machine Translation*. Cambridge: Cambridge University Press.

Philipp Koehn, Huda Khayrallah, Kenneth Heafield, and Mikel L. Forcada. 2018. Findings of the wmt 2018 shared task on parallel corpus filtering. In *Proceedings of the Third Conference on Machine Translation*.

Association for Computational Linguistics, Belgium, pages 739–752. www.aclweb.org/anthology/W18-64081.

Philipp Koehn and Rebecca Knowles. 2017. Six challenges for neural machine translation. In *Proceedings of the First Workshop on Neural Machine Translation*. Association for Computational Linguistics, Vancouver, BC, pages 28–39. www.aclweb.org/anthology/W17-3204.

Philipp Koehn and Christof Monz. 2005. Shared task: Statistical machine translation between European languages. In *Proceedings of the ACL Workshop on Building and Using Parallel Texts*. Association for Computational Linguistics, Ann Arbor, MI, pages 119–124. www.aclweb.org/anthology/W/W05/W05-0820.

Sachith Sri Ram Kothur, Rebecca Knowles, and Philipp Koehn. 2018a. Document-level adaptation for neural machine translation. In *Proceedings of the Second Workshop on Neural Machine Translation and Generation*. Association for Computational Linguistics. Melbourne.

Sachith Sri Ram Kothur, Rebecca Knowles, and Philipp Koehn. 2018b. Document-level adaptation for neural machine translation. In *Proceedings of the 2nd Workshop on Neural Machine Translation and Generation*. Association for Computational Linguistics, Melbourne, pages 64–73. http://aclweb.org/anthology/W18-2708.

Taku Kudo. 2018. Subword regularization: Improving neural network translation models with multiple subword candidates. In *Proceedings of the 56th Annual Meeting of the Association for Computational Linguistics*. Volume 1: *Long Papers*. Association for Computational Linguistics, Melbourne, pages 66–75. http://aclweb.org/anthology/P18-1007.

Taku Kudo and John Richardson. 2018. Sentencepiece: A simple and language independent subword tokenizer and detokenizer for neural text processing. In *Proceedings of the 2018 Conference on Empirical Methods in Natural Language Processing: System Demonstrations*. Association for Computational Linguistics, Brussels, pages 66–71. www.aclweb.org/anthology/D18-2012.

Gaurav Kumar, George Foster, Colin Cherry, and Maxim Krikun. 2019. Reinforcement learning based curriculum optimization for neural machine translation. In *Proceedings of the 2019 Conference of the North American Chapter of the Association for Computational Linguistics: Human Language Technologies*. Volume 1: *Long and Short Papers*. Association for Computational Linguistics, Minneapolis, MN, pages 2054–2061. www.aclweb.org/anthology/N19-1208.

Surafel Melaku Lakew, Mauro Cettolo, and Marcello Federico. 2018a. A comparison of transformer and recurrent neural networks on multilingual neural machine translation. In *Proceedings of the 27th International Conference on Computational Linguistics*. Association for Computational Linguistics, Santa Fe, NM, pages 641–652. www.aclweb.org/anthology/C18-1054.

Surafel Melaku Lakew, Aliia Erofeeva, and Marcello Federico. 2018b. Neural machine translation into language varieties. In *Proceedings of the Third Conference on Machine Translation: Research Papers*. Association for Computational Linguistics, Belgium, pages 156–164. www.aclweb.org/anthology/W18-6316.

Surafel Melaku Lakew, Aliia Erofeeva, Matteo Negri, Marcello Federico, and Marco Turchi. 2018c. Transfer learning in multilingual neural machine translation with dynamic vocabulary. In *Proceedings of the International Workshop on Spoken Language Translation (IWSLT)*. Bruge, Belgium. https://arxiv.org/pdf/1811.01137.pdf.

Guillaume Lample, Alexis Conneau, Ludovic Denoyer, and Marc'Aurelio Ranzato. 2018a. Unsupervised machine translation using monolingual corpora only. In *International Conference on Learning Representations*. Vancouver, BC. https://openreview.net/forum?id=rkYTTf-AZ.

Guillaume Lample, Myle Ott, Alexis Conneau, Ludovic Denoyer, and Marc'Aurelio Ranzato. 2018b. Phrase-based & neural unsupervised machine translation. In *Proceedings of the 2018 Conference on Empirical Methods in Natural Language Processing*. Association for Computational Linguistics, Brussels, pages 5039–5049. www.aclweb.org/anthology/D18-1549.

Samuel Läubli, Rico Sennrich, and Martin Volk. 2018. Has machine translation achieved human parity? A case for document-level evaluation. In *Proceedings of the 2018 Conference on Empirical Methods in Natural Language Processing*. Association for Computational Linguistics, Brussels, pages 4791–4796. www.aclweb.org/anthology/D18-1512.

Yann LeCun, B. Boser, J. Denker, D. Henderson, R. Howard, W. Hubbard, and L. Jackel. 1989. Backpropagation applied to handwritten zip code recognition. *Neural Computation* 1(4):541–551.

Jaesong Lee, Joong-Hwi Shin, and Jun-Seok Kim. 2017. Interactive visualization and manipulation of attention-based neural machine translation. In *Proceedings of the 2017 Conference on Empirical Methods in Natural Language Processing: System Demonstrations*. Association for Computational Linguistics, Copenhagen, pages 121–126. http://aclweb.org/anthology/D17-2021.

J. Lei Ba, J. R. Kiros, and Geoffrey Hinton. 2016. Layer normalization. Ithaca, NY: Cornell University, ArXiv e-prints.

William Lewis and Sauleh Eetemadi. 2013. Dramatically reducing training data size through vocabulary saturation. In *Proceedings of the Eighth Workshop on Statistical Machine Translation*. Association for Computational Linguistics, Sofia, Bulgaria, pages 281–291. www.aclweb.org/anthology/W13-2235.

Guanlin Li, Lemao Liu, Xintong Li, Conghui Zhu, Tiejun Zhao, and Shuming Shi. 2019. Understanding and improving hidden representations for neural machine translation. In *Proceedings of the 2019 Conference of the North American Chapter of the Association for Computational Linguistics: Human Language Technologies*. Volume 1: *Long and Short Papers*. Association for Computational Linguistics, Minneapolis, MN, pages 466–477. www.aclweb.org/anthology/N19-1046.

Jiwei Li and Dan Jurafsky. 2016. Mutual information and diverse decoding improve neural machine translation. Ithaca, NY: Cornell University, abs/1601.00372. http://arxiv.org/abs/1601.00372.

Jiwei Li, Will Monroe, and Dan Jurafsky. 2016. A simple, fast diverse decoding algorithm for neural generation. Ithaca, NY: Cornell University, abs/1611.08562. http://arxiv.org/abs/1611.08562.

Peng Li, Yang Liu, Maosong Sun, Tatsuya Izuha, and Dakun Zhang. 2014. A neural reordering model for phrase-based translation. In *Proceedings of COLING 2014, the 25th International Conference on Computational Linguistics: Technical Papers*. Dublin City University and Association for Computational Linguistics, Dublin, pages 1897–1907. www.aclweb.org/anthology/C14-1179.

Xiaoqing Li, Jiajun Zhang, and Chengqing Zong. 2018. One sentence one model for neural machine translation. In *Proceedings of the Eleventh International Conference on Language Resources and Evaluation (LREC 2018)*. European Language Resources Association (ELRA), Miyazaki, Japan.

Tal Linzen, Emmanuel Dupoux, and Yoav Goldberg. 2016. Assessing the ability of LSTMs to learn syntax-sensitive dependencies. *Transactions of the Association for Computational Linguistics* 4:521–535. https://doi.org/10.1162/tacl_a_00115.

P. Lison and Jörg Tiedemann. 2016. Opensubtitles2016: Extracting large parallel corpora from movie and TV subtitles. In *Proceedings of the 10th International Conference on Language Resources and Evaluation (LREC 2016)*. European Language Resources Association (ELRA), Portorož, Slovenia.

Lemao Liu, Masao Utiyama, Andrew Finch, and Eiichiro Sumita. 2016a. Agreement on target-bidirectional neural machine translation. In *Proceedings of the 2016 Conference of the North American Chapter of the Association for Computational Linguistics: Human Language Technologies*. Association for Computational Linguistics, San Diego, CA, pages 411–416. www.aclweb.org/anthology/N16-1046.

Lemao Liu, Masao Utiyama, Andrew Finch, and Eiichiro Sumita. 2016b. Neural machine translation with supervised attention. In *Proceedings of COLING 2016, the 26th International Conference on Computational Linguistics: Technical Papers*. The COLING 2016 Organizing Committee, Osaka, pages 3093–3102. http://aclweb.org/anthology/C16-1291.

Shixiang Lu, Zhenbiao Chen, and Bo Xu. 2014. Learning new semi-supervised deep auto-encoder features for statistical machine translation. In *Proceedings of the 52nd Annual Meeting of the Association for Computational Linguistics*. Volume 1: *Long Papers*. Association for Computational Linguistics, Baltimore, MD, pages 122–132. www.aclweb.org/anthology/P14-1012.

Yichao Lu, Phillip Keung, Faisal Ladhak, Vikas Bhardwaj, Shaonan Zhang, and Jason Sun. 2018. A neural interlingua for multilingual machine translation. In *Proceedings of the Third Conference on Machine Translation: Research Papers*. Association for Computational Linguistics, Belgium, pages 84–92. www.aclweb.org/anthology/W18-6309.

Minh-Thang Luong and Christopher Manning. 2015. Stanford neural machine translation systems for spoken language domains. In *Proceedings of the International Workshop on Spoken Language Translation (IWSLT)*. Da Nang, Vietnam, pages 76–79. www.mt-archive.info/15/IWSLT-2015-luong.pdf.

Thang Luong, Michael Kayser, and Christopher D. Manning. 2015a. Deep neural language models for machine translation. In *Proceedings of the Nineteenth*

Conference on Computational Natural Language Learning. Association for Computational Linguistics, Beijing, pages 305–309. www.aclweb.org/anthology/K15-1031.

Thang Luong, Hieu Pham, and Christopher D. Manning. 2015b. Effective approaches to attention-based neural machine translation. In *Proceedings of the 2015 Conference on Empirical Methods in Natural Language Processing*. Association for Computational Linguistics, Lisbon, pages 1412–1421. http://aclweb.org/anthology/D15-1166.

Thang Luong, Ilya Sutskever, Quoc Le, Oriol Vinyals, and Wojciech Zaremba. 2015c. Addressing the rare word problem in neural machine translation. In *Proceedings of the 53rd Annual Meeting of the Association for Computational Linguistics and the 7th International Joint Conference on Natural Language Processing*. Volume 1: *Long Papers*. Association for Computational Linguistics, Beijing, pages 11–19. www.aclweb.org/anthology/P15-1002.

Thang Luong, Ilya Sutskever, Quoc V. Le, Oriol Vinyals, and Wojciech Zaremba. 2015d. Addressing the rare word problem in neural machine translation. In *Proceedings of the 53rd Annual Meeting of the Association for Computational Linguistics and the 7th International Joint Conference on Natural Language Processing*. Volume 1: *Long Papers*. Association for Computational Linguistics, Beijing, pages 11–19. www.aclweb.org/anthology/P15-1002.

Chunpeng Ma, Akihiro Tamura, Masao Utiyama, Eiichiro Sumita, and Tiejun Zhao. 2019a. Improving neural machine translation with neural syntactic distance. In *Proceedings of the 2019 Conference of the North American Chapter of the Association for Computational Linguistics: Human Language Technologies*. Volume 1: *Long and Short Papers*. Association for Computational Linguistics, Minneapolis, MN, pages 2032–2037. www.aclweb.org/anthology/N19-1205.

Mingbo Ma, Liang Huang, Hao Xiong, Renjie Zheng, Kaibo Liu, Baigong Zheng, Chuanqiang Zhang, Zhongjun He, Hairong Liu, Xing Li, Hua Wu, and Haifeng Wang. 2019b. STACL: Simultaneous translation with implicit anticipation and controllable latency using prefix-to-prefix framework. In *Proceedings of the 57th Conference of the Association for Computational Linguistics*. Association for Computational Linguistics, Florence, pages 3025–3036. www.aclweb.org/anthology/P19-1289.

Mingbo Ma, Renjie Zheng, and Liang Huang. 2019c. Learning to stop in structured prediction for neural machine translation. In *Proceedings of the 2019 Conference of the North American Chapter of the Association for Computational Linguistics: Human Language Technologies*. Volume 1: *Long and Short Papers*. Association for Computational Linguistics, Minneapolis, MN, pages 1884–1889. www.aclweb.org/anthology/N19-1187.

Xutai Ma, Ke Li, and Philipp Koehn. 2018. An analysis of source context dependency in neural machine translation. In *Proceedings of the 21st Annual Conference of the European Association for Machine Translation*. Melbourne.

Chaitanya Malaviya, Graham Neubig, and Patrick Littell. 2017. Learning language representations for typology prediction. In *Proceedings of the 2017 Conference on Empirical Methods in Natural Language Processing*. Association for Computational Linguistics, Copenhagen, pages 2529–2535. http://aclweb.org/anthology/D17-1268.

Christopher D. Manning. 2015. Computational linguistics and deep learning. *Computational Linguistics* 41(4):701–707.

Benjamin Marie and Atsushi Fujita. 2019. Unsupervised joint training of bilingual word embeddings. In *Proceedings of the 57th Conference of the Association for Computational Linguistics*. Association for Computational Linguistics, Florence, pages 3224–3230. www.aclweb.org/anthology/P19-1312.

Marianna J. Martindale and Marine Carpuat. 2018. Fluency over adequacy: A pilot study in measuring user trust in imperfect MT. In *Annual Meeting of the Association for Machine Translation in the DAmericas (AMTA)*. Boston. https://arxiv.org/pdf/1802.06041.pdf.

Sameen Maruf, André F. T. Martins, and Gholamreza Haffari. 2018. Contextual neural model for translating bilingual multi-speaker conversations. In *Proceedings of the Third Conference on Machine Translation: Research Papers*. Association for Computational Linguistics, Belgium, pages 101–112. www.aclweb.org/anthology/W18-6311.

Sameen Maruf, André F. T. Martins, and Gholamreza Haffari. 2019. Selective attention for context-aware neural machine translation. In *Proceedings of the 2019 Conference of the North American Chapter of the Association for Computational Linguistics: Human Language Technologies*. Volume 1: *Long and Short*

Papers. Association for Computational Linguistics, Minneapolis, MN, pages 3092–3102. www.aclweb.org/anthology/N19-1313.

Rebecca Marvin and Philipp Koehn. 2018. Exploring word sense disambiguation abilities of neural machine translation systems. In *Annual Meeting of the Association for Machine Translation in the Americas (AMTA)*. Boston, MA.

Giulia Mattoni, Pat Nagle, Carlos Collantes, and Dimitar Shterionov. 2017. Zero-shot translation for low-resource Indian languages. In *Machine Translation Summit XVI*. Nagoya, Japan.

S. McCulloch and W. Pitts. 1943. A logical calculus of the ideas immanent in nervous activity. *The Bulletin of Mathematical Biophysics* 5(4):115–133.

Fandong Meng, Zhengdong Lu, Hang Li, and Qun Liu. 2016. Interactive attention for neural machine translation. In *Proceedings of COLING 2016, the 26th International Conference on Computational Linguistics: Technical Papers*. The COLING 2016 Organizing Committee, Osaka, pages 2174–2185. http://aclweb.org/anthology/C16-1205.

Haitao Mi, Zhiguo Wang, and Abe Ittycheriah. 2016. Vocabulary manipulation for neural machine translation. In *Proceedings of the 54th Annual Meeting of the Association for Computational Linguistics*. Volume 2: *Short Papers*. Association for Computational Linguistics, Berlin, pages 124–129. http://anthology.aclweb.org/P16-2021.

Antonio Valerio Miceli Barone. 2016. Towards cross-lingual distributed representations without parallel text trained with adversarial autoencoders. In *Proceedings of the 1st Workshop on Representation Learning for NLP*. Association for Computational Linguistics, Berlin, pages 121–126. https://doi.org/10.18653/v1/W16-1614.

Antonio Valerio Miceli Barone, Barry Haddow, Ulrich Germann, and Rico Sennrich. 2017a. Regularization techniques for fine-tuning in neural machine translation. In *Proceedings of the 2017 Conference on Empirical Methods in Natural Language Processing*. Association for Computational Linguistics, Copenhagen, pages 1490–1495. http://aclweb.org/anthology/D17-1156.

Antonio Valerio Miceli Barone, Jindřich Helcl, Rico Sennrich, Barry Haddow, and Alexandra Birch. 2017b. Deep architectures for neural machine translation. In *Proceedings of the Second Conference on Machine Translation,* Volume 1: *Research Paper*. Association for Computational Linguistics, Copenhagen, pages 99–107. www.aclweb.org/anthology/W17-4710.

Paul Michel and Graham Neubig. 2018. Extreme adaptation for personalized neural machine translation. In *Proceedings of the 55th Annual Meeting of the Association for Computational Linguistics.* Volume 2: *Short Papers*. Association for Computational Linguistics. Vancouver, BC.

Lesly Miculicich, Dhananjay Ram, Nikolaos Pappas, and James Henderson. 2018. Document-level neural machine translation with hierarchical attention networks. In *Proceedings of the 2018 Conference on Empirical Methods in Natural Language Processing*. Association for Computational Linguistics, Brussels, pages 2947–2954. www.aclweb.org/anthology/D18-1325.

Tomas Mikolov. 2012. Statistical language models based on neural networks. PhD thesis, Brno University of Technology. www.fit.vutbr.cz/imikolov/rnnlm/thesis.pdf.

Tomas Mikolov, Kai Chen, Greg Corrado, and Jeffrey Dean. 2013a. Efficient estimation of word representations in vector space. Ithaca, NY: Cornell University, abs/1301.3781. http://arxiv.org/abs/1301.3781.

Tomas Mikolov, Quoc V. Le, and Ilya Sutskever. 2013b. Exploiting similarities among languages for machine translation. Ithaca, NY: Cornell University, abs/1309.4168. http://arxiv.org/abs/1309.4168.

Tomas Mikolov, Ilya Sutskever, Kai Chen, Greg Corrado, and Jeffrey Dean. 2013c. Distributed representations of words and phrases and their compositionality. Ithaca, NY: Cornell University, abs/1310.4546. http://arxiv.org/abs/1310.4546.

Tomas Mikolov, Wen-tau Yih, and Geoffrey Zweig. 2013d. Linguistic regularities in continuous space word representations. In *Proceedings of the 2013 Conference of the North American Chapter of the Association for Computational Linguistics: Human Language Technologies*. Association for Computational Linguistics, Atlanta, GA, pages 746–751. www.aclweb.org/anthology/N13-1090.

Marvin Minsky and Seymour Papert. 1969. *Perceptrons. An Introduction to Computational Geometry*. MIT Press, Cambridge, MA.

Tasnim Mohiuddin and Shafiq Joty. 2019. Revisiting adversarial autoencoder for unsupervised word translation with cycle consistency and improved training. In *Proceedings of the 2019 Conference of the North American Chapter of the Association for Computational Linguistics: Human Language Technologies*. Volume 1: *Long and Short Papers*. Association for Computational Linguistics, Minneapolis, MN, pages 3857–3867. www.aclweb.org/anthology/N19-1386.

Makoto Morishita, Jun Suzuki, and Masaaki Nagata. 2018. Improving neural machine translation by incorporating hierarchical subword features. In *Proceedings of the 27th International Conference on Computational Linguistics*. Association for Computational Linguistics, Santa Fe, NM, pages 618–629. www.aclweb.org/anthology/C18-1052.

Tanmoy Mukherjee, Makoto Yamada, and Timothy Hospedales. 2018. Learning unsupervised word translations without adversaries. In *Proceedings of the 2018 Conference on Empirical Methods in Natural Language Processing*. Association for Computational Linguistics, Brussels, pages 627–632. www.aclweb.org/anthology/D18-1063.

Mathias Müller, Annette Rios, Elena Voita, and Rico Sennrich. 2018. A large-scale test set for the evaluation of context-aware pronoun translation in neural machine translation. In *Proceedings of the Third Conference on Machine Translation: Research Papers*. Association for Computational Linguistics, Belgium, pages 61–72. www.aclweb.org/anthology/W18-6307.

Kenton Murray and David Chiang. 2018. Correcting length bias in neural machine translation. In *Proceedings of the Third Conference on Machine Translation: Research Papers*. Association for Computational Linguistics, Belgium, pages 212–223. www.aclweb.org/anthology/W18-6322.

Rudra Murthy, Anoop Kunchukuttan, and Pushpak Bhattacharyya. 2019. Addressing word-order divergence in multilingual neural machine translation for extremely low resource languages. In *Proceedings of the 2019 Conference of the North American Chapter of the Association for Computational Linguistics: Human Language Technologies*. Volume 1: *Long and Short Papers*. Association for Computational Linguistics, Minneapolis, MN, pages 3868–3873. www.aclweb.org/anthology/N19-1387.

Maria Nadejde, Siva Reddy, Rico Sennrich, Tomasz Dwojak, Marcin Junczys-Dowmunt, Philipp Koehn, and Alexandra Birch. 2017. Predicting target language CCG supertags improves neural machine translation. In *Proceedings of the Second Conference on Machine Translation*. Volume 1: *Research Papers*. Association for Computational Linguistics, Copenhagen, pages 68–79. www.aclweb.org/anthology/W17-4707.

Ndapa Nakashole. 2018. Norma: Neighborhood sensitive maps for multilingual word embeddings. In *Proceedings of the 2018 Conference on Empirical Methods in Natural Language Processing*. Association for Computational Linguistics, Brussels, pages 512–522. www.aclweb.org/anthology/D18-1047.

Ndapa Nakashole and Raphael Flauger. 2018. Characterizing departures from linearity in word translation. In *Proceedings of the 56th Annual Meeting of the Association for Computational Linguistics*. Volume 2: *Short Papers*. Association for Computational Linguistics, Melbourne, pages 221–227. http://aclweb.org/anthology/P18-2036.

Graham Neubig. 2016. Lexicons and minimum risk training for neural machine translation: Naist-CMU at wat2016. In *Proceedings of the 3rd Workshop on Asian Translation (WAT2016)*. The COLING 2016 Organizing Committee, Osaka, pages 119–125. http://aclweb.org/anthology/W16-4610.

Graham Neubig, Zi-Yi Dou, Junjie Hu, Paul Michel, Danish Pruthi, and Xinyi Wang. 2019. compare-mt: A tool for holistic comparison of language generation systems. In *Proceedings of the 2019 Conference of the North American Chapter of the Association for Computational Linguistics (Demonstrations)*. Association for Computational Linguistics, Minneapolis, MN, pages 35–41. www.aclweb.org/anthology/N19-4007.

Graham Neubig and Junjie Hu. 2018. Rapid adaptation of neural machine translation to new languages. In *Proceedings of the 2018 Conference on Empirical Methods in Natural Language Processing*. Association for Computational Linguistics, Brussels, pages 875–880. www.aclweb.org/anthology/D18-1103.

New navy device learns by doing; psychologist shows embryo of computer designed to read and grow wiser. 1958. *New York Times*. www.nytimes.com/1958/07/08/archives/new-navy-device-learns-by-doing-psychologist-shows-embryo-of.html.

Toan Q. Nguyen and David Chiang. 2017. Transfer learning across low-resource, related languages for neural machine translation. In *Proceedings of the Eighth International Joint Conference on Natural Language Processing*. Volume 2: *Short Papers*. Asian Federation of Natural Language Processing, Taipei, pages 296–301. www.aclweb.org/anthology/I17-2050.

Jan Niehues and Eunah Cho. 2017. Exploiting linguistic resources for neural machine translation using multi-task learning. In *Proceedings of the Second Conference on Machine Translation*. Volume 1: *Research Papers*. Association for Computational Linguistics, Copenhagen, pages 80–89. http://www.aclweb.org/anthology/W17-4708.

Jan Niehues, Eunah Cho, Thanh-Le Ha, and Alex Waibel. 2016. Pre-translation for neural machine translation. In *Proceedings of COLING 2016, the 26th International Conference on Computational Linguistics: Technical Papers*. The COLING 2016 Organizing Committee, Osaka, Japan, pages 1828–1836. http://aclweb.org/anthology/C16-1172.

Jan Niehues, Eunah Cho, Thanh-Le Ha, and Alex Waibel. 2017. Analyzing neural MT search and model performance. In *Proceedings of the First Workshop on Neural Machine Translation*. Association for Computational Linguistics, Vancouver, BC, pages 11–17. www.aclweb.org/anthology/W17-3202.

Nikola Nikolov, Yuhuang Hu, Mi Xue Tan, and Richard H.R. Hahnloser. 2018. Character-level Chinese-English translation through ascii encoding. In *Proceedings of the Third Conference on Machine Translation: Research Papers*. Association for Computational Linguistics, Belgium, pages 10–16. www.aclweb.org/anthology/W18-6302.

Yuta Nishimura, Katsuhito Sudoh, Graham Neubig, and Satoshi Nakamura. 2018a. Multi-source neural machine translation with data augmentation. In *Proceedings of the International Workshop on Spoken Language Translation (IWSLT)*. Bruges, Belgium. https://arxiv.org/pdf/1810.06826.pdf.

Yuta Nishimura, Katsuhito Sudoh, Graham Neubig, and Satoshi Nakamura. 2018b. Multi-source neural machine translation with missing data. In *Proceedings of the 2nd Workshop on Neural Machine Translation and Generation*. Association for Computational Linguistics, Melbourne, pages 92–99. http://aclweb.org/anthology/W18-2711.

Xing Niu, Michael Denkowski, and Marine Carpuat. 2018. Bi-directional neural machine translation with synthetic parallel data. In *Proceedings of the 2nd Workshop on Neural Machine Translation and Generation*. Association for Computational Linguistics, Melbourne, pages 84–91. http://aclweb.org/anthology/W18-2710.

Xing Niu, Weijia Xu, and Marine Carpuat. 2019. Bi-directional differentiable input reconstruction for low-resource neural machine translation. In *Proceedings of the 2019 Conference of the North American Chapter of the Association for Computational Linguistics: Human Language Technologies*. Volume 1: *Long and Short Papers*. Association for Computational Linguistics, Minneapolis, MN, pages 442–448. www.aclweb.org/anthology/N19-1043.

Myle Ott, Michael Auli, David Grangier, and Marc'Aurelio Ranzato. 2018a. Analyzing uncertainty in neural machine translation. In Jennifer Dy and Andreas Krause, editors, *Proceedings of the 35th International Conference on Machine Learning*. Volume 80: *Proceedings of Machine Learning Research*. PMLR, StockholmsmÃ¤ssan, Stockholm, pages 3956–3965. http://proceedings.mlr.press/v80/ott18a/ott18a.pdf.

Myle Ott, Michael Auli, David Grangier, and Marc'Aurelio Ranzato. 2018b. Analyzing uncertainty in neural machine translation. Ithaca, NY: Cornell University, abs/1803.00047. http://arxiv.org/abs/1803.00047.

Myle Ott, Sergey Edunov, David Grangier, and Michael Auli. 2018c. Scaling neural machine translation. In *Proceedings of the Third Conference on Machine Translation: Research Papers*. Association for Computational Linguistics, Belgium, pages 1–9. www.aclweb.org/anthology/W18-6301.

Shantipriya Parida and Ondřej Bojar. 2018. Translating short segments with NMT: A case study in English-to-Hindi. In *Proceedings of the 21st Annual Conference of the European Association for Machine Translation*. Melbourne, https://rua.ua.es/dspace/bitstream/10045/76083/1/EAMT2018-Proceedings_25.pdf.

Razvan Pascanu, Tomas Mikolov, and Yoshua Bengio. 2013. On the difficulty of training recurrent neural networks. In *Proceedings of the 30th International Conference on Machine Learning, ICML*. Atlanta, GA, pages 1310–1318. http://proceedings.mlr.press/v28/pascanu13.pdf.

Barun Patra, Joel Ruben Antony Moniz, Sarthak Garg, Matthew R. Gormley, and Graham Neubig. 2019. Bilingual lexicon induction with semi-supervision in non-isometric embedding spaces. In *Proceedings of the 57th Conference of the Association for Computational Linguistics*. Association for Computational Linguistics, Florence, pages 184–193. www.aclweb.org/anthology/P19-1018.

Jeffrey Pennington, Richard Socher, and Christopher Manning. 2014. Glove: Global vectors for word representation. In *Proceedings of the 2014 Conference on Empirical Methods in Natural Language Processing (EMNLP)*. Association for Computational Linguistics, Doha, Qatar, pages 1532–1543. www.aclweb.org/anthology/D14-1162.

Álvaro Peris and Francisco Casacuberta. 2019. A neural, interactive-predictive system for multimodal sequence to sequence tasks. In *Proceedings of the 57th Conference of the Association for Computational Linguistics: System Demonstrations*. Association for Computational Linguistics, Florence, pages 81–86. www.aclweb.org/anthology/P19-3014.

Álvaro Peris, Luis Cebrián, and Francisco Casacuberta. 2017a. Online learning for neural machine translation post-editing. Ithaca, NY: Cornell University, abs/1706.03196. http://arxiv.org/abs/1706.03196.

lvaro Peris, Miguel Domingo, and Francisco Casacuberta. 2017b. Interactive neural machine translation. *Computer Speech Language* 45(C):201–220. https://doi.org/10.1016/j.csl.2016.12.003.

Matthew Peters, Mark Neumann, Mohit Iyyer, Matt Gardner, Christopher Clark, Kenton Lee, and Luke Zettlemoyer. 2018. Deep contextualized word representations. In *Proceedings of the 2018 Conference of the North American Chapter of the Association for Computational Linguistics: Human Language Technologies*. Volume 1: *Long Papers*. Association for Computational Linguistics, New Orleans, LA, pages 2227–2237. http://aclweb.org/anthology/N18-1202.

Emmanouil Antonios Platanios, Mrinmaya Sachan, Graham Neubig, and Tom Mitchell. 2018. Contextual parameter generation for universal neural machine translation. In *Proceedings of the 2018 Conference on Empirical Methods in Natural Language Processing*. Association for Computational Linguistics, Brussels, pages 425–435. www.aclweb.org/anthology/D18-1039.

Emmanouil Antonios Platanios, Otilia Stretcu, Graham Neubig, Barnabas Poczos, and Tom Mitchell. 2019. Competence-based curriculum learning for neural machine translation. In *Proceedings of the 2019 Conference of the North American Chapter of the Association for Computational Linguistics: Human Language Technologies*. Volume 1: *Long and Short Papers*. Association for Computational Linguistics, Minneapolis, MN, pages 1162–1172. www.aclweb.org/anthology/N19-1119.

Mirko Plitt and Francois Masselot. 2010. A productivity test of statistical machine translation post-editing in a typical localisation context. *The Prague Bulletin of Mathematical Linguistics* 94:7–16. http://ufal.mff.cuni.cz/pbml/93/art-plitt-masselot.pdf.

Adam Poliak, Yonatan Belinkov, James Glass, and Benjamin Van Durme. 2018. On the evaluation of semantic phenomena in neural machine translation using natural language inference. In *Proceedings of the 2018 Conference of the North American Chapter of the Association for Computational Linguistics: Human Language Technologies*. Volume 2: *Short Papers*. Association for Computational Linguistics, New Orleans, LA, pages 513–523. http://aclweb.org/anthology/N18-2082.

Maja Popović. 2017. Comparing Language Related Issues for NMT and PBMT between German and English. *The Prague Bulletin of Mathematical Linguistics* 108:209–220. https://doi.org/10.1515/pralin-2017-0021.

Matt Post and David Vilar. 2018. Fast lexically constrained decoding with dynamic beam allocation for neural machine translation. In *Proceedings of the 2018 Conference of the North American Chapter of the Association for Computational Linguistics: Human Language Technologies*. Volume 1: *Long Papers*. Association for Computational Linguistics, New Orleans, LA, pages 1314–1324. http://aclweb.org/anthology/N18-1119.

Xiao Pu, Nikolaos Pappas, and Andrei Popescu-Belis. 2017. Sense-aware statistical machine translation using adaptive context-dependent clustering. In *Proceedings of the Second Conference on Machine Translation*. Volume 1: *Research Papers*. Association for Computational Linguistics, Copenhagen, pages 1–10. www.aclweb.org/anthology/W17-4701.

Ye Qi, Devendra Sachan, Matthieu Felix, Sarguna Padmanabhan, and Graham Neubig. 2018. When and why are pre-trained word embeddings useful for neural machine translation? In *Proceedings of the 2018 Conference of the North American Chapter of the Association for Computational Linguistics: Human*

Language Technologies. Volume 2: *Short Papers*. Association for Computational Linguistics, New Orleans, LA, pages 529–535. http://aclweb.org/anthology/N18-2084.

Alessand ro Raganato and Jörg Tiedemann. 2018. An analysis of encoder representations in transformer-based machine translation. In *Proceedings of the 2018 EMNLP Workshop BlackboxNLP: Analyzing and Interpreting Neural Networks for NLP*. Association for Computational Linguistics, Brussels, pages 287–297. www.aclweb.org/anthology/W18-5431.

Spencer Rarrick, Chris Quirk, and Will Lewis. 2011. MT detection in web-scraped parallel corpora. In *Proceedings of the 13th Machine Translation Summit (MT Summit XIII)*. International Association for Machine Translation, Xiamen, China, pages 422–430. www.mt-archive.info/MTS-2011-Rarrick.pdf.

Shuo Ren, Wenhu Chen, Shujie Liu, Mu Li, Ming Zhou, and Shuai Ma. 2018. Triangular architecture for rare language translation. In *Proceedings of the 56th Annual Meeting of the Association for Computational Linguistics*. Volume 1: *Long Papers*. Association for Computational Linguistics, Melbourne, pages 56–65. http://aclweb.org/anthology/P18-1006.

Shuo Ren, Zhirui Zhang, Shujie Liu, Ming Zhou, and Shuai Ma. 2019. Unsupervised neural machine translation with SMT as posterior regularization. In *Proceedings of the AAAI Conference on Artificial Intelligence*. Honolulu, HI, pages 241–248. https://doi.org/10.1609/aaai.v33i01.3301241.

Annette Rios, Laura Mascarell, and Rico Sennrich. 2017. Improving word sense disambiguation in neural machine translation with sense embeddings. In *Proceedings of the Second Conference on Machine Translation*. Volume 1: *Research Papers*. Association for Computational Linguistics, Copenhagen, pages 11–19. www.aclweb.org/anthology/W17-4702.

Frank Rosenblatt. 1957. The perceptron, a perceiving and recognizing automaton. Technical report, Buffalo, NY: Cornell Aeronautical Laboratory.

Sebastian Ruder, Ivan Vulić, and Anders Søgaard. 2017. A survey of cross-lingual embedding models. Ithaca, NY: Cornell University, abs/1706.04902. http://arxiv.org/abs/1706.04902.

Dana Ruiter, Cristina España-Bonet, and Josef van Genabith. 2019. Self-supervised neural machine translation. In *Proceedings of the 57th Conference of the Association for Computational Linguistics*. Association for Computational Linguistics, Florence, pages 1828–1834. www.aclweb.org/anthology/P19-1178.

David E. Rumelhart, Geoffrey E. Hinton, and Ronald J. Williams. 1986. Learning internal representations by error propagation. *Parallel Distributed Processing: Explorations in the Microstructure of Cognition* 1:318–362.

Devendra Sachan and Graham Neubig. 2018. Parameter sharing methods for multilingual self-attentional translation models. In *Proceedings of the Third Conference on Machine Translation: Research Papers*. Association for Computational Linguistics, Belgium, pages 261–271. www.aclweb.org/anthology/W18-6327.

Marina Sanchez-Torron and Philipp Koehn. 2016. Machine translation quality and post-editor productivity. In *Proceedings of the Conference of the Association for Machine Translation in the Americas (AMTA)*. Austin, TX.

Harsh Satija and Joelle Pineau. 2016. Simultaneous machine translation using deep reinforcement learning. In *Abstraction in Reinforcement Learning (ICML Workshop)*. New York. http://docs.wixstatic.com/ugd/3195dc_538b63de8e2644b782db920c55f74650.pdf.

M. Schuster and K. Nakajima. 2012. Japanese and korean voice search. In *2012 IEEE International Conference on Acoustics, Speech and Signal Processing (ICASSP)*. Toronto, pages 5149–5152. https://doi.org/10.1109/ICASSP.2012.6289079.

Robert Schwarzenberg, David Harbecke, Vivien Macketanz, Eleftherios Avramidis, and Sebastian Möller. 2019. Train, sort, explain: Learning to diagnose translation models. In *Proceedings of the 2019 Conference of the North American Chapter of the Association for Computational Linguistics (Demonstrations)*. Association for Computational Linguistics, Minneapolis, MN, pages 29–34. https://www.aclweb.org/anthology/N19-4006.

Holger Schwenk. 2007. Continuous space language models. *Computer Speech and Language* 3(21):492–518. https://wiki.inf.ed.ac.uk/twiki/pub/CSTR/ListenSemester2_2009_10/sdarticle.pdf.

Holger Schwenk. 2010. Continuous-space language models for statistical machine translation. *The Prague Bulletin of Mathematical Linguistics* 93:137–146. http://ufal.mff.cuni.cz/pbml/93/art-schwenk.pdf.

Holger Schwenk. 2012. Continuous space translation models for phrase-based statistical machine translation. In *Proceedings of COLING 2012: Posters*. The COLING 2012 Organizing Committee, Mumbai, pages 1071–1080. www.aclweb.org/anthology/C12-2104.

Holger Schwenk. 2018. Filtering and mining parallel data in a joint multilingual space. In *Proceedings of the 56th Annual Meeting of the Association for Computational Linguistics*. Volume 2: *Short Papers*. Association for Computational Linguistics, Melbourne, pages 228–234. http://aclweb.org/anthology/P18-2037.

Holger Schwenk, Vishrav Chaudhary, Shuo Sun, Hongyu Gong, and Francisco Guzmán. 2019. Wikimatrix: Mining 135m parallel sentences in 1620 language pairs from wikipedia. Ithaca, NY: Cornell University, abs/1907.05791. http://arxiv.org/abs/1907.05791.

Holger Schwenk, Daniel Dechelotte, and Jean-Luc Gauvain. 2006. Continuous space language models for statistical machine translation. In *Proceedings of the COLING/ACL 2006 Main Conference Poster Sessions*. Association for Computational Linguistics, Sydney, Australia, pages 723–730. www.aclweb.org/anthology/P/P06/P06-2093.

Holger Schwenk and Matthijs Douze. 2017. Learning joint multilingual sentence representations with neural machine translation. In *Proceedings of the 2nd Workshop on Representation Learning for NLP*. Association for Computational Linguistics, Vancouver, BC, pages 157–167. https://doi.org/10.18653/v1/W17-2619.

Holger Schwenk, Anthony Rousseau, and Mohammed Attik. 2012. Large, pruned or continuous space language models on a GPU for statistical machine translation. In *Proceedings of the NAACL-HLT 2012 Workshop: Will We Ever Really Replace the N-gram Model? On the Future of Language Modeling for HLT*. Association for Computational Linguistics, Montréal, pages 11–19. www.aclweb.org/anthology/W12-2702.

Jean Senellart, Dakun Zhang, Bo WANG, Guillaume KLEIN, Jean-Pierre Ramatchandirin, Josep Crego, and Alexander Rush. 2018. Opennmt system description for wnmt 2018: 800 words/sec on a single-core cpu. In *Proceedings of the 2nd Workshop on Neural Machine Translation and Generation*. Association for Computational Linguistics, Melbourne, pages 122–128. http://aclweb.org/anthology/W18-2715.

Rico Sennrich. 2017. How grammatical is character-level neural machine translation? Assessing MT quality with contrastive translation pairs. In *Proceedings of the 15th Conference of the European Chapter of the Association for Computational Linguistics*. Volume 2: *Short Papers*. Association for Computational Linguistics, Valencia, Spain, pages 376–382. www.aclweb.org/anthology/E17-2060.

Rico Sennrich and Barry Haddow. 2016. Linguistic input features improve neural machine translation. In *Proceedings of the First Conference on Machine Translation*. Association for Computational Linguistics, Berlin, pages 83–91. www.aclweb.org/anthology/W/W16/W16-2209.

Rico Sennrich, Barry Haddow, and Alexandra Birch. 2016a. Controlling politeness in neural machine translation via side constraints. In *Proceedings of the 2016 Conference of the North American Chapter of the Association for Computational Linguistics: Human Language Technologies*. Association for Computational Linguistics, San Diego, CA, pages 35–40. www.aclweb.org/anthology/N16-1005.

Rico Sennrich, Barry Haddow, and Alexandra Birch. 2016b. Edinburgh neural machine translation systems for wmt 16. In *Proceedings of the First Conference on Machine Translation*. Association for Computational Linguistics, Berlin, pages 371–376. www.aclweb.org/anthology/W/W16/W16-2323.

Rico Sennrich, Barry Haddow, and Alexandra Birch. 2016c. Improving neural machine translation models with monolingual data. In *Proceedings of the 54th Annual Meeting of the Association for Computational Linguistics*. Volume 1: *Long Papers*. Association for Computational Linguistics, Berlin, pages 86–96. www.aclweb.org/anthology/P16-1009.

Rico Sennrich, Barry Haddow, and Alexandra Birch. 2016d. Neural machine translation of rare words with subword units. In *Proceedings of the 54th Annual Meeting of the Association for Computational Linguistics*. Volume 1: *Long Papers*. Association for Computational Linguistics, Berlin, pages 1715–1725. www.aclweb.org/anthology/P16-1162.

Rico Sennrich, Barry Haddow, and Alexandra Birch. 2016e. Neural machine translation of rare words with subword units. In *Proceedings of the 54th Annual Meeting of the Association for Computational Linguistics*. Volume 1:

Long Papers. Association for Computational Linguistics, Berlin, pages 1715–1725. www.aclweb.org/anthology/P16-1162.

Christophe Servan, Josep Maria Crego, and Jean Senellart. 2016. Domain specialization: A post-training domain adaptation for neural machine translation. Ithaca, NY: Cornell University, abs/1612.06141. http://arxiv.org/abs/1612.06141.

Yutong Shao, Rico Sennrich, Bonnie Webber, and Federico Fancellu. 2018. Evaluating machine translation performance on chinese idioms with a blacklist method. In *Proceedings of the Eleventh International Conference on Language Resources and Evaluation (LREC 2018)*. European Language Resources Association (ELRA), Miyazaki, Japan. https://arxiv.org/pdf/1711.07646.pdf.

Ehsan Shareghi, Matthias Petri, Gholamreza Haffari, and Trevor Cohn. 2016. Fast, small and exact: Infinite-order language modelling with compressed suffix trees. *Transactions of the Association for Computational Linguistics* 4:477–490. https://transacl.org/ojs/index.php/tacl/article/view/865.

Shiqi Shen, Yong Cheng, Zhongjun He, Wei He, Hua Wu, Maosong Sun, and Yang Liu. 2016. Minimum risk training for neural machine translation. In *Proceedings of the 54th Annual Meeting of the Association for Computational Linguistics*. Volume 1: *Long Papers*. Association for Computational Linguistics, Berlin, pages 1683–1692. www.aclweb.org/anthology/P16-1159.

Weijia Shi, Muhao Chen, Yingtao Tian, and Kai-Wei Chang. 2019. Learning bilingual word embeddings using lexical definitions. In *Proceedings of the 4th Workshop on Representation Learning for NLP (RepL4NLP-2019)*. Association for Computational Linguistics, Florence, pages 142–147. www.aclweb.org/anthology/W19-4316.

Xing Shi and Kevin Knight. 2017. Speeding up neural machine translation decoding by shrinking run-time vocabulary. In *Proceedings of the 55th Annual Meeting of the Association for Computational Linguistics*. Volume 2: *Short Papers*. Association for Computational Linguistics, Vancouver, BC, pages 574–579. http://aclweb.org/anthology/P17-2091.

Xing Shi, Kevin Knight, and Deniz Yuret. 2016a. Why neural translations are the right length. In *Proceedings of the 2016 Conference on Empirical Methods in Natural Language Processing*. Association for Computational Linguistics, Austin, TX, pages 2278–2282. https://aclweb.org/anthology/D16-1248.

Xing Shi, Inkit Padhi, and Kevin Knight. 2016b. Does string-based neural MT learn source syntax? In *Proceedings of the 2016 Conference on Empirical Methods in Natural Language Processing*. Association for Computational Linguistics, Austin, TX, pages 1526–1534. https://aclweb.org/anthology/D16-1159.

Raphael Shu and Hideki Nakayama. 2018. Improving beam search by removing monotonic constraint for neural machine translation. In *Proceedings of the 56th Annual Meeting of the Association for Computational Linguistics*. Volume 2: *Short Papers*. Association for Computational Linguistics, Melbourne, pages 339–344. http://aclweb.org/anthology/P18-2054.

Patrick Simianer, Joern Wuebker, and John DeNero. 2019. Measuring immediate adaptation performance for neural machine translation. In *Proceedings of the 2019 Conference of the North American Chapter of the Association for Computational Linguistics: Human Language Technologies*. Volume 1: *Long and Short Papers*. Association for Computational Linguistics, Minneapolis, MN, pages 2038–2046. www.aclweb.org/anthology/N19-1206.

Samuel L. Smith, David H. P. Turban, Steven Hamblin, and Nils Y. Hammerla. 2017. Offline bilingual word vectors, orthogonal transformations and the inverted softmax. In *Proceedings of the International Conference on Learning Representations (ICLR)*. Toulon, France.

Matthew Snover, Bonnie J. Dorr, Richard Schwartz, Linnea Micciulla, and John Makhoul. 2006. A study of translation edit rate with targeted human annotation. In *5th Conference of the Association for Machine Translation in the Americas (AMTA)*. Boston. http://mt-archive.info/AMTA-2006-Snover.pdf.

Anders Søgaard, Sebastian Ruder, and Ivan Vulić. 2018. On the limitations of unsupervised bilingual dictionary induction. In *Proceedings of the 56th Annual Meeting of the Association for Computational Linguistics*. Volume 1: *Long Papers*. Association for Computational Linguistics, Melbourne, pages 778–788. https://doi.org/10.18653/v1/P18-1072.

Kai Song, Yue Zhang, Heng Yu, Weihua Luo, Kun Wang, and Min Zhang. 2019. Code-switching for enhancing NMT with pre-specified translation. In *Proceedings of the 2019 Conference of the North American Chapter of the Association for Computational Linguistics: Human Language Technologies*. Volume 1: *Long and Short Papers*. Association for Computational Linguistics, Minneapolis, MN, pages 449–459. www.aclweb.org/anthology/N19-1044.

Nitish Srivastava, Geoffrey Hinton, Alex Krizhevsky, Ilya Sutskever, and Ruslan Salakhutdinov. 2014. Dropout: A simple way to prevent neural networks from overfitting. *Journal of Machine Learning Research* 15:1929–1958. http://jmlr.org/papers/v15/srivastava14a.html.

Felix Stahlberg, Adrià de Gispert, Eva Hasler, and Bill Byrne. 2017. Neural machine translation by minimising the Bayes-risk with respect to syntactic translation lattices. In *Proceedings of the 15th Conference of the European Chapter of the Association for Computational Linguistics*. Volume 2: *Short Papers*. Association for Computational Linguistics, Valencia, Spain, pages 362–368. www.aclweb.org/anthology/E17-2058.

Felix Stahlberg, Danielle Saunders, and Bill Byrne. 2018. An operation sequence model for explainable neural machine translation. In *Proceedings of the 2018 EMNLP Workshop BlackboxNLP: Analyzing and Interpreting Neural Networks for NLP*. Association for Computational Linguistics, Brussels, pages 175–186. www.aclweb.org/anthology/W18-5420.

Hendrik Strobelt, Sebastian Gehrmann, Michael Behrisch, Adam Perer, Hanspeter Pfister, and Alexander M Rush. 2019. Seq2seq-vis: A visual debugging tool for sequence-to-sequence models. *IEEE Transactions on Visualization and Computer Graphics* 25(1):353–363.

Haipeng Sun, Rui Wang, Kehai Chen, Masao Utiyama, Eiichiro Sumita, and Tiejun Zhao. 2019. Unsupervised bilingual word embedding agreement for unsupervised neural machine translation. In *Proceedings of the 57th Conference of the Association for Computational Linguistics*. Association for Computational Linguistics, Florence, pages 1235–1245. www.aclweb.org/anthology/P19-1119.

Martin Sundermeyer, Ilya Oparin, Jean-Luc Gauvain, Ben Freiberg, Ralf Schlüter, and Hermann Ney. 2013. Comparison of feedforward and recurrent neural network language models. In *IEEE International Conference on Acoustics, Speech, and Signal Processing*. Vancouver, BC, pages 8430–8434. www.eu-bridge.eu/downloads/_Comparison_of_Feedforward_and_Recurrent_Neural_Network_Language_Models.pdf.

Ilya Sutskever, Oriol Vinyals, and Quoc V. Le. 2014. Sequence to sequence learning with neural networks. In Z. Ghahramani, M. Welling, C. Cortes, N. D. Lawrence, and K. Q. Weinberger, editors, *Advances in Neural Information Processing Systems 27*. Barcelona, pages 3104–3112. http://papers.nips.cc/paper/5346-sequence-to-sequence-learning-with-neural-networks.pdf.

Kaveh Taghipour, Shahram Khadivi, and Jia Xu. 2011. Parallel corpus refinement as an outlier detection algorithm. In *Proceedings of the 13th Machine Translation Summit (MT Summit XIII)*. International Association for Machine Translation, Xiamen, China, pages 414–421. www.mt-archive.info/MTS-2011-Taghipour.pdf.

Aleš Tamchyna, Marion Weller-Di Marco, and Alexander Fraser. 2017. Modeling target-side inflection in neural machine translation. In *Proceedings of the Second Conference on Machine Translation*. Volume 1: *Research Papers*. Association for Computational Linguistics, Copenhagen, pages 32–42. www.aclweb.org/anthology/W17-4704.

Xu Tan, Yi Ren, Di He, Tao Qin, Zhou Zhao, and Tie-Yan Liu. 2019. Multilingual neural machine translation with knowledge distillation. In *International Conference on Learning Representations (ICLR)*. New Orleans, LA. https://openreview.net/pdf?id=S1gUsoR9YX.

Gongbo Tang, Rico Sennrich, and Joakim Nivre. 2018. An analysis of attention mechanisms: The case of word sense disambiguation in neural machine translation. In *Proceedings of the Third Conference on Machine Translation: Research Papers*. Association for Computational Linguistics, Belgium, pages 26–35. www.aclweb.org/anthology/W18-6304.

Sander Tars and Mark Fishel. 2018. Multi-domain neural machine translation. In *Proceedings of the 21st Annual Conference of the European Association for Machine Translation*. Melbourne.

Alex Ter-Sarkisov, Holger Schwenk, Fethi Bougares, and Loïc Barrault. 2015. Incremental adaptation strategies for neural network language models. In *Proceedings of the 3rd Workshop on Continuous Vector Space Models and their Compositionality*. Association for Computational Linguistics, Beijing, pages 48–56. www.aclweb.org/anthology/W15-4006.

Brian Thompson, Jeremy Gwinnup, Huda Khayrallah, Kevin Duh, and Philipp Koehn. 2019. Overcoming catastrophic forgetting during domain adaptation of neural machine translation. In *Proceedings of the 2019*

Conference of the North American Chapter of the Association for Computational Linguistics: Human Language Technologies. Volume 1: *Long and Short Papers*. Association for Computational Linguistics, Minneapolis, MN, pages 2062–2068. www.aclweb.org/anthology/N19-1209.

Brian Thompson, Huda Khayrallah, Antonios Anastasopoulos, Arya D. McCarthy, Kevin Duh, Rebecca Marvin, Paul McNamee, Jeremy Gwinnup, Tim Anderson, and Philipp Koehn. 2018. Freezing subnetworks to analyze domain adaptation in neural machine translation. In *Proceedings of the Third Conference on Machine Translation: Research Papers*. Association for Computational Linguistics, Belgium, pages 124–132. www.aclweb.org/anthology/W18-6313.

Jörg Tiedemann. 2012. Parallel data, tools and interfaces in opus. In Nicoletta Calzolari, Khalid Choukri, Thierry Declerck, Mehmet Uğur Doğan, Bente Maegaard, Joseph Mariani, Jan Odijk, and Stelios Piperidis, editors, *Proceedings of the Eighth International Conference on Language Resources and Evaluation (LREC-2012)*. European Language Resources Association (ELRA), Istanbul, pages 2214–2218. ACL Anthology Identifier: L12-1246. www.lrec-conf.org/proceedings/lrec2012/pdf/463_Paper.pdf.

Antonio Toral, Sheila Castilho, Ke Hu, and Andy Way. 2018. Attaining the unattainable? reassessing claims of human parity in neural machine translation. In *Proceedings of the Third Conference on Machine Translation: Research Papers*. Association for Computational Linguistics, Belgium, pages 113–123. www.aclweb.org/anthology/W18-6312.

Antonio Toral and Víctor M. Sánchez-Cartagena. 2017. A multifaceted evaluation of neural versus phrase-based machine translation for 9 language directions. In *Proceedings of the 15th Conference of the European Chapter of the Association for Computational Linguistics*. Volume 1: *Long Papers*. Association for Computational Linguistics, Valencia, Spain, pages 1063–1073. www.aclweb.org/anthology/E17-1100.

Ke Tran, Arianna Bisazza, and Christof Monz. 2016. Recurrent memory networks for language modeling. In *Proceedings of the 2016 Conference of the North American Chapter of the Association for Computational Linguistics: Human Language Technologies*. Association for Computational Linguistics, San Diego, CA, pages 321–331. www.aclweb.org/anthology/N16-1036.

Ke Tran, Arianna Bisazza, and Christof Monz. 2018. The importance of being recurrent for modeling hierarchical structure. In *Proceedings of the 2018 Conference on Empirical Methods in Natural Language Processing*. Association for Computational Linguistics, Brussels, pages 4731–4736. www.aclweb.org/anthology/D18-1503.

Zhaopeng Tu, Yang Liu, Zhengdong Lu, Xiaohua Liu, and Hang Li. 2016a. Context gates for neural machine translation. Ithaca, NY: Cornell University, abs/1608.06043. http://arxiv.org/abs/1608.06043.

Zhaopeng Tu, Yang Liu, Lifeng Shang, Xiaohua Liu, and Hang Li. 2017. Neural machine translation with reconstruction. In *Proceedings of the 31st AAAI Conference on Artificial Intelligence*. San Francisco. http://arxiv.org/abs/1611.01874.

Zhaopeng Tu, Zhengdong Lu, Yang Liu, Xiaohua Liu, and Hang Li. 2016b. Modeling coverage for neural machine translation. In *Proceedings of the 54th Annual Meeting of the Association for Computational Linguistics*. Volume 1: *Long Papers*. Association for Computational Linguistics, Berlin, pages 76–85. www.aclweb.org/anthology/P16-1008.

Vaibhav Vaibhav, Sumeet Singh, Craig Stewart, and Graham Neubig. 2019. Improving robustness of machine translation with synthetic noise. In *Proceedings of the 2019 Conference of the North American Chapter of the Association for Computational Linguistics: Human Language Technologies*. Volume 1: *Long and Short Papers)*. Association for Computational Linguistics, Minneapolis, MN, pages 1916–1920. www.aclweb.org/anthology/N19-1190.

L. J. P. van der Maaten and Geoffrey Hinton. 2008. Visualizing data using t-SNE. *Journal of Machine Learning Research* 9:2579–2605. http://jmlr.org/papers/volume9/vandermaaten08a/vandermaaten08a.pdf.

Marlies van der Wees, Arianna Bisazza, and Christof Monz. 2017. Dynamic data selection for neural machine translation. In *Proceedings of the 2017 Conference on Empirical Methods in Natural Language Processing*. Association for Computational Linguistics, Copenhagen, pages 1411–1421. http://aclweb.org/anthology/D17-1147.

Ashish Vaswani, Noam Shazeer, Niki Parmar, Jakob Uszkoreit, Llion Jones, Aidan N Gomez, Ł ukasz Kaiser, and Illia Polosukhin. 2017. Attention is all you need. In I. Guyon, U. V. Luxburg, S. Bengio, H. Wallach, R. Fergus, S. Vishwanathan, and R. Garnett, editors, *Advances in Neural Information*

Processing Systems 30. Barcelona, pages 5998–6008. http://papers.nips.cc/paper/7181-attention-is-all-you-need.pdf.

Ashish Vaswani, Yinggong Zhao, Victoria Fossum, and David Chiang. 2013. Decoding with large-scale neural language models improves translation. In *Proceedings of the 2013 Conference on Empirical Methods in Natural Language Processing*. Association for Computational Linguistics, Seattle, WA, pages 1387–1392. www.aclweb.org/anthology/D13-1140.

Bernard Vauquois. 1968. Structures profondes et traduction automatique. le système du ceta. *Revue Roumaine de linguistique* 13(2):105–130.

Ashish Venugopal, Jakob Uszkoreit, David Talbot, Franz Och, and Juri Ganitkevitch. 2011. Watermarking the outputs of structured prediction with an application in statistical machine translation. In *Proceedings of the 2011 Conference on Empirical Methods in Natural Language Processing*. Association for Computational Linguistics, Edinburgh, pages 1363–1372. www.aclweb.org/anthology/D11-1126.

David Vilar. 2018. Learning hidden unit contribution for adapting neural machine translation models. In *Proceedings of the 2018 Conference of the North American Chapter of the Association for Computational Linguistics: Human Language Technologies*. Volume 2: *Short Papers*. Association for Computational Linguistics, New Orleans, LA, pages 500–505. http://aclweb.org/anthology/N18-2080.

Sami Virpioja, Peter Smit, Stig-Arne Grönroos, and Mikko Kurimo. 2013. Morfessor 2.0: Python implementation and extensions for Morfessor baseline. Technical Report 25, Espoo, Finland: Aalto University.

Ivan Vulić and Anna Korhonen. 2016. On the role of seed lexicons in learning bilingual word embeddings. In *Proceedings of the 54th Annual Meeting of the Association for Computational Linguistics*. Volume 1: *Long Papers*. Association for Computational Linguistics, Berlin, pages 247–257. www.aclweb.org/anthology/P16-1024.

Ivan Vulić and Marie-Francine Moens. 2015. Bilingual word embeddings from non-parallel document-aligned data applied to bilingual lexicon induction. In *Proceedings of the 53rd Annual Meeting of the Association for Computational Linguistics and the 7th International Joint Conference on Natural Language Processing*. Volume 2: *Short Papers*. Association for Computational Linguistics, Beijing, pages 719–725. www.aclweb.org/anthology/P15-2118.

Takashi Wada, Tomoharu Iwata, and Yuji Matsumoto. 2019. Unsupervised multilingual word embedding with limited resources using neural language models. In *Proceedings of the 57th Conference of the Association for Computational Linguistics*. Association for Computational Linguistics, Florence, pages 3113–3124. www.aclweb.org/anthology/P19-1300.

Alex Waibel, A. N. Jain, A. E. McNair, H. Saito, A. G. Hauptmann, and J. Tebelskis. 1991. Janus: A speech-to-speech translation system using connectionist and symbolic processing strategies. In *Proceedings of the 1991 International Conference on Acoustics, Speech and Signal Processing (ICASSP)*. Toronto, pages 793–796.

Eric Wallace, Shi Feng, and Jordan Boyd-Graber. 2018. Interpreting neural networks with nearest neighbors. In *Proceedings of the 2018 EMNLP Workshop BlackboxNLP: Analyzing and Interpreting Neural Networks for NLP*. Association for Computational Linguistics, Brussels, pages 136–144. www.aclweb.org/anthology/W18-5416.

Qiang Wang, Bei Li, Tong Xiao, Jingbo Zhu, Changliang Li, Derek F. Wong, and Lidia S. Chao. 2019a. Learning deep transformer models for machine translation. In *Proceedings of the 57th Conference of the Association for Computational Linguistics*. Association for Computational Linguistics, Florence, pages 1810–1822. www.aclweb.org/anthology/P19-1176.

Rui Wang, Andrew Finch, Masao Utiyama, and Eiichiro Sumita. 2017a. Sentence embedding for neural machine translation domain adaptation. In *Proceedings of the 55th Annual Meeting of the Association for Computational Linguistics*. Volume 2: *Short Papers*. Association for Computational Linguistics, Vancouver, BC, pages 560–566. http://aclweb.org/anthology/P17-2089.

Rui Wang, Masao Utiyama, Isao Goto, Eiichro Sumita, Hai Zhao, and Bao-Liang Lu. 2013. Converting continuous-space language models into n-gram language models for statistical machine translation. In *Proceedings of the 2013 Conference on Empirical Methods in Natural Language Processing*. Association for Computational Linguistics, Seattle, WA, pages 845–850. www.aclweb.org/anthology/D13-1082.

Rui Wang, Masao Utiyama, Lemao Liu, Kehai Chen, and Eiichiro Sumita. 2017b. Instance weighting for neural machine translation domain adaptation. In *Proceedings of the 2017 Conference on Empirical Methods in*

Natural Language Processing. Association for Computational Linguistics, Copenhagen pages 1483–1489. http://aclweb.org/anthology/D17-1155.

Rui Wang, Masao Utiyama, and Eiichiro Sumita. 2018a. Dynamic sentence sampling for efficient training of neural machine translation. In *Proceedings of the 56th Annual Meeting of the Association for Computational Linguistics*. Volume 2: *Short Papers*. Association for Computational Linguistics, Melbourne, pages 298–304. http://aclweb.org/anthology/P18-2048.

Rui Wang, Hai Zhao, Bao-Liang Lu, Masao Utiyama, and Eiichiro Sumita. 2014. Neural network based bilingual language model growing for statistical machine translation. In *Proceedings of the 2014 Conference on Empirical Methods in Natural Language Processing (EMNLP)*. Association for Computational Linguistics, Doha, Qatar, pages 189–195. www.aclweb.org/anthology/D14-1023.

Xinyi Wang, Hieu Pham, Philip Arthur, and Graham Neubig. 2019b. Multilingual neural machine translation with soft decoupled encoding. In *International Conference on Learning Representations (ICLR)*. New Orleans, LA. https://openreview.net/pdf?id=Skeke3C5Fm.

Yining Wang, Jiajun Zhang, Feifei Zhai, Jingfang Xu, and Chengqing Zong. 2018b. Three strategies to improve one-to-many multilingual translation. In *Proceedings of the 2018 Conference on Empirical Methods in Natural Language Processing*. Association for Computational Linguistics, Brussels, pages 2955–2960. www.aclweb.org/anthology/D18-1326.

Warren Weaver. 1947. Letter to Norbert Wiener. Translated in 1949 and reprinted in Locke and Booth (1955).

Hao-Ran Wei, Shujian Huang, Ran Wang, Xin-yu Dai, and Jiajun Chen. 2019. Online distilling from checkpoints for neural machine translation. In *Proceedings of the 2019 Conference of the North American Chapter of the Association for Computational Linguistics: Human Language Technologies*. Volume 1: *Long and Short Papers*. Association for Computational Linguistics, Minneapolis, MN, pages 1932–1941. www.aclweb.org/anthology/N19-1192.

Sam Wiseman and Alexander M. Rush. 2016. Sequence-to-sequence learning as beam-search optimization. In *Proceedings of the 2016 Conference on Empirical Methods in Natural Language Processing*. Association for Computational Linguistics, Austin, TX, pages 1296–1306. https://aclweb.org/anthology/D16-1137.

Lijun Wu, Xu Tan, Di He, Fei Tian, Tao Qin, Jianhuang Lai, and Tie-Yan Liu. 2018. Beyond error propagation in neural machine translation: Characteristics of language also matter. In *Proceedings of the 2018 Conference on Empirical Methods in Natural Language Processing*. Association for Computational Linguistics, Brussels, pages 3602–3611. www.aclweb.org/anthology/D18-1396.

Lijun Wu, Yiren Wang, Yingce Xia, Fei Tian, Fei Gao, Tao Qin, Jianhuang Lai, and Tie-Yan Liu. 2019. Depth growing for neural machine translation. In *Proceedings of the 57th Conference of the Association for Computational Linguistics*. Association for Computational Linguistics, Florence, pages 5558–5563. www.aclweb.org/anthology/P19-1558.

Lijun Wu, Yingce Xia, Li Zhao, Fei Tian, Tao Qin, Jianhuang Lai, and Tie-Yan Liu. 2017. Adversarial neural machine translation. Ithaca, NY: Cornell University, abs/1704.06933. https://arxiv.org/pdf/1704.06933.pdf.

Yonghui Wu, Mike Schuster, Zhifeng Chen, Quoc V. Le, Mohammad Norouzi, Wolfgang Macherey, Maxim Krikun, Yuan Cao, Qin Gao, Klaus Macherey, Jeff Klingner, Apurva Shah, Melvin Johnson, Xiaobing Liu, Lukasz Kaiser, Stephan Gouws, Yoshikiyo Kato, Taku Kudo, Hideto Kazawa, Keith Stevens, George Kurian, Nishant Patil, Wei Wang, Cliff Young, Jason Smith, Jason Riesa, Alex Rudnick, Oriol Vinyals, Greg Corrado, Macduff Hughes, and Jeffrey Dean. 2016. Google's neural machine translation system: Bridging the gap between human and machine translation. Ithaca, NY: Cornell University, abs/1609.08144. http://arxiv.org/abs/1609.08144.pdf.

Youzheng Wu, Hitoshi Yamamoto, Xugang Lu, Shigeki Matsuda, Chiori Hori, and Hideki Kashioka. 2012. Factored recurrent neural network language model in TED lecture transcription. In *Proceedings of the Seventh International Workshop on Spoken Language Translation (IWSLT)*. Hong Kong, pages 222–228. www.mt-archive.info/IWSLT-2012-Wu.pdf.

Joern Wuebker, Spence Green, John DeNero, Sasa Hasan, and Minh-Thang Luong. 2016. Models and inference for prefix-constrained machine translation. In *Proceedings of the 54th Annual Meeting of the Association for Computational Linguistics*. Volume 1: *Long Papers*. Association for Computational Linguistics, Berlin, pages 66–75. www.aclweb.org/anthology/P16-1007.

Joern Wuebker, Patrick Simianer, and John DeNero. 2018. Compact personalized models for neural machine translation. In *Proceedings of the 2018 Conference on Empirical Methods in Natural Language Processing*. Association for Computational Linguistics, Brussels, pages 881–886. www.aclweb.org/anthology/D18-1104.

Chao Xing, Dong Wang, Chao Liu, and Yiye Lin. 2015. Normalized word embedding and orthogonal transform for bilingual word translation. In *Proceedings of the 2015 Conference of the North American Chapter of the Association for Computational Linguistics: Human Language Technologies*. Association for Computational Linguistics, Denver, CO, pages 1006–1011. www.aclweb.org/anthology/N15-1104.

Hainan Xu and Philipp Koehn. 2017. Zipporah: A fast and scalable data cleaning system for noisy web-crawled parallel corpora. In *Proceedings of the 2017 Conference on Empirical Methods in Natural Language Processing*. Association for Computational Linguistics, Copenhagen, pages 2935–2940. http://aclweb.org/anthology/D17-1318.

Ruochen Xu, Yiming Yang, Naoki Otani, and Yuexin Wu. 2018. Unsupervised cross-lingual transfer of word embedding spaces. In *Proceedings of the 2018 Conference on Empirical Methods in Natural Language Processing*. Association for Computational Linguistics, Brussels, pages 2465–2474. https://doi.org/10.18653/v1/D18-1268.

Weijia Xu, Xing Niu, and Marine Carpuat. 2019. Differentiable sampling with flexible reference word order for neural machine translation. In *Proceedings of the 2019 Conference of the North American Chapter of the Association for Computational Linguistics: Human Language Technologies*. Volume 1: *Long and Short Papers*. Association for Computational Linguistics, Minneapolis, MN, pages 2047–2053. www.aclweb.org/anthology/N19-1207.

Yilin Yang, Liang Huang, and Mingbo Ma. 2018a. Breaking the beam search curse: A study of (re-)scoring methods and stopping criteria for neural machine translation. In *Proceedings of the 2018 Conference on Empirical Methods in Natural Language Processing*. Association for Computational Linguistics, Brussels, pages 3054–3059. www.aclweb.org/anthology/D18-1342.

Zhen Yang, Wei Chen, Feng Wang, and Bo Xu. 2018b. Improving neural machine translation with conditional sequence generative adversarial nets. In *Proceedings of the 2018 Conference of the North American Chapter of the Association for Computational Linguistics: Human Language Technologies*. Volume 1: *Long Papers*. Association for Computational Linguistics, New Orleans, LA, pages 1346–1355. http://aclweb.org/anthology/N18-1122.

Zhen Yang, Wei Chen, Feng Wang, and Bo Xu. 2018c. Unsupervised neural machine translation with weight sharing. In *Proceedings of the 56th Annual Meeting of the Association for Computational Linguistics*. Volume 1: *Long Papers*. Association for Computational Linguistics, Melbourne, pages 46–55. http://aclweb.org/anthology/P18-1005.

Zhilin Yang, Zihang Dai, Yiming Yang, Jaime G. Carbonell, Ruslan Salakhutdinov, and Quoc V. Le. 2019. Xlnet: Generalized autoregressive pretraining for language understanding. Ithaca, NY: Cornell University, abs/1906.08237. http://arxiv.org/abs/1906.08237.

Noa Yehezkel Lubin, Jacob Goldberger, and Yoav Goldberg. 2019. Aligning vector-spaces with noisy supervised lexicon. In *Proceedings of the 2019 Conference of the North American Chapter of the Association for Computational Linguistics: Human Language Technologies*. Volume 1: *Long and Short Papers*. Association for Computational Linguistics, Minneapolis, MN, pages 460–465. www.aclweb.org/anthology/N19-1045.

Poorya Zaremoodi and Gholamreza Haffari. 2018. Neural machine translation for bilingually scarce scenarios: A deep multi-task learning approach. In *Proceedings of the 2018 Conference of the North American Chapter of the Association for Computational Linguistics: Human Language Technologies*. Volume 1: *Long Papers*. Association for Computational Linguistics, New Orleans, LA, pages 1356–1365. http://aclweb.org/anthology/N18-1123.

Matthew D. Zeiler. 2012. ADADELTA: An adaptive learning rate method. Ithaca, NY: Cornell University, abs/1212.5701. http://arxiv.org/abs/1212.5701.

Thomas Zenkel, Joern Wuebker, and John DeNero. 2019. Adding interpretable attention to neural translation models improves word alignment. In *arXiv*. https://arxiv.org/pdf/1901.11359.

Jiajun Zhang, Shujie Liu, Mu Li, Ming Zhou, and Chengqing Zong. 2014. Bilingually-constrained phrase embeddings for machine translation. In *Proceedings of the 52nd Annual Meeting of the Association for Computational Linguistics*. Volume 1: *Long Papers*.

Association for Computational Linguistics, Baltimore, MD, pages 111–121. www.aclweb.org/anthology/P14-1011.

Jian Zhang, Liangyou Li, Andy Way, and Qun Liu. 2016. Topic-informed neural machine translation. In *Proceedings of COLING 2016, the 26th International Conference on Computational Linguistics: Technical Papers*. The COLING 2016 Organizing Committee, Osaka, pages 1807–1817. http://aclweb.org/anthology/C16-1170.

Jingyi Zhang, Masao Utiyama, Eiichro Sumita, Graham Neubig, and Satoshi Nakamura. 2017a. Improving neural machine translation through phrase-based forced decoding. In *Proceedings of the Eighth International Joint Conference on Natural Language Processing*. Volume 1: *Long Papers*. Asian Federation of Natural Language Processing, Taipei, pages 152–162. www.aclweb.org/anthology/I17-1016.

Jingyi Zhang, Masao Utiyama, Eiichro Sumita, Graham Neubig, and Satoshi Nakamura. 2018a. Guiding neural machine translation with retrieved translation pieces. In *Proceedings of the 2018 Conference of the North American Chapter of the Association for Computational Linguistics: Human Language Technologies*. Volume 1: *Long Papers*. Association for Computational Linguistics, New Orleans, LA, pages 1325–1335. http://aclweb.org/anthology/N18-1120.

Kelly Zhang and Samuel Bowman. 2018. Language modeling teaches you more than translation does: Lessons learned through auxiliary syntactic task analysis. In *Proceedings of the 2018 EMNLP Workshop BlackboxNLP: Analyzing and Interpreting Neural Networks for NLP*. Association for Computational Linguistics, Brussels, pages 359–361. www.aclweb.org/anthology/W18-5448.

Longtu Zhang and Mamoru Komachi. 2018. Neural machine translation of logographic language using sub-character level information. In *Proceedings of the Third Conference on Machine Translation: Research Papers*. Association for Computational Linguistics, Belgium, pages 17–25. www.aclweb.org/anthology/W18-6303.

Meng Zhang, Yang Liu, Huanbo Luan, and Maosong Sun. 2017b. Adversarial training for unsupervised bilingual lexicon induction. In *Proceedings of the 55th Annual Meeting of the Association for Computational Linguistics*. Volume 1: *Long Papers*. Association for Computational Linguistics, Vancouver, BC, pages 1959–1970. https://doi.org/10.18653/v1/P17-1179.

Meng Zhang, Yang Liu, Huanbo Luan, and Maosong Sun. 2017c. Earth mover's distance minimization for unsupervised bilingual lexicon induction. In *Proceedings of the 2017 Conference on Empirical Methods in Natural Language Processing*. Association for Computational Linguistics, Long Beach, CA, pages 1924–1935. www.aclweb.org/anthology/D17-1207.

Pei Zhang, Niyu Ge, Boxing Chen, and Kai Fan. 2019a. Lattice transformer for speech translation. In *Proceedings of the 57th Conference of the Association for Computational Linguistics*. Association for Computational Linguistics, Florence, pages 6475–6484. www.aclweb.org/anthology/P19-1649.

Wen Zhang, Yang Feng, Fandong Meng, Di You, and Qun Liu. 2019b. Bridging the gap between training and inference for neural machine translation. In *Proceedings of the 57th Conference of the Association for Computational Linguistics*. Association for Computational Linguistics, Florence, pages 4334–4343. www.aclweb.org/anthology/P19-1426.

Wen Zhang, Liang Huang, Yang Feng, Lei Shen, and Qun Liu. 2018b. Speeding up neural machine translation decoding by cube pruning. In *Proceedings of the 2018 Conference on Empirical Methods in Natural Language Processing*. Association for Computational Linguistics, Brussels, pages 4284–4294. www.aclweb.org/anthology/D18-1460.

Xuan Zhang, Pamela Shapiro, Gaurav Kumar, Paul McNamee, Marine Carpuat, and Kevin Duh. 2019c. Curriculum learning for domain adaptation in neural machine translation. In *Proceedings of the 2019 Conference of the North American Chapter of the Association for Computational Linguistics: Human Language Technologies*. Volume 1: *Long and Short Papers*. Association for Computational Linguistics, Minneapolis, MN, pages 1903–1915. www.aclweb.org/anthology/N19-1189.

Zhisong Zhang, Rui Wang, Masao Utiyama, Eiichiro Sumita, and Hai Zhao. 2018c. Exploring recombination for efficient decoding of neural machine translation. In *Proceedings of the 2018 Conference on Empirical Methods in Natural Language Processing*. Association for Computational Linguistics, Brussels, pages 4785–4790. www.aclweb.org/anthology/D18-1511.

Baigong Zheng, Renjie Zheng, Mingbo Ma, and Liang Huang. 2019. Simultaneous translation with flexible policy via restricted imitation learning. In *Proceedings of the 57th Conference of the Association for Computational Linguistics*. Association for Computational Linguistics, Florence, pages 5816–5822. www.aclweb.org/anthology/P19-1582.

Chunting Zhou, Xuezhe Ma, Di Wang, and Graham Neubig. 2019. Density matching for bilingual word embedding. In *Proceedings of the 2019 Conference of the North American Chapter of the Association for Computational Linguistics: Human Language Technologies*. Volume 1: *Long and Short Papers*. Association for Computational Linguistics, Minneapolis, MN, pages 1588–1598. www.aclweb.org/anthology/N19-1161.

Long Zhou, Wenpeng Hu, Jiajun Zhang, and Chengqing Zong. 2017. Neural system combination for machine translation. In *Proceedings of the 55th Annual Meeting of the Association for Computational Linguistics*. Volume 2: *Short Papers*. Association for Computational Linguistics, Vancouver, BC, pages 378–384. http://aclweb.org/anthology/P17-2060.

Barret Zoph and Kevin Knight. 2016. Multi-source neural translation. In *Proceedings of the 2016 Conference of the North American Chapter of the Association for Computational Linguistics: Human Language Technologies*. Association for Computational Linguistics, San Diego, CA, pages 30–34. www.aclweb.org/anthology/N16-1004.

Barret Zoph, Deniz Yuret, Jonathan May, and Kevin Knight. 2016. Transfer learning for low-resource neural machine translation. In *Proceedings of the 2016 Conference on Empirical Methods in Natural Language Processing*. Association for Computational Linguistics, Austin, TX, pages 1568–1575. https://aclweb.org/anthology/D16-1163.

推荐阅读

自然语言处理中的贝叶斯分析（原书第2版）

作者：Shay Cohen

译者：杨伟 等 书号：978-7-111-66957-9 定价：89.00元

本书对基于贝叶斯分析进行自然语言处理需掌握的概念、理论知识和算法进行了深入浅出的介绍，讲解了常见的推断技术（马尔可夫链蒙特卡罗采样和变分推断）、贝叶斯估计和非参数建模等。特别是为应对领域的快速发展，第2版新增了第9章“表征学习与神经网络”。此外，还介绍贝叶斯统计中的基本概念，如先验分布、共轭和生成建模。最后，本书回顾自然语言处理中的一些基本建模技术（包括语法建模、神经网络和表征学习）以及它们在贝叶斯分析中的应用。

Java自然语言处理（原书第2版）

作者：Richard M. Reese 等 译者：邹伟 等

书号：978-7-111-65787-3 定价：79.00元

本书首先介绍NLP及其相关概念。在理解这些基础知识后，将详细介绍Java中用于NLP的重要工具和库，如CoreNLP、OpenNLP、Neuroph、Mallet等。随后，针对不同的输入和任务（如分词、模型训练、词性标注和解析树）详细讲述如何执行NLP。此外，本书还介绍了统计机器翻译、对话系统、复杂搜索、有监督和无监督的NLP等内容。